주제여행과 주제여행상품의 의미

주제여행상품

주제여행포럼

고종원 · 조문식 · 김경한
주성열 · 서현웅 · 박종하

(주)백산출판사

주제여행은 현대여행의 대세가 되었다. 예전에 여행이 일상화되기 전 국내여행이나 해외여행 시 경관이 좋고 이름이 알려진 곳에 가서 사진을 찍으며 즐거워하며 웃었던 추억의 시기는 이미 오래전의 이야기가 되었다.

이제는 자신이 좋아하는 여행을 추구하고 경험하고 즐기는 데 시간과 돈을 투자하고 있다. 저자도 금번 방학에는 해외에 출국하지 못했지만 주제를 갖고 국내여행을 하였다. 경남 김해에 산딸기와인을 경험하는 시간과 문경의 오미자 와이너리를 방문하여 설명을 듣고 시음하고 구매하는 시간을 가졌다. 즉 와인투어를 하였다. 국내의 과실을 발효하여 만든 와인을 경험하였다. 한편 창원에서는 주기철 목사님 기념관을 방문하여 성지순례를 하였다.

안동에서는 미식여행, 즉 전통시장의 갈비를 즐기는 시간을 갖고 병산서원의 아름다운 전경과 서원을 방문하여 문화관광해설을 통해 선비의 정신을 알게 되는 시간을 가졌다.

영월에서는 석탄에 관련된 문화를 체험할 수 있는 탄광문화촌과 여름철 피서가 되는 고씨동굴을 방문하였다. 그리고 청풍명월의 고장인 제천에서 유람선 투어와 청풍케이블카를 즐겼다. 힐링의 시간이었다. 이제는 주제를 갖고 와인투어, 종교여행, 미식여행, 힐링투어 등 원하는 테마여행을 할 수 있다.

이 책은 주제여행포럼에서 출간한 현대여행상품, 국제관광, 호텔관광마케팅에 이어 4번째로 출간하게 되는 책이다. 한국여행의 발전과 여행업에 종사한 입장에서 주제여행상품의 출간을 기쁘게 생각한다.

그간 학계에서 집중적으로 연구되고 출간되는 실적에 있어서 상대적으로 비중이 적고 연구의 새로운 확장이라는 차원에서 매우 고무적이라 생각한다. 현대여행상품, 국제관광에 이어서『주제여행상품』은 나름 여행업에서 새로운 연구의 영역에 기여한 것으로 사료된다. 특히 연구의 모임인 주제여행포럼을 통해 출간했다는 점에서 더욱 의미가 있다고 생각한다.

주제여행상품은 자연친화여행, 힐링여행, 식음료투어, 미술문화 주제여행, 음악문화 주제여행, 모험관광, 쇼핑관광, 축제 이벤트, 테마여행, 현대시설투어, 도시관광/섬관광, 방역여행, 열린 여행, 의료관광의 콘텐츠로 구성하였다. 주제여행 개관을 통해 주제여행의 의미와 주제여행상품의 의미를 설명하였다.

주제여행 개관, 식음료투어 부문은 고종원, 현대시설투어, 도시 및 섬관광 부문은 조문식 교수님, 자연친화여행, 축제 이벤트, 테마여행은 김경한 교수님, 미술문화 주제여행 및 음악문화 주제여행은 주성열 교수님, 모험관광, 쇼핑관광, 방역여행 부문은 서현웅 대표님, 힐링여행, 열린 여행, 의료관광 부문은 박종하 과장님이 담당하였다.

여러분의 저자가 참여했지만 목차와 전체적인 흐름은 조율하고 작성하였다. 주제여행상품이라는 주제로 목차를 통해 전체흐름을 갖추고 각자의 맡은 부문을 통해 개별적이고 개성적인 콘텐츠를 적용하고 전체적인 통일성을 추구한 책이다.

본서 발간에 도움을 주신 백산출판사 진욱상 대표님, 진상무님 그리고 담당부장으로 도움을 주시는 이경희 부장님과 편집부 담당자들께 감사를 드립니다. 이 책이 여행업의 한 축을 담당하는 영역에서 그리고 향후 한국 여행발전의 콘텐츠로 기여하기를 바랍니다. 그리고 대학에서 학생들에게 하나의 좌표가 되기를 바랍니다.

마지막으로 연구에 참여해 주신 주제여행포럼의 회원분들께 감사를 드립니다. 지속적으로 발전하여 역할이 점증하는 주제여행포럼이 되었으면 합니다. 모든 분들 늘 건승하세요. 독자 여러분들께도 감사드립니다. 늘 여행과 함께 행복하시기 바랍니다. 여행은 늘 즐겁습니다. 감사합니다.

CONTENTS

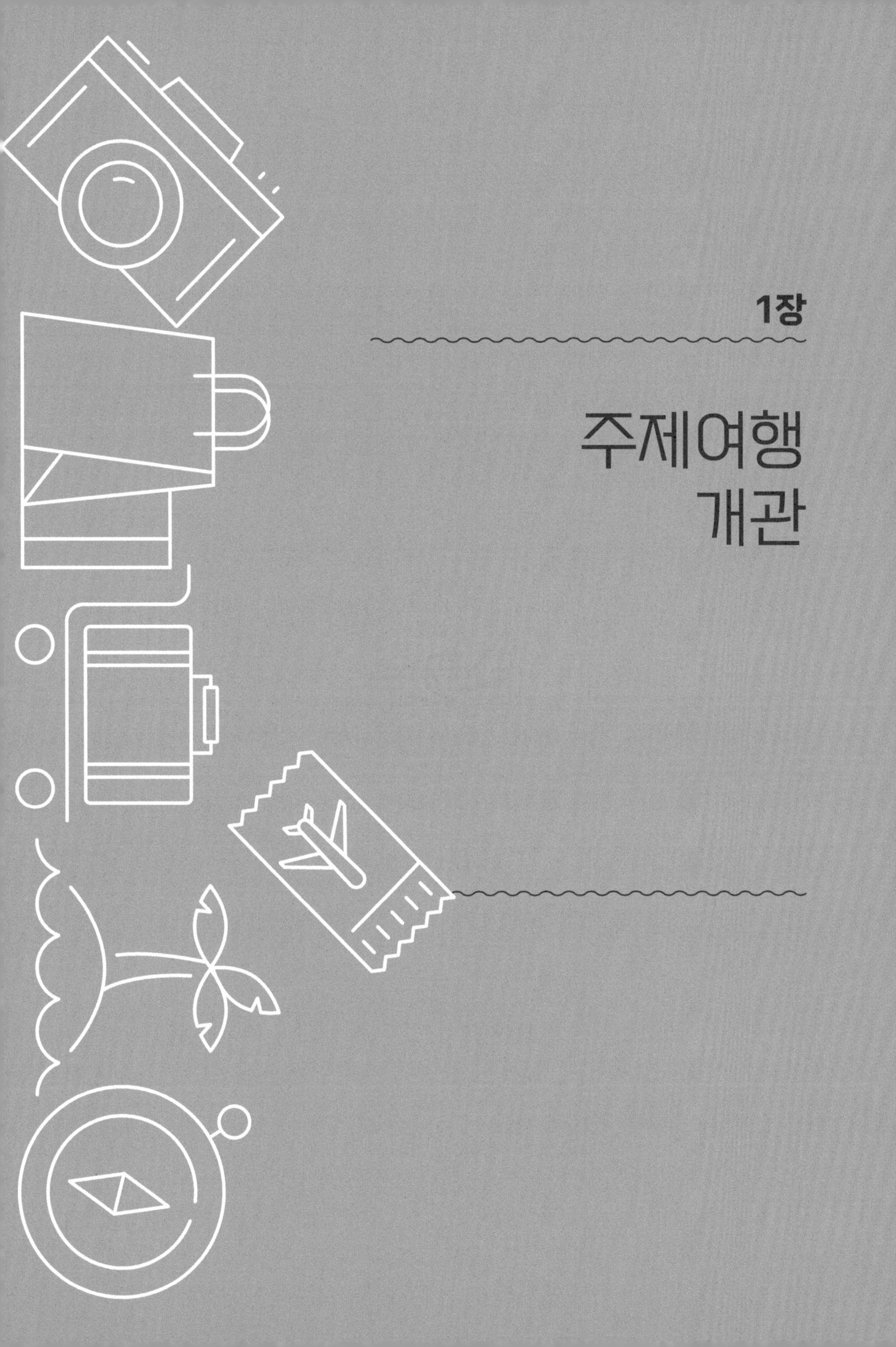

1장

주제여행 개관

주제
여행
상품

1장

주제여행 개관

1 주제여행 이해

1) 주제여행 정의

여행의 초창기 일사불란하게 진행되었던 단체여행의 획일성에서 벗어나 개인영역에서 원하는 여행방식인 주제를 갖고 진행되는 여행(고종원, 2020: 5)을 주제여행이라고 할 수 있다.

주제여행은 목적을 갖고 떠나 성취하고 나름대로의 결과가 창출되는 일련의 목적과 과정이 뒷받침되는 여행이다. 보고 즐기고 듣고 맛있는 음식을 먹고 사고 싶은 것을 구입하는 의식주에 관련된 투어도 포함된다. 분명한 목적성을 갖고 추구하는 투어이다. 콘셉트가 있고 여행의 주제가 있는 여행을 주제여행으로 정의한다.

주제여행은 예전에 단순한 관광, 즉 경관이 좋아 찾거나 발길 닿는 대로 여유를 즐기기 위한 차원에서의 여행, 다르게 표현하면 기분전환을 위한 즐기는 관광에서 벗어나 목적을 갖고 떠나 성취하고 나름대로의 결과가 창출되는 일련의 목적과 과정이 뒷받침되는 여행을 의미한다(고종원, 2020,14; 고종원, 2022: 404).

테마(Thema, Theme)여행은 주제여행의 동일 맥락이다. 테마는 독일어로 창작이나 논의의 중심과제나 주된 내용을 의미한다.

2) 주제여행 필요요건

교통수단이 필수적이다. 장거리 여행일 경우는 항공기가 필요하다. 육로이동은 버스, 자동차, 철도 등 교통수단이 필요하다. 해로의 경우에는 크루즈, 유람선 등 이동수단이 요청된다.

그리고 주제여행의 수요가 필요한 요건으로 중요하다. 해외나 국내로의 여행선택 시 여행지에서 자신이 추구하는 가치[1]와 취미를 즐기기 위한 세대별 문화를 타깃으로 하여 만들어지고 개발되는 주제여행 경험의 콘텐츠가 중요하다.

3) 주제여행 여건

단체여행에서 개별여행으로 여행패턴 즉 여행형태가 변하면서 주제여행의 다양화가 보여진다. 자신이 관심 있고 좋아하는 여행을 추구하게 된다. 코로나 시기를 지나며 새로운 주제여행의 도약이 예측된다. 항공편이 증가될 것이다. 새로운 상품의 개발이 지속될 것이다. 국가마다 관광에 대한 중요성과 가능성에 주목하며 새로운 콘텐츠와 개발을 하고 있다. 여행에 대한 긍정적이고 적극적인 의지가 국내 수요에서도 목격되는바 주제여행에 대해서도 긍정적인 신호로 보여진다.

항공편의 증가, 새로운 상품의 개발, 국가마다 관광에 대한 중요성과 가능성에 더욱 주목하는 상황 등 많은 요인 등이 작용하는 것이 주제여행이 발전하고 형성될 수 있는 여건이다. 여행수요의 증가현상도 주제여행의 좋은 여건이다(고종원, 2022: 405).

1 최근에는 MZ세대에서 특히 가치소비형 테마여행의 수요가 커지면서 여행사들이 이러한 테마여행상품 개발과 판매에 노력을 기하고 있다.

2 주제여행 종류와 사례

1) 주제여행포럼 저서

현대여행상품에서 고종원은 주제여행 사례로 생태관광, 의료관광, 힐링투어/건강증진투어, 식음료투어, 문화예술투어, 시티투어, 해돋이/일몰투어, 고성투어, 안보관광, 반전투어, 모험관광, 헬기투어/경비행기투어, 와인투어로 구분하여 서술하고 있다(고종원, 2020: 7).

안동 264와인 판매점 내부 안동시 도산면 소재로 청포도 청수를 사용하여 경쟁력 있는 화이트 와인을 만든다.

또한 고종원은 주제여행의 사례로 콘셉트투어를 포함하고 있다. 쇼핑투어, 자전거투어를 포함한다. 축제여행도 주제여행의 종류에 포함시키고 있다(고종원, 2020: 8).

프랑스의 꽃 판매 아름다운 장미꽃이 한 다발에 우리 돈 약 13,000원에 판매된다.

2) 매일경제 등 신문매체 주제

테마여행[2]의 주제는 체험여행, 걷기여행, 역사여행, 생태체험여행, 오로라 같은 자연현상 체험여행, 청정자연지역 여행, 최근에는 환경에 대한 관심으로 전기차 투어, 자전거, 기차 등 대중교통수단을 이용하여 여행하면서 탄소 중립에 기여하면서 걸으면서 쓰레기를 줍는 플로킹여행[3](매일경제, 2022.3.15) 등 다양하게 펼쳐진다. 여행소비자의 환경에 대한 관심과 참여도가 높아지면서 상대적으로 가격이 비싸더라도 친환경여행상품에 대한 투자가 이루어지는 상황이다. 계절 테마여행상품 등 테마여행상품이 다양하게 개발되고 이용된다.

3) 주제여행상품에 관한 연구

고종원의 연성대 논문집 제58집의 시사점과 결론에서 주제여행을 정리하고 있다. 주

2 위에서 언급한 주제여행과 같은 맥락과 동일의미로 파악하고자 한다.

3 플로킹여행은 전기자전거와 트레킹이 포함된 여행이다. 스위스 7일, 친퀘테레 하이킹을 하는 투스카니·움브리아 9박 10일 이탈리아 여행이 대표상품이다. 이 상품은 인터파크투어에서 환경보호에 동참하는 이색여행상품이다(매일경제, 2022.3.15).

제여행은 체험여행, 걷기여행[4], 역사여행, 생태체험여행, 오로라 등 자연현상 체험여행, 청정자연여행, 플로킹여행 등 다양하다. 생태관광, 일출 및 일몰 등과 같은 자연친화적 여행이 대두되고 있다. 경비행기여행, 남극탐험, 고산투어, 트레킹투어, 미술여행, 음악여행, 와인투어 등 관심분야로의 여행이기도 하다. 최근에는 스포츠경기 관람, 섬투어의 수요도 늘어나고 있다(고종원, 2022: 431).

오페라투어 국내의 많은 오페라 극장에서 오페라가 공연되고 있다. 한국은 이제 세계의 수준 높은 문화국가가 되었다. 예술의 전당 공연 전 공연장 앞 전경으로 베르디의 오페라 리골레토 공연이다.

4 걷기여행은 특히 코로나 시대에 활성화되었다. 전염의 가능성이 낮은 야외에서의 건강을 위한 걷기여행상품은 건강과 힐링을 위한 주제여행으로 각광받게 되었다.

또한 주제여행은 건강투어, 식음료투어, 지역 술과 매칭되는 음식투어, 국내외 휴양지 여행을 통해 힐링을 추구하게 된다. 환경을 보존하는 환경투어도 대두되고 있다(고종원, 2022: 431)고 한다.

국립 현대미술관 서울관 전경

3 주제여행 변화

1) 주제여행 트렌드

코로나 시대인 2020년 7월을 전후하여 주제여행의 트렌드를 현대여행상품의 주제여행부문에서 고종원은 환경에 관심을 기울이는 관광, 다양한 체험관광 증가, 힐링투어, 3세대 여행, 스터디 투어, 키즈동반 여행, 농촌마을 체험, 여행코디네이터 동반 투어(고종원, 2020: 8)로 구분하여 서술하고 있다.

2) 국내 테마상품 사례

남도한바퀴 봄테마상품[5]의 주요 내용은 다음과 같다. 특화된 주제로 상품이 구성되고 진행된다.

(1) 보성녹차 해안도로, 강진 백운동정원, 구례 천은사, 담양 관방제림 등 힐링코스
(2) 유엔이 선정한 최우수 관광마을 신안 퍼플섬을 비롯해 목포 해상 케이블카, 순천만 국제정원박람회 등 봄 대표 관광지 21개소
(3) 장성 및 영광 산책여행, 해남 및 완도 봄바람여행, 화순 및 보성 풍경여행, 여수 베니스여행, 영암 및 강진 둘레길 여행 등 전통시장 5개
(4) 진도와 완도를 둘러보는 제주페리 2개 코스(파이낸셜뉴스, 2023.4.20).

4 주제여행 확대

1) 주제여행포럼 저서

현대여행상품(고종원 외, 2020)의 주제여행부문을 담당한 고종원은 주제여행의 확대부문으로 특별한 나라 방문, 죽기 전에 보아야 할 최고의 절경지역, 숨겨진 비경과 보물섬, 휴양지 상품, 먹방투어, 문화와 역사의 섬투어, 육군훈련소 관광상품, 영화 · 드라마 촬영지 방문투어(고종원, 2020: 7~8)를 포함하고 있다.

5 전라남도와 금호고속이 진행하는 상품이다.

프랑스 꽃 판매점 사람들의 다양한 관심사에 따라 투어의 방향과 동선이 정해질 수 있다.

2) 개별여행 형태 증가

주제여행은 단체나 패키지형태도 있지만 주로 개별여행 형태로 진행되고 있다. 이러한 수요가 커지고 있다. 예를 들면 제주도 방문객의 90.8%가 개별여행객으로 부분 패키지 5.9%나 완전 패키지여행 3.4%보다 압도적으로 많은 것으로 나타났다. 제주여행 항목별 만족도는 자연, 문화, 야간관광 등 관광지 매력도가 가장 높게 나타났다(2022년 제주특별자치도 방문 관광객 실태조사).

제주도여행의 경우 개별여행의 형태로 본인들이 추구하는 여행형태와 주제, 자연관광과 문화관광 그리고 야간여행 코스 등 원하는 콘텐츠를 추구하는 경향과 이에 따른 만족도가 높은 것으로 판단된다. 무엇보다도 제주도라는 목적지의 힐링, 휴양, 이국적인 섬 그리고 많은 관광콘텐츠를 매력있는 주제여행 장소로 인식하는 것으로 분석된다.

3) 자유여행의 증가

여행의 수요가 증가하고 국내외 여행의 경험을 통해 국내의 여행객들은 자유여행 형태를 선호하는 것으로 보인다. 여행경험이 부족한 상황에서는 여행을 전반적으로 안내해 주고 진행을 맡아주는 여행사의 도움을 받는 패키지여행을 선호하고 이용하였으나 현재는 많은 경험과 인터넷 등을 통한 여행정보의 간편한 확보와 조달로 인해 자유여행이 대세가 되고 있다.

자유여행의 증가는 주제여행이 가능한 여건을 뒷받침한다. 주어진 일정에 따라 시간에 맞게 진행해야 하는 패키지투어보다는 자신이 추구하고 하고자 하는 여행스타일과 시간에 쫓기지 않고 여유있게 진행할 수 있는 자유여행형태의 주제여행을 추구하는 사람들이 많아진 상황이다.

자유로운 여행이 자유여행으로 자신이 희망하고, 하고 싶은 여행을 자유여행 형태로 하고 있다.

Tip 10명 중 9명 여행사 패키지보다 자유여행

제주항공이 22년 3월 29일부터 4월 19일까지 3주간 자사 SNS를 통해 설문조사를 시행하였다. 올해 여름휴가는 성수기를 피해 가까운 지역으로 떠나려는 여행자가 많은 것으로 나타났다. 전체 응답자 742명 중 91%인 673명은 여름휴가 계획이 있으며 이 중 53%인 354명은 여름 성수기인 7~8월에, 42%인 282명은 5, 6, 9, 10월에 휴가를 떠날 계획이라고 응답하였다.
가고 싶은 여행지에 대한 질문에는 67%인 449명이 중단거리 지역을 선택했으며 24%인 163명이 국내지역을, 9%인 61명이 장거리 지역을 선택하였다. 중단거리 지역에서는 일본(도쿄, 오사카)이 31%로 1위, 중화권인 중국, 대만, 홍콩 등이 14%로 2위, 대양주(괌, 사이판)와 베트남(다낭, 하노이, 호찌민 등)이 각각 14%로 3위를 기록하였다. 국내여행은 제주도가 77%로 1위, 장거리는 유럽(런던, 파리, 로마)이 57%로 가장 인기가 높았다.
그리고 여름휴가를 계획하고 있는 응답자 중 69%인 464명은 3~6일의 단기여행을 희망한다는 답변이며 10명 중 9명이 여행사와 함께하는 패키지여행보다 자유롭게 일정을 짤 수 있는 자유여행을 선호한다고 답변하였다. 이 밖에 1인당 예상 여행경비는 국내여행 30~50만 원, 단거리 여행 50~70만 원, 중거리 여행 70~100만 원, 장거리 여행 200~300만 원이라고 응답하였다.

출처: 이정민 기자, 트래블데일리, 2023.4.24 ; m.traveldaily.co.kr

프랑스 파리의 개선문 에투알 광장에 위치한 개선문은 파리를 상징하는 대표적인 명소이다. 전쟁터에서 승리해 돌아오는 황제나 장군을 기리기 위해 세운 문이다.

4) 영역의 확대

일반인과 장애를 가진 사람들이 공존하는 열린 관광지 여행도 함께하고 상생한다는 복지의 강화 차원에서 주제여행에 포함될 수 있다. 선진국으로 발전해 갈수록 열린 관광[6]이 확대될 것이다.

6 열린 관광은 모두를 위한 장애물 없는 관광이다. 무장애 관광이며 무장애 여행서비스가 제공되어야 한다. 공기업인 한국관광공사가 운영하는 복지 지향적이며 평등을 지향하는 장애인과 비장애인이 함께하는 여행이다(access.visitkorea.or.kr).

문화예술의 확대 경향에 부응하여 미술관 및 박물관 투어, 오페라투어, 음악회 투어 등이 활성화될 것이다. 선진국으로 이미 진입한 우리나라 사람들의 국내외 여행은 프랑스 등 세계 최고의 관광국가들에서 보여지는 것처럼 미술관, 박물관, 오페라, 음악회 등의 문화 및 예술적인 투어가 중심적인 콘텐츠로 부상할 것이다.

그리고 역사관광, 쇼핑투어, 축제이벤트도 더욱 활성화될 것으로 사료된다. 세계 면세점 시장[7]의 경쟁이 치열해지는 것을 보고 있다. 쇼핑에 관련한 투어가 관광수입의 확보라는 차원에서 국가 간의 경쟁과 정책이 치열해질 것으로 예견된다. 공항 내 면세점, 시내 면세점, 기내판매, 아울렛, 재래시장, 지역의 골목시장 등 전 영역에서의 상품화가 더욱 제기될 것이다. 쇼핑을 주제로 하는 상품이 더욱 구체화되어 관심을 끌 것으로 보인다.

가장 많은 관광객과 방문객을 유입시키는 세계적인 대형 이벤트, 즉 올림픽이나 월드컵 같은 메가이벤트에 관련한 주제여행도 체계적으로 확대될 것이다. 또한 세계적인 축제에 관련한 상품화도 더욱 활성화되며 관심을 촉발할 것으로 전망된다. 세계적인 축제 지역과 내용이 상품화되고 많은 수요를 확대시킬 것이다. 이는 국내의 경쟁력 있는 축제도 포함되어 많은 수요를 끌어낼 것이다. 축제는 가장 확실하게 주제여행에 어울리는 테마 콘텐츠를 잘 나타내는 상품이라는 점에서 주목된다고 하겠다.

경기도 안산산업역사박물관 안산시의 대표적인 무장애관광지로 단원구 동산로 268에 위치한다.

7 무디리포트에 의하면 2020년 중국 CDFG 66억 300만, 롯데 28억 2,000만, 신라 42억 4,000만, 스위스 듀프리 23억 7,000만, 미국 DFS 22억[유로화 기준] 순이다(중앙일보, 전 세계 주요 면세점 매출액 순위: 고종원 외, 2021: 458). 세계 각국이 치열한 경쟁을 벌이고 있는 상황이다.

종로구 경희궁길 42에 소재한 성곡미술관 한국의 에드워드 호퍼로 불리는 원계홍 탄생 100주년 기념전 안내가 보인다.

5 코로나 시대 전후 주제여행 변화

1) 비교우위 관광자원 상품화

계절에 따라 테마상품이 국내여행상품으로 개발 및 출시되고 있다. 전남도는 지역의 매력 있는 관광명소를 합리적 가격에 즐길 수 있는 광역순환버스 남도한바퀴 봄여행상품이 인기를 끈다는 설명이다. 남도한바퀴는 전남의 섬, 웰니스, 전통시장 등 비교우위 관광자원을 상품화해 만들고 운영하는 전남의 명품 여행상품이라는 설명이다. 코로나 이전 한 해 평균 2만 5천여 명이 이용하였다(파이낸셜뉴스, 2023.4.20).

2) 무장애 코스 여행

장애인과 거동이 불편한 노령층을 대상으로 휠체어 리프트 관광버스를 무장애코스로 운행하여 관광복지 증진에 힘쓰는 여행상품을 운영하고 있다. 동행하는 보호자는 무료이다. 전남도의 대표여행상품인 남도한바퀴의 내용이다. 착한 가격과 함께 각 관광지마다 문화관광해설사[8]가 재미있는 설명과 안내를 해주어서 관람객이 관광지의 역사와 문화를 쉽게 이해하고 도와주는 역할(세계일보, 2023.4.21)을 하는 것으로 알려진다.

무장애 여행은 장애인과 비장애인 모두가 함께 참여하는 턱없는 여행이며 장애인의 여행과 관광에 대한 권리가 확대되어야 한다는 취지가 반영되는 여행이다. 수동적으로 주어진 특별한 기회의 여행을 넘어 하고 싶은 여행이 실제로 이루어지는 차원으로의 적극적인 여행으로 변화되어 가고 있다.

김중업건축박물관 입구 이동로 문턱 없는 이동이 가능하도록 조성됨

군산 경암동 철길마을 무장애 관광을 추구하는 열린 관광지로 선정된 표지가 앞에 보인다.

8 경기도에 현재 약 500명의 문화관광해설사가 역할을 하고 있다. 장애인에 대한 문화관광해설을 위해 수어 등을 포함한 장애인을 위한 관광해설 교육 등을 강화하고 있는 상황이다.

3) 지역관광으로 성장

최근 로컬관광이 부상하고 있다. 잘 알려진 대도시의 관광으로부터 지역관광에 대한 관심 그리고 지역의 관광을 진흥시키려는 노력이 어우러져 발전과 진화의 길로 가고 있다.

세계 각 지역의 관광에 대한 비중과 국내 지자체의 노력 그리고 소비자의 관심으로 성장하는 지역관광이 되고 있다.

로컬의 시대, 지역관광의 진화 그리고 창조의 시대, 스스로 성장하는 지역관광이 2023~2025년 관광트렌드 전망 연구보고서의 주요 내용이 되고 있다. 2023~2025년 관광트렌드로 새로운 시대의 여행을 의미하는 New Era Trip에서 제시된 트렌드의 주요 내용이다(한국문화관광연구원, 2023~2025 관광트렌드 전망보고서).

참고문헌

고종원, 주제여행상품에 관한 연구, 연성대학교 논문집, 제58집, 2022
고종원 외, 국제관광, 백산출판사, 2021
고종원 외, 현대여행상품, 백산출판사, 2020
매일경제, 2022.3.15
세계일보, 2023.4.21
이정민 기자, 10명 중 9명 여행사 패키지보다 자유여행, 트래블데일리, 2023.4.24
파이낸셜뉴스, 2023.4.20
한국문화관광연구원, 2023~2025 관광트렌드 전망보고서
2002년 제주특별자치도 방문 관광객 실태조사
access.visitkorea.or.kr

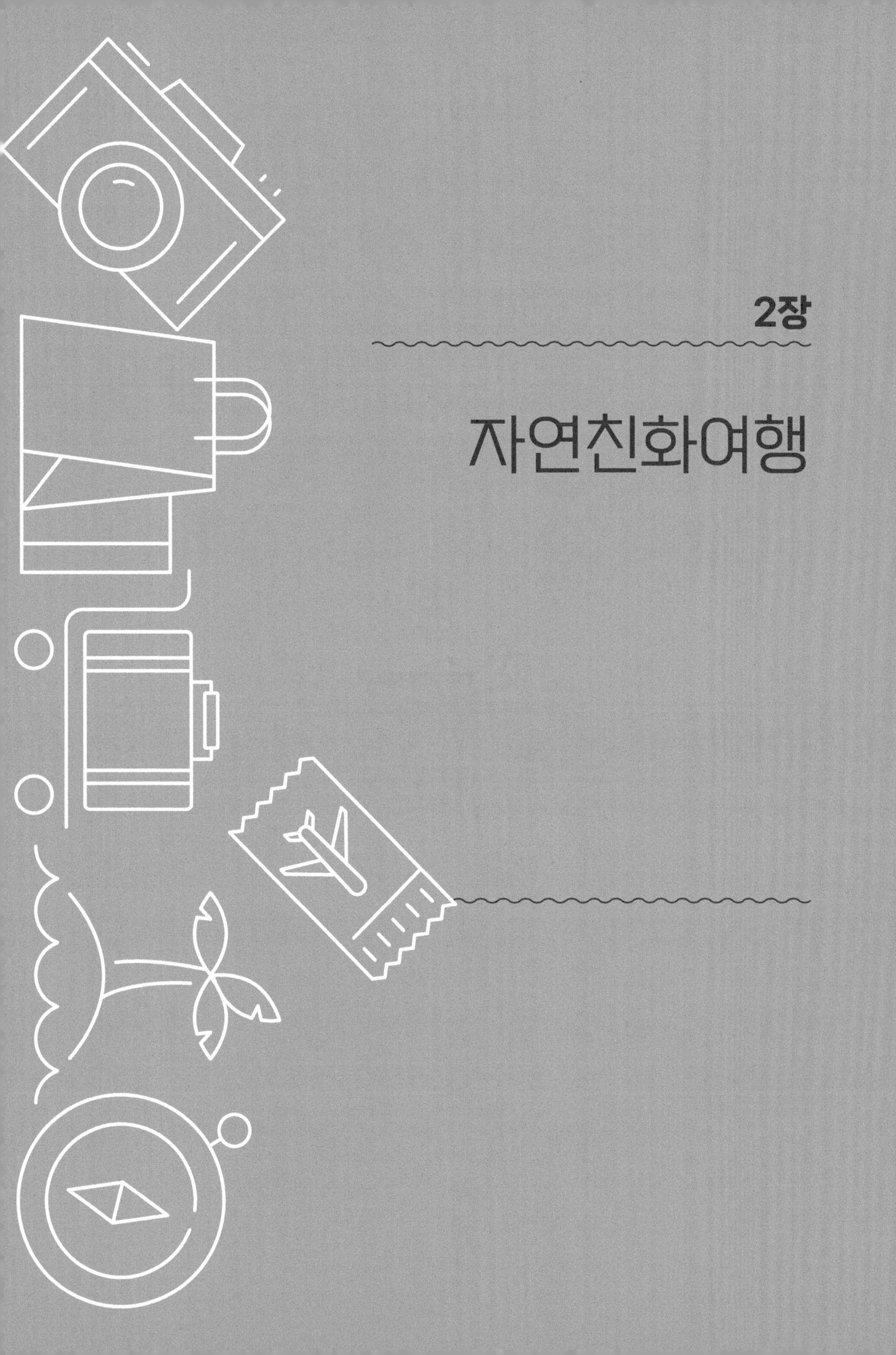

2장

자연친화여행

주제
여행
상품

2장

자연친화여행

1 생태관광(ecotourism)

생태학(ecology)과 관광(tourism)의 합성어로 양호한 상태의 자연보존지구를 목적지로 하는 여행을 말한다. 자연환경보전법에서는 생태와 경관이 우수한 지역에서 자연의 보전과 현명한 이용을 추구하는 자연친화적인 관광으로, 세계생태관광협회(International Ecotourism Travel Association)에서는 환경보전과 지역주민의 복지 향상을 고려하여 자연지역으로 떠나는 책임있는 여행으로 정의한다. 따라서 자연환경 · 고유문화 · 역사유적의 보전, 생태적으로 양호한 지역에 대한 관찰과 학습, 관광사업과 관광객의 지속가능한 관광활동 등을 포괄하는 관광이다. 지속가능한 관광(sustainable tourism), 녹색관광(green tourism), 자연관광(nature tourism) 등과 유사한 개념이다.

생태관광과 가장 유사한 개념은 지속가능한 관광으로, 생태관광은 생태계 혹은 자연환경 보호의 관점을 중시하면서도 잘 보존된 자연환경을 관광하는 데 비중이 큰 반면에, 지속가능한 관광은 생태계와 자연환경을 어느 정도 유지하면서 지역주민과 지역사회, 그리고 관광산업의 발전을 함께하자는 개념으로 여겨진다. 그 의미와 개념은 학자에 따라 조금씩 다르지만 생태관광은 지속가능한 관광과 가장 유사하다.

생태관광은 자연경관을 관찰하고 야외에서 간단한 휴양을 하면서 자연을 훼손하지 않는 관광에 기원을 둔다. 그러나 자연경관을 단순히 관찰하는 관광도 수요가 늘어나 자연

생태계를 훼손하게 되면서 자연과 유적, 지역의 문화를 보호하면서 동시에 지역주민들에게도 관광의 이익을 얻을 수 있도록 하자는 사회적 요구에 부응하는 데 그 취지가 있다.

생태관광은 자연에 대한 적절한 학습을 통한 지적 만족감과 자연을 보호한다는 개인적인 보람도 느낄 수 있는 관광이다. 또한 관광의 대상 지역을 지속적으로 보존할 수 있는 관광의 방식이라 할 수 있다.

대중관광이 자연환경의 파괴, 문화유적과 지역사회 전통의 훼손, 관광지 지역민의 경제적인 박탈감, 대규모 관광산업의 에너지와 자원의 낭비 등이 문제가 되면서 1980년 후반부터 대안관광이 등장했다. 관광이 산업으로 입지가 굳어지면서 관광객을 대상으로 관광산업과 지역사회와 공공단체, 그리고 환경관련 단체들이 서로 견제하고 보완하면서 발전하고 있다. 즉 관광의 사회적 목적과 경제적 목적이 환경적 목표와 조화를 이루어야 한다는 점이다.

2. 국내 생태관광

1) 생태관광지역

환경부에서는 2011년부터 환경적으로 보전가치가 있고 생태계 보호의 중요성을 체험 · 교육할 수 있는 지역을 생태관광지역(자연환경보전법 제41조)으로 지정하는 생태관광지역 지정 시범사업을 시작했다. 2013년 이후 2022년 8월까지 전국에 총 29개소의 생태관광지역이 지정 · 운영되고 있다. 생태관광의 육성을 위하여 생태관광지역 내 교육, 생태관광자원의 조사 · 발굴 및 국민의 건전한 이용을 위한 시설을 조성하고, 생태관광의 운영에 필요한 비용을 지원하는 등의 정책을 추진하고 있다.

생태관광지역

시도	지역	특징
안산	대부도· 대송습지	섬 전체 모양이 낙지와 비슷하다고도 하고 연꽃이 물에 떠 있는 모양 같다고도 하는 '대부도', 100km에 이르는 수려한 해안선을 가지고 있으며 '대송습지'라는 천혜의 해양자원을 곁에 두고 있다.
백령도	하늬해변과 진촌리 마을	백령도는 인천에서 228km, 북한의 황해도 장연군과는 직선거리로 10km 떨어져 있는 대한민국에서 8번째로 큰 섬으로, 이런 지정학적 위치로 인해 자연과 환경이 비교적 잘 보존되고 있다.
평창	어름치마을 (백룡동굴)	생태계의 보물창고인 '동강', 백운산과 칠족령, 백룡동굴, 황새여울 등 특이한 지형과 수려한 경관을 자랑한다. 천연기념물 어름치와 동강할미꽃 등 희귀한 야생동식물의 서식처로서 생태적 가치가 특별한 지역이다.
강릉	가시연습지· 경포호	관동팔경 중 제일경으로서 자연현상으로 인해 이동된 모래가 바다의 일부를 막아 생겨난 동해안 대표 석호 '경포호', 인근에 복원된 가시연습지는 홍수를 예방하고 다양한 생물들이 서식할 수 있도록 도와주는 유수지이다.
양구	DMZ	휴전 이후 60년 가까이 사람의 발길이 닿지 않은 '양구 DMZ'. 동식물들에게는 원시 자연의 모습을 그대로 간직하고 있는 생명과 평화의 땅이며, 생태관광객은 두타연, 펀치볼 등과 연계한 DMZ 원시생태체험투어를 즐길 수 있다.
인제	생태마을 (용늪)	2011년 환경부의 생물서식환경 등 환경성 평가 결과 최우수자치단체로 선정된 인제군은 습지보호구역, 천연보호구역, 산림유전자원 보호구역 등 보호지역면적이 전체 군 면적의 33%에 달한다. 아름다운 자연경관을 그대로 보존하고 있고, 멸종위기야생동식물 74종, 한국고유종 281종, 천연기념물 21종이 서식해 법정보호지역으로도 추진 중에 있다.
철원	DMZ두루미 평화타운 및 철새도래지	'DMZ두루미평화타운'은 다양한 두루미와 조류, 그리고 야생동물을 특정기간뿐만 아니라 언제든 누구나 다양한 정보를 얻을 수 있다.
서산	천수만	'서산 천수만'은 갯벌을 막아 생긴 넓은 담수화와 농경지가 어우러진 곳으로, 풍부한 먹이원과 휴식처가 있어 하루 최대 50여만 마리의 철새가 찾아오는 세계적인 철새도래지이다.
서천	금강하구 및 유부도	금강과 서해바다 생태계가 함께 모여 살아가는 생명의 보고 '금강하구.' 봄·가을엔 도요물새들, 겨울엔 청둥오리, 흰뺨검둥오리, 고방오리, 쇠오리 등이 서식하며 먹이를 찾아다닌다.
괴산	산막이 옛길과 괴산호	괴산호 주변 푸른 산에 덧그림을 그리듯 자연스럽게 복원한 옛길 '산막이옛길', 연리지, 소나무 동산, 망세루 등 26개의 스토리텔링을 담은 볼거리가 군데군데 자리잡고 있어 걷는 이에게 소소한 재미를 안겨준다.
옥천	대청호 안터지구	옥천군 대청호 안터지구 생태관광지역은 안내면 장계리에서 동이면 석탄리를 거쳐 안남면 연주리까지의 21km를 물길로 잇는 지역이다.

울진	왕피천	우리나라 최대의 생태경관보전지역 '울진 왕피천' 울진의 빼어난 전경과 친환경적이고 우수한 프로그램을 몸소 체험할 수 있는 곳이다. 자연환경해설사와 함께하는 탐방예약제로 트레킹을 즐길 수 있다.
영양	밤하늘 반딧불이 공원	밤하늘엔 별이, 땅 위엔 반딧불이가 빛나는 광경을 요즘 아이들은 본 적도 없고 어른들의 기억에도 어렴풋하다. 반딧불이와 별을 생태관광자원으로 승화시킨 곳은 대한민국에서 영양이 처음이며, 유일한 반딧불이 생태체험마을 특구로도 지정된 곳이다.
울산	태화강	연어, 은어 등 700여 종의 동식물이 서식하고 있는 '태화강', 십리대숲이 어우러진 태화강대공원이 아름다운 생태휴식 공간을 이루고 있고 태화강 철새공원에서는 계절에 따라 백로와 까마귀 떼의 화려한 군무가 펼쳐진다.
남해	앵강만	해안절벽을 비롯해 모래사장, 몽돌해안, 갯벌, 자갈 등 해안선의 특징을 모두 품고 있고 팔색조 등 희귀 동식물이 서식하는 '남해 앵강만', 다채로운 지형만큼 흥미로운 이야기도 많은 곳이다.
창녕	우포늪	우리나라에서 가장 크게 생성된 내륙습지 '우포늪', 우포늪, 목포늪, 사지포늪, 쪽지벌 등 4개의 늪 주변 생태마을에 머물며 사람도 자연의 일부가 되는 것을 느낄 수 있다.
김해	화포천습지	화포천과 봉하마을은 화포천습지 생태공원화 사업과 국가생태탐방로 조성사업, 봉하마을 생태문화공원 조성사업 등을 실시하여 생태관광 기반시설을 갖추고 있다.
밀양	사자평습지와 재약산	밀양 재약산 사자평 고산습지는 약 0.58㎢로 국내 최대 규모의 산지습지이다. 재약산 정상부의 평탄한 곳에 형성되어 있으며, 환경부에서 2006년 『습지보전법』에 의거 '산들늪 습지보호지역'으로 지정 고시하였으며, 2009년 '사자평 고산습지'로 명칭 변경되었다.
창원	주남저수지	주남저수지는 두루미류와 가창오리 등 수만 마리의 철새가 도래하여 월동하는 지역으로 현재는 람사르협약의 등록습지 기준에 상회하는 동양 최대의 철새도래지로서 주목받고 있다.
부산	낙동강하구	길고 좁은 모래톱이 해안선과 거의 평행으로 늘어서 있는 연안사주가 발달된 '부산 낙동강하구', 연간 20만여 마리의 철새가 도래하는 철새들의 낙원이다.
고창	고인돌·운곡습지	자연스럽게 복원된 습지와 세계문화유산인 고인돌 유적을 함께 볼 수 있는 '고창 고인돌·운곡습지', 습지해설, 동양 최대 고인돌 탐방 등 생태와 문화, 지역을 하나로 엮은 대표 프로그램이 있다.
정읍	월영습지와 솔티숲	내장산은 금선폭포와 계곡, 서래봉과 까치봉 등 아홉 봉우리의 산세가 유난히 수려하고 아름다워서 '산 안에 숨겨진 보물이 많다'라는 뜻을 가지고 있고 호남의 금강산이라 불린다.
순천	순천만	연안습지로는 최초로 람사르 협약에 등록된 '순천만', 160만 평의 빽빽한 갈대밭과 끝이 보이지 않는 광활한 갯벌로 이루어져 있고, 천연기념물 흑두루미를 비롯해 국제적으로 보호되고 있는 철새 희귀종들이 서식하고 있다.
신안	영산도 명품마을	전남 신안군 흑산도의 동쪽에 유일하게 위치한 아주 작은 섬이다. 과거에 섬에 영산화가 많이 핀다 하여 영산도라 불리었다.

완도	상서 명품마을	청산도에 남아 있는 유일한 국립공원마을로 35가구 남짓한 주민들이 살고 있으며, 멸종위기 야생동물인 긴꼬리투구새우와 돌담길, 청산도 전통 농업방식인 구들장논 등 우수한 생태자원과 전통문화가 잘 보존되어 있다.
무등산	평촌 명품마을	담안, 동림, 우성 3개 자연 마을로 이루어진 평촌마을은 예로부터 분청사기를 만든 지역으로, 무등산수박의 재배지이자 반딧불이가 서식하고 있는 깨끗한 자연환경을 자랑하고 있다.
서귀포	효돈천과 하례리	한라산에서 서귀포 바다에 이르는 13km의 하천, '서귀포 효돈천'은 천연기념물 제182호이다. 효돈천 주변에는 난대식물대, 활엽수림대, 관목림대, 고산림대 등 한라산 식물군이 모두 존재한다.
제주	동백동산 습지	약 1만여 년 전에 형성된 용암대지 위에 뿌리내린 숲 곶자왈은 비가 오면 수십 수백 개의 습지가 형성되는 특별한 지형으로, 2011년 람사르 습지 보호지역으로 지정됨은 물론, 유네스코 세계지질공원 대표명소로 지정된 곳이다.
제주	저지곶자왈과 저지오름	저지곶자왈은 도너리오름에서 31000년 전 흐른 용암으로 형성된 상록수림지역으로 종가시나무, 개가시나무, 예덕나무 등과 양치류, 덩굴식물들이 우거져 약 1,000여 종의 생물이 서식한다.

출처 : 생태관광이야기, http://ecotour.go.kr

2) 순천 순천만

우리나라 연안습지 중 첫 번째 람사르(Ramsar)습지인 '순천 순천만'은 우리나라 최대 두루미(천연기념물 제228호) 서식지로 알려져 있다. 오염원이 적어 다양한 생물이 풍부하게 발달되어 있다. 천연기념물 흑두루미를 비롯해 국제적 희귀조류 25종과 흑두루미, 먹황새, 검은머리물떼새, 노랑부리저어새 등 한국조류 220여 종이 서식한다. 다양한 생태자원을 보존 · 연구 · 체험하기 위해 생태공원이 조성되어 있다.

순천만은 강물을 따라 유입된 토사와 유기물 등이 바닷물의 조수 작용으로 퇴적되어 넓은 갯벌이 형성되어 있다. 전체 갯벌의 면적이 22.6㎢에 이르며 썰물 때 드러나는 갯벌의 면적은 12㎢에 이른다. 순천의 동천과 이사천의 합류 지점에서 순천만의 갯벌 앞부분까지 총면적 5.4㎢에 이르는 거대한 갈대 군락이 펼쳐져 있다.

지금의 이 자연환경은 기록으로도 남아 있는데, 삼국시대에는 지금의 도사, 별량, 해룡 지역이 광활한 갯벌과 모래였다는 기록이 있다. 조선시대엔 홍두 지역에 곡물을 저장해 임금께 진상하는 해창이 있었다는 기록이 있다. 현재는 예전에 존재하던 갯벌부분이 많이 사라졌지만, 순천만 서부와 북부에는 갯벌이 점점 넓어지고 있다고 한다.

2003년 12월부터 습지보존지역으로 지정되어 관리되고 있으며, 2004년에는 동북아 두루미 보호 국제네트워크에 가입하였다. 2006년 1월 20일에는 국내 연안습지로는 최초로 람사르 협약(국제습지조약)에 등록되었다. 갈대밭과 S자형 수로 등이 어우러진 해안 생태경관의 가치를 인정받아 2008년 6월 16일 문화재청이 명승으로 지정하였다. 순천만을 포함한 순천시 전역은 2018년 유네스코 생물권 보전지역으로 지정되었으며, 2021년에는 순천만 보성벌교 갯벌이 유네스코 세계자연유산에 등재되었다.

출처 : 순천만 습지, https://scbay.suncheon.go.kr/

순천만

Tip 람사르협약(Ramsar Convention)

람사르협약의 정식 명칭은 '물새 서식처로서 국제적으로 중요한 습지에 관한 협약(Convention on Wetlands of International Importance, especially as Waterfowl Habitat)'이다. 이는 1971년 2월 2일에 이란의 람사르(Ramsar)에서 체결되었기 때문에 람사르협약이라 부른다. 일명 습지협약이라고도 한다.
람사르협약은 습지 보전의 필요성에 대한 인식으로부터 시작되었다. 20세기 중반까지도 습지는 생태적, 경제적으로 중요한 가치를 가지고 있음에도 불구하고 지구상의 많은 지역에서 관개와 매립, 오염 등으로 훼손되었다. 1960년에 세계자연보전연맹(IUCN: The International Union for the Conservation of Nature and Natural Resource)과 국제수금류·습지조사국(IWRB: International Waterfowl and Wetlands Research Bureau), 조류보호를 위한 국제협의회(ICBP: International Council for Bird Protection)는 습지 훼손을 저지할 필요성을 인식하였다. 특히 물새 서식지인 습지가 파괴되고, 이로 인한 개체 감소를 심각한 상황으로 받아들이게 되었다.
람사르협약은 습지보전과 '현명한 이용(wise use)'을 비전으로 한다. 습지의 '현명한 이용'은 '지속 가능한 발전의 측면에서 환경생태학적 접근을 통해 습지의 생태적인 특성을 유지하는 것'이라고 정의된다. 습지의 현명한 이용은 습지를 보전하면서 지속 가능하게 이용하여 인간과 자연에게 모두 이익이 되도록 하자는 것으로 볼 수 있다. 이 협약은 1975년 12월 21일에 발효되었는데, 2021년 10월 10일 기준으로 171개국이 참여하고 있다. 또한 2,000곳 이상의 습지가 람사르습지로 등록되어 있다.
람사르습지 목록에 한국의 습지가 등록된 것은 강원도 인제군 서화면 심적리 대암산의 용늪이 최초이며, 2018년 11월 현재 23곳의 습지가 람사르습지로 등록되어 있다. 23곳은 대암산 용늪(1997), 창녕 우포늪(1998), 신안 장도 산지습지(2005), 순천만·보성갯벌(2006), 제주 물영아리오름(2006), 울주 무제치늪(2007), 태안 두웅습지(2007), 전남 무안갯벌(2008), 제주 물장오리오름(2008), 오대산국립공원 습지(2008), 강화 매화마름군락지(2008), 제주 한라산 1100고지 습지(2009), 충남 서천갯벌(2009), 전북 고창·부안갯벌(2010), 제주 동백동산습지(2011), 전북 고창 운곡습지(2011), 전남 신안 증도갯벌(2011), 서울 한강 밤섬(2012), 인천 송도갯벌(2014), 제주 숨은물뱅듸(2015), 한반도습지(2015), 순천 동천하구(2016), 안산 대부도 갯벌(2018), 장항습지(2021)이다.

출처: 한국민족문화대백과, 한국학중앙연구원, http://encykorea.aks.ac.kr/

(1) 순천만 천문대

낮에는 흑두루미, 청둥오리 등 다양한 철새들을 보고, 밤에는 달과 멀리 있는 별 등을 관측할 수 있는 곳이다. 천체에 관한 다양한 영상물을 관람하고 야광 별자리판, 앙부일구(옛날 해시계) 등을 만들어보는 등 과학 체험 활동도 가능하다.

밤에는 별을 보고 낮에는 새를 보는 천문대인 순천만 천문대에는 사람 눈보다 만 4천 배나 많은 빛을 받아들이는 고성능 천체 망원경이 있다.

(2) 순천만 자연 생태관

순천만의 다양한 생태자원을 보존하고, 학자들의 연구와 학생 및 일반인들의 생태 학습을 위해 만들어진 공간이다. 1층에는 안내데스크, 순천만 라운지가 조성되어 있다. 순천만 라운지에서는 관람객 배려를 위한 휴게공간과 순천만습지 역사와 소개에 관련한 관람시설이 제공되어 있으며 로비 중앙에 실제 흑두루미 크기의 5배가 넘는 흑두루미 조형물이 우아한 자태를 자랑하는 포토존이 조성되어 있다. 2층에는 순천만습지의 소개와 순천만에 서식하고 있는 다양한 갯벌생물, 철새들에 관한 전시시설을 볼 수 있도록 조성하였고, VR공간과 교육체험실이 있어 다양한 체험프로그램을 경험할 수 있다.

(3) 갈대숲 탐방로

순천만 자연 생태관 옆의 갈대숲 탐방로에서는 갯벌 생물들이 살아가는 모습을 생생하게 관찰할 수 있다.

교량동과 대대동, 해룡면의 중흥리, 해창리 선학리 등에 걸쳐 있는 순천만 갈대밭의 총면적은 약 160만 평에 달한다. 이곳은 흑두루미, 재두루미, 황새, 저어새, 검은머리물떼새 등 국제적인 희귀조이거나 천연기념물로 지정된 30종이 날아드는 곳으로 전 세계 습지 가운데 희귀 조류가 가장 많은 지역으로 알려져 있다.

(4) 용산 전망대

갈대숲 탐방로를 따라 바다 쪽으로 걸어가다 보면 용산이라는 산이 나온다. 갈대밭과 순천만 일대를 한눈에 내려다볼 수 있는 최고의 조망대이다. 갈대밭 관광 중심지인 대대포구 건너편에 길게 뻗은 산줄기의 남쪽 끝 해발 80m 지점에 있다.

3) 양구 DMZ

DMZ(Demilitarized zone)는 비무장지대란 뜻으로 6.25전쟁 때 UN군과 북한공산군이 휴전을 전제로 군사분계선과 이 선을 중심으로 남북 각 2km씩 너비 4km의 비무장지대를 설정할 것을 합의하고 확정 · 발표하였다. 그러나 30일 이내로 휴전이 성립되지 않아 무효화되었고 1953년 7월 27일에 '한국군사정전에 관한 협정'이 체결되어 군사분계선이 확정되면서 현재의 비무장지대가 설정되었다. 휴전 이후 60년 가까이 사람의 발길이 닿지 않아 원시 자연을 그대로 간직하고 있으며 산림유전자원 보호구역으로 지정될 만큼 그 보전가치가 높아 2013년 12월 생태관광지역으로 지정되었다. 원주지방환경청은 양구군 및 생태관광협회 등과 협력하여 역사와 자연이 고스란히 공존하는 생태관광을 만들기 위해 노력하고 있다. 또한 DMZ생태체험 테마마을을 조성하여 지역경제 활성화에도 기여하고 있다.

양구군의 자연생태는 DMZ의 청정자연 상태가 그대로 보전돼 산림유전자원 보호구역으로 지정될 만큼 그 보전가치가 높다. 1,000m가 넘는 산이 빙 둘러싸여 화채 그릇처럼 생긴 'DMZ펀치볼'은 한국전쟁 당시의 군사요충지로서, 숱한 전투 속에 수많은 사람이 전사했다 하여 '펀치볼'이라는 이름이 붙여졌다. 우리나라 해병에 '무적해병'이란 이름이 붙은 것도 이곳에서의 '도솔산전투' 때문이다. 아픈 전쟁의 역사와 생태학적 가치가 '양구DMZ'에 공존하고 있다.

출처 : 대한민국 구석구석, https://korean.visitkorea.or.kr/

펀치볼

(1) 두타연

두타연의 두타(頭陀)는 '삶의 걱정을 떨치고 욕심을 버린다'는 뜻을 담고 있으며, 민간인 통제구역으로 50여 년간 출입이 통제되어 오다가 2004년에 개방되어 원시자연을 그대로 간직한 DMZ생태계 보고로 자연의 신비와 아름다움을 만끽할 수 있는 자연생태코스이다.

양구8경 중 하나인 연못으로 주위의 산세가 수려한 경관을 이루며 최대의 열목어 서식지로 알려져 있다.

(2) 생태식물원

휴전선 인근 남한 최북단에 위치한 대암산 기슭에 자리한 곳으로 중부 이남지역과 다른 희귀식물들을 만날 수 있다. 수목원과 DMZ야생동물생태관, DMZ야생화분재원, DMZ무장애나눔숲길, 생태탐방로가 어우러진 자연 중심의 생태 타운이다. 자연생태가 잘 보존된 대암산 해발 450m의 자락에 조성되어 자연 생태의 모든 것을 오감으로 느끼고 체험할 수 있는 곳이다. 나무의 활용, 사용법 및 지식을 습득하고 생활 공예품, 놀이기구, 학습기구 등 다양한 목제품을 직접 만지고 느끼는 목재문화체험관과 숲해설가 선생님들과 함께 수목원을 탐방하여 계절별 꽃과 나무를 관찰하고 자연을 체험하는 활동 등이 있다.

(3) 파로호 생태탐방로

파로호는 1938년 일제가 대륙침략을 위한 군수산업 목적에 따라 화천군 간동면 구만리에 세운 화천수력발전소 건설로 생긴 인공호수로 1943년에 준공되었다. 6.25전쟁 기간 중 국군이 중공군의 대공세를 무찌른 것을 기념하여 이승만 대통령이 '파로호'라는 친필 휘호를 내린 데서 그 이름이 비롯되었다. 6.25전쟁 전에는 북한 치하에 있다가 전쟁 후 수복되었으며, 발전시설 용량은 105,000kw로, 잉어, 붕어 등 각종 담수어가 풍부해 전국 제1의 낚시터로 각지에서 낚시꾼들이 많이 찾는다. 이 일대에는 1987년 평화의 댐 축조를 위한 퇴수 시 호수 바닥이 드러나면서 고인돌 21기가 나왔으며, 상무룡리에서는 1만 년 전 구석기인들이 사용했던 선사유물 4,000여 점이 발굴돼 학계의 관심을 모았다. 이 밖에 함춘벌의 신석기 고인돌군 20기 등 파로호는 신 · 구석기 유물이 그대로 잘 보존된 지역이다. 파로호변에서는 천연기념물 원앙의 집단서식지가 발견되기도 하였다.

(4) 펀치볼

휴전선과 맞닿은 양구군 해안면 해발 400~500m의 고지대에 발달한 우리나라 최대의 분지로서 마치 화채 그릇(punch bowl)을 닮아 붙은 이름이다. 1956년 휴전 후 난민정착 사업의 일환인 재건촌 조성으로 100세대씩 입주시키며 농민들의 개척에 의해 마을의 틀이 만들어졌다. 원래 동면 관할 아래 있었던 해안 출장소가 1983년 전국 행정구역 조정에 따라 동면 북부를 분리 승격시켜 현재에 이르고 있다. 또한 6.25격전 중 해안을 바라본 종군기자가 이곳을 형태를 본떠 펀치볼이라 부른 데서 세계적으로는 펀치볼이라는 이름으로도 알려져 있다. 'DMZ펀치볼' 지역의 특성상 숲길체험지도사를 동반하지 않으면 탐방이 이루어지지 않는다. 또한 민간인 출입통제 지역 내에 조성된 숲길로, 미확인 지뢰지역과 인접된 지역으로 안내자의 안내에 따라야 한다.

4) 저지곶자왈과 저지오름

저지곶자왈은 서귀포시 안덕면 서광서리에 있는 녹차 재배 단지에서 제주시 한경면 저지리로 이어진 길을 따라 1km가량 간 후 북동쪽에 위치해 있다.

도너리오름에서 31000년 전 흐른 용암으로 형성된 상록수림지역으로 종가시나무, 개가시나무, 예덕나무 등과 양치류, 덩굴식물들이 우거져 약 1,000여 종의 생물이 서식한다. 녹나무과 식물은 나무가 곧게 자라는 데다, 대부분 향기가 있어 원예용으로 활용가치가 높은 편이다. 생물다양성이 높아 저지곶자왈의 일부가 유네스코생물권보전지역 협력(전이)구역에 포함되어 있다. 저지곶자왈과 함께 생태관광지로 지정된 저지오름은 저지마을 한가운데 우뚝 솟아 있으며 아름다운 숲길과 정겨운 돌계단이 인상적인 오름이다.

Tip 곶자왈(Gotjawal)

화산이 분출할 때 점성이 높은 용암이 크고 작은 바위 덩어리로 쪼개져 요철(凹凸) 지형이 만들어지면서 형성된 제주도만의 독특한 지형이다. 곶자왈은 나무·덩굴식물·암석 등이 뒤섞여 수풀처럼 어수선하게 된 곳을 일컫는 제주도방언이다.

제주도의 동부·서부·북부에 걸쳐 넓게 분포하며, 지하수 함량이 풍부하고 보온·보습 효과가 뛰어나 세계에서 유일하게 열대 북방한계 식물과 한대 남방한계 식물이 공존하는 곳이다.

출처: 두산백과 두피디아, 두산백과, http://www.doopedia.co.kr

Tip 오름

한라산과의 관계에서 기생화산, 측화산이라고도 한다. 분석구는 폭발식 분화에 의해 방출된 화산쇄설물이 분화구를 중심으로 쌓여서 생긴 원추형의 작은 화산체이다. 주로 현무암질 스코리아(scoria)로 이루어졌으며 높이는 대개 50m 내외이다. 스코리아는 다공질(多孔質)의 화산쇄설물로서 제주도 말로는 '송이'라고 한다.
오름은 한라산을 중심으로 제주도 전역에 걸쳐 분포하는데 그 수는 360개 이상으로 알려졌다. 이들 오름은 형성연대가 오래되지 않았고 빗물의 투수율이 높아 원형이 잘 보존되어 있는 것이 특징이다. 분석구에는 보통 깔때기 모양의 분화구가 존재하지만 아주 작은 것은 분화구가 없는 경우도 있다.
오름을 지속가능한 발전의 대상으로 보호하고 관리하려는 노력을 기울이고 있다. 선흘리 거문오름은 제주도 오름으로는 처음으로 2005년 천연기념물로 지정되었으며, 2007년에는 한국 최초로 '거문오름 용암동굴계'라는 명칭으로 세계자연유산 중 하나로 등재되어 보호 관리되고 있다.

출처: 한국민족문화대백과, 한국학중앙연구원, http://encykorea.aks.ac.kr/

출처 : 대한민국 구석구석, https://korean.visitkorea.or.kr/

저지오름

(1) 저지곶자왈(한수풀)

저지곶자왈은 한경-안덕 곶자왈 지대의 월림-신평 곶자왈 내에 포함되며 용암공급처는 도너리오름으로 31000년 전에 형성된 용암으로서 매우 젊은 용암이다. 여기에는 용암동굴, 압력돔(tumulus), 용암교, 용암상승과 거대 절리가 관찰된다. 일부 용암의 함몰지형은 지하 용암동굴의 천장이 무너지면서 형성된 붕괴도랑(collapse trench)으로 해석되며 모두 보존가치가 높은 곳이다.

(2) 저지오름(닥몰오름·새오름)

저지오름은 닥몰오름 또는 새오름이라고도 부른다. 산상의 분화구를 중심으로 어느쪽 사면이나 경사와 거리가 비슷한 둥근 산체를 이루고 있다. 둘레가 약 900m, 깊이가 약 60m쯤 되는 매우 가파른 깔때기형 산상분화구를 갖고 있는 화산체이다. 오름 각 사면에는 해송이 주종을 이루며 잡목과 함께 울창한 숲을 이루고 있다. 분화구 안에는 낙엽수림과 상록수림이 울창한 자연림 상태를 보이고 있으나 안사면으로 보리수나무, 찔레나무, 닥나무 등이 빽빽이 우거져 있어 화구 안으로의 접근이 매우 어렵다.

저지오름(楮旨岳)이란 호칭은 마을이름이 '저지'로 되면서부터 생긴 한자명이라 한다. 그전까지는 '닥몰오름'이라 불렀으며, 저지의 옛이름이 '닥모루(닥몰)'였다고 한다. 이는 닥나무(楮)가 많았다는 데서 연유한 것이고, 한자이름은 한자의 뜻을 빌려서 표기한 것이라고 한다.

(3) 용선달리

최초의 마을이 시작된 곳으로 약 400년 전 물골경내 물을 따라 전주이씨가 정착 마을을 이루었다는 곳이다. 4.3당시 마을이 없어졌으며, 이곳 지명으로 도수장가름이란 곳이 있다. 소나 말을 잡던 곳이어서 그런 이름이 남아 있는 것으로 보인다. 또한 하르방당이 있는데 불미쟁이(대장장이)나 백정들이 모셨을 가능성이 있는 당으로 팽나무가 신목이다.

(4) 현대미술관과 예술인마을

저지리는 문화예술인마을로 많이 알려져 있다. 예술인 마을은 제주특별자치도 제주시 한경면 저지리에 있는 문화 예술인 마을을 일컫는다. 저지예술인마을은 현장 경험과 예술 교육을 바탕으로 지역 주민에게 문화 예술을 이해시키고 정서를 순화시킨다. 지역 개발 효과 유발 및 관광 자원화와 함께 제주 지역 문화 예술의 발전에 일익을 담당하기 위해 1999년 건립이 계획되었다. 곶자왈, 방림원 등 이색적인 공간이 많아 제주의 문화와 볼거리를 함께 즐길 수 있다. 길목마다 아름다운 시와 문구가 쓰인 표지석들이 자리하고 있다. 자연과의 공존, 문화 예술 테마 공간을 목표로 하여 설립한 제주 현대 미술관과 김창열 미술관 등 자연과 어우러져 여유로운 관람을 할 수 있는 다양한 문화 예술 공간이다.

3 해외 생태관광

1) 호주 : 그레이트배리어리프(Great Barrier Reef)

그레이트배리어리프는 호주의 북동해안을 따라 발달한 세계 최대 규모의 산호초 지대로 1만 5000년 전부터 형성된 산호초들이 길이 2,000km, 면적 약 34만 5,000km에 이른다. 산호초 대부분이 바다에 잠겨 있고, 일부가 바다 위로 나와 방파제와 같은 외관을 형성한다. 초호(礁湖)는 수심 60m 이하의 대륙붕이며, 해저는 평탄하고 동쪽으로 약간 경사져 있다. 바깥쪽은 경사가 급하여 갑자기 깊어진다.

산호초 지대에는 고래상어, 바다거북, 듀공(dugong) 등 희귀 및 멸종위기종을 비롯해 산호 400여 종, 어류 1,500여 종, 연체동물 4,000여 종이 군락을 이루고 있다. 세계유산으로서 손색이 없을 정도로 문화적 가치도 상당하다. 수많은 조개무지, 거대한 물고기 덫, 원주민들의 다양한 고고학 유적지가 이 지역에서 발견되었다. 특히 리저드 섬과 힌친브룩 섬에 많은데, 수준 높은 암각화가 여러 곳에서 발견되었다.

곳곳에 암초가 많아 해안을 선박으로 운행하는 것은 위험하지만, 아름다운 자연경관과 크고 작은 70여 개의 섬들을 위주로 관광시설이 발달하였다. 북부의 케언스 부근에는 산호초에 열대수족관을 만들고 해저에서 수중의 생태를 관찰할 수 있는 시설을 마련하였다.

수중 예술 박물관(MOUA: Museum of Underwater Art)은 유네스코 세계자연유산에 등재된 산호초 지대를 방문하는 사람들에게 이곳에 대해 제대로 알리고 이 소중한 생태계를 보호하기 위한 보존과 복원 노력의 필요성을 강조하는 역할을 한다. MOUA의 첫 설치 미술품은 오션 사이렌(Ocean Siren)과 코랄 그린하우스(Coral Greenhouse)이다.

정부에서는 1975년 그레이트배리어리프해양공원법을 제정하여 이곳을 보호 · 관리하고 있으며, 1981년 유네스코 세계자연유산으로 지정되었다. 그레이트배리어리프 지역 내 관광업체, 학교 등이 참여하는 네트워크 조직을 구성해 산호초 일대를 관리하고 있다. 케언스 내 50여 개 관광회사는 '산호수호대(Eyes On the Reef)'라는 모니터링 제도를 실시 중이며, 주 1회 실시 후 정부에 보고한다. 산호초 지대를 어업가능 지역, 관광가능 지역, 접근 불가 지역으로 구분하여 관리하고 있다. 탐방객 1인당 5.5호주달러(약 6,500원)의 환 경보전금도 걷어 산호초 보호에 지출하고 있다. 산호가 잘 살 수 있는 수질을 유지하기 위하여 해변 인근 농장의 토질도 동시에 관리한다.

호주 환경수자원부 그레이트배리어리프 해양공원관리국에 따르면 연간 300만 명 이상이 산호초지대를 방문하고 있음에도 별다른 훼손 없이 생태가 잘 유지되고 있다는 평가를 받고 있다.

출처 : 호주 관광청, https://www.australia.com/

그레이트배리어리프

2) 코스타리카 몬테베르데(Monteverde)

코스타리카 수도인 산호세(San Jose)에서 북서쪽으로 약 167km 떨어진 곳에 위치한다.

이곳은 아메리카대륙에서 가장 넓고 잘 보존된 야생동물 보호지구인 몬테베르데 운무림 보존지구(Monteverde Cloud Forest Reserve)가 있는 곳으로 유명하다. 10개의 작은 마을로 이루어졌으며 운무림 지역에 대한 지속가능개발 사업으로 유명하여 전 세계에서 수많은 과학자, 교육자, 자연을 사랑하는 사람들이 찾아오고 있다.

해발 1,440m(4,662피트)에 위치한 코스타리카 몬테베르데는 미국의 태평양 북서부 지역과 매우 흡사하다. 강수량과 습기로 가득 찬 구름이 거의 매일 수평선 위로 떠다니기 때문에 상록수이다. 몬테베르데의 운무림은 숲 캐노피의 잎과 가지 사이에 얽힌 안개(두껍고 낮은 구름)의 부산물이다. 이 수성 구름이 단단한 식물 재료와 접촉하면 식물은 필요한 것을 흡수하고 나머지 물은 응축되어 숲 바닥에 도달할 때까지 층별로, 유기체별로 아래로 떨어진다. 이곳에서는 다양한 종류의 야생 동식물을 기본으로 자연국립공원 주변의 대자연을 배경으로 한 정글 탐사뿐만 아니라 조류 관찰, 깊고 험한 정글 사이를 로프로 연결하여 탐험하는 스카이 트랙 등, 모험을 즐기거나 자연 속에서 휴식을 취하며 심신을 치유한다.

정글 탐사의 주요 볼거리는 850종에 이르는 조류로 찬란한 색조의 케찰, 남색 머리를 한 벌새, 마코 앵무새(macaw), 투칸(toucan) 등이 대표적이다. 코스타리카의 열대 우림에는 1,400종이 넘는 열대나무와 네 종의 원숭이, 나무늘보, 아르마딜로(armadillo), 재규어, 맥(tapir) 등 특이한 동물들이 살고 있다.

이곳의 자연보호는 1951년 대륙 분수령인 이 지역에 미국 알라배마로부터 퀘이커(Quakers) 교도가 오면서 시작되었다. 자유와 평온을 찾아 이곳에 온 퀘이커 교도들은 운무림의 아래 땅을 사서 농장을 일구기 시작했다.

운무림의 보존이 본격적으로 시작된 것은 1972년 조지 마치와 해리엇 마치 부부로부터 비롯되었다. 운무림은 전체 넓이가 10,500헥타르이며, 몬테베르데는 전 세계 야생동물 보호지역 가운데 가장 유명한 곳 중 하나가 되었다.

출처 : 몬테베르데 정보센터, https://www.monteverdeinfo.com/

크라우드 포레스트

3) 말레이시아 타만 네가라 국립공원(Taman Negara National Park)

타만 네가라는 말레이시아 반도에 있는 국립공원으로 말레이시아 최초이자 가장 오래된 공식 보호구역이다. 원래 명칭은 킹 조지 5세 국립공원(King George V National Park)으로 조지 왕 즉위 25주년을 맞아 1938년 클란탄(Kelantan), 파항(Pahang), 트렝가누(Terengganu)의 술탄(Sultan)에 의해 국립공원으로 지정되었다. 말레이시아 고유의 천연자원을 보호하기 위해 1957년 말레이시아 독립 이후 타만 네가라로 공식명칭이 변경되었는데, 말레이어로 '국립공원'을 의미한다. 총면적이 4,343km^{2}이고 1억 3천만 년 이상 된 것으로 추정되는 세계에서 가장 오래된 낙엽수림 중 하나이다.

타만 네가라는 말레이호랑이(Malayan tigers), 인도들소(Malayan gaur) 및 아시아 코끼리와 같은 희귀 포유류의 서식지이다. 자이언트 아르거스(giant argus), 붉은 정글닭, 희귀한 말레이 꿩 등이 살고 있다. 타한 강은 게임 피쉬(game fish)의 일종인 말레이시아 잉어(Malaysian Mahaseer)를 보호하기 위해 보존된다. 국립공원 내에서 발견되는 종은 식물 10,000종, 곤충 150,000종, 무척추동물 25,000종, 조류 675종, 파충류 270종, 민물고기 250종,

포유류 200종이며, 이 중 말레이시아 고유의 희귀종도 포함하고 있다.

가장 인기있는 액티비티는 텔링가(Teringa) 동굴탐험과 라타버코(Lata Verco) 급류 타기가 포함된다. 열대우림, 조류관찰, 정글 트레킹, 타한 강(Tahan rivwe)을 따라 흐르는 강 전망을 경험할 수 있다. 방문객을 위해 근처에 많은 지역 리조트와 호텔이 있다. 리버 크루즈와 정글 트레킹이다. 열대 우림의 모습을 가까이서 볼 수 있는 높이 40m, 길이 530m의 현수교는 세계에서 가장 긴 캐노피 워크웨이(Canopy Walkway)로 여행의 필수 코스이다. 관찰용 은신처에서 야생동물을 관찰하거나, 높은 곳에 지어진 오두막에서 밤을 보내며 야간의 야생 생태계를 체험하거나, 보트를 타고 동굴을 탐험하는 등 타만 네가라는 자연과 함께하는 액티비티로 가득하다.

출처 : 말레이시아 관광청 : http://www.malaysia.travel

캐노피 워크웨이(Canopy Walkway)

참고문헌

대한민국 구석구석, https://korean.visitkorea.or.kr
두산백과 두피디아, 두산백과, http://www.doopedia.co.kr
람사르협약, https://www.ramsar.org
마이클 브라이트 저, 이경아 역(2008), 죽기 전에 꼭 봐야 할 자연 절경 1001, 마로니에북스
말레이시아 관광청, http://www.malaysia.travel
몬테베르데 정보센터, https://www.monteverdeinfo.com
순천만습지, https://scbay.suncheon.go.kr
한국민족문화대백과, 한국학중앙연구원, http://encykorea.aks.ac.kr
함길수, 세계의 명소, http://blog.naver.com/ham914
호주 관광청, https://www.australia.com
환경청, https://www.me.go.kr/wonju

Theme Trip Product

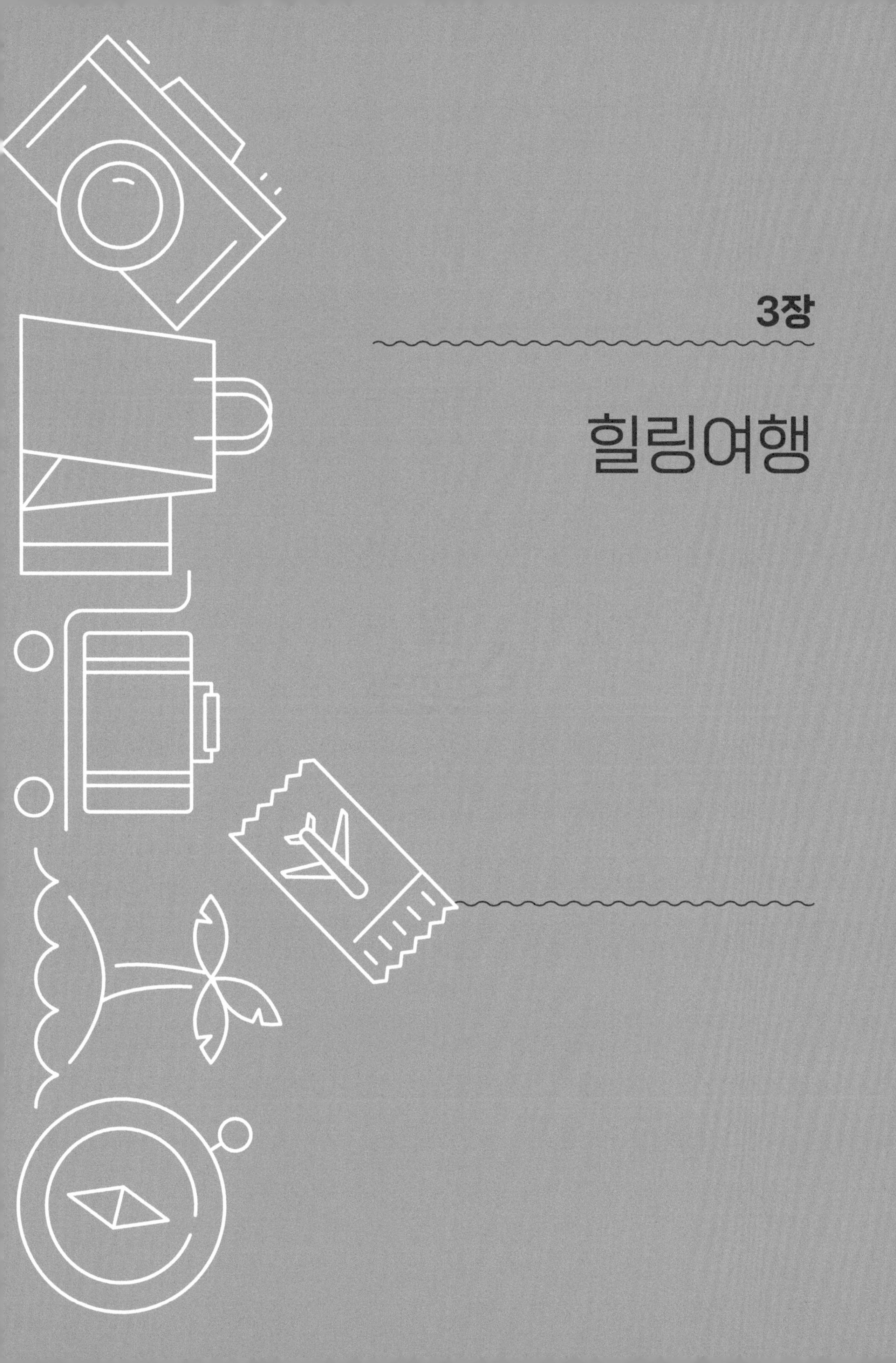

3장

힐링여행

주제
여행
상품

3장

힐링여행

1 코로나19 시대의 여행

1) 코로나19 이후 관광트렌드의 변화

2020년 코로나19의 발생에 따른 경제적 위기는 1975년 1차 석유파동 등 역대 그 어떤 위기와 비교할 수 있을 정도로 경제적 충격이 큰 것으로 분석되었다(표 1 참조). 마찬가지로 여행업계와 관광종사자 등 문화관광 분야 전반에 걸쳐 심각하고도 중대한 영향을 미쳤다. 관광객 입국의 감소로 인한 경제적 피해와 더불어 여행업과 호텔 등 관광업 종사자들의 대량 실업이 일어났으며 국제교류와 무역의 감소로 국가 간 협력과 소통 역시 급감하게 되었다. 관광객의 제한은 결국 무역량의 감소로 이어졌고 민간교류의 중단으로 이어져 항공업계와 여행사, 호텔 등에서는 불가피하게 구조조정을 실시한 곳도 많았다. 하지만 끝이 보이지 않는 팬데믹 상황 속에서도 여행을 향한 인간의 욕구는 희망을 버리지 않고 있었다. 코로나19의 장기화로 관광산업이 고통과 좌절의 늪에 빠져 있을 때에도 인간의 무한한 욕구는 “트래블 버블(Travel Bubble)”이라든지 “무착륙 관광비행”, “백신관광” 등 새로운 테마상품의 형태로 나타나기 시작했다.

표 1 | 주요 위기별 경제적 충격의 규모 비교

	1차 석유위기 (1975)	2차 석유위기 (1980)	외환위기 (1998)	세계금융위기 (2009)	코로나 위기 (2020)
실질GDP 성장률 하락폭 (%포인트)	-2.6	-12.3	-13.1	-3.9	-3.7
민간소비 성장률 하락폭 (%포인트)	-2.7	-7.39	-19.7	-3.2	-7.41
고용 감소폭 (천 명)	-222	-316	-1,512	-311	-457

주 : 충격의 크기는 이전 5년(고용은 3년) 추세 대비 저점이 속한 해(표시된 연도)의 변화폭
출처 : 한국은행 국민계정, 통계청 경제활동인구

한편 2020년 관광업계 피해액이 14조에 이를 것으로 추정할 정도로 극심한 고통에 빠진 관광여행업계에서는 회복탄력성이 큰 관광산업의 특성상 곧 절망의 끝이 희망이 될 것이라 믿는 분위기가 살아나고도 있었다. 사실 이러한 희망은 최근 한국관광연구원의 조사에서 나왔듯이 우리 국민은 코로나19 이후 가장 하고 싶은 여가 활동 1위로 해외여행을, 2위로는 국내 여행을 꼽았다는 사실에 근거하고 있다. 여행을 통한 인간의 행복추구권을 결코 무시할 수 없다는 게 정설이긴 하다. 하지만 과연 2003년 사스, 2008년 글로벌 금융위기, 2015년 메르스 때와 같이 관광여행업계가 일시적 위축을 견디고 다시 회복될 수 있을까에 대해서는 약간의 의구심이 생긴다.

세계관광기구(UNWTO)에 따르면 코로나19로 인해 2020년 상반기 기준으로 국제관광객이 65% 감소했으며 국제관광시장이 코로나 이전으로 회복하려면 2.5년에서 4년 정도 걸릴 것으로 예상하고 있다. 또한 이번 코로나19 위기는 그 위기의 양상이 그 이전의 위기와 조금 다른 점이 있기 때문이다. 우선 위기의 지속 기간이 거의 4년에 육박할 정도로 장기적으로 진행되었다. 두 번째 기후변화 등으로 인해 신종감염병의 발생주기가 빨라지고 있다는 점이다. 언제든지 새로운 팬데믹이 발생될 가능성이 농후하다는 것이다.

또 하나 주목해야 할 것은 코로나19를 계기로 여행과 관광에 대한 국내외 인식과 트렌드에 조금씩 변화의 물결이 일고 있다는 것이다. 전통적으로 먹거리와 볼거리가 풍성한 가성비 좋은 여행이 인기가 있었다면 앞으로는 보다 안전하고 건강한 여행이 부각될 가능성이 높다. 마찬가지로 사람들과의 접촉을 되도록 줄이면서 즐기는 상품이 강조될 것

이다. 외부에서 활동이 중심이 되고 사회적 거리두기를 실행하는 여행콘텐츠 역시 각광받을 가능성이 높다.

마찬가지로 힐링이 여행에 있어 중요한 고려요인으로 자리 잡게 되면서 웰니스 여행(Wellbeing+Happiness)이 부각되는 추세이다. 주로 아름다운 자연 속에서 숲치유, 한방체험, 미용과 스파 그리고 명상 등의 주제로 이루어지는데 한곳에 일정기간 이상 머물면서 몸과 마음에 휴식을 주고 치유를 하는 프로그램들이 많다. 예를 들어 경북 울진의 금강송 에코리움의 경우에는 자연에서의 숲 치유를 지향하는데 울창한 금강소나무 산림 속에 머물며 테라피와 요가 등을 통해 여행객에게 진정한 힐링을 주는 것을 목표로 한다.

한편 넥스트 팬데믹에 대응하여 보다 안전한 여행에 대한 인간의 욕구가 배가되어 코로나19 경험으로 발전되었던 각국의 방역제도 맞춤형 여행의 빠른 확산도 기대해 볼 수 있을 것이다. 국가 간에 상이한 의료수준과 복잡다기한 방역제도를 극복할 수 있는 해외여행 패키지 개발을 위해서는 그간 코로나19 대응 시에 시도되었던 여행관련 국가제도를 한번 살펴볼 필요가 있을 것이다. 음식점이나 숙소, 이동수단 등 동선과 인프라에 있어서도 격리나 응급이송, 치료 개념에서의 개선과 발전이 수반되는 여행패키지도 고려해 볼 수 있을 것이다.

2020년 코로나19 발생 초기 당시 텅 빈 공항 전경

2) 한국의 코로나19 대응현황

일반적으로 팬데믹 대응방향을 방역, 의료역량 확충, 집단면역 이렇게 세 가지로 나누었을 때 한국은 첫 번째 방역부분의 강도를 고도화시킨 전략을 사용하였다. 3T로 압축되는 K 방역은 대규모 진단검사로 확진자를 가려내고(TEST), 촘촘한 추적조사로 접촉자를 샅샅이 찾아내서(TRACE), 확진자는 물론 접촉자까지 격리시키고(ISOLATION) 환자를 치료하는(TREATMENT) 체계를 집중해서 시행하였다. 물론 많은 자원과 인력이 투입되었지만 강력한 초기 차단효과를 통해 결과는 매우 긍정적이고 성공적으로 평가되었다.

다른 나라들과는 달리 이러한 한국의 독특한 전략은 2015년 MERS 유행 당시의 실패경험에 기인한다고 할 수 있다. 한국의 방역은 신종감염병 유입 시 빠르게 진단검사 역량을 늘리고 감염원을 찾아내 지역사회 확산을 차단하는 대응체계를 구축하기 위해 노력해 왔다. 사망자 수를 놓고 살피면 한국은 세계적으로 성과가 좋은 그룹에 속한다고 할 수 있다. 인구 100만 명당 코로나19 누적 사망자 수에 있어서 670명으로 일본(602명), 싱가포르(305명) 등과 함께 낮은 그룹에 속하고 있다.

한국에서 코로나19 백신에 대해서는 전 국민 접종률 70% 달성이라는 목표를 가지고 일사불란하게 추진되었으나 백신을 맞으면 코로나19에 걸리지 않고 예방접종을 통해 집단면역을 달성할 수 있다는 초기의 기대는 결국 실현되지 못했다. 당초의 기대와 실제 효과 간에 갭이 발생하면서 백신무용론이 고개를 들기도 했고 백신의 부작용과 이상반응 보고 등이 백신에 대한 불신을 초래하기도 했다. 실제 유니세프가 발간한 「2023 세계 어린이 백신접종현황」 보고서에 따르면 팬데믹 이전 90%에 달했던 한국의 백신신뢰도는 절반 가까이 추락했다.

백신을 맞은 그룹이 그렇지 않은 그룹에 비해 치명률이 낮다는 것은 세계적으로 통용되는 상식이자 진실이다. 질병관리청 발표에 따르면 60대 이상에서 코로나19 2가 백신 추가접종시 중증예방효과는 미접종자 대비 94.1%, 사망예방효과는 93.9%로 확인되었다. 세계적 의학학술지 『랜싯 감염병』에 따르면 2021년 코로나19 예방접종이 시작된 이후 1년 동안 백신이 전 세계적으로 약 200만 명의 목숨을 구했을 것으로 추정하고 있다.

아울러 코로나19 당시 세계적으로 많은 나라들이 입국자 통제를 시행했을 때 가장 유효한 조치와 수단으로 사용했던 것이 백신접종 증명서 확인이었고 이는 앞으로도 감염병

위기 시에 여전히 효과적인 방역수단으로 활용될 가능성이 높다는 점에서 국내 제도 운영을 연구해 볼 필요가 있을 것이다. 한국과 일부 국가 간에 시행되었던 버블 트래블 제도 등의 운영 경과도 한 번 살펴볼 계획이다.

또한 2015년 WHO에서 발표한 바와 같이 가까운 미래에 감염병 유행을 초래할 가능성이 높으나 예방과 치료수단이 없는 8대 감염병에 해당하는 인수공통감염병의 발생 가능성을 고려하여 이러한 새로운 감염병 시대에 여행과 관광의 발전은 어떤 방향성을 갖고 추진할 것인지에 대한 고민 차원에서 걷기여행 등 일부 사례를 소개해 보고자 한다.

3) 트래블버블(Travel Bubble ; 여행안전권역)

트래블버블은 코로나19 방역을 우수하게 수행하고 있는 국가 간에 버블(안전막)을 형성해 해당국가 간에는 여행을 허용하는 협약을 의미한다. 코로나19의 장기화에 따라 새로운 형태의 관광콘텐츠의 하나로 부상되었는데 우리나라에서도 싱가포르, 사이판 등과 협약을 맺고 진행한 적이 있었다. 코로나19를 겪은 과거의 경험을 통해 팬데믹 등 위기 상황 속에서도 관광산업이 보다 안전하고 방역친화적으로 활성화될 수 있는 대안으로서 살펴보고자 한다.

(1) 한-싱가포르 트래블버블

한-싱가포르 트래블버블은 2021년 10월 8일 싱가포르 교통부장관과 우리나라 보건복지부 장관 간에 업무협약을 통해 합의를 했고 11월 18일부터 시행되었다. 양국 간 상호 동의하에 백신접종을 완료한 여행객에 대해서는 격리를 면제해서 원활한 여행을 가능케 하는 것이 주요 목적이다. 실제로 국제회의와 물류 및 관광 등이 주요 산업 기반인 싱가포르는 여행안전권역 즉 VTL(Vaccinated Travel Lane)을 통해 우리나라 이외에도 다양한 나라와 트래블 버블을 실현한 국가이다.

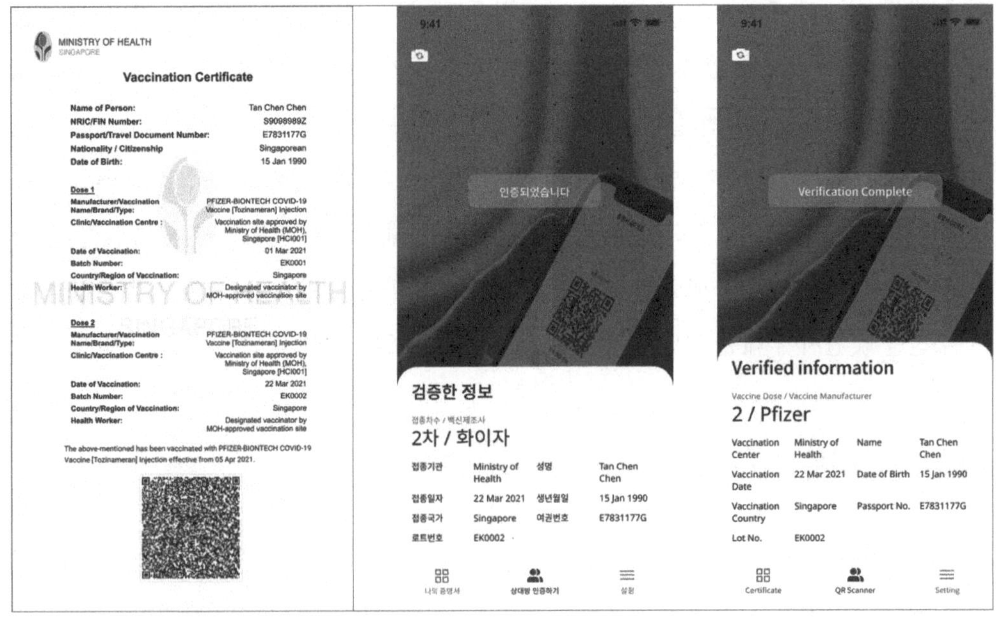

출처 : 질병관리청 홈페이지

싱가포르 전자접종증명서와 QR스캔 시 표출화면

먼저 한-싱가포르 트래블버블이 제대로 작동하기 위해서는 양국 간 합의하에 사전에 한국에서 준비한 상당히 촘촘하고 까다로운 방역조치들을 살펴보면

- 한-싱가포르 트래블버블의 대상은 싱가포르에서 백신접종을 완료하고 싱가포르(창이공항)에서 한국(인천공항)에 직항편으로 한국-싱가포르 여행안전권역을 이용하여 입국한 단체나 개인으로 정의하였다.
- 출발 전 싱가포르 현지 항공사에서는 PCR음성확인서, 백신접종증명서(종이 또는 전자), 인천공항 코로나19 검사센터 예약증, 여행자보험증서(3천만 원 이상) 등을 확인한 이후에 목걸이 형식의 비표를 배부하도록 하였다.
- 도착 후 한국의 검역단계에서는 발열감시를 하고 건강상태질문서와 PCR양성확인서, 백신접종증명서를 제출하게 되어 있으며 증상이 있는 입국자에 대해서는 입국장 또는 검역소 격리시설에서 검사를 실시하여 음성이 확인된 이후에 호텔로 이동할 수 있도록 조치하였다.
- 입국 1일차에는 PCR검사를 받아야 하는 의무를 부여했으며 여행 중에도 자가진단앱을 통해 개별적으로 능동감시를 수행하고 국내 방역지침을 준수할 수 있도록 하였다.

표 2 | 여행안전권역 이용 한국방문자 방역조치 내용

<table>
<tr><th colspan="2">구 분</th><th>조치내용</th><th>비 고</th></tr>
<tr><td colspan="2">입국 전</td><td>• 여행 전 14일간 싱가포르 체류
• PCR 음성확인서 발급(출발일 기준 72시간 이내)
• 예방접종증명서 발급(전자 또는 종이)</td><td></td></tr>
<tr><td rowspan="2">입국시</td><td>검역</td><td>• 발열감시
• 건강상태질문서 제출
• PCR 음성확인서 제출
• 백신접종증명서 제시</td><td>※ 유증상자 발생 시
- 유증상자는 입국장(검역소 격리시설)에서 검사. 음성 확인 후 숙소 이동
- 확진자 발생 시, 확진자는 병원 이송 및 치료</td></tr>
<tr><td>출입국
심사</td><td>• 특별검역신고서 제출</td><td>※ 외국인정보공동이용시스템(FINE)에 '해외 접종자(상호인정국)' 입력(법무부)</td></tr>
<tr><td colspan="2">입국 후
(1일차)</td><td>• 인천공항 코로나19 검사센터에서 검사
(본인 숙소에서 검사결과 대기)
• 자가진단앱 설치
• 음성 확인 후 여행 개시
※ 국내접종완료자, 싱가포르 내 접종완료자로서 격리면제서 소지자는 거주지 관할 보건소에서 검사</td><td>※ 확진자 발생 시
체류지 관할 보건소에서 역학조사 및 병상 배정 및 이동조치</td></tr>
<tr><td rowspan="3">여행중</td><td>유증상자
발생 시</td><td>• 즉시 의료기관 또는 보건소에서 PCR검사 실시(치료비 본인부담)</td><td>※ 검사결과 확인 시까지 격리수칙 준수</td></tr>
<tr><td>확진자
밀접
접촉자로
분류 시</td><td>• 아래 요건 충족 시 격리면제 유지
① 무증상일 것, ② 접촉한 확진자가 고위험집단시설의 이용자가 아닐 것</td><td>※ 1개 이상 요건 미충족 시, 자가격리자로 전환되며 본인의 숙소에서 자가격리 실시(중도출국 가능)</td></tr>
<tr><td>국내 8일
이상
체류 시</td><td>• PCR 검사 가능 의료기관에서 6~7일차 검사
(검사비 본인부담)</td><td>※ 확진자 발생 시
의료기관 소재 관할 보건소에서 역학조사 및 병상 배정 및 이동조치</td></tr>
</table>

출처 : 질병관리청 자료

위 표 2에서 보는 바와 같이 한국-싱가포르 간의 트래블버블은 아주 까다로운 방역조치를 수반한 채 시행하였지만 동년 12월 3일 오미크론의 세계적 확산으로 인해 일시적 중단될 위기를 겪었으며 한국에서는 입국자에 대한 자가검사 실시 등 일부 방역조치를 강화하는 것을 조건으로 트래블버블 합의 국가발 입국객에 대해서는 격리면제를 유지하게 되었다. 한편 오미크론의 확산으로 인해 싱가포르에서는 싱가포르행 격리면제 항공권 판매를 일시 중단하였으며 이 조치는 싱가포르와 트래블버블을 맺은 24개국에 동일하게 적용하였다.

2022년 2월 15일 방역상황이 누그러지자 싱가포르는 50% 감축했던 항공권 쿼터를 정상화했으며 입국 시 검사절차도 1일차 자가검사를 하는 것으로 완화했으며 이후 추가 변이 발생 전까지는 한국과 싱가포르의 VTL을 일시 중단하는 것으로 합의하였다.

표 3 | 트래블버블 해제 전/후 한↔싱 입국체계 변화

< 한국 → 싱가포르 입국자 >

구분	트래블버블 유지 시(3월 기준)	트래블버블 중단 시(4.1~)
백신 접종	2차 접종 후 14일 경과	
항공편	인천 → 창이 양국 국적사 직항편 주당 3,500명	쿼터 없음
입국 전	한/싱內 7일 이상 체류	안전국가內 7일 이상 체류
	항공기 탑승 전 48시간內 PCR 검사	항공기 탑승 전 48시간內 PCR 또는 전문가용 신속항원검사
	사전 온라인 신청(VTP)	-(VTP 불요)
입국 직후	숙소 인근 자가진단 검사(1만 원)	-(자가진단 불요)
체류 중	앱(TraceTogether)을 통한 동선관리	좌동
	싱가포르內 방역지침 준수	좌동
확진 시	치료비용 본인부담(보험가입 의무)	치료비용 본인부담 (보험가입 의무해제)

< 싱가포르 → 한국 입국자 >

구분	트래블버블 유지 시(3월 기준)	트래블버블 중단 시(4.1~)
백신 접종	2차 접종 후 14일 경과	2차 접종 후 14~180일 이내 또는 3차 접종자
항공편	창이 → 인천 양국 국적사 직항편 쿼터 없음	좌동
입국 전	한/싱內 14일 이상 체류 후	-
	항공기 탑승 전 48시간內 PCR 검사	좌동
입국 직후	입국 직후 PCR 검사(인천공항 검사센터) 및 대기(숙소)	입국 직후 PCR 검사(일반병원, 인천공항 검사센터) 및 대기(숙소)

체류 중	입국 6~7일차 신속항원 검사	좌동
	자가진단앱을 통한 관리	-
	한국內 방역지침 준수	좌동
확진 시	치료비용 본인부담(보험가입 의무)	치료비용 본인부담 (보험가입 의무해제)

출처 : 질병관리청

위 표 3에서 보는 것처럼 트래블버블은 방역상황에 따라 격리면제 대상 등을 변화시키며 검사기관 등 국민 편의성과 향후 재개 가능성을 동시에 고려하여 운영해야 하는 특징이 있다.

(2) 한국-북마리아나제도(사이판) 트래블버블 등

한국과 사이판은 코로나19 확산을 방지하면서도 국경 개방성을 확보하기 위하여 양국 합의를 통해 2021년 6월부터 양측 국민들이 상호 격리 없이 여행할 수 있는 여행안전권역 제도를 운영하였다. 하지만 동년 12월부터 오미크론 변이의 확산으로 인해 한국에서는 전 세계에서 입국하는 국내예방접종 완료자도 10일간 격리를 의무화하는 방역조치를 시행하였는바 기존 트래블버블(여행안전권역) 방문 후 입국하는 여행객도 격리 조치되어 상당한 혼선과 불편이 초래된 적이 있었다.

이에 사이판과의 합의문상 서킷블레이커 발효를 위해서는 상호 합의절차가 필요하며 상대국인 사이판 현지에서도 철저한 방역관리가 이루어지고 있고 여행안전권역 유지를 희망하는 점을 고려하여 격리면제를 유지하는 것으로 결정한 적이 있었다.

오미크론의 세계적 확산 추세에도 불구하고 한국과 사이판 간 여행안전권역 이용객에 대한 격리면제 조치를 유지한 배경에는 기존 트래블버블 합의서상의 상호합의절차 규정 이외에도 한국과 싱가포르 간 트래블버블은 유지되고 있는 점, 사이판 현지 상황을 볼 때 오미크론 확진자 발생이 없고 총인구 대비 87.3%가 백신 2차접종까지 완료한 점, 국제선의 경우 주 4회 한국 입출항 항공편만 운행하고 있는 점, 한국에서 사이판으로 출국한 여행객 전부가 도착 후 PCR검사를 실시하고 지정된 리조트 내에서 활동하는 점 등 다양한 방역요인을 고려하여 결정한 것으로 확인된다.

한 팔라우 간 트래블버블은 '22년 3월에 추진되었으나 코로나 상황의 악화로 중단되었다.

표 4 | 한 팔라우 트래블버블 합의서 협의(안), '22.3.18 기준

구분	팔라우發 > 한국行 관광객	한국發 > 팔라우行 관광객
지원 자격	국적자, 국적자의 외국인 가족, 영주권자 및 영주권자의 가족으로	
	단체 여행객	전담 여행사를 통한 단체 여행객
	WHO 긴급사용승인 백신을 접종완료(교차접종 포함) 후 14일 경과 후부터 180일 이내 또는 3차 부스터샷을 접종한 자	WHO 긴급사용승인 백신 또는 미국 FDA 긴급 승인 백신을 접종완료(교차접종 포함) 후 14일 경과
항공편	인천 → 팔라우 양국 국적사 직항편	팔라우 → 인천 양국 국적사 직항편
입국 前	한/팔 內 14일 이상 체류	한/팔 內 14일 이상 체류 후
	항공기 탑승 전 48시간內 PCR 검사	항공기 탑승 전 48시간內 PCR 검사
	사전 온라인 신청	사전 온라인 신청(시스템 확인 필요)
	입국 시 제출서류(PCR음성확인서, 예방접종 증명서, 건강상태질문서, 격리면제서 등) 사전 Q-CODE 시스템에 입력	-
	코로나 여행보험 선택(팔라우 측 제안)	코로나 여행 보험 의무
입국 後	입국 직후 PCR 검사(인천공 검사센터) 및 대기(숙소) ☞ 음성 시 격리해제 및 여행	입국 직후 48시간 내 PCR 검사 지정된 숙소에서 대기 ☞ 음성 시 격리해제 및 여행
	8일 초과 시 입국 6~7일차 RAT 검사	8일 초과 시 입국 6~7일차 PCR 검사 (별도 방역당국 지정병원)
	양국 방역지침 준수, 확진 시 즉시 격리 및 자비로 의학적 치료	
중단/재개	상호 통지에 의해 즉시 일시 중단·재개	

출처 : 질병관리청

(3) 한국·중국 간 외래관광 재개 협력

한국과 중국 간 외래관광 역시 '22년 3월에 추진된 적이 있었다. 당시 전 세계적으로 국제관광이 재개되는 추세에 있었으나 중국은 강력한 방역정책을 고수하고 있는 상황이어서 중국 대상 사증발급이 재개되더라도 중국의 입국격리(당시 21일)정책이 지속되는 한 사실상 관광 활성화가 어려운 상황이었다. 하지만 제1방한 시장인 중국시장 재개는 관광산업의 조기회복에서 핵심요소였고 단체관광 한정 재개 등을 통해 주변국 대비 선제적 중국 인바운드 창출효과를 기대할 수 있어서 다양한 대안이 검토되었다.

우선 한국과 중국 간 무격리 단체관광 재개를 검토했는데 전담여행사를 통해 여행객의 체계적 방역수칙 준수관리가 가능한 방한 단체 관광객 대상 무격리 관광을 우선 재개하는 안이 제시되었다.

표 5 | 한중 외래관광 재개 단계별 세부 이행방안

<table>
<tr><th>구분</th><th>중국發 > 한국行 관광객</th><th>한국發 > 중국行 관광객(제안)</th></tr>
<tr><td rowspan="3">지원 자격</td><td colspan="2">국적자 및 국적자의 외국인 가족, 영주권자 및 영주권자의 가족</td></tr>
<tr><td colspan="2">WHO 승인백신 2차 접종 후(얀센 1회) 14일이 지나고 180일 이내인 사람과 3차 접종자</td></tr>
<tr><td>한국전담여행사를 통한 단체여행객</td><td>중국출경여행사를 통한 단체여행객</td></tr>
<tr><td>항공편</td><td colspan="2"><북경↔인천> 간 양국 전용 직항편(추후 양국 국제공항 추가 확대)</td></tr>
<tr><td rowspan="2">입국 前</td><td>PCR 검사 1회(항공기 탑승 전 48시간內)</td><td>PCR 검사 1회(항공기 탑승 전 48시간內)
※ 現 검사 4회 필요</td></tr>
<tr><td>코로나 치료비 보장 여행보험 의무 가입</td><td>코로나 치료비 보장 여행보험 의무 가입</td></tr>
<tr><td rowspan="5">입국 後</td><td>검사 2~3회(PCR 2+RAT 1(5일 이상 체류 시))</td><td>검사 2~3회(PCR 2+RAT 1(5일 이상 체류 시))</td></tr>
<tr><td>(입국 직후) PCR 1회(인천공항 검사센터) 및 숙소
* 대기, 음성확인 시 관광개시
* 단체관광용 차량 활용 이동</td><td>(입국 직후) PCR 1회(中측 지정 검사소) 및 숙소
* 대기, 음성확인 시 관광개시
* 단체관광용 차량 활용 이동</td></tr>
<tr><td>(입국 6~7일차) RAT 1회</td><td>(입국 6~7일차) RAT 1회</td></tr>
<tr><td>(귀국편 탑승 48시간內) PCR 1회</td><td>(귀국편 탑승 48시간內) PCR 1회</td></tr>
<tr><td colspan="2">양국 방역지침 준수, 확진 시 즉시 격리 및 의학적 치료(국내 자비치료)
* 확진자 발생확인 즉시 일행 전원 PCR 검사(1회) 및 음성 확인 시까지 여행중단</td></tr>
<tr><td>본국 복귀 시</td><td>(제안) 도착 후 검사 2회 이내 및 격리면제
* 중국 도착 직후 PCR** 1회(中측 지정 검사소)
+ 추가검사 1회(중국 지정일자, 방식)
** PCR 음성확인 즉시 격리면제
※ 現 검사 6회, 21일 격리 필요</td><td>(현행) 도착 후 검사 2회 이내 및 무격리
* 한국 도착 직후 PCR** 1회(인천공항 검사센터 등) + 6~7일차 RAT 1회
** PCR 음성확인 즉시 격리의무 없음</td></tr>
</table>

한국과 중국 간 외래관광 재개방안에 있어서 특정지역을 타깃으로 무격리 단체관광을 재개하는 방안도 검토되었는데 한국(제주), 중국(하이난) 등 특정 휴양지를 지정해서 무

사증제도를 운영하고 격리면제와 검사횟수를 축소하고 운항횟수를 점진적으로 확대하는 방안이었다. 이는 앞으로도 신종감염병 재출현 시 감염병 확대를 최소화하고 여행욕구를 최소한 충족시키는 대안으로 계속 발전시키고 고민해야 할 여행상품이라고 생각한다.

이러한 방역친화여행 패키지에는 다양한 가이드라인이 제시되었고 몇 가지 전제조건이 충족되어야 했는데 개인 여행자보험의 가입과 전담여행사 내 단체관광객 동반 방역관리의무자를 지정하는 것은 필수조건이었고 이외에도 방역안심관광상품 인증제도 운영, 동선관리를 고려한 여행지의 독립지형 성격, 대표휴양지 등의 권장가이드라인이 고려되기도 했었다.

4) 감염병 시대! 관광활성화를 위해 필요한 조건들

2020년 1월에 국내에서 처음으로 코로나19 확진자가 보고된 이후 3T(Trace-Test-Treat)방역과 사회적 거리두기 등 다양한 방역조치를 시행해 온 지 3년 4개월 만에 코로나19에 대한 비상조치가 드디어 해제되었다. 2020년 1월 당시 방역당국이었던 질병관리본부 역시도 코로나19 위기가 3번의 겨울을 넘기고 나서야 해제될 것이라고 아무도 예상하지는 못했던 상황이었다. 관광분야에서 여전히 신종감염병으로 인한 불확실성은 계속될 것이라는 의견에 동의하지 않을 수 없는 시대가 도래한 것이다.

2020년 봄 질병관리본부 전경

2020년 겨울 질병관리본부 전경

코로나19 이후 사람들의 여행패턴은 어떤 방향으로 변화하고 발전해 나갈까?에 대해 여행 및 관광업계는 그동안 다양한 시각에서 많은 고민과 분석을 했을 것이다. 우선 떠오르는 양상으로는 밀접접촉을 꺼리는 성향이 확대되어 사람이 적거나 없는 지역을 선호할 것이라는 생각이 든다. 아울러 호캉스처럼 휴식과 치유를 강조하는 여행상품이 발전되기도 할 것이다. 그리고 무착륙여행, 백신여행 같은 대체상품이 많이 개발될 것으로 예상된다. 감염병시대에는 여행의 욕구를 대체하는 의미에서 랜선투어도 인기를 끌 수 있을 것이다.

하지만 근본적으로 인간의 기본적 욕구인 여행욕구를 채우는 것에 한계가 있을 수 있으니 실제 현지를 직접 여행할 수 있는 방역친화 관광의 수요는 계속 확대될 것으로 보인다. 또한 코로나19를 대응하면서 적용해 왔던 국가 간 출입국과 관련된 다양한 조치들에 대한 국제적 협력이 더욱 강화될 것으로 예상된다. 예를 들어 2021년 8월에 유럽연합과 한국 간에 코로나19 증명서 상호인정 협정을 체결하고 이동성을 보장한 적이 있었는데 이러한 예방접종 상호인정 시스템은 향후 넥스트 팬데믹 대응을 위해 WHO, EU 등에서 후속조치를 준비하고 있는 상황이다. 현재 WHO에서는 이러한 국가 간 예방접종 상호인정 경험을 바탕으로 WHO 산하에 GDHCN(Global Digital Health Certification Network) 출범을 준비 중에 있다.

그렇다면 우리는 넥스트 팬데믹에 대비하여 감염병 시대에 안전하고 아름다운 여행을 실현하기 위해서는 무엇을 어떻게 준비해야 할 것인가?

첫 번째 국내와 가까운 가장 안전하고 인기가 좋은 여행지를 선정해 놓아야 한다.

우리나라에서 가장 많이 방문하는 나라의 인기 휴양지나 관광명소를 압축해서 선정해 놓을 필요가 있다. 감염병의 출현과 상관없이 인간의 욕구는 가장 아름답고 쾌적한 휴양지를 선호할 것이 분명하니 말이다. 중국을 예로 들자면 소수민족이 있는 윈난성, 판다의 고향 쓰촨성, 석회암 카르스트 산으로 유명한 구이린, 세계에서 가장 높은 철도가 놓여 있는 티베트, 열대해변과 고급 리조트가 있는 하이난 섬 등이 인기 여행지이다. 중국은 그 넓이와 규모에 있어서 장대한 아름다움을 간직한 만큼 건강문제라는 최악의 위험요소도 간직하고 있다. 중국의 여러 여행지에서 방역친화여행을 진행하기 가장 적합한 곳은 하이난 섬이다. 섬의 특성상 독립적이고 안전한 동선관리가 가능하고 밀접 접촉 없이 리조트 안에서 휴식과 치유를 병행할 수 있으니 트래블 관광의 최적지로 보여진다.

국외에서 여행지가 방역관점에서 적합하지 않다면 국내 관광지에서도 방역에 친화적 요소로 구비되고 작동되는 장소를 발굴하는 노력이 필요할 것이다. 남도지방의 섬 관광과 트레킹 코스 속에서 안전한 여행아이템을 개발할 수도 있을 것이고 질병치료와 휴식을 병행하는 웰니스 관광, 고도의 방역수준을 보장하는 크루즈 여행, 호캉스 개념의 리조트 힐링여행, 걷기여행 등이 성장할 것으로 보여진다.

여러 관광지를 관람목적으로 이동하는 패키지 여행보다는 예술이나 문화 그리고 엔터테인먼트나 스포츠 등 특정목적이나 테마를 가지고 한곳에서 오랫동안 머무르며 휴식과 재충전을 하는 여행상품이 각광받을 것으로 예상된다.

두 번째는 트래블 관광의 핵심요소인 자가진단 앱 구동 등 입국자 정보관리가 IT기술과 접목되어 스마트하게 이루어지는 국가로 인정받기 위해 노력해야 한다.

스마트한 정보체계는 방역친화관광의 필수조건이기도 하다. 이미 세계 각국은 입국자에 대해 백신접종 증명서, PCR 음성확인서 등을 개별국가의 정보시스템을 통해서 서로 확인하고 증명하는 노하우를 확보했다. 이런 체계를 통해 각국의 방역관리자가 전반적인 방역상황을 통제하고 제어할 수 있기 때문에 방역친화라는 명칭을 붙일 수 있는 것이다.

팬데믹이 오면 국가 간의 이동은 의료수준과 방역 장치 그리고 백신접종 등 국가 간에 통제수준과 그 기술이 유사한 국가 간에 허용되고 활성화될 가능성이 높다. WHO 산하에 GDHCN 가입을 통해서도 국가 간에 질병정보와 백신증명을 상호인정하는 시스템을 발전시켜서 여행권을 확대해 나가는 제도적 작업이 우선될 필요가 있을 것이다.

세 번째는 임상증후군에 대한 신속진단검사 체계 마련 등 세계적 수준의 보건의료기술과 의료역량을 갖추어야 할 것이다.

세계 각국의 진단검사체계는 그 수준과 규모가 상이할 수밖에 없다. 검사실 기반을 통한 검사기법보다는 현장에서 신속항원검사 등을 실시하여 보다 신속하게 격리 및 치료가 가능할 수 있다는 점에서 필요하고 앞으로도 계속 발전할 분야로 보여진다. 이미 여행 중 가장 흔히 발생하는 호흡기질환부터 각종 바이러스까지 60가지 병원체를 한번에 감별하고 판독할 수 있는 신속진단키트가 개발되었으며 상용화되는 분위기이다.

그 외에도 방역친화인증 숙소라든지 운송수단 그리고 방역인증 여행패키지 같은 새로운 상품들이 조금씩 발전되고 확대되어질 것으로 보인다.

2 걷기, 웰니스, 크루즈 여행

앞으로 넥스트 팬데믹이 도래한다는 상황 설정하에 여행과 관광분야는 코로나19 상황에서 방역에 성공한 안전국가들이 세계적으로 가장 선호하는 여행국가로 부상될 가능성이 높아 보인다. 물론 앞에서 살펴본 바와 같이 국가 간 백신접종률, 입국자 격리조치 등 방역제도의 수준과 강도에 따라 여행이 활성화되거나 침체되는 변수가 될 가능성도 있다. 향후 여행과 관광사업에 있어서는 방역이 상당히 중요한 고려요인이 될 것은 분명해 보인다.

또한 방역 이외에도 고려할 요소는 자연 친화적인 여행상품과 청정지역으로 꼽히는 지역에 대한 관광패키지가 활성화될 가능성이 있으며 행태적 측면에서는 걷기 여행, 숲 체험, 웰니스관광과 호캉스, 힐링여행 등 개인주의적이고 독립적인 관광행태가 나타날 가능성이 높아 보인다. 코로나19 이후 인류와 세상은 전혀 다른 삶을 살게 될 것이며 여행업계에서 여태까지 경험하지 못한 새로운 변화의 물결 속에서 생존을 꿈꾸어야 할 것이다. 코로나19로 인해 잠시 활성화되었던 걷기 여행과 코로나19로 인해 침체되었던 크루즈 여행에 대해 살펴봄으로써 그 해답을 구해 보고자 한다.

1) 걷기 여행

걷기는 인간에게 있어서 가장 본질적이고 기본이 되는 행동 경험이라 할 수 있다. 사람이 몸을 움직인다는 것과 걷는다는 것 모두 몸과 뇌에 매우 유익한 것으로 분석되고 있다. 특히 걷는 행위 자체는 인간의 감정과 정신건강에도 많은 영향을 미치는 것으로 알려져 있다. 그 옛날 서양의 명의 히포크라테스 역시 “걷기는 가장 좋은 약이다”라는 말로 산책과 걷기의 효과를 설명한 적이 있다. 실제 우리들 중의 많은 이들이 코로나19 팬데믹 시대에 그 우울하고 허전한 감정을 걷기나 산책으로 해소한 경험이 있을 것이다. 힐링여행의 전범으로서 국내 걷기 여행 중 신안 ‘1004섬’ 걷기여행 사례를 소개해 볼까 한다.

신안 “1004섬”은 등산로나 둘레길 그리고 자전거길이 완벽하게 조성되어 있는 것으로 알려져 있다. 신안군은 최근에 천사섬(1004)을 “힐링 아일랜드’를 모토로 하여 대대적인 홍보에 나섰다. 2022년에는 신안에서 퍼플교 힐링 걷기 행사를 치른 적이 있었는데 전국 각지에서 몰려온 3천여 명의 참가자들은 안좌도와 박지도, 반월섬을 있는 퍼플교를 포함해 5km에 이르는 퍼플섬 연결길을 함께 걸었다.

신안에는 섬과 섬 사이를 다리로 연결하면서 많은 등산로가 생겼다. 비금도에는 선왕산이 있는데 대부분의 섬들이 그렇듯이 그리 난이도가 높지 않으면서 다도해의 수려한 경관을 감상하면서 등반을 한다는 점에서 인기를 끌고 있다. 울창한 숲과 괴암절벽 그리고 나지막한 능선들이 조화를 이루어 오르고 내려가는 재미가 솔솔한 코스들이 많다. 선왕산 정상에서 보이는 염전과 잔잔한 바다 위에 포도송이처럼 박혀 있는 자그마한 섬들을 바라다보면 절로 힐링을 느끼는 행운을 누릴 수 있을 것이다.

사실 신안에는 등산로말고도 걷는 길이 꽤 많이 조성되어 있다. 증도에는 “천연의 숲길”, “갯벌공원길”, “천일염길”, “노을이 아름다운 사색길”, “보물섬, 순교자 발자취길” 등 다양한 걷기 코스가 있고 비금도에도 총거리 20km의 “하트해변돌담길”, “명사십리길”, “염전가는 길”, “원득길” 등도 조성되어 있다.

흑산도섬 둘레길에서 바라본 바다

2) 제주헬스케어타운, 웰니스 관광단지로서의 성장 가능성

제주도에서 야심 차게 준비해 온 제주헬스케어타운은 의료영리화라는 논란 속에 결국 2019년 녹지국제병원 인가를 취소함으로써 결과적으로 실패한 정책사례로 낙인이 찍히게 되었다. 하지만 제주도라는 천혜의 자연조건과 주요 고객인 중국인 관광객의 잠재력을 보유한 관광조건을 고려할 때 아직도 제주헬스케어타운은 글로벌시대에 복합의료관광단지로서 무한한 잠재력이 있으며 향후 웰니스 관광의 전범으로 발전될 가능성이 높아 보인다.

제주도는 현재 JDC(제주개발공사)와 함께 의료, 관광뿐만 아니라 바이오헬스 등 의료산업을 융합하는 의료바이오클러스터 조성을 목표로 재추진하고 있다.

제주는 청정자연과 같은 힐링 자원 및 관광산업과 의료 융합시너지를 발휘하여 의료바이오 인프라의 발전을 기대할 수 있으며 이 가운데 헬스케어타운이 의료바이오의 집적화된 단지로서의 경쟁력을 갖추고 있다고 보여진다.

■ **제주헬스케어타운 사업개요**

○ (사업목적) 의료관광 활성화를 위한 제주국제자유도시 핵심 사업으로서 특화된 의료환경 제공

○ (사업유형) 관광단지(관광진흥법), 유원지(국토의 계획 및 이용에 관한 법률)

○ (사업부지) 제주특별자치도 서귀포시 동홍·토평동 일원

○ (부지면적) 1,539,339m²(약 47만 평)

○ (시 행 자) 제주국제자유도시개발센터

○ (총사업비) 1조 5,966억 원(공공 2,448억 원, 민간 1조 3,518억 원)

○ (주요시설) 의료·연구시설, 공공편익시설, 숙박시설, 상가시설, 운동·오락시설, 휴양·문화시설 등

○ (추진현황) 2012년 투자유치한 녹지그룹은 시설용지 48%를 개발 중이며, JDC는 잔여시설용지에 대해 직접사업과 투자유치 병행 중

[사업 추진 현황도]

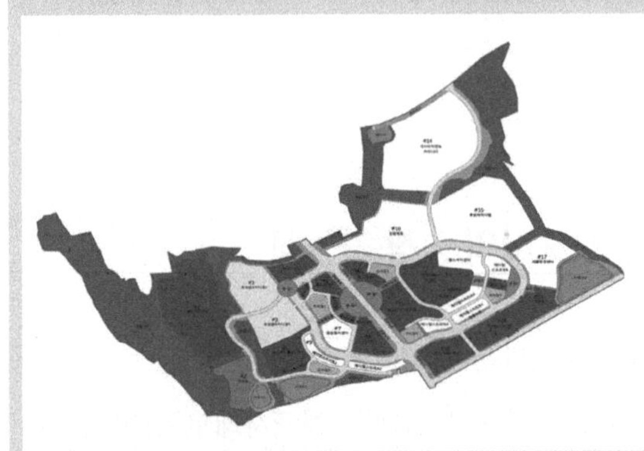

• 시설용지 : 755,277㎡(약 23만 평, 전체부지의 49%)

• JDC 보유 시설용지 : 390,881㎡(약 12만 평, 51.8%)

: 전문병원, 의료서비스센터, 헬스케어센터, 재활훈련센터, 메디컬스트리트, 리타이어먼트커뮤니티, 롱텀케어타운

• 녹지그룹 사업용지 : 364,396㎡(약 11만 평, 48.2%)

: 1단계(추진 완료, 휴양콘도미니엄)

: 2단계(추진 중, 병원·호텔·상가 등)

: 3단계(추진 예정, 명상원)

■ **투자현황**

○ 총사업비 : 1조 130억 원(예정)

○ 사업내용 : 웰니스, 헬스케어, R&D파크 부지 약 364,396m² 개발

- 1단계(완료) : 휴양콘도미니엄 * 400세대 분양 완료 및 운영 중
- 2단계(추진 중) : 힐링타운(완료), 웰니스몰, 텔라소리조트 등
- 3단계(추진 예정) : 명상원

출처 : 제주개발공사 자료

3) 크루즈 관광

2020년 2월 코로나19 확진자가 속출한 일본의 대형 크루즈 '다이아몬드 프린세스호'는 코로나19 유행 초기 세계 각국의 많은 관심 속에서 적정한 방역대응에 혼란을 겪고

있었다. 이 사건은 일본에 정박한 크루즈선에서 육상에서 감염된 관광객의 승선 시 체크하지 못했고 이어서 크루즈선 내에서도 감역자를 제대로 격리하지 못한 결과로 총 705명이 감염되어 6명이 사망한 사례로 많은 과학자들의 비상한 관심을 끌기도 했다. 각 국에서는 자국민 보호를 위해 현지에 비행기를 보내 수송하였으며 크루즈선은 '코로나 배양 접시'라는 불명예까지 떠안으며 위험한 관광이라는 부정적 인식까지 생겨나기도 했다.

실제 세계 크루즈 관광객은 2020년에 3천만 명으로 예상되었지만 코로나19 발생으로 530만 명에 그쳤다. 현재 크루즈 관광은 극심한 침체와 위기를 겪고 있는 것도 사실이다. 하지만 위기가 기회를 만드는 계기가 될 수도 있는 게 크루즈 관광의 후발국가인 우리나라는 보다 안전하고 쾌적한 크루즈 관광을 선도하기 위하여 새로운 발판을 만들고 있다.

먼저 우리나라의 K방역을 크루즈 산업에 접목시켜 입항금지 위주의 방역정책을 방역수칙 준수를 조건으로 백신접종, 음성확인서 등 방역수단을 통해 입국자를 걸러서 입항과 승선이 가능하도록 하고 있다. 또한 크루즈 관광 시 기존에 관광수입 증가에 주안을 두던 것을 지역 조선소와 항만해운사와 연계하여 일자리 창출과 지역경제 활성화로 연계하는 새로운 발전모델까지 실행화시키고 있다. 크루즈선 건조부터 항만과 부두의 건설, 관광인프라 조성 그리고 지역경제의 활성화로 이어지는 선순환 모델이 시도되고 있는 것이다.

최근 컴퓨터 모델링을 통하여 다이아몬드 프린세스호의 집단감염이 공기 중에 오래 머무를 수 있는 미세 비말에 의한 감염이라는 연구결과가 나온 적이 있었다. 선실과 복도, 그리고 공동시설 구역에서 공중에 수분 이상 오래 떠다닐 수 있을 정도의 가벼운 미세분말에 의해 코로나19의 확산이 가능했다는 내용이었다. 사람이 말을 할 때 배출되는 비말은 몇 분 이상을 공기 중에 떠나닐 수 있을 정도로 작으며 이는 흡입을 통해 다른 사람의 점막에 도달할 수 있다는 결론이다.

이는 앞으로 안전하고 쾌적한 방역친화적 크루즈 여행을 하는 데 있어서 많은 시사점을 줄 수 있다. 에어로졸에 의한 대규모 집단감염이 크루즈선 내에서 일어났다면 반대로 밀폐된 실내의 잦은 환기와 통풍이 잘 이루어지도록 관리를 하고 실내에서도 거리두기와 마스크 착용 등 방역수칙을 잘 준수할 수 있는 환경을 조성하는 고도의 방역친화적 크루즈 관광 역시 설계가 가능할 것이다.

실내 공조시스템의 고도화, 구역별로 분리된 보건위생관리 그리고 진단검사체계를 갖춘 의료역량 등을 구비한 크루즈 여행은 역설적으로 넥스트 팬데믹 시대에 독보적인 여행상품으로 각광받을 수도 있을 것이다. 크루즈 관광에 있어 방역 부문에서 갖추어야 할 필수적 요소로서 미국 CDC에서 권장하는 내용을 몇 가지 소개하고자 한다.

〈크루즈선의 의료기능〉

크루즈선에서 갖추어야 할 의료시설은 배의 크기, 여행일정, 순항기간, 승객 수에 따라 달리 적용될 수 있다. 일반적으로 선상 의료센터는 외래진료센터와 유사한 기능 및 서비스를 제공할 수 있으며 입원서비스를 제공할 수도 있다. 1995년 미국응급의학회에서 발표한 크루즈선 의료지침에는 다음과 같은 최소기능을 갖추어야 한다고 규정하고 있다.

- 승객 및 승무원을 대상으로 한 의료서비스 제공
- 환자를 안정시키고 합리적인 진단 및 치료중재 제공
- 중환자나 부상자의 후송이 가능하도록 설계

〈크루즈선에서의 질병과 부상〉

미국의 경우에 크루즈선에서 보고된 질병의 3~11%가 긴급 또는 응급상황이다. 약 95%의 질병은 선상에서 치료 및 관리가 가능하며 5% 정도는 후송 및 육상치료가 필요하다. 일반적으로 의료서비스를 받고자 하는 승객의 50%가 65세 이상이며 질병의 종류로는 호흡기질환, 배멀미, 낙상, 위장장애 순으로 보고된다. 크루즈선 사망의 경우에는 대부분 심혈관질환으로 연인원 승객 100만 명당 0.6에서 9.8명의 범위 안에 있다.

〈크루즈선에서의 감염병 예방을 위한 조치〉

승객과 그들의 임상의사들은 여행 전 CDC의 여행자 건강 웹사이트에서 발생현황 및 여행 보건 공지를 통해 사전에 정보를 습득해야 한다. 항해 전에 감염병 여부를 검사하며 환자는 항해를 취소해야 한다. 여행 중 병에 걸린 승객은 잠재적 공중보건사건에 대비하기 위해 임상관리를 받고 선박의료센터에서 치료받을 것을 권고한다.

〈크루즈선에서 자주 발생하는 감염질환〉

2008년에서 2014년 사이 3~21일 동안 지속적인 항해를 한 승객 중 위장병 발병률은 10만 여행일당 27.2명에서 23.3명으로 감소하긴 했으나 위장병 발병은 계속되고 있다. 원인이 확인된 위장병 발생의 90% 이상은 노로바이러스에 의한 것이다. 노로바이러스의 특징은 감염량이 적고 사람 간 전염성이 용이하며 바이러스 배출이 오래 지속되고 일상적인 청소절차에서 살아 남을 수 있을 능력을 가지고 있는 유기체로서 매년 8~16건의 감염이 보고되고 있다.

인플루엔자는 크루즈선에서 가장 흔하게 보고되는 질환으로 백신으로 예방이 가능한 질환이다. 또한 레지오넬라 폐렴은 크루즈선에서 발견과 관리가 용이하지 않은 질환인데 선내에서 사용되는 식수, 생활용수와 밀접한 관련이 있다. 이외에도 크루즈선은 말라리아, 뎅기열, 황열, 일본뇌염 등 벡터 매개 질병의 풍토국가를 방문할 가능성이 있어 유의해야 할 필요가 있다. 크루즈 여행은 짧은 시간에 여러 항구를 방문하기 때문에 다양한 날씨와 환경조건 그리고 익숙지 않은 식사와 신체활동에 따른 건강위협이 상존하고 있다.

〈크루즈 여행에 있어서의 건강수칙〉

- 비누와 물로 손을 자주 씻는다. 비누와 물을 사용할 수 없는 경우에는 60% 이상의 알코올이 함유된 알코올성 소독제를 사용한다.
- 기항지에서 배 밖에서 식사하는 경우에는 안전한 음식과 물 주의사항을 따른다.
- 항구를 방문할 때 벡터 매개 질병이 발병되는 지역에서는 벌레물림을 방지하기 위한 조치를 한다.
- 자외선 차단제를 사용한다.
- 수분섭취를 잘 유지하고 과도한 알코올 섭취를 삼간다.
- 아픈 사람과의 접촉을 피한다.
- 성관계를 가질 경우에는 안전하게 행한다.
- 선박의 의료센터에 신고를 하고 의학적 권고사항을 따른다.

2023년 여수항에 하선 대기 중인 크루즈선

참고문헌

고종원 외, 국제관광-주제여행포럼, 백산출판사, 2021

전남도청 문화관광 홈페이지

제주개발공사 홈페이지

질병관리청 2022 검역업무편람

질병관리청 홈페이지

2022 질병관리청 백서

YELLOW BOOK 2020(HEALTH INFORMATION FOR INTERNATIONAL TRAVEL)

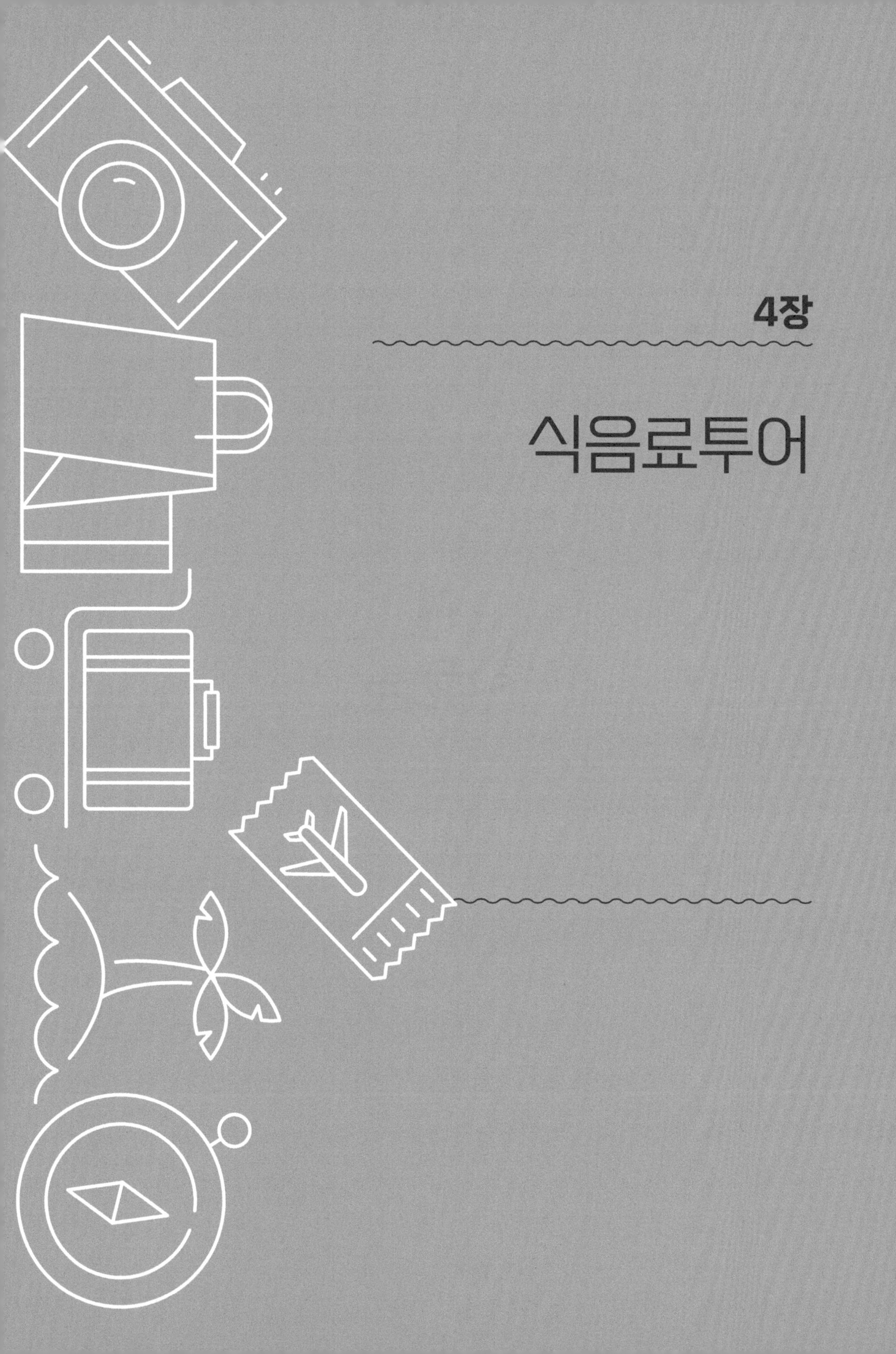

4장

식음료투어

주제
여행
상품

4장

식음료투어

1 국내

1) 음식

(1) 국내

가. 시장이 테마상품

Tip 대한민국 대표 여행지 K-관광마켓 10곳

문화체육관광부와 한국관광공사는 전통시장의 매력을 알릴 K-관광마켓 10선을 선정하였다. 전통시장이 가진 고유의 매력과 주변 관광지와의 연계성, 지역경제 견인효과 등을 종합적으로 고려해 서울 풍물시장, 인천 신포국제시장, 대구 서문시장, 광주 양동전통시장, 안동 구시장 연합, 순천 웃장 등 전국의 시장 10곳을 지정하였다.
전통시장의 매력을 극대화하여 K-관광마켓을 대한민국 대표 관광상품으로 육성하고 여행 버킷리스트로 키운다는 계획이다. 전통시장의 즐길거리, 먹거리, 볼거리를 발굴하고, 연계 관광지와 결합한 관광코스로 개발한다는 계획이다. 전통시장을 MZ세대가 좋아하는 관광상품으로 만들기 위해 전통시장 활성화 방안도 논의할 계획으로 보도된다(파이낸셜뉴스, 2023.5.3).
 제주도 제주시에 소재한 동문재래시장을 방문했을 때도 많은 MZ세대가 방문하고 구매하는 것을 보았다. 특히 관광객들이 많았던 것으로 기억한다. 이곳에서 회를 구입하고 오메기떡을 구입해서 맛있게 먹었던 기억이 있다. 시장을 둘러보고 구경했던 재미가 있었다. 그리고 속초중앙시장을 방문했을 때도 기억이 생생하다. 주차시설이 편했다. 지금은 속초 관광수산시장으로 불린다. 이곳은 닭강정이 유명하여 많은 젊은 사람들이 구입하는 것을 보았다. 닭강정 그리고 문어숙회를 구입했고 맛있는 시식을 하였다. 이곳에서는 특히 건어물상에서 친절하게 장사하는 분의 기억도 매우 좋았다.
현재 우리나라는 지역의 골목 관광지 개발과 재래시장 관광상품화를 위해 노력하고 있다. 그동안 많은 사람들이 선호하고 애용하였던 것을 뒤늦게 발견하고 중요성을 인식한 것이 다행스럽다. 외국의 경우에도 시장은 가장 중요한 관광콘텐츠로 우리나라 관광자원의 경쟁력을 끌어올릴 수 있는 대안으로 사료된다. 튀르키예의 대표도시인 이스탄불의 그랜드 바자르는 대규모 시장으로 관광객이 방문하는 필수코스로 여겨지고 있다.

나. 골목이 테마

경기도에서는 2023년 경기도 구석구석 관광테마골목 공모를 통해 신규 골목 7곳을 선정하였다. 일상공간의 생활형 여행지인 관광테마골목을 거점으로 지역관광을 활성화하는 것을 목표로 한다. 용인 백암순댓국 거리, 고양 삼송 골목갤러리, 남양주 한음골 구석구석, 김포 라베니체, 파주 EBS연풍길 창작 문화거리, 동두천 캠프보산월드푸드 스트리트, 연천 백학 호국영웅 레클리스 거리이다. 선정 시에는 각 1억 원 규모의 사업비도 지원된다. 이 밖에 주민 해설사 운영, 골목 네트워킹 등 역량 강화 등이 진행될 예정이다. 선정된 골목의 특성을 살리고 매력적인 관광콘텐츠 등을 발굴해 경쟁력 있는 지역관광자원을 육성하겠다는 경기도의 계획으로 보도되었다(뉴스1, 2023.4.25).

경기도는 관광활성화를 위해 많은 콘텐츠를 개발하는 노력을 하고 있다. 골목테마는 주로 음식점들과 카페들이 특화된 곳이 선정하고 있다. 공방, 역사적인 장소 등도 선정되었다. 용인의 순댓국 거리도 이름있는 순대국 특화지역이다. 기존에 선정된 의정부 부대찌개 골목, 안양의 동편마을 카페거리[1]도 카페들이 모여 있는 특화된 지역으로 이곳이 관광테마골목으로 선정되었다. 서울 종로구 익선동 한옥마을 골목, 경주의 황리단길도 인지도 있는 테마골목으로 알려져 있다.

은행나무가 주인공인 양평 경기천년 테마골목, 조선의 역사를 느낄 수 있는 고양동 높빛고을길, 노을 감상으로 경쟁력 있는 화성 전곡리 마리나 거리, 아홉 그루 나무가 꼿꼿이 서 있는 군하리 골목, 바다와 빨간 등대로 알려진 시흥 오이도 바다거리, 미군기

1 영화 도깨비의 촬영지로 유명하다. 벚꽃이 피는 4월에 가장 예쁜 전경을 볼 수 있다(경기도 공식블로그)는 평가이다. 안양 인덕원역에서 도보로 약 10분 거리이다.

지 볼링장이 재탄생한 캠프그리브스도 경기도 관광테마골목이다(경기도의회 공식블로그; 2021.12.6).

고양 밤리단 · 보넷길은 맛집, 공방, 앤틱 소품점, 서점 등이 많다. 도예, 미술, 쿠킹, 수공예 등 다양한 체험이 가능하다. 파주의 돌다리 문화마을은 마을별 테마를 가진 체험형 마을이다. 법원읍 가야4리는 꽃마을, 대능5리는 문화창조빌리지, 대능4리는 별화마을, 법원6리는 장터마을로 이뤄져 있다. 포천의 관인문화마을 해바라기길은 벽화와 그림 간판이 매력적인 관인문화마을이다. 주민해설사가 직접 운영하는 마을 안내 프로그램에도 참여할 수 있다(경기도 공식블로그; 2022.3.30).

경기도 관광테마골목은 지역의 관광을 활성화시키며 지역경제를 도모하는 중요한 정책으로 사료된다. 지속적인 관심과 발굴이 경기도의 관광을 발전시키는 역할을 할 것으로 전망된다. 그동안 관심을 갖고 사람들의 이용이 많았거나 가치를 인식하지 못했지만 다시 알게 된 자원을 주제여행이라는 차원에서 사람들이 선호했던 주제가 있는 골목을 알리고 관광상품화하는 것은 지역관광을 발전시키는 중요한 행보로 여겨진다.

김포 테마골목 라베니체 전경 수변 주위에 카페, 음식점 등이 위치함

다. 제주

제주도에서는 회정식이 좋다. 계절에 맞는 제철 회를 맛보는 것이 추천된다. 관광객에게 알려진 식당도 좋지만 현지 주민들이 자주 찾는 인증된 안심식당이 권고된다. 안심식당은 농림축산식품부에서 인증한 식당이다.

제주에서는 흑돼지도 유명하다. 육질이 좋고 육즙이 풍부한 특성을 지닌다. 그리고 흑돼지를 먹을 때 전복도 함께 먹는 것이 추천된다. 전복은 바다의 산삼으로 불릴 만큼 스태미나 음식이다.

그리고 한정식과 생선도 추천메뉴이다. 고등어조림, 옥돔구이, 돔베고기 등이 유명하다. 신선하며 바로 요리하여 감칠맛이 나는 생선을 경험할 수 있다. 갈치조림도 좋다. 신선도가 좋은 갈치는 좋은 호응을 얻는다.

전복죽도 제주의 추천음식이다. 속을 편안하게 해준다. 영양이 매우 좋다. 전복죽은 옛날에 임금께 올렸던 제주도의 진상품이기도 했다고 한다.

2) 차

차는 우리나라에서 전남 보성, 하동 등이 잘 알려진 곳이다. 그리고 제주도의 차도 유명하다. 제주도의 오설록 티뮤지엄을 방문하면 사계절 변함없이 푸른 녹차밭을 볼 수 있다. 오설록은 눈 속에서 피어나는 녹차의 생명력에 대한 감탄의 표현이다(참좋은여행상품 상세정보). 따뜻하고 기품있는 차 한 잔을 통해 힐링을 하고 녹차밭의 아름다운 전경에도 좋은 이미지를 얻어 갈 수 있다.

또한 전남 보성차밭을 방문하면 차밭을 걸으면서 아름다운 차밭의 전경을 느끼고 감상하며 녹차 한 잔을 통해서도 깊은 차의 향취를 느끼는 시간이 된다.

천안 태극당 호두과자가 유명하다. 커피와 함께 호두과자를 경쟁력 있는 가격에 판매하고 있다.

3) 커피

(1) 커피시장

커피는 전국적으로 확산되어 커피가 많이 소비되는 나라 중의 하나가 대한민국이다. 커피는 우리나라에서도 가장 선호하는 음료로 커피시장의 매출도 상당하다. 한국 농수산식품유통공사는 2022년 커피와 음료점업 점포 수가 9만 9천 개를 기록했다고 밝혔다(식품산업통계정보시스템). 이디야 커피는 매장 수가 3천 개를 넘는다. 스타벅스는 2021년 점포 수가 1,750개로 나타났다. 메가커피 603개, 투썸플레이스 1,462개, 컴포즈커피 1,285개, 백다방 975개 순(공정위, 노마 자료)으로 나타나고 있다. 2021년 스타벅스의 매출이 2조 3,856억으로 나머지 10위권 타 브랜드를 합친 금액이 1조 3,698억 원[2]으로 단연 앞선다는 점에서 경쟁력을 보여주고 있다(KBS, 2023.1.16; 금감원 · 공정위).

치킨업소보다 커피전문점이 많다는 것으로 우리나라 시장 규모를 알 수 있다. 그리고 브랜드 가치가 높은 스타벅스의 위상이 국내시장에서도 높은 것을 알 수 있다. 위의 매출액은 국내 정상급 커피 전문점의 매출이라는 점에서 국내 소규모 커피전문점을 포함한 커피산업의 규모는 매우 크다는 것을 알 수 있다.

이미 2018년 유러모니터는 한국 커피 전문점 시장 규모(주요 업체 매출액 기준)가 약 43억 원에 달한다고 집계하였다. 미국(261억 달러)과 중국(51억 달러)에 이어 세계 3위였다(한경BUSINESS, 2022.4.25). 지속적으로 성장하는 한국시장의 커피사랑과 수요를 알 수 있는 자료이다.

2 2021년 본사 매출기준으로 파스쿠찌, 엔제리너스는 개별 매출이 파악되지 않아 제외되었다(KBS; 금감원·공정위).

안동 봉정사 근처 갤러리 나모 카페 갤러리 카페로 커피는 전국적으로 확산되었고 카페는 문화의 산실역할을 하고 있다.

(2) 커피투어

국내의 각 지역에서 사람들이 방문하는 명소로 커피전문점을 베이커리와 함께 취급하는 카페베이커리 명소를 만들어 사람들을 유치하는 곳들이 많다. 커피의 메카로 인정받고 있는 강릉의 카페와 지역에서 미술관과 함께 운영하는 카페를 소개하고자 한다. 더불어 우리가 잘 알고 있는 커피전문점도 함께 소개한다.

안양예술공원 내 커피전문점 전경 인지도 있는 관광지에는 많은 커피전문점들이 영업하고 있고 고객들이 많이 찾고 있다.

가. 테라로사 강릉본점

이곳은 강원도 강릉시 구정면 현천길 25에 소재한다. 커피공장을 갖추고 있다. 기존의 기계식 추출커피 외에도 핸드드립하여 커피의 향미를 더 잘 느낄 수 있는 제품을 취급한다. 많은 사람들이 방문하여 주문 후 다소 기다려야 하는 상황이다. 오전 9시부터 저녁 20시 30분까지 영업하고 있다. 방문자 리뷰를 보면 커피가 맛있다는 평가[3]가 가장 많다. 그 다음이 인테리어가 멋지다는 평가인데 테이블이나 의자도 다른 곳에 비해서 클래식하며 차별적이다. 고객들의 평가는 분위가 이국적이다. 빈티지하다. 분위기 좋다 등의 평가가 많다. 주차하기 편하다는 평가와 디저트[4]가 맛있다는 평가가 이어진다.

드립커피는 상대적으로 가격이 비싸지 않아서 호응이 좋다. 르완다 저스틴 핸드드립 커피를 주문해서 시음을 추천한다. Rwanda Justin의 가격은 6천 원으로 유명브랜드 커피 전문점에서의 핸드드립 대비 상대적으로 가격이 좋다. 오렌지, 사과, 살구, 꿀, 캐러멜의 향취가 난다는 평가이다. 아이스트립은 추가로 500원을 내면 가능한 주문이다. 르완다 저스틴을 시음했을 때 밸런스가 좋고 산도도 적당한 커피로 바디감도 미디엄이었고 깔끔한 느낌의 좋은 시음으로 평가된다.

3 테라로사를 찾는 고객들은 힐링을 추구한다. 저자도 이곳을 찾아 커피를 마시며 분위기를 느끼며 힐링을 하였다. 유기농을 추구하는 사람들의 방문도 많은 것으로 보인다.

4 테라로사 다저트 중 베이커리는 프랑스 유기농 밀가루에 우리나라 토착종인 앉은뱅이밀을 섞은 앉은뱅이바게트, 프랑스 브르타뉴 지방언어로 버터케이크인 퀴아망, 버터와 반죽을 겹겹이 쌓아 만든 크루아상, 프랑스 보르도 지역의 대표적인 제품으로 럼, 바닐라빈이 들어간 반죽을 틀에 부어 짙은 색과 바삭한 식감이 나올 때까지 굽는 카늘레가 있다(Terarosa Bakery 자료, 2020).

4) 와인

국내의 포도 와인산지로 잘 알려진 곳은 경북 영천, 충북 영동, 경기 대부도, 강원도 영월, 경북 안동과 김천 등이다. 감으로 와인을 만드는 경북 청도, 오미자로 와인을 만드는 문경 등이 유명하다. 사과로 와인을 만드는 충남 예산과 머루로 와인을 만드는 전북 무주 등도 잘 알려진 곳이다. 여러 지역에서 포도를 중심으로 와인을 만든다.

식용포도로 외국의 양조용 포도와는 달리 재배조건 등이 상대적으로 열악한 환경에서 최선을 다하는 재배자들의 노력이 귀하게 여겨진다. 현장에 가면 포도원의 환경과 재배자의 설명 그리고 테이스팅과 구입이 가능하다. 최근 주제여행의 추구상황에 따라 와인 투어는 해외뿐만 아니라 국내에서도 인기를 끌고 있는 상황이다.

경북 안동의 264와인점 안동시 도산면 소재 와이너리로 판매도 이곳에서 하고 있음. 품종은 청수임. 이곳 여름의 기온은 매우 무덥고 강렬하다.

워커힐비스타 호텔 서울 델비노 이탈리안 레스토랑으로 출입구에 많은 와인들이 셀러에 전시되어 있다. 국내의 특급호텔에서는 와인이 일반화된 지 오래이다.

5) 칵테일

우리나라에서 칵테일은 마니아를 중심으로 소비된다. 바텐더를 통해 제조되는 혼성주 스타일의 술을 말한다. 전통적인 바텐더에 의해 만들어지거나 불꽃쇼 등을 구사하는 플래어 쇼를 보여주는 액션을 구사하는 바텐더 그리고 최근 창작 칵테일을 통해 연구하고 칵테일의 지평을 넓히는 믹솔로지스트(mixologist)에 의해서도 칵테일이 제공되고 있다.

믹솔로지스트는 칵테일 믹싱 분야의 전문적인 지식과 경험을 지닌 사람을 의미한다. 19세기에 처음 등장한 혼합학이라는 뜻의 믹솔로지(mixologie)라는 용어는 1882년 샌프란시스코의 바텐더 제리 토마스(Jerry Thomas)에 의해 사용되었다(그랑 라루스 요리백과). 그는 술의 기술자라고도 불린다.

2 해외

1) 현지 식문화 체험상품

(1) 스페인 미식투어

교원투어의 여행전문브랜드 '여행이지'는 2030세대를 중심으로 테마여행트렌드 확산에 부응하기 위한 여행에 다양한 여가활동을 접목한 상품 'MZ PICK' 유럽을 소개한다. 그중에 스페인 미식투어가 눈에 띈다. 카탈루나 식문화의 근원지라 불리는 보케리아 시장에서 식재료를 구입해 스페인 정통요리 타파스와 빠에야[5]를 직접 만들어 보는 쿠킹클래스가 진행된다.

타파스는 스페인 사람들이 즐기는 와인에 어울리는 간단한 안주의 총체적인 개념이다. 즉 식욕을 돋우는 애피타이저로 보면 된다. 보케리아 시장은 바로셀로나 람블라스

5 Paella는 프라이팬에 고기, 해산물, 채소를 넣고 볶은 후 물을 부어 끓이다가 쌀을 넣어 익힌 스페인의 전통 쌀요리이다(세계음식명백과).

거리의 상설시장으로 농산물장터로 유명하다(트립어드바이저).

일정 중에는 저녁시간 세계에서 가장 오래된 레스토랑 보틴, 콜론 호텔 루프탑 등 현지 유명 레스토랑과 SNS 핫플레이스에서의 만찬과 도시별 야경투어가 진행된다(트래블데일리, 2023.2.19)는 설명이다. 레스토랑 보틴은 마드리드에 있고 세계에서 가장 오래된 맛집으로 유명하다. 725년 처음 문을 연 290년 전통의 세계 최장수 레스토랑이다. 새끼돼지를 통째로 구운 코치니요 아사다가 최고 인기 메뉴이다(오마이뉴스, 2018.12.06). 바로셀로나 콜론호텔 루프탑은 대성당 전망이 좋다고 평가된다.

Tip 빠에야/ 바깔라우/ 꾸스꾸스

스페인의 빠에야(Paella)는 프라이팬에 쌀과 고기, 해산물 등을 함께 볶은 요리이다. 빠에야는 프라이팬에 고기, 해산물, 채소를 넣고 볶은 후 물을 부어 끓이다가 쌀을 넣어 익힌 스페인의 전통 쌀요리이다. 음식의 기원은 동부 발렌시아이다(세계음식명백과). 스페인 여행 시 특식으로 접하게 되는 현지요리로 우리나라 사람들도 큰 거부감 없이 편하게 먹을 수 있는 식사이다.

빠에야 요리 위에 있는 고기는 닭고기이다. 한국 사람들의 입맛에도 잘 맞는 편이다.

바깔라(Baccala)는 소금에 절여 말린 대구로, 다양한 요리에 이용되는 이탈리아의 전통 식재료이다. 이탈리아 남부가 기원이다(세계음식명백과). 그러나 스페인, 포르투갈에서도 즐겨 먹는 음식이다. 스페인과 포르투갈에서는 바깔라우(Bacalhau/Bacalau)로 불린다.

꾸스꾸스(Couscous)는 튀니지의 전통음식으로 좁쌀 등 곡식을 쪄서 고기, 야채 등을 얹은 후 매운 소스와 함께 먹는 음식이다(EBS 동영상).

거친 밀가루로 만든 음식으로 마그레브 국가들, 즉 알제리, 모로코, 튀니지, 리비아의 주식이다. 프랑스에서 특히 동부에서 선호하는 음식이다(kualum.tistory.com). 먹을 때마다 입안에서 톡톡 씹혀 색다른 식감을 자아내는 북아프리카 전통요리로 역사가 오래된 만큼 중동지역에서 많은 사랑을 받고 있는 음식이다(cb-issue.tistory.com: 2020.2.25).

Couscous는 양고기 어깨살과 병아리콩, 물, 양파, 파슬리와 각종 양파 등을 넣고 조리한다. 그 다음 움푹한 접시 가장자리에 일반 밀과는 다른 듀럼밀인 세몰리나를 두르고 가운데에 고기를, 그리고 옆에는 삶은 채소를 담고, 그 위에 샤프란, 셀러리, 생강, 파슬리 등을 넣어 만든 소스를 끼얹어 만드는 북아프리카의 전통음식이다(동아일보, 2022.1.20).

Tip 프랑스 바게트(Baguette) 문화

프랑스의 주식인 밀로 만드는 바게트[6]는 프랑스를 대표하는 빵이다. Le pain(빵)과 더불어 가장 일반적인 프랑스인이 선호하는 겉은 딱딱하고 안은 부드러운 현지음식이다. 바게트 빵에 대한 장인적인 노하우와 문화가 인정되어 인류무형문화유산으로 등재되었다.
커피, 와인과 함께 바게트는 프랑스인의 식탁에 주요 음식이며 식사와 대화를 중시하는 프랑스인에게 있어서 하나의 빵의 종류를 넘어서 문화의 주요한 콘텐츠라고 할 수 있다.

프랑스 재래시장에서 판매되는 과일과 야채 농업이 발달된 프랑스의 과일과 야채는 싱싱하고 식자재로서 신선함을 갖는다.

6 Baguette는 막대기 모양의 기다란 빵이다. 겉껍질이 단단하여 씹으면 파삭파삭 소리가 난다.

Tip 모로코의 주식

모로코의 주식은 빵이다. 전통음식은 꾸스꾸스로 밀이 주재료이다. 호박, 건포도, 감자, 병아리콩이 함께 들어간다. 이상의 재료를 삶아서 먹고 오랫동안 익힌다. 시간이 제법 소요된다. 김으로 찌는 방식이다. 종교기념일이나 금요일 가족들과 함께 즐겨 먹는다.

(2) 후쿠오카 가성비 외식투어

채널S '다시갈지도'에서 방영된 후쿠오카 가성비 외식투어를 보면 다음과 같은 내용이다. 아이노시마 섬은 페리티켓이 약 4,500원 정도이다. 귀여운 고양이들이 많아 일명 고양이섬으로 불린다. 따사로운 햇살 아래서 여유로운 시간을 보낼 수 있는 섬이다. 가성비 좋은 이자카야 만X루는 맛집으로 알려져 있다. 하이볼이 약 3천 원, 바삭한 야채튀김 세트가 5천 원 정도, 명란달걀말이가 4천 원 정도이다. 그 외 명태튀김과 오징어튀김도 인기가 있다. 치킨라면은 봉지라면으로 가성비가 좋다. 한화로 약 2천700원 정도이다(다시갈지도, 채널S). 일본의 경우, 2023년 3월 초 기준 엔화 환율이 959원선이다. 환율도 양호하며 현지의 가성비 맛집을 찾아가면 상기와 같은 가성비 좋은 음식투어가 가능하다는 것을 알 수 있다.

(3) 헝가리 술과 비타민 투어

부다페스트 중앙시장은 126년의 역사를 지닌 오래된 전통시장으로 에펠이 디자인한 것으로 알려진다. 시장은 웅장하고 아름답다는 평가이다. 이 시장에서는 세계 3대 약초술[7]인 헝가리 약초술 '츠박 유니쿰'을 구입할 수 있다.

헝가리는 고추가 유명하다. 파프리카의 종류도 많다. 고추, 가지, 파프리카는 같은 식물군으로 본다. 헝가리 고추는 매운 등급으로 수치화가 되어 있다. 파프리카에는 비타민이 매우 많이 함유되어 있다. 헝가리 생화학자인 센트죄르지 엘베르트 박사가 파프리카에서 비타민 C를 정제해서 1937년 노벨생리학 · 의학상을 수상하였다(premium.chosun.com).

7 독일의 에거마이스터도 포함된다.

헝가리 여행 중 고추로 만든 비타민을 구입해 와서 한국에서 복용하고 지인들에게 선물한 적이 있다. 헝가리 사람들은 이러한 비타민을 많이 선호하고 애용하고 있는 것이 사실이다.

Tip 헝가리 전통 수프 요리 굴라쉬

굴라쉬는 다양한 야채에 후추, 파프리카로 특유의 매운맛을 내는 헝가리의 전통 수프 요리이다. 현지에서의 여행 중에도 맛을 볼 수 있다. 고추가 유명한 헝가리에서 매운맛을 내는 굴라쉬는 우리나라 사람들에게도 잘 맞는 요리로 사료된다. 음식은 그 나라의 문화로 헝가리는 우랄알타이어족으로 터키에서 중앙아시아와 몽골을 거쳐 한국과 일본에 이르는 지역에 분포하는 어족이다(Basic 고교생을 위한 지리 용어사전). 일각에서는 동일 어족과 말 타는 습관 등으로 볼 때 3천 년 전 우리와 한 혈통으로 보는 견해도 있다. 음식에도 이러한 동질성이 있는 것으로도 해석된다.

(4) 말레이시아 페낭 아쌈락사

아쌈락사 식당은 페낭의 유명식당이다. 아쌈락사[8]는 페낭의 대표음식인 쌀국수로 향이 강하다. 생선을 갈아 넣는다. 추어탕, 꽁치통조림과 비슷하며 단맛이 난다. 이 식당은 4대째 전통맛을 내고 있다. 민트인 채고와 야채는 신맛이 난다. 중독성이 있는 맛으로 평가된다. 맵고 시다. 새우를 발효시켰다(세계테마기행, OBS).

(5) 홋카이도 디저트 투어

오타루 디저트가 유명하다. 몽블랑케이크는 밤향이 좋다는 평가이다. 독일 스타일의 바움쿠헨[9]으로 유명한 빵집은 사람들이 많이 몰린다. 기본 버터향은 설탕으로 아삭한 맛이 있다. 바움쿠헨은 계란맛, 메이플[10] 맛도 난다.

오타루운하에는 디저트 맛집이 많다. 이곳은 야경이 아름답다. 그리고 눈이 많이 오는

8 락사(laksa)는 생선이나 닭으로 우린 매콤한 국물을 이용해 만든 쌀국수이다. 아쌈 락사는 말레이시아의 국수요리이다(세계음식명백과; 네이버지식백과).

9 바움쿠헨(Baumkuchen)은 독일 동부에서 나온 케이크의 일종이다. 200년 넘게 독일 빵쟁이들의 명물이었고 나무 케이크라는 의미이다. 바움을 수목, 쿠헨은 과자의 뜻이다. 달걀, 버터, 설탕, 밀가루, 향료 등 고루 혼합된다(죽기 전에 꼭 먹어야 할 세계 음식 재료 1001; 두산백과 두피디아).

10 설탕단풍나무의 수액으로 만든 시럽을 말한다.

지역인 만큼 눈빛축제도 열리는 분위기 있는 곳이다. 여름에 방문해도 고적한 운하의 풍치를 느낄 수 있다. 천둥오리들이 운하에 있는 것을 보게 된다.

데누키코지는 오타루의 30년대의 골목식당가이다. 진빵으로 유명한 집에는 줄이 길게 늘어서 있다. 주변에 맛집으로 고로께도 맛있다. 진빵은 돼지고기, 게살, 카레 등의 종류가 있다. 양념이 좋다(특파원 25시, JTBC)는 평가이다. 데누키코지에는 사케 등을 마실 수 있는 선술집도 있다. 닭꼬치, 닭 날개, 새우, 함박스테이크 등이 좋다는 평가이다. 고구마 소주도 시음할 수 있다. 겨울에는 눈이 많이 와서 골목에 고드름도 많아 주의를 요한다.

북해도에는 특히 소프트아이스크림이 유명하다. 유제품이 많이 알려져 있다. 우유, 아이스크림, 치즈 등이 유명한 곳이다.

북해도 관련 여행사의 상품을 보면 오타루 지역을 아기자기한 낭만이 있는 곳으로 표현한다. 패키지 여행상품의 경우, 시로이 코이비토[11] 파크 소프트아이스크림을 제공한다. 수제 플레인 요구르트, 진한 버터향의 홋카이도 대표과자인 롯카테이 버터샌드도 선호되는 유제품류의 간식으로 제공된다. 그리고 특식으로 게요리, 샤부샤부, 가리비 정식, 스시정식, 토속음식인 닭구이 정식인 토리창창야키 등을 제공하고 있다(참좋은여행).

(6) 캄보디아 항구도시 케프(Kep)

이곳은 블루크랩 즉, 게가 유명하다. 신선한 게요리를 위해 각지에서 방문객이 찾아온다. 블루크랩은 신선도가 중요하다. 마늘, 생후추 등의 양념으로 게 볶음요리를 완성한다. 게찜은 물을 넣고 끓이면 된다. 싱싱하고 비린내 없는 것이 신선한 재료를 이용하기 때문이다.

시장에서 구입 가능하며 음식 조리도 추가적인 비용을 내면 가능하다. 우리나라 수산물 시장에서 상품을 사고 회나 수산물을 먹을 수 있게 음식을 해주는 시스템과 비슷하다. 몇 마리의 블루크랩은 한화로 2만 원대, 조리비용은 5천 원이면 가능하다. 바다를 바라보며 맥주 한 잔과 함께 게요리를 즐기면 매우 행복해질 수 있다(세계테마기행, EBS).

11 일본의 쿠쿠다스로 불린다. 일본 3대 명과의 하나로 평가되는 화이트 초콜릿 쿠키이다. 1969년부터 생산되어 공항 기념품점 등에서 판매된다.

(7) 베트남 달랏

베트남 달랏은 선선한 날씨에 사계절 꽃이 피고 숲과 정원, 폭포, 호수 등 청정자연이 숨쉬는 고원도시로 최근 여행지로 우리나라에서도 항공기 취항과 함께 인기를 모으고 있다. 미식 여행지인 베트남에서 쌀국수, 반세오[12], 분짜[13], 스프링롤[14], 반미[15] 등 현지음식을 경험할 수 있는 달랏 중앙시장의 방문을 권장하고 일정을 진행하고 있다(참좋은여행 상품상세정보). 이 시장 외에도 베트남 주요 도시에서는 상기의 음식들이 인기가 있고 대중적이며 우리나라 관광객들도 즐기는 상황이다.

(8) 대만 4대 특식/ 디저트

참좋은여행에서는 4대 특식과 디저트 제공을 홍보한다. 대만 4일 여행에 포함된다. 딤섬, 샤부샤부, 우육면, 한식 불고기가 특식이다. 그리고 망고빙수와 버블티를 디저트로 제공한다. 딤섬은 대만의 대표요리이다. 우육면은 타이베이의 대표적인 특식이다. 한식 불고기는 한국인들의 해외여행 시에 제공되는 특식이다.

대만의 3대 간식으로는 망고빙수, 펑리수[16], 버블티[17]가 제공된다. 대만은 망고가 유명하고 인기도 많다. 우리나라 신라호텔에서도 망고빙수를 판매하고 있다. 가격은 2021년 기준 6만 4천 원으로 비싼 편이다. 세금과 봉사료가 포함된 가격이다. 2022년 8월 기준 8만 원대로 인상되었다. 물가상승에 기인한 것으로 보인다. 여름철에 선호된다. 대만의 야시장에서는 약 1만 5천 원 정도이다.

12 쌀가루 반죽에 각종 채소, 해산물 등을 얹어 반달모양으로 접어 부쳐낸 베트남 음식이다(세계음식명백과).

13 베트남 요리로 분은 쌀국수면, 짜는 숯불에 구운 돼지고기 완자를 뜻한다(www.wtable.net).

14 스프링 롤(Spring roll)은 밀가루나 쌀가루로 전병처럼 만들어 소를 넣고 튀긴 음식이다(두산백과 두피디아). 중국에서도 스프링롤을 먹는다.

15 반미는 베트남식 바게트(Baguette)를 반으로 가르고 속재료를 넣어 만든 베트남식 샌드위치이다(세계음식명백과).

16 잼이 들어간 대만의 대표과자로 기념품으로도 선호된다. 간식으로 망고젤리도 유명하다.

17 카사바로 만든 타피오카 펄을 다양한 종류의 재료를 넣어서 만든 음료수에 첨가한 음료이다(나무위키). 카사바는 탄수화물이 풍부한 작물이다. 카사바의 뿌리는 녹말을 함유하며 이것을 짓이겨 물로 씻어내 침전시킨 후 건조시켜 타피오카를 만든다. 동남아의 녹말자원이다(두산백과 두피디아). 펄은 타피오카처럼 카사바 뿌리에서 추출한 전분으로 만든다(그랑 라루스 요리백과).

(9) 이탈리아 나폴리 피자

이탈리아 피자는 세계적으로 선호되는 음식이다. 특히 피자[18]의 원조는 나폴리로 여겨진다. 나폴리 피자는 유네스코 인류무형유산으로 등재되어 있다. 나폴리피자협회의 인증은 엄격하다. 8가지 기준이 요구된다.

첫 번째, 피자 도우를 직접 손으로 만들어야 한다. 둘째, 피자 가운데 즉, 크러스트 두께가 2cm 이하여야 한다. 셋째, 피자 가운데 두께가 0.3cm 이하여야 한다.

넷째, 피자 지름이 35cm 이하여야 한다. 다섯째, 전기 화덕이 아닌 장작 화덕에 굽는 온도가 430℃ 정도여야 한다. 여섯째, 촉감이 쫄깃하고 부드러움을 지닌 피자여야 한다(쉽게 접을 수 있어야 함). 일곱째, 토핑은 이탈리아산 토마토와 치즈를 사용해야 한다. 여덟째, 둥근 모양이어야 한다.

먹고 마시는 유산으로서의 가치가 인정되어 유네스코 인류무형유산에 등재되었다. 몇 번의 시도 끝에 등재에 성공한 것으로 알려진다. 나폴리에서도 찐맛집이 있다고 한다. 축구선수 김민재 선수가 데뷔하여 방문한 피자 맛집도 있다. 현지에서는 디아블로 피자가 매운맛으로 추천된다. 약 1만 3~4천 원이다(특파원 25시, JTBC).

이상의 조건에 충족한 피자가게에만 협회의 마크를 달아준다. 나폴리피자협회의 인증(La Vera Pizza Napoletana/ The Real Napolitan Pizza)을 받으면 'VERA PIZZA NAPOLETANA' 표지판을 게시할 수 있다. 서울에는 Panello, Pizzeria volare, Vera Pizza Napoli 업체가 인증받은 피자집이다. 서울 외에 대구에 두 곳, 대전에 두 곳, 동해시에 한곳 지정된 가게가 있다.

(10) 김장문화

우리나라의 김장문화는 2013년 유네스코 인류무형무산으로 등재되었다. 김장문화는 여러 세대를 거쳐 내려온 이웃 간 나눔의 정신을 실천하며 연대감과 정체성을 높일 수 있게 하였다는 평가이다. 우리나라의 장, 간장, 된장, 고추장도 유네스코에 신청하여 등

18 피자는 세계인의 음식으로 현재 세계시장에서는 미국 브랜드인 피자헛과 도미노피자가 유명하다. 형태와 크기는 뉴욕피자로부터 비롯되었다고 한다.

재가 결정될 예정이다(따근따끈한 알찬정보: 2022.12.10). 지역 특유[19]의 음식과 문화가 유네스코 문화유산으로 인정받고 있다.

(11) 북한 평양냉면 풍습

북한의 평양냉면은 인기있는 전통음식이다. 평양에서는 옥류관의 '평양랭면[20]'이 유명하다. 남한에서도 평양냉면을 맛볼 수 있다. 담백하고 메밀면과 육수의 맛이 강조되는 음식이다. 조미료를 넣지 않은 조리로 심심하고 밍밍한 맛으로 평가되기도 한다.

평양냉면은 평양사람들의 삶에 깊이 내린 전통 민속요리이며 장수, 행복, 환대, 유쾌함, 친근함과 관련이 있고 정월대보름을 하루 앞두고 가족과 이웃이 모여 즐기며 삶이 면발만큼 길기를 기원하는 음식문화로 평가하여 인류무형유산으로 등재(닥터 프라센 블로그; 2022.12.10)되었다는 설명이다.

(12) 파마산(Parma) 치즈/ 프로슈토(Prosciutto)

파르마, 모데나는 이탈리아 북부의 도시이다. 두 도시는 맛있는 도시로 평가된다. 이탈리아 본연의 맛을 느낄 수 있는 미식의 도시이기도 하다. 파르마는 파마산 치즈와 프로슈토의 고향으로 불린다. 전소의 신선한 우유만으로 만들어 매일 한정된 수량의 치즈를 생산한다. 프로슈노 끄루도 인증하면 PARMA 도장을 받는다.

파마산 치즈는 이탈리아 북부에서 생산되는 세계적으로 유명한 경성치즈이다. 북부지방 파르마(Parma)와 에밀리아(Reggio-Emilia)를 중심으로 생산된다. 수분이 적어 과립형 결정입자가 느껴지는 하드치즈(Hard cheese: 경성치즈)이다(세계음식명백과).

프로슈토(Prosciutto)는 돼지의 뒷다리를 염장해서 자연건조와 숙성을 시킨 프로슈토 끄루도와 뼈를 제거한 뒷다리를 압축해서 스팀오븐에서 저온으로 조리한 프로슈토 꼬또가 있다.

돼지 앞다리살과 뒷다리살을 통째로 소금에 절인 뒤 훈연시키거나 해안가 지방의 뜨

19 슬로베니아의 삶의 방식인 양봉도 인류문화유산으로 등재되어 있다. 슬로베니아 꿀은 품질이 좋고 오랜 전통으로 슬로베니아 사람들은 꿀에 대한 자부심이 크다. 양봉 강국인 슬로베니아는 인구 200명당 1명이 양봉업에 종사한다(www.nongmin.com).

20 북한식 발음과 명칭이다. 피양냉면에 가까운 현지 발음이다.

거운 바람에 말린다. 건조시키는 데 1~2달 정도 걸린다(나무위키, 2023.3.27).

모데나는 100년이 넘은 전통을 가진 발사믹 농장에서 식초를 생산한다. 이곳을 방문하면 깊이가 다른 숙성된 발사믹 식초를 경험할 수 있다. 식초의 숙성과 테이스팅을 할 수 있다. 발사믹 양조장도 방문하여 견학하고 구입할 수 있다. 모데나 발사믹 식초는 식초의 본고장으로 평가된다. 고급식초로 풍미가 좋다. 시음하면 깊이가 있다. 유기농으로도 생산된다. 25년 된 발사믹 식초의 경우 약 30만 원대의 가격이다.

(13) 홍콩

홍콩은 세계적인 음식의 도시로 동서양의 많은 음식을 경험할 수 있다. 딤섬, 광동식 게요리, 에그타르트도 유명하다.

홍콩에서 꼭 먹어야 할 음식으로는 죽(Congee), 인스턴트 라면, 완탕(Wonton), 홍콩식 굴전, 스파이시 크랩, 애프터눈 티 세트, 차슈(BBQ Pork), 마파두부가 추천된다(2020년 여플 르렌즈 포스트, 2020.5.20).

(14) 마카오

마카오에는 육포가 유명한 간식이다. 포르투갈의 영향을 받은 것으로 보인다. 성바울 성당에서 세나도 광장으로 내려오는 골목을 따라 육포를 구입할 수 있다. 많은 종류의 육포를 볼 수 있다. 그리고 쿠키도 구입할 수 있다. 마카오는 포르투갈이 지배했던 영향으로 에그타르트가 유명하다. 맛집의 경우 많은 사람들이 줄을 서서 기다리는 모습을 볼 수 있다.

포르투갈의 지배를 받은 마카오에서는 추천되는 음식이 포르투갈의 대표음식인 바파나이다. 대중적인 바파나는 마늘이 들어간 양념에 절인 돼지고기를 구워 빵 사이에 끼운 것을 말한다. 포르투갈 맥도날드에서 맥 비파나 메뉴가 있을 정도로 국민음식이자 간식이다. 마카오에서도 경험할 수 있다.

2) 커피

(1) 이탈리아

이탈리아에서 커피는 가장 선호되는 음료이자 문화로 여겨진다. 특히 에스프레소는 선호되는 커피방식이다. 진하게 내려진 에스프레소에 설탕을 듬뿍 넣어 마시는 스타일의 커피를 선호한다. 여행 중에 카페나 레스토랑에서 에스프레소는 가장 저렴하면서도 사람들이 많이 주문하는 커피 스타일이다. 커피를 좋아하는 우리나라 사람들도 구수하면서 향취가 좋은 에스프레소를 여행 중 활력을 주는 콘텐츠로 여긴다.

(2) 프랑스

프랑스 아를 반 고흐 카페 프랑스에서 커피는 음료를 넘어 소통과 문화의 콘텐츠로 인식된다.

프랑스에서는 커피를 카페(Cafe)라고 부른다. 밀크커피를 카페오레(Cafe au lait)라고 부른다. 보통은 우유가 들어간 커피로 카페라테로 보면 된다. 프랑스를 여행하다 보면 휴게소에서 카페는 일반적으로 마신다. 그리고 자동판매기를 통해 커피를 판매하기도 한다. 유럽의 문화가 커피를 선호하지만 프랑스에서도 커피는 매우 애용되는 음료로 뿌리 깊은 식문화이다.

(3) 베트남

베트남 남부지역 달랏은 해발 600m의 커피 생산지이다. 베트남은 커피생산으로도 유명하다. 호수가 보이는 카페에서 커피를 시음할 수 있다. 달달한 연유가 들어간 카페쓰어다[21]와 얇은 밀가루에 바나나, 초코 시럽 등을 얹은 로띠를 추천한다(참좋은여행 상품상세정보). 로띠는 빵의 총칭이다. 바나나가 기본적인 재료로 바나나 로띠라고도 부른다. 베트남 외에 태국에서도 많이 먹는 간단한 스낵이다.

(4) 사우디아라비아

카울라니 커피 원두재배 지식 및 풍습이 인류무형유산으로 등재되어 있다. 사우디아라비아는 세계 최대 커피 소비국 중의 하나이다. 커피 자급자족 달성이 사우디 비전 2030의 목표이기도 하다. 커피는 사우디아라비아의 중요한 관광요소로서 사우디 왕국의 산악지형과 이곳의 문화와 전통에 집중하게 한다. 카울라니는 세계에서 가장 인기있는 원두커피 중 하나이다. 8세기 이상 재배되어 왔으며 사우디 전통 시와 노래에서 여러 번 언급된다. 이러한 전통과 문화가 카울라니 커피 원두재배 지식 및 풍습을 인류무형유산으로 등재하게 하였다. 사우디아라비아의 자잔[22] 지역에는 2,000개 이상의 커피농장이 있고 총 384,214개의 커피나무가 있으며 연간 900톤 이상의 커피를 생산하고 있다(https://arab.news).

(5) 호주

멜버른 등 호주의 대도시에서는 커피 마시는 것이 다소 특이하다. 뜨거운 물 위에 에스프레소 샷을 넣어 만드는 커피의 한 종류로 호주, 뉴질랜드에서 주로 마신다. 아메리카노와 유사하지만 만드는 순서가 달라 크레마가 보존되고, 양이 더 적고 진하다는 특징이 있다(시사상식사전).

호주를 방문하면 커피를 매우 즐기는 것을 보게 된다. 아침 출근길에도 직장인들이 커피를 마시려고 커피전문점에 줄을 서는 것을 시드니 시내에서도 많이 보게 된다. 커피마니아들이 많은 것이 호주이다. 호주는 스타벅스 등 국제화된 대형 브랜드는 약세이다.

21 베트남에서 생산되는 커피 품종의 80%가 쓴맛이 강한 로부스타 품종이다. 로부스타 원두 추출 원액에 연유를 가미하여 먹는 커피가 카페쓰어다(Caphe Suada)로 베트남의 문화적인 배경에서 만들어졌다(Kotra 해외시장뉴스, 2022.5.25).

22 자잔(Jazan)은 커피축제로도 잘 알려져 있다.

이탈리아 라바차, 빅토리아 브랜드가 선호된다. 호주의 커피브랜드 캄포스[23], 토비 이스테이트 앤드 싱글 오리진이 인기를 끈다. 중소형 또는 개인 커피도 선호된다. 그래서 호주의 시드니 등 점심 때 식사를 하면 대부분 레스토랑이나 식당에 커피머신을 갖추고 같이 판매하며 이용객들도 이러한 커피를 선호하며 애용하고 있다.

대한민국 군산 근대화거리 일본식 가옥 카페 신민회 이색적으로 느껴지는 장소이다. 우리나라 전역에서 커피의 열풍과 애호가 확산되어 있다.

3) 와인

(1) 와인축제

가. 프랑스 리무와인 축제

리무(Limoux)는 카르카손에서는 15km 떨어진 프랑스 남부 오드주에 있는 도시이다. 16세기 전반에 샴페인보다 약 100년 앞서 스파클링 와인[24]을 양조하였다. 리무의 스파클링 와인인 블랑켓 드 리무는 프랑스 대사를 지낸 미국의 제3대 대통령 토머스 제퍼슨이

23 현지의 캄포스 매장에 가면 여러 가지의 커피 빈을 보고 시음도 할 수 있다. 호주의 가장 경쟁력 있는 커피 브랜드로 보면 된다.

24 스파클링 와인은 오크통에서 6개월 숙성한다. 효모와 설탕을 첨가하여 병입하여 탄산을 생성시킨다. 포도품종은 3가지포도를 혼합한다. 병안에서 12개월 2차 발효를 실시한다. 문서기록에 의하면 1544년에 개발되었다. 리무지역은 추위가 일찍와서 탄산이 들어 있는 와인을 생산하였다고도 한다(KBS 걸어서 세계속으로, 2015; 유튜브).

특히 즐겨 마신 것으로 알려졌다. 매년 겨울에 3개월 정도 동안 리무 카니발이 개최된다(유럽지명사전-프랑스).

프랑스의 남부지역을 여행하다 보면 리무와인을 자주 만나게 된다. 국내에서도 리무와인이 나름 많이 수입되어 경험할 수 있다.

도께 끌로세로 불리는 축제는 44개의 마을이 참여하는 와인경매축제이다. 1990년부터 시작되었다. 리무와인을 알리고 주민의 결속을 강화하고 있다. 와인오크통 위에 성당모형을 올리고 행진하는 축제이다. 와인조합에서 비용을 내고 성당 수리를 하는 의미있는 일도 한다. 축제 행진은 포도수확과정을 형상화하여 보여준다. 행사 후에는 골목에서 관광객들이 유로화 코인으로 와인을 구입하고 시음할 수 있다.

리무가 속해 있는 랑그독루시용(Languedoc Roussillon) 지역은 여름은 덥고 건조하며 겨울은 온화해 포도를 재배하기에 최적의 기후로 여겨진다. 참고로 스페인까지는 차로 1~2시간 소용될 정도로 가깝다. 바로셀로나는 약 2시간 30분 정도 소요된다(Get About Travel webzine),

Sieur d'Arques는 리무 소재의 와인바로 특산물과 기념품 가게와 와인바를 같이 운영하고 있고 트립어드바이저에서는 방문을 권장한다.

프랑스 보르도 와인투어 시 시음와인

Tip 리무와인 고찰

리무는 대서양의 서늘한 영향을 받아 산미가 좋은 화이트 와인과 스파클링 와인을 주로 생산한다. 블랑께뜨 드 리무(Blanquette de Limoux)는 90% 이상 모작(Mauzac)을 사용해야 한다. 크레망 드 리무(Cremant de Limoux)는 샤르도네를 보다 많이 사용한다. 리무 AOC는 샤르도네로 만든 화이트 와인만 등급을 받을 수 있다. 레드 와인 리무 AOC는 2003년에 지정되었다. 메를로, 말벡, 시라 등이 사용된다(와인21닷컴).
국내에서 그간 리무의 씨에르 다르크社가 생산한 프리미에르 벨 프리미엄 브뤼 스파클링 와인은 가격대비 품질이 우수하고 가성비 좋은 와인으로 인기를 끌며 판매되었던 와인이기도 하다.
까브드뱅의 '스파클링 와인의 기원'의 내용을 소개한다. 세계 최초의 스파클링 와인이 블랑께드 드 리무로 소개한다.
첫째, 리무 지역의 쉬르 다르끄(Sieur d'Arques) 와이너리에 의하면 세계 최초로 스파클링 와인을 만든 사람들은 리무에서 멀지 않은 이웃 마을에 있는 쌩 틸레르 대수도원에서 지내던 베네딕트 수도회의 수녀들이라고 한다. 수녀들은 발효가 다 끝나지 않은 상태에서 병에 담은 와인에서 이상한 거품이 생기는 것을 발견했고, 1531년에 세계 최초의 스파클링 와인인 블랑께뜨 드 리무(La Blanquette de Limoux)를 만들었다고 전한다.
둘째, 리무 지역은 예전부터 전통방식으로 만든 뛰어난 스파클링 와인으로 탄탄한 명성을 쌓아왔다고 한다. 리무는 지중해와 인접한 따뜻한 남쪽 지방이지만 내륙의 고지대이며 지중해 기후보다 서늘한 대서양 기후의 영향을 더 많이 받는 곳이라서 추운 북쪽의 샹파뉴에서 일어나는 불완전한 발효현상이 일어날 수 있다는 설명이다.
셋째, 블랑께뜨 드 리무 와인에 관한 기록 중에는 리무 지역의 군주였던 쉬르 다르끄(le Sieur d'Arques)에 대한 내용도 있다. 그는 전쟁에서 승리하면 축하주로 블랑께뜨 드 리무를 병째로 마셨다는 것이다. 400년이 지난 1946년 쉬르 다르끄 와이너리와 생산하는 와인에 '쉬르 다르끄'란 이름을 붙였다고 한다(aligalsa.tistory.com: 2018.7.6).
사실 세계 최초의 샴페인은 샹파뉴 지역의 스파클링 와인인 샴페인으로 생각해 왔다. 그러나 100년을 앞선 스파클링 와인이 리무 지역의 스파클링 와인이라는 점에서 새로운 사실을 알게 되었다는 것이 새로운 지식의 확인이었고 부족한 와인 지식에 대한 반성도 같이 갖게 된다.

(2) 와인투어

가. 헝가리 와인

동유럽 국가인 헝가리에서는 화이트 와인 토카이 와인[25]이 유명하다. 오스만제국의 침공을 막은 헝가리의 영웅 도보 이슈트만 장군은 2천 명의 군사로 8만 명의 침입을 막았다. 이곳은 천년 고도 에게르로 우리나라로 보면 경주와 같은 곳이다.

25 프랑스 루이 14세는 토카이 와인을 와인의 왕, 왕의 와인이라고 칭했다. 스위트한 디저트 와인이다. 당도에 따라 등급에 차이가 있다.

이때 유명한 와인의 전설이 생긴다. 도보 장군이 적의 침입을 막기 위해 군사들에게 나눠준 레드 와인은 한껏 흥분된 상태에서 전투를 치르게 했다. 오스만제국의 병사들은 황소의 피를 마시고 필사의 항전을 한다고 생각하게 되었다. 입과 얼굴에 묻어 있는 와인이 마치 황소의 피처럼 보였기 때문이다. 그래서 와인의 별칭이 '황소의 피(Egri Bikaver[26])'가 되었다.

에게르성을 지키기 위해 큰 도자기(항아리)에 헝가리 국민음식인 굴라쉬 수프를 적들에게 뿌리기까지 했다고 한다. 가히 결사항전으로 로마제국을 무너뜨린 오스만제국의 공격으로부터 성을 지켰고 와인의 붉은색으로 인해 황소의 피라는 별칭이 생기게 되었다는 것이 역사적 사실과 함께 흥미롭다(지금 우리나라는 현지인 브리핑, tvN).

나. 프랑스 보르도

가) 샤또 라투르(Chateau Latour)

보르도 특등급 와인 가운데서도 가장 힘차고 웅장하다는 평가를 받는 와인이 샤또 라뚜르이다. 와인 제조 시 침용과정을 2개월 이상하여 집중도가 매우 높은 와인이다. 오케스트라에 비유되는 조화와 하모니의 와인이기도 하다. 세귀르 가문에서 1993년 게링그룹에 약 1,400억 원에 인수되었다. 온화한 날씨가 펼쳐지는 포도밭은 경사진 언덕에 위치한다. 자갈, 점토질 토양으로 유기농으로 전환하여 2018년에 인증을 받았다. 수확 시에는 50~60여 명의 인부들이 수작업으로 포도를 수확한다.

와인은 선물시장에서 미리 판매를 했으나 와인을 조기 오픈하여 제대로 된 향과 맛을 음미할 수 없어서 선물판매인 앙 프리미어를 폐지하였다고 한다. 8~12년 숙성한 후에 판매하고 있다. 품질이 아래인 세컨 와인은 6~8년을 숙성시켜 판매한다. 이는 품질에 대한 엄격한 관리차원으로 보면 된다.

1960년 스테인리스 스틸 탱크를 보르도에서 최초로 도입하였다. 샤또 라투르는 100% 새오크통을 사용한다. 세컨 와인인 Les Forts de Latour는 로버크 파커가 보르도의 그랑 크뤼(특등급) 4등급에 비유할 정도로 품질이 좋다고 평가하였다. 샤또 라투르는 묵직한 바디, 입안이 얼얼할 정도의 타닌감의 특징을 지닌 최고의 와인으로 평가된다.

26 에게르 지방에서 만든 황소의 피로 에그리 비커베르는 특유의 맛이 감도는 좋은 와인으로 알려져 있다. 귀부와인인 토카이 와인과 함께 헝가리의 대표와인으로 알려져 있다.

이 와인은 우리나라에서도 삼성 이건희 회장이 전경련회의에서 만찬주로 내놓아 유명해졌고 김대중 대통령의 방북 시 정상회담에서 김정일이 만찬주로 제공하여 더욱 유명해진 보르도 포이악 지역의 와인이다. 여운이 길며 풍부한 향이 특징이다. 남성적인 와인으로 불리며 까베르네 소비뇽의 껍질과 씨가 타닌 성분에 영향을 미쳐 완성도가 높다는 평가이다. 1855년 이 와인은 특1등급으로 선정되었다. 메를로, 까베르네 프랑, 쁘띠 베르도 품종이 블렌딩된다. 블랙체리, 블루베리, 까시스, 감초, 자두 등의 복합적이고 강렬한 맛을 지닌 와인의 특징을 갖는다.

프랑스 보르도 우안 생테밀리옹의 라니오트 세밀리용 와이너리 입구 그랑크뤼 클라세 와인 등급을 지닌 와이너리이다.

생테밀리옹 리니오트 세밀리옹 와인밭 전경

다. 조지아 와이너리 투어

참좋은여행의 아제르바이잔/ 조지아/ 아르메니아 3국 13일 상품에서는 조지아 투어 시 와이너리[27]가 포함된다. 카헤티는 5천 년 전 와인의 발상지로 카헤티 와이너리를 방문한다. 와이너리에서 중식과 시음을 한다.

카헤티는 조지아 와인을 상징하며 전체 조지아 와인의 60%를 생산한다. 최대 와인산지로 조지아 와인의 맛과 양조방식의 전통을 지켜온 곳이다. 카헤티 와인산지는 알라자니라는 강을 끼고 형성되어 있다. 영양분과 수분이 풍부하며 배수가 잘되는 토양에서 포도를 수확한다. 그리고 흑해의 따스한 바람과 시리아 고원의 햇빛이 더해져 조지아 와인의 특별한 맛을 얻을 수 있다는 설명이다(m.verygoodtour.com).

포도재배에는 충분한 일조량과 햇빛이 중요하다. 그리고 바람의 영향으로 포도 병충해를 줄이며 강은 바람과 미세먼지 등의 영향을 통해 포도의 완숙을 돕는 역할을 하게 된다.

27 최근 여행상품을 보면 프랑스, 이탈리아, 포르투갈 등 와인에 대한 관심이 높아지면서 투어여정 가운데 와인에 관련된 지역 통과 시 와이너리 방문 및 와인시음과 구매를 할 수 있도록 상품 일정을 구성하는 경향이 여행상품 가운데 많다는 특징이 보여진다.

Tip 도기에서 발효하고 숙성시키는 방식의 조지아 와인

조지아 와인의 역사는 6천 년이 넘는다. 그래서 와인의 발원지, 와인의 요람으로 평가되기도 한다. 조지아의 전통와인 제조법은 유네스코 무형유산으로 등재되어 있다. 조지아에서 수확한 포도는 송이째로 도기(크베브리 항아리)에 넣고 봉인하여 만든다. 도기에 밀랍을 하는 것도 특징이다.

우리나라 김치와 무를 김장독에 넣어 발효시키고 겨울 동안 숙성시키는 것도 조지아 와인의 발효·숙성과 비슷하다고 사료된다. 독특한 조지아만의 제조방식이 조지아 와인의 특별한 맛과 향을 창출한다. 조지아와인은 세계 5천 종 포도품종 가운데 525종이 조지아 토착품종으로 밝혀지기도 하였다. 조지아 사람들은 수많은 토착품종을 지닌 사실을 매우 자랑스러워한다(조지아 와인협회; 와인21닷컴, 2022.9.6).

국내에는 사페라비(Saperavi)품종이 수입되어 애호가들이 시음한 와인이기도 하다. 역사가 오래된 조지아의 대표 적포도품종이다. 조지아 와인은 조지아를 나타낼 만큼 의미가 있다는 평가이다. 조지아 와인은 조지아의 전통문화이다.

4) 칵테일

(1) 북유럽 크루즈

스웨덴에서 핀란드로 갈 때 실야 라인(Silja line)과 바이킹 라인(Viking line)으로 이동할 수 있다. Tallink Silja Line을 타고 이동하면서 바(Bar), 클럽, 나이트 클럽에서 칵테일을 즐길 수 있다. 모히토 칵테일이 인기가 많다. 반대로 핀란드 헬싱키에서 스톡홀름 구간으로 이동할 수도 있다. 칵테일에는 마티니도 인기 있는 칵테일이다.

나이트 클럽은 재미있는 것이 유럽사람들은 가족과 함께 크루즈여행을 즐기므로 할아버지, 아버지, 손자와 손녀가 세대 간에 모두 함께 즐기는 모습이 인상적이다. 무료로 제공되는 것들이 많은 크루즈여행이지만 칵테일은 비용을 내고 마셔야 한다.

5) 차

(1) 말레이시아 카메론 하일랜드

말레이시아 카메론 하일랜드는 19세기 영국이 개발한 광대한 차밭이다. 해발 1,500m의 지역이다. 말레이시아 최대의 차 생산지이다. 역사가 100년이 넘는다고 한다. 영국의 자본과 기술이 도입되었다. 찻잎을 수확하기 위해 땀 흘리는 인력을 볼 수 있다. 주로 이민자[28]들이 노동을 하고 있다.

이곳을 방문하는 방문객들은 차밭 위의 찻집을 방문한다. 말레이시아 사람들은 원래 차를 즐기지 않으나 경관 좋은 차밭을 보고 식사도 하기 위해 이곳을 방문한다고 한다. 물론 외국인들도 방문한다.

이곳에서 현지인들이 많이 먹는 것이 나시르막으로 대중식이다. 달걀 반 조각, 동남아의 고춧가루를 이용한 소스인 삼발소스를 넣고 만든 멸치볶음, 오이가 들어가고 코코넛을 넣고 지은 밥이다. 비빔밥으로 고추장을 넣은 맛과 같다는 평가이다.

이곳에서 현지식과 차를 마시는 말레이시아 사람들을 보며 동서 화합의 문화가 잘 보여진다는 평가이다. 즉 공존의 문화가 말레이시아인의 나시르막과 홍차를 먹는 모습을 통해 잘 전해지고 있다(세계테마기행, OBS).

(2) 중국의 전통차 제조기술과 관련 풍습

중국은 전 세계 차 생산의 42.29%를 차지할 만큼 차 생산에서 압도적인 1위의 국가이며 차의 본고장으로 차가 빨리 시작되었고 차가 가장 많이 소비되는 곳이다. 원래 수질이 나빠서 물을 끓여 먹는 것이 습관이 되어 차가 발달되었다고 한다. 중국의 날씨가 대부분 건조하여 차가 잘 자랄 수 있는 환경을 조성하고 있다. 그리고 음식도 기름진 편이라 차를 통해 중화시키는 작용을 하는 면에서도 긍정적이다. 기록에 의하면 BC 2700년경인 5천여 년 전부터 차를 마시기 시작했다고 전해진다. 세계 최초로 차나무를 발견해 마시기 시작했다고 한다(위키백과).

중국의 전통차 제조기술 및 관련 풍습에는 차밭 관리, 찻잎 따기, 차의 생산방식, 차의 음용 및 공유에 관한 지식, 기술 및 실습이 포함된다. 고대부터 중국인들은 차를 재배하여 마시기 시작했고 녹차, 황차, 흑차, 백차, 우롱차, 홍차 등의 6대 차와 화차 등 재가공차를 개발하였다. 현재 중국인은 2,000여 종의 차를 마신다고 알려져 있다(issuepress.kr).

중국의 우롱차는 향기롭고 부드러운 맛의 특징을 갖는다. 보이차는 지방을 분해시켜 다이어트 효과를 높이기도 한다. 보이차는 가격도 높고 가장 선호되는 차로 명성이 있다.

---

28 인도네시아 자바섬으로부터 온 이민자 등이다.

6) 맥주

(1) 아일랜드 기네스 맥주

아일랜드산 흑맥주 브랜드로 스타우트[29]의 한 종류이며 기네스로 인해 아일랜드의 스타우트가 포터를 압도할 수 있게 되었다. 1876년부터 중세시대 아일랜드를 대표하는 국가문장으로 사용된 켈틱하프를 심벌로 삼고 있다(나무위키; 2023.1.7).

아일랜드의 수도 더블린에는 기네스 맥주를 경험할 수 있는 투어가 가능하다. 기네스 맥주는 세계적인 명성을 지닌 흑맥주로 세계 최고의 기록을 모은 책인 『기네스북』을 발행하는 회사이기도 하다. 원래 기네스 맥주에 어울리는 안주거리를 찾다가 이 책이 발행되는 계기가 되었다고 한다. 기네스 맥주는 잉글랜드 가문의 귀족이 설립하였고 영국으로 많이 수출되는 아일랜드의 자부심을 갖고 있는 맥주회사이다.

기네스 맥주 양조장(Guinness Brewery & Storehouse)은 더블린 크레인가에 위치한다. 맥주시음티켓과 필요시 맥주에 방문자의 얼굴을 사진 형태로 그려서 맥주의 윗면에 보이게 하는 티켓이 필요하다. 2층에는 로스팅룸이 있다. 높은 온도에서 맥아를 로스팅해서 흑맥주가 만들어진다. Gravity bar에 가면 더블린 전경이 잘 보인다. 생맥주 한 잔은 보통 180cc로 서비스 시 거품이 안정되고 나면 나머지를 따라야 제맛이 난다고 한다. 그리고 맥주는 한번에 마셔야 제맛이라는 평가이다.

(2) 서호주 수제 맥주

서호주 에스페란스에서는 경비행기를 타고 소금호수를 볼 수 있다. 핑크색으로 방문객에게 어필하며 특별한 경관을 제공한다. 에스페란스에서는 그레이트 오션 드라이브가 인기가 있다. 웨스트비치에서 약 40km 거리를 이동하는 코스로 변화하는 푸른 바다의 색과 아름다움을 경험할 수 있다. 트와일라이트비치는 2006년 호주 최고의 해변으로 선정될 만큼 아름답다.

작은 마을 에스페란스(Esperance)에는 생보리로 만든 수제 맥주를 마실 수 있는 양조장이 있다. 밀이나 보리로 수제맥주를 만든다. 현지 보리를 이용하고 싶은 현지인 2명에 의

29 대체로 포터보다 더 짙은 검은색을 띠며 쓴맛도 더 강하다(나무위키: 2023.2.14).

해 양조장이 만들어졌다고 한다. 오디를 이용하여 만든 약간 붉은빛의 수제 맥주도 있다. 도심에서 외진 이곳에서 자연을 보면서 마시는 맥주는 분위기가 있고 자연에서 잘 어울리는 음료로 여겨진다.

에스페란스에서 50분 거리에는 럭키 베이(Lucky Bay)가 있다. 에메랄드 빛 바다와 흰 모래 백사장이 아름다운 곳이다. 이 해변에는 캥거루가 많이 나오는 것으로 유명하다. 캥거루가 초식동물인데 생선도 먹는 모습이 목격되어 사람들이 신기롭게 생각하는 모습이 보인다(세계테마기행, EBS).

서호주 지역은 수제 맥주의 천국으로 불린다. 마가렛 리버는 호주에서 가장 빠르게 성장하고 있는 소규모 양조장 지역 중 한 곳이다. 호주관광청에서는 브루하우스(Brewhouse), 더 비어 팜(The Beer Farm), 블랙 브루잉 컴퍼니[30](Black Brewing Co.), 이글 베이 브루잉 컴퍼니[31](Eagle Bay Brewing Co.), 콜로니얼 브루잉 컴퍼니[32](Colonial Brewing Co.), 그리고 맞춤형 맥주 양조장 또는 사과주 투어 참여하기로 마가렛 리버 브루어리 투어[33](Margaret River Brewery Tours) 등을 추천하고 있다(플러 베인거, Tourism Australia 2023).

경기도 청평 수제 맥주 크래머리 브루어 맥주를 가공하는 발효조 등이 보인다.

30 커피와 초콜릿이 들어간 밀크 스타우트인 바오바오(Bao Bao), 라이스 라거(Rice Rager), 가벼운 홉(호프)의 풍미를 느낄 수 있는 맥아로 만든 프레시 에일(Fresh Ale)을 추천한다(www.australia.com/ko-kr).

31 국제적 경험이 있는 양조업체인 닉 디에스페이시스(Nick d'Espeissis)에서 한정판의 실험적인 맥주를(양조장에서만 제공되는 경우 있음), 과일 향이 나는 콜쉬(Kosch)를 추천한다. 그리고 와인 애호가들에게는 작은 포도밭과 와인산지를 알려준다(www.australia.com/ko-kr).

32 인도식 페일 에일(Pale Ale), 생맥주, 사과주 버티(Bertie)를 제공한다. 에일로는 상큼한 위트비어(Witbier), 견과류 향이 나는 다크 페일(Dark Pale), 불로 볶은 맥아와 건조시킨 홉으로 만든 거창한 포터(Porter) 등이 있다고 설명한다(www.australia.com/ko-kr).

33 홉, 맥아, 테루아르, 물의 순도의 중요성을 알려주고 오후 12~6시까지 맥주 양조장과 사과주 제조장의 방문을 권장한다(www.australia.com/ko-kr).

(3) 독일 뮌헨 맥주 축제

세계 최고의 축제로 평가되고 있다. 독일의 생활과 문화를 보여주는 것이 바로 이 축제이다. 매년 9월 세 번째 토요일 정오부터 10월 첫 번째 일요일까지 뮌헨에서 열리는 세계에서 가장 큰 맥주축제이다. 독일 국민은 물론 전 세계에서 700만 명이 넘는 관광객이 이 축제를 즐기기 위해 모여든다. 독일은 가족문화가 발전한 나라로 가족들이 함께 이 축제를 찾는다. 대규모 인원이 찾는 축제로 많은 인원이 들어갈 수 있는 초대형 텐트인 빅텐트를 이용한다. 재미있는 것은 맥주를 서빙하는 여자 서빙 직원이 1리터 맥주잔에 맥주를 채우면 약 2.5kg 정도이다. 많이 드는 사람이 약 10개를 드니 그 무게만 하더라도 25kg이다. 이것이 아르바이트하는 사람의 시급도 비싼 이유라고 한다.

맥주축제에서는 소시지와 햄이 발달한 독일의 정통 소시지를 맛볼 수 있다. 독일은 맥주의 나라로 세계 1위의 맥주 소비국이기도 하다. 5,000종 이상의 맥주를 생산한다. 독일인에게 맥주[34]는 술이라기보다는 일상적인 음료에 가까워 액체빵이라고 부를 만큼 매우 소중히 여겨진다. 1년에 독일인 한 사람이 마시는 맥주는 평균 127.4리터로 하루에 340미리리터 정도를 마신다. 인구수가 8천만 명대인 독일은 개인소비량에서 체코, 아일랜드가 앞서지만 전체 소비량에서는 세계 최대로 볼 수 있다.

독일의 맥주는 순수성으로도 유명하다. 1516년 빌헬름 4세는 독일 순수법을 제정하여 맥주 양조를 엄격하게 관리하도록 하였다. 맥주에 홉(호프), 엿기름, 이스트, 보리와 같은 순수 원료 네 가지만 사용하도록 한 것이다(독일의 생활과 문화). 독일은 규정 등에 있어서는 철저하게 지키는 것으로도 유명한 나라이다.

Tip 체코 플젠의 필스너우르겔 맥주

세계 맥주 블라인드 테스트에서 상위권에 속하는 맥주이다. 체코산 호프의 쌉쌀한 풍미가 좋고 풍부한 거품이 높은 평가를 받는다. 필스너라는 이름은 맥주 공장이 있는 도시 플젠의 독일식 표현인 필젠(Pilsen)에서 유래되었다. 1842년 생산이 시작되었다. 세계 맥주의 대다수인 라거 계열 맥주의 원조로 평가받는다.

34 독일 전역에는 1,300여 개의 양조장이 있다. 그 가운데 절반 정도가 맥주의 고향인 뮌헨이 속한 바이에른 지역에 있다. 독일은 체코, 아일랜드에 이어 연간 개인 소비량 3위의 맥주대국이다(한눈에 보는 세계맥주 73가지 맥주수첩).

(4) 벨기에 맥주문화

벨기에 인구는 1,100만 명이다. 그러나 상대적으로 작은 나라인 벨기에는 약 200개의 맥주 양조장이 있다. 품질이 좋은 맥주를 만드는 나라이다. 특히 2016년 벨기에의 맥주문화는 유네스코 인류무형문화유산으로 등재되었다.

맥주마니아들 사이에서는 믿고 마시는 벨기에산 맥주라는 인식이 있다. 동유럽에서는 체코 맥주가 품질 면에서 인정받는다. 우리에게 잘 알려진 호가든, 스텔라 아르투아, 레페, 듀벨, 주필러(나무위키) 등이 유명하다.

벨기에 맥주는 양조장별로 서로 다른 발효비법으로 생산하는 맥주가 1,500종이다. 유네스코가 벨기에 전역에서 맥주를 만들고 음미하는 것이 공동체의 살아 있는 유산(따끈따끈한 알찬정보: 2022.12.10)으로 인정한 것이다.

7) 물

(1) 체코 카를로비 바리 온천수

카를로비 바리는 카를 왕의 온천이란 의미로 온천수가 있는 도시이다. 체코에서는 의사의 처방에 따라 카를로비 바리의 여러 온천수를 마시고 병을 고쳤다고 한다. 18세기 드보르작, 바그너, 쇼팽 등의 음악가들도 이곳에 자주 들러 온천수를 마셨다고 전해진다.

카를로비는 카를 왕을 뜻한다. 바리는 원천(原泉)의 의미이다. 14세기경 통치자 카를 4세가 보헤미아 숲에서 사냥을 하던 중 다친 사슴 한 마리를 쫓다가 이곳의 뜨거운 웅덩이에 사슴이 들어갔다 나오는 것과 사슴이 말끔히 낫는 것을 발견하게 된다. 그래서 이 온천이 알려지고 효능이 있는 온천이라고 인식하게 되었다. 거리를 걸으면 곳곳에 온천물이 나오는 수도꼭지를 발견하게 된다(m.verygoodtour.com).

참고문헌

경기도의회 공식블로그; 2021.12.6

공정거래위원회

그랑 라루스 요리백과

금융감독원

나무위키, 2023.3.27

뉴스1, 2023.4.25

두산백과 두피디아

따끈따끈한 알찬정보, 닥터프라센 블로그: 2022.12.10

세계음식명백과

세계테마기행, EBS

세계테마기행, OBS

쉬를 다르크(Sieur d'Arques) 홈페이지

시사상식사전

식품산업통계정보시스템

오마이뉴스, 2018.12.06

자잔(Jazan)에서 개최되는 사우디아라비아 커피축제, 2023.2.13

정기범, 파리에서 즐기는 북아프리카 요리 쿠스쿠스, 동아일보, 2022.1.20

정수지, 와인 애호가를 위한 조지아 대표 포도품종 안내서, 와인21닷컴, 2022.9.6

조지아와인협회

죽기 전에 꼭 먹어야 할 세계 음식 재료 1001

中, 전통차 제조 기예 및 관련 풍습 유네스코 등재, ISSUEPRESS

지금 우리나라는 현지인 브리핑, tvN

참좋은여행, 상품상세정보

트래블데일리, 2023.2.19

특파원 25시, JTBC

파이낸셜뉴스, 2023.5.3

플러 베인거, Tourism Australia 2023

한경BUSINESS, 2022.4.25

한눈에 보는 세계맥주 73가지 맥주수첩

2020년 여플 트렌즈 포스트, 2020.5.20

aligalsa.tistory.com

Basic 고교생을 위한 지리 용어사전

cb-issue.tistory.com: 2020.2.25

EBS 동영상

getabout.hanatour.com

https://arab.news

issuepress.kr

KBS, 2023.1.16.

Kotra 해외시장뉴스, 2022.5.25

kualum.tistory.com

premium.chosun.com

Terarosa Bakery 자료, 2020

terms.naver.com

wine21.com

www.australia.com/ko-kr

www.kyowontour.com

www.nongmin.com

www.tripadvisor.co.kr

www.verygoodtour.com

www.wtable.net

Theme Trip Product

5장

미술문화 주제여행

주제
여행
상품

5장

미술문화 주제여행

1 이탈리아 르네상스 시대의 그림여행

1) 르네상스 미술의 중심, 피렌체

미켈란젤로가 설계한 미켈란젤로 광장

'꽃의 도시'라는 의미의 피렌체는 이탈리아 르네상스의 발원지다. 13세기경 '재탄생'이라는 의미를 지닌 초기 르네상스는 기독교 중심에서 벗어나 고대 그리스와 로마 사상의 복원과 인간 중심의 인본주의가 싹트기 시작한 시점이다. 르네상스 시기의 이탈리아는 세계의 중심이던 피렌체 그리고 로마, 밀라노, 베네치아라는 도시가 르네상스 시대에 중추적 역할을 했다.

이탈리아 문화를 탐사한다는 것은 르네상스 시대의 가치를 재발견한다는 의미다. 특히 피렌체는 르네상스의 발원지로서 곳곳이 르네상스 시대에서 멈춰진 역사적인 장소와 문화유산이 즐비하다. 르네상스 시기에 지어진 건축물들로 인해 500년 전 르네상스 시대로 돌아간 듯한 착각에 빠져든다. 유럽 역사의 근대가 싹트기 시작한 곳에서 주제여행을 준비한다.

피렌체는 메디치 가문의 지배와 후원 아래 학문과 예술을 꽃피운다. 피렌체를 걷다 보면 미켈란젤로의 생가를 우연히 마주하고, 르네상스를 지배하던 메디치 가문의 건축물과 돌연 만나게 된다. 특히 미켈란젤로가 설계했다는 미켈란젤로 광장에 올라 피렌체 전경을 내려다본다면 르네상스를 고스란히 간직한 중세 피렌체를 타임머신을 타고 온 듯 특별한 감응을 경험할 것이다. 차이콥스키는 이 피렌체에서 넉 달 동안 머물면서 오페라 '스페이드 여왕'을 작곡했다. 작품을 마칠 무렵 현악 6중주 D 단조 〈피렌체의 추억(Souvenir de Florence)〉 Op.70을 남겼다.

피렌체

Tchaikovsky, 피렌체의 추억(String Sextet in D minor "Souvenir de Florence", Op.70) 보로딘 4중주단 연주. 34분

차이콥스키, <피렌체의 추억>

피렌체 중심부에 '신의 집(Domus)'이란 의미의 '두오모(Duomo)'를 만나는데 이 성당의 이름은 '산타 마리아 델 피오레(꽃의 성모 마리아 성당)'이다. 미켈란젤로가 '천국의 문'이라

부르던 세례당 동쪽의 문은 기베르티가 청동으로 만든 두 번째 작품으로 무려 27년에 걸쳐 만든 역작이다. 물론 첫 번째 북쪽의 청동 문도 그의 작품으로 완성까지 20여 년이 걸렸다. 20대 초반 브루넬레스코와의 경쟁에서 얻어낸 결과였다. 당시 역량이 출중했던 두 사람의 경쟁으로 심사위원들은 고심 끝에 기베르티를 수장으로, 브루넬레스코를 공동 작업자로 임명했지만, 브루넬레스코는 자존심이 허락하지 않아 협업을 거부했다. 두 개의 청동 문 조각품에는 20대와 50대의 기베르티 초상 조각이 있다. 역작을 완성한 미술가의 사인처럼 기베르티가 첨가한 것으로 보인다. 이는 르네상스의 탄생과 예술가의 권위를 알리는 징표이기도 하다.

이후 자존심이 상한 브루넬레스코는 건축공부를 위해 로마로 떠났다. 17년 후에 돌아온 그는 거대한 규모의 돔을 기술 부족으로 완성하지 못해 미루고 있던 두오모 성당의 돔을 벽돌로 정교하게 쌓아 완성한 것이다. 두오모 성당의 좁은 계단을 따라 106m의 쿠폴라라에 오르면 어마어마한 내부 규모에 놀란다. 돔을 장식하는 내부 그림의 주제는 최후의 심판이다. 1446년 브루넬레스코 사망 후 그의 무덤은 영광스럽게도 돔 정중앙 아래 바닥으로 결정되었다. 그가 설계한 르네상스 양식의 건축물로는 산 로렌초 성당, 산토 스피리토 성당, 파치 예배당, 피렌체 보육원 등이 남아 있다.

르네상스 시대의 미술품과 조각품들은 대부분 성당이나 예배당에 가면 만날 수 있다. 기베르티가 만든 '천국의 문'은 산 조바니 세례당, 르네상스 초기 조각가 도나텔로의 예수상은 산타 크로체 성당, 브루넬레스코의 예수상은 산타 마리아 노벨라 성당, 27세에 세상을 떠난 마사초의 프레스코 벽화는 브랑카치 예배당과 산타 마리아 노벨라 성당, 르네상스를 열었던 화가 조토의 그림은 산타 크로체 성당에 프레스코 벽화로 남아 있다.

산타 마리아 노벨라 성당은 당대 유명한 건축가이며 원근법을 체계화하고, 미술과 조각의 이론가였던 알베르티의 작품이다. 피렌체에 머물던 다 빈치는 소데리니 정부의 공화정 수장 마키아벨리의 기획으로 1503년 베키오 궁전 내부에 미켈란젤로와 유사한 내용의 벽화를 그리도록 주문받았다. 다 빈치의 '앙기아리 전투'와 미켈란젤로의 '카시나 전투' 장면의 그림은 미완성으로 52세의 다 빈치와 29세 미켈란젤로의 경쟁을 피렌체 사람들은 흥미롭게 지켜보았을 것이다.

피렌체의 문화유산은 메디치 가문이 남긴 것이다. 1743년 코시모의 마지막 혈족인 안나 마리아(1667~1743)는 임종 직전 유언에서 피렌체 외부로 어떤 작품도 반출하지 않는다는 하나의 조건을 약속받고 조상들이 수집한 모든 예술품을 전부 피렌체 시민들에게 선물처럼 기증했다.

피렌체 예술가들의 기행(초기시대)

<table>
<tr><th></th><th>예술가</th><th>장소</th><th>상황</th><th>대표작품</th></tr>
<tr><td rowspan="6">1</td><td rowspan="6">마사초
(1401~1428,
화가)</td><td>아레초, 피렌체</td><td colspan="2">1401 탄생. 본명, 톰마소 디 조바니 카사이
부친은 법률 공증인</td></tr>
<tr><td>1417 피렌체 이주</td><td>1422년 예술가 길드 가입(21세)
산타 마리아 델 카르미네 성당 프레스코 작업</td><td><낙원에서 추방되는 아담과 이브>, <세금을 바침>, <세례를 베푸는 성 베드로></td></tr>
<tr><td>1422 피렌체</td><td>브랑카치 채플 프레스코 작업(미완성)</td><td><자선을 베푸는 성 베드로와 요한></td></tr>
<tr><td>1426 피사</td><td colspan="2">산타 마리아 델 카르미 성당 제단화 작업(피사)</td></tr>
<tr><td>1427 피렌체</td><td>산타 마리아 노벨라 성당좌측 벽면(피렌체)</td><td><성 삼위일체>(1428)</td></tr>
<tr><td>로마</td><td colspan="2">급사(27세, 독살 의심)</td></tr>
<tr><td rowspan="7">2</td><td rowspan="7">알베르티
(1404~1472,
인문학자)</td><td>제노아</td><td colspan="2">탄생, 가문의 고향은 피렌체였으나 추방당함
혼외자. 볼로냐 대학에서 법학 전공</td></tr>
<tr><td>피렌체</td><td>1420년대 초반</td><td>작품 활동</td></tr>
<tr><td>로마</td><td>1430년 이후 30년 동안 교황청 법률 비서직 수행(브레비 직위)</td><td><회화론>(1435)
<조각론>(1440)
<건축예술론>(1450)</td></tr>
<tr><td rowspan="3">피렌체</td><td colspan="2">1450년 초반 조바니 루첼라이가 저택 설계 의뢰 후 완성</td></tr>
<tr><td colspan="2">1458년 산타 마리아 노벨라 성당 파사드 설계 의뢰. 파사드 장식 완성</td></tr>
<tr><td colspan="2">1460년 루첼라이 로지아 설계 후 완성</td></tr>
<tr><td>로마</td><td colspan="2">1472년 임종</td></tr>
<tr><td rowspan="5">3</td><td rowspan="5">도나텔로
(1386~1466,
조각가)</td><td rowspan="5">피렌체</td><td>1386년 탄생</td><td>기베르티에게 사사
로마 유학</td></tr>
<tr><td colspan="2">1408~1411년 <다비드>(1408), <성 요한의 좌상></td></tr>
<tr><td colspan="2"><성 조지>(1413), <성 마가>(1413)</td></tr>
<tr><td colspan="2">1419년 교황 요하네스 23세 영묘 작업 참여</td></tr>
<tr><td>1440년</td><td><청동 다비드상></td></tr>
</table>

		파도바	<가타멜라타 장군 기마상>(1453)
			1453~1455년 <막달라 마리아>
			1466년 임종, 산 로렌초 성당 안치

피렌체 예술가들의 기행(건축가와 미술가)

	예술가	장소	상황	대표작품
1	브루넬레스코 (1347~1446)	피렌체	1377년 탄생	
			1402년 세례당 문 기베르티와 경합 이후 포기	
		로마	건축 연구를 위해 유학	
		피렌체	1415~1420년 귀향	언급법 완성
				로지아 건축
			1419년 두오모 돔 공모에 선정되어 4백만 장의 벽돌로 산타 마리아 델 피오레 성당 돔 완성	
			1425년 메디치 가문 의뢰로 산 로렌초 성당 건축	
			1466년 임종, 산타 마리아 델 피오레 성당 안치	
2	기베르티 (1378~1455, 조각가)	피렌체	산타마리아 델 피오레 성당 문, 브루넬레스코와 경쟁에서 선택	성 요한 세례당 청동 문 (원본, 두오모 박물관)
			오르산 미켈레 성당	<성 세례 요한>(1412) <성 마태>(1419) <성 스테판>(1426~1428)
			운명 후 산타 크로체 성당 안치	
3	푸라 안젤리코 (?1390~1455)	피렌체	1437년 산 마르코 수도원 내부 장식	<희롱당하는 예수> 외 프레스코화(1440~1441)
			1437~1443년	<성모자>(1437)
		로마	운명 후 산타 마리아 소프라 미네르바 성당 안치	
4	미켈로초 (1396~1472, 건축가)	피렌체	메디치가 등용한 건축가로 팔라초(저택) 새로운 르네상스 건축 양식을 제시	
			1444~1469년	메디치 리카르디 팔라초
			1437~1452년	산 마르코 수도원과 수도사를 위한 도서관
			임종 후 산마르코 수도원 안치	

5	기를란다요 (1449~1494)	피렌체	1449년 탄생
		오니산티 성당 (피렌체)	베스푸치 가문 의뢰로 <최후의 만찬>(1480)과 <성 제롬>, <자비의 성모>(1472) 제작
		로마	1483년 시스티나 예배당 장식에 참여
		피렌체	1483년 은행가 사세티에게 산타 트리니타 성당 내 예배당에 성 프란체스코 주제의 프레스코 연작 주문. <수도 회칙을 승인받는 성 프란체스코>
			1485년 산타 마리아 노벨라 성당 중앙 제단 뒷부분 장식
			1494년 임종 후 산타 마리아 노벨라 성당 안치
6	피에로 델라 프란체스카(1420~1492)	토스카나	1420년 탄생
		로마	<수난받는 그리스도>(1460)
		피렌체	<페데리코 다 몬테펠트로 공작 부부의 초상>(1465~1466), 우피치 미술관

2) 피렌체, 베키오 다리 그리고 단테의 사랑

우피치 미술관과 아르노 강의 베키오 다리 위를 지나 피티 궁전에까지 이르는 약 1km의 바사리 회랑(Vasari corridor)으로 연결되어 있다. 15세기에 활동한 신중하고 겸손했던 국부 코시모와는 달리 토스카나 16세기 대공 코시모 1세는 권력을 독점한 황제처럼 군림하고 시민에게 과도한 세금을 부과하는 철권통치자처럼 행동했다. 그는 1565년 겨울에 치르는 아들 결혼식을 위해 춥지 않게 베키오 다리로 이동할 수 있는 명분을 내세워 건축가 조르조 바사리(1511~1574)에게 명해 만든 비밀스런 복도가 '바사리의 회랑'이다. 이 회랑으로 인해 메디치 가문은 세상과 단절하고 탐욕스런 가문으로 전락한다. 베키오(Ponte Vecchio)는 이탈리아어로 '오래된 다리'라는 뜻이다. 메디치 가문의 영광을 끝내고 패망의 길을 안내한 코시모 3세(1670~1723)의 명령으로 메디치 가문의 소장품 모두를 전시하도록 했다. 현재는 바사리 회랑 복도를 따라 좌우 벽에 18세기 초상화 작품들이 700점이나 전시되어 있다. 바사리 회랑(Vasari corridor)은 단체로 신청해야 입장이 가능하다.

아르노 강과 멀리 보이는 베키오 다리

단테와 베아트리체 두 사람의 사랑은 베키오 다리를 배경으로 탄생했다. 르네상스를 태어나게 한 위대한 문학가 알리기에리 단테(Durante degli Alighieri, 1265~1321)는 소녀 베아트리체(Beatrice di Folco Portinari, 1266~1290)에게 마음을 빼앗긴 후 하루도 그 소녀를 잊은 적이 없었다. 열여덟 살 무렵, 베키오 다리 난간에 서 있던 성숙한 처녀가 된 베아트리체를 다시 만난다. 아무 말도 꺼내지 못하고 그냥 스치던 두 번째 만남이지만, 그 후로부터 베아트리체는 단테의 영원한 문학적 영감의 원천인 뮤즈가 되었다. 베아트리체를 두 번째 만난 이후 단테는 그녀에게 바치는 연시와 자전적 고백을 모아 새로운 인생이라는 뜻의 『비타 누오바(Vita nuova)』(1294)를 출간한다. 단테는 24살에 요절한 그녀를 평생 그리워하고 당대의 개혁 의지를 모색하며 인류 대서사시 『신곡(La Divina Commedia)』을 집필한다. 이 내용은 부활절 기간에 지옥에서 3일, 연옥에서 3일, 천국에서 하루 등 모두 1주일간 사후 세계로 순례를 떠나는 이야기이다. 로마의 고대 시인 베르길리우스의 안내로 연옥을 통과한 그는 천국에 도달하기에 앞서 영원한 사랑 베아트리체를 만난다. 단테는 오매불망 그리워하던 그녀 손에 이끌려 천국으로 날아오르고 마침내 하느님의 빛으로 해체되어 궁극적인 구원의 경지에 오른다는 판타지 이야기이다.

피렌체 예술가들의 기행(문학과 미술)

	예술가	장소	상황	대표작품
1	단테 (1265~1321, 시인)	피렌체	1265년 탄생. 1277(12세) Gemma Donati와 약혼, 1291년 결혼	
			1275~1294년 브루네토 라티니에게 수학	
		산타 크로체 광장 단테 박물관	르네상스 시대를 연 문학자, 서사 시인	『신곡』(1308~1321), 『새로운 삶』
		우피치 미술관	단테 입상 조각 설치	
		로마	1301년 겔프 백당의 외교관 자격으로 정치문제를 해결하려다 반역 혐의로 유랑생활 시작	
		라벤나	1321년 임종. 산 피에르 마조레 성당 안치	
2	페트라르카 (1304~1374, 문학)	아레초, 피렌체 프로방스(Fr.) 볼로냐(It.) 파도바(It., 운명)	1304년 탄생	
			르네상스의 인문주의를 펼친 서사 계관시인	『아프리카』(?1341), 전쟁 승리의 서사시
3	보카치오 (1266~1337, 문학)	체르탈도, 피렌체	1313년 탄생, 혼외자	
			인문주의 문학의 태두 1350~1353 데카메론	『데카메론』, 산타 마리아 노벨라 성당 배경
		나폴리	유년기, 1341년 귀향	
		체르탈도, 피렌체	임종	
4	조토 (?1266~1337, 화가)	파도바	스크로베니 채플	프레스코 연작
		아시시	성 프란체스코 대성당	성당 1층 장식
		피렌체	산타 크로체 성당	가족 예배당 장식
		피렌체	두오모 성당	두오모 종탑(1334)
			임종(1337), 산타 마리아 델 피오레 안치	
5	브루니 (?1369~1444, 인문학자)	아레초, 피렌체	?1369년 탄생	『피렌체 찬가』(1401)
		로마	1405~1414년 인노켄티우스 7세 교황 비서	
		피렌체	1427~1444년 피렌체 공공문서 제1 서기장	1439 『피렌체 시민사』 『새로운 키케로』, 『단테와 페트라르카의 삶』
			1444년 임종, 산타 크로체 성당 안치	
6	우첼로 (1397~1475, 화가)	피렌체	1436~1440년	『산 로마노 전투』 3부

3) 밀라노와 레오나르도 다 빈치

다 빈치는 화가, 조각가, 건축가, 음악가, 수학자, 엔지니어, 발명가, 해부학자, 지질학자, 지도 제작자, 식물학자, 작가였지만 화가로서 그의 유화 작품은 겨우 117여 점만 남아 있다. 그마저 미완성인 작품도 많다. 그의 본명은 레오나르도 디 셀 피에로 다 빈치(Leonardo di ser Piero da Vinci), '빈치의 피에로의 아들 레오나르도'이다.

르네상스 시대의 천재, 레오나르도 다 빈치를 만나기 위해선 이탈리아 중북부 밀라노를 가야 한다. 밀라노는 패션의 도시처럼 현대와 과거가 공존하는 도시다. 밀라노에는 세계에서 세 번째로 큰 규모의 두오모 성당과 라 스칼라 오페라 극장이 있다. 두오모 광장과 이어지는 비토리아 에마누엘 2세 갈레리아는 과거와 현재를 잇는 공간이다. 이곳 라스칼라 광장에는 레오나르도의 조각상이 있는 곳이다. 피렌체에 머물던 다 빈치는 당대 최고의 화가인 보티첼리와 메디치 가문의 후원을 받던 미켈란젤로와의 경쟁을 피해 아마도 밀라노로 왔을 것이다. 그의 무한한 능력만큼이나 까다로운 성격을 지니고 있었기에 그들과 함께할 수 없었다. 밀라노 두오모 광장 우측에 다 빈치의 작업장이 있었고, 그는 루도비코가 제공한 스포르체스코 궁에서 작업하였다.

당시 밀라노에는 실질적인 지배자 스포르차 가문의 루도비코가 있었다. 루도비코는 1481년 성벽 공사를 위해 피렌체의 로렌초가 기술자들을 선발하는데 다 빈치가 명단에 포함되어 있었다. 루도비코는 자신의 미천한 가문으로 인해 건축물과 예술에 대한 지원을 아끼지 않았던 군주였다. 다 빈치는 루도비코에게 예술가로서의 인정과 궁정 수석 기술자문 역할을 하며 신임을 얻고 있었다. 그의 〈흰 담비를 안은 여인〉 작품은 루도비코가 사랑하던 체칠리아 갈레나리를 그린 것이다. 이 그림으로 그의 지원을 받았으며, 밀라노 최고의 화가로 등극하게 된 것이다. 이후 루도비코의 요구로 〈최후의 만찬〉을 그리게 된다. 이 그림은 산타 마리아 델레 그라치에 성당에 있다.

루도비코는 프랑스 루이 12세에 의해 인질로 잡혀 프랑스에서 죽음을 맞이하면서 다 빈치와의 인연도 끝을 맺는다. 이후 다 빈치는 만토바, 베니치아, 피렌체를 떠돌며 활동하다, 1516년 프랑스 왕 프랑수아 1세(François Ⅰ, 1494~1547)의 초청을 받아 앙부아즈 성에서 머무르다 1519년 5월 2일 67세로 생을 마친다. 유해는 앙부아즈의 생-튀베르 예배당(Chapel of Saint-Hubert)에 안치되었으나, 19세기 초 교회가 완전히 철거되어 그의 무덤 또한 찾을 수 없게 되었다. 그가 프랑스로 향하면서 지니고 온 〈모나리자〉 그림은 그의 임종과 함께 프랑스에 남게 된 것이다.

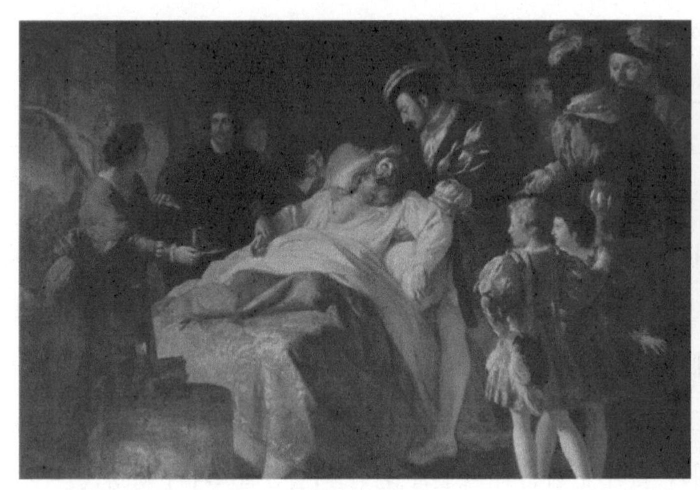

◀ MÉNAGEOT, François-Guillaume, 프랑수아 1세의 팔에 안겨 죽음을 맞이하는 다 빈치(부분)(1781)
▶ 레오나르도 다 빈치, Mona Lisa(La Gioconda)(1503~1505년경)

4) 레오나르도 다 빈치의 생가, 안키아노(Anchiano)

출처 : 위키백과

레오나르도 다 빈치의 생가

1452년 다 빈치는 안키아노의 작은 농가에서 태어났다. 이곳은 빈치라는 마을에서 2km 정도 떨어진 곳으로 그는 혼외자였기에 '다 빈치'라는 그의 고향 지명을 성으로 사용하였다. 그의 이름은 '빈치 마을에서 온 레오나르도'였다. 아버지는 다 빈치가 태어나던 해에 재혼하였다. 미혼모이던 생모는 다 빈치를 낳은 뒤 마을을 떠나 도공과 결혼하였다. 작은 농가 마을 안키아노(Anchiano) 언덕에 '레오나르도의 생가(Casa natale di Leonardo)'가 있다. 안키아노 마을은 피렌체에서 30여km 떨어진 엠폴리라는 역에서 더 들어가야 하는 산골 마을이다. 그의 생가는 벽난로가 있는 3개의 방으로 설계된 돌로 쌓은 집이었다. 산골 마을 빈치에서 좀 더 들어가면 '안키아노'라는 마을이 나온다. 부친의 일거리로 피렌체에 정착하면서 그림을 배우기 시작한다. 1466년 14살의 레오나르도는 피렌체 화가이며 조각가였던 부친의 절친한 친구 베르키오(1435~1488) 공방에서 미술 수업을 받았다. 바사리의 기록에 의하면 스승 베르키오는 다 빈치의 천재적인 재능을 보고 더는 그림을 그리지 않았다고 전해진다.

레오나르도 다 빈치(1452~1519)

	장소	내용	활동상황	대표작품
1	안키아노 마을, 빈치 토스카나 지방	1452년 탄생(혼외자), 피렌체 서쪽 25km. 태어난 해 아버지 재혼 부친은 법률가이면서 공증인. 모친 카타리는 도기 화공과 결혼		
2	피렌체	1466년 14세에 피렌체 이주. 베르키오 공방 생활		
		1472년 베르키오 도제 생활 마치고, 화가 길드 등록		
		1466~1482년		<수태고지>
3	밀라노	1482~1499년 루드비코 스포르차 후원으로 밀라노 거주		
4	밀라노	1483년 1495~1498년		<동굴의 성모> <최후의 만찬>
5	피렌체	1500~1506년	전쟁으로 귀향	<모나리자> (1503~1506)
6	밀라노	1506~1513년	루이 12세 궁정화가	<암굴의 성모>
7	로마	1513년	줄리아노 디 메디치 후원으로 교황군사령관	
8	프랑스	1516년	프랑수아 1세 초청으로 프랑스 앙부아즈 체류	
9	프랑스 클로 뤼세 (Clos Lucé)	1519년 영면	생 플로랑탱 교회에 안치	

5) 로마와 미켈란젤로

미켈란젤로는 1488년 피렌체 화가 기를란다요 화실에 입학하여 제자가 되었으나, 훗날 배운 것이 없었다고 스승을 폄하한다. 청년 시절 메디치 가문인 로렌초의 지원을 받으며 2년 동안 양자로 살았다. 그러나 미켈란젤로는 로렌초의 사망으로 일거리를 찾아 로마를 방문한다. 미켈란젤로가 산 피에트로 대성당을 위해 3년간 공들인 〈피에타〉 작품은 세계 최고의 대리석 조각품일 것이다. 이후 그의 명성은 마키아벨리가 활약하던 피렌체에서 공화국의 승리를 상징하는 다비드상 주문도 있었다. 시뇨리아 광장에 있는 다비드상은 복제품으로 아카데미아 미술관에서 다비드상의 원본을 볼 수 있다.

교황으로 선출된 율리우스 2세는 자신의 영광을 빛내줄 실력이 출중한 예술가를 찾고 있었다. 교황은 전쟁을 일삼았고 자신의 치적을 내세우기 위해 건축과 예술에 관심을 가졌다. 이를 위해 그는 피렌체에서 미켈란젤로를 모셔와 자신이 묻힐 영묘를 장식할 것을 주문한다. 그러나 교황과의 불화로 인해 미켈란젤로는 일을 포기하고 떠났지만 결국 교황에게 무릎을 꿇고 그의 명을 따른다. 이후 4년 동안 홀로 길이 41m, 폭 13m 규모의 시스티나 예배당 천장화 〈천지창조〉를 혼자서 완성한다. 이후 교황 바오로 3세의 주문으로 미켈란젤로는 시스티나 예배당의 서쪽 제단 벽면에 〈최후의 심판〉을 제작하였다. 영적인 힘으로 베드로가 순교한 자리에 세워지는 최대 규모의 '성 베드로 대성전'의 공사 총감독으로 미켈란젤로를 임명한 것이다. 교황 바오로 3세에 의해 시작된 성 베드로 성전은 그의 노력으로 지금의 형태를 갖추게 된 것이며, 133m나 되는 쿠폴라의 설계도 미켈란젤로의 작품이다. 로마에 남겨진 그의 작품으로는 캄피돌리오 광장의 디자인과 파르네세 추기경의 개인저택이던 파르네세 궁전이다.

미켈란젤로의 천지창조(1508~1512)와 최후의 심판(1536~1541)

미켈란젤로의 여정을 따라

	장소	내용	활동상황	대표작품
1	카프레세	1475년 탄생	탄생 1개월 후 피렌체, 산타 크로체로 이주	
2	피렌체	기를란다요 화실 입학(1488)	조토와 마사초에게 영향을 받음	
3	산마르코 수도원	조각 수업 (1489~1490)	조각 수업 중 1490년 로렌초 디 메디치의 양아들로 입양	<계단의 성모> <켄타우로스 싸움>
4	생부의 집		1492년 메디치의 죽음으로 귀향	
5	베네치아	1494년 피신	사보나롤라의 신정정치, 프랑스의 침공으로	
6	볼로냐	1년 체류	문학 창작 활동, 소네트 창작	
7	피렌체	1495년 11월	7개월 체류하며 조각상 주문으로 작업	<잠든 큐피드>
8	로마	1496~1501년	추기경과 야코포 갈리의 주문으로 조각 제작	<바쿠스> <피에타>
9	피렌체	1501년 5월 입성	율리우스 2세 주문으로 다비드 완성 다 빈치(1500)와 라파엘로(1504) 피렌체 입성	<다비드>(1501~1504) <노예상>(미완성, 1505)
10	베키오궁	1505년경 (1506년 로마 떠남)	소데리니에 의해 다 빈치와 벽화 경쟁(미완성)	<카시나 전투>(경쟁작품, 미완성) <도니 톤도>, <피티 톤도>
11	시스티나 예배당 (로마)	1508~1512년	교황 율리우스 2세의 지시	<시스티나 예배당 천장화> 완성
12	산 로렌초 성당 (피렌체)	1513년 귀향	레오 10세(교황) 산 로렌초 성당의 전면 조각 장식 10개 주문, 1520년 취소 후 신성구실 메디치 영묘 실내장식	메디치 영모(미완성) <줄리아노의 영묘 조각>(교황 동생) <로렌초의 영묘 조각>(교황 조카)
13	피렌체	1530~1534년	피렌체, 프랑스와 전쟁	메디치 영묘, 도서관 작업 재개
14	로마	1534년 이후	로마 체류 바오로 3세(교황)의 주문 <최후의 심판>	<최후의 심판> (1536~1541) <피렌체 피에타>
15	로마	1564년 2월 18일	임종	
16	피렌체	1564년 3월 12일	피렌체에서 장례식. 바사리가 묘비를 제작	

6) 로마, 바티칸 미술관

바티칸 미술관은 로마 가톨릭교회(Roman Catholic Church)의 바티칸시 내부에 있는 세계 최고의 미술관이다. 미술품을 보기 위해서는 걸어서 15km가 소요되는 엄청난 규모의 미술관으로 매년 650만 명 이상이 방문한다. 이곳에서 대표적인 작가의 작품으로는 레오나르도 다 빈치(Leonardo da Vinci)와 자신만의 특실이 따로 있는 라파엘로(Raphael), 그리고 시스티나 예배당(Sistine Chapel) 천장에 그림을 그린 미켈란젤로(Michelangelo)일 것이다.

로마에는 또 다른 천재 화가 라파엘로가 있다. 라파엘로의 방(Raphael Rooms)은 바티칸 궁전에 있는 라파엘로의 작업장이자 그의 제자들과 함께 프레스코화를 만들던 방이다. 20대 초반에 교황은 라파엘로에게 자신의 집무실, 서명의 방 등을 장식하는 거대한 프로젝트를 맡겼다. 바티칸 미술관에 라파엘로가 그린 유명한 〈아테네 학당〉이 있다.

7) 베네치아와 르네상스 화가들

물의 도시 베네치아, 산 마르코 성당과 종탑이 보이는 곤돌라

베네치아는 베니스 영화제, 베니스의 상인, 베니스 비엔날레로 널리 알려진 수상 도시다. 수상 버스가 대중교통 수단이며, 유람선인 곤돌라가 여행객들을 낭만적으로 실어나른다. 베니스 비엔날레가 2년마다 열리고, 구겐하임 미술관 그리고 침략자 나폴레옹이 성당마다 흩어져 있던 그림을 모아 놓은 아카데미아 미술관이 있다. 산 마르코 광장을 중심으로 산 마르코 성당과 종탑이 비현실적인 세계로 안내한다.

베네치아에는 유명한 르네상스 시대의 화가들이 있었다. 티치아노, 조르조네, 틴토레토, 벨리니 등이 화려하고 밝고 유쾌한 색채의 '베네치아 화풍'을 탄생시킨 것이다. 산 자카리아 성당에서는 벨리니의 〈자카리아 성모〉*라는 그림을 만날 수 있다. 이 그림은 베네치아 사람들의 개방적이고 융합하는 사유를 볼 수 있는 것으로 고대와 중세 그리고 르네상스 양식이 완성된 그림이다. 베네치아를 찾은 당대의 유명화가로는 벨리니, 도나텔로, 다 빈치 등이 잠시 머물러 조반니, 티치아노 등 젊은 화가들에게 큰 영향을 주었다. 조르조네는 조반니와 티치아노의 진정한 스승이기도 했다.

조르조네는 이탈리아 최초로 캔버스에 유화로 그림을 그린 화가로 알려졌다. 아카데미아 미술관에 조르조네의 〈폭풍〉*이란 그림이 있다. 신비스럽고 해석이 분분한 이 그림은 17세기에 나타난 새로운 장르로서 풍경화의 원조이기도 하다. 베네치아 프라리 성당에는 티치아노의 유명한 그림 〈승천하는 성모〉를 볼 수 있다. 폭 3.6, 높이가 7m에 가까운 대형 제단화를 통해 그의 시대가 온 것이다. 티치아노는 이제 16세기 최고의 화가로 드로잉보다는 색채를 중시하는 바로크 회화의 선구자가 된 것이다. 그를 이어 틴토레토는 산 로코협회 회관을 장식하는 일을 맡는다. 틴토레토 또한 스승인 티치아노의 영향으로 재야에서 급진적인 그림을 그리고 있었다. 그는 〈그리스도의 십자가 처형〉이라는 폭 5.3, 길이 12m가 넘는 대형 그림을 공모전 드로잉 심사에서 아예 완성된 대작을 들고 나타난 것이다. 이후 회관 전체의 그림 장식을 의뢰받았다. 틴토레토는 르네상스를 극복하고 스승 티치아노와 함께 미래에 나타날 바로크 회화의 또 다른 선구자였다. 산 조르조 마조레 성당에서 볼 수 있는 틴토레토의 〈최후의 만찬〉은 달라진 새로운 세상을 여는 혁신적인 구도의 걸작이다. 조르조네를 스승으로 티치아노, 틴토레토로 이어지는 베네치아 화풍의 혁신적인 그림은 새로운 화풍을 여는 획기적인 사건이었다. 아카데미아 미술관에서 티치아노의 그림 〈피에타〉를 보면 르네상스 너머의 시간을 예견하고 있음을 볼 수 있다.

조반니 벨리니의 <자카리아 성모>(1505년경) / 조르조네의 <폭풍>(1508)

셰익스피어 문학기행

<table>
<tr><th></th><th>장소</th><th>위치</th><th>활동내용</th><th>대표작품</th></tr>
<tr><td>1</td><td>스트랫퍼드 어폰 에이번</td><td>영국, 워릭셔 주 남부</td><td>1564년 탄생, 장남,
1580년대까지 거주</td><td>부친은 가죽공예가, 고급 장갑 제조</td></tr>
<tr><td>2</td><td>성 트리니티 교회</td><td></td><td colspan="2">1564년 세례받음</td></tr>
<tr><td>3</td><td>에든버러</td><td rowspan="2">스코틀랜드</td><td colspan="2">『맥베스』의 무대</td></tr>
<tr><td>4</td><td>인버네스</td><td colspan="2">『맥베스』의 배경</td></tr>
<tr><td>5</td><td>코도 성(Cawdor)</td><td colspan="3">맥베스의 무대</td></tr>
<tr><td>6</td><td>크론보르성</td><td>덴마크,
헬싱외르</td><td colspan="2">『햄릿』의 '엘시노어 성'의 모델</td></tr>
<tr><td rowspan="2">7</td><td rowspan="2">베로나</td><td>이탈리아</td><td colspan="2" rowspan="2">『로미오와 줄리엣』의 설화</td></tr>
<tr><td>줄리엣의 집</td></tr>
<tr><td>8</td><td>베네치아</td><td>이탈리아</td><td colspan="2">『오셀로』,
『자에는 자로』 작품의 무대배경</td></tr>
</table>

9	두칼레궁전	베네치아	『베니스의 상인』 무대
10	게토(Ghetto)		『베니스의 상인』 배경
11	벨몬트		
12	빌라 포스카리 (Villa Foscari)	베네치아 근교	『베니스의 상인』 무대
13	파도바	이탈리아	『말괄량이 길들이기』
14	나폴리		『템페스트』 배경

2 프랑스에서 만나는 인상주의 화가들의 여정

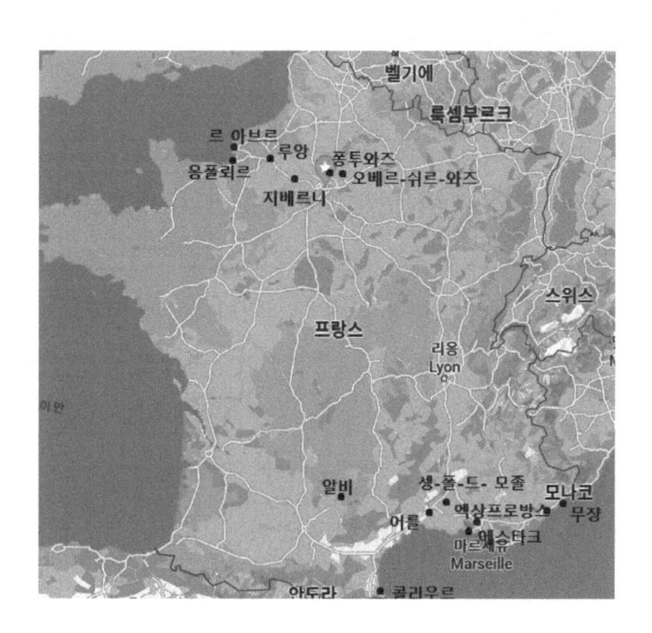

1) 프랑스 퐁투와즈, 피사로의 아틀리에

반 고흐가 말년을 잠시 보낸 오베르-쉬르-와즈(Auvers-sur-Oise) 근처에 선배 화가 피사로가 1882년 이후에 살았던 퐁투와즈(Pontoise)가 있다. 1872년 폴 세잔도 이곳에 머물며 10여 점의 작품을 남긴 마을이다, 모네와 폴 고갱도 이곳에 합류하여 그림을 그리던 시기가 있었다. 1871년 40세의 피사로와 결혼했던 아내 줄리 벨리(Julie Vellay)는 어려서 어머니의 하녀였고, 일곱 자녀를 두고 있었기에 파리의 생활이 어려워 이주한 것이다. 64세가 되던 1893년 3월에 인상파 그림 판매상 뒤랑 뤼엘은 자기 화랑에서 피사로의 대규모 회고전을 열어 큰 성공을 거두었다. 이후 피사로는 시력 문제로 더는 그림을 그릴 수 없었고, 1903년 74살에 운명한다. 1890년 5월 17일에 오베르-쉬르-와즈에 도착한 반 고흐는 아마도 생전의 피사로를 만나지는 못했을 것이다. 반 고흐도 피사로가 살았던 근처에서 3개월도 채 살지 못하고 1890년 37살이라는 짧은 생을 마친다.

2) 지베르니, 모네의 정원

프랑스 르 아브르(Le Havre) 항구에서 해돋이를 바라보던 화가 클로드 모네의 시선은 혁신적이었다. 그는 해돋이를 바라보면서 익숙함이 아닌 미술의 새로운 가치를 꿈꾸며 예술가의 임무와 역할에 대해 고민했을 것이다. 1872년에 그린 모네의 작품 〈해돋이, 인상〉은 프랑스는 물론 세계 미술사를 뿌리째 흔들었다. 모네 이후의 그림은 외부대상의 닮음이나 재현보다는 형식의 문제로 나아가 재현과 모방에서 벗어났으며, 그림 속 이야기보다는 추상 개념이 싹트게 되었다. 이제 그림은 시각적 아름다움이 아닌 미술 형식을 통해 정신적인 태도로 나간 것이다.

모네의 파격적인 '르 아브르(Le Havre)' 항구 그림은 1874년 4월 15일부터 5월 15일까지 한 달 동안 열린 그룹전시에서 공개되었다. 이른 아침 태양이 떠오르고 있으나 짙은 해무로 바다와 하늘의 경계도 없고 그림 속 모든 것이 모호하고 불분명하여 특별히 볼 것이 없는 싱거운 그림이다. 과학의 명료함을 추구하던 당시 사람들로선 불성실하고도 모호한 그림이 불만스러웠다. 비싼 물감으로 대충 칠한 듯한 성의 없는 태도에 화가는 대중으로부터 미친 사람 취급을 받았을 것이다.

어느 정도 이름도 알려지고 유명해진 후 클로드 모네(1840~1926)는 자신이 만든 지베르니 정원에서 44년간 살았다. 모네의 정원은 길을 사이에 두고 나뉘어 있으며 서양식과 일본식의 정원으로 구분된다. 지베르니는 프랑스 북부에 있는 작은 마을이다. 이 마을에 정착한 그는 가까운 루앙시에 있는 루앙성당 연작을 그렸으며 정원을 배경으로 수련 연작을 남겼다.

출처 : 클로드 모네 재단, 프랑스 관광청

지베르니 모네의 집

3) 몽파르나스, 벌집으로 몰려든 화가들

몽파르나스 지역에 에펠이 건축한 원형 홀의 건축물을 해체하여 조각가인 알프레드 부셰르(Alfred Boucher, 1850~1934)가 가난한 예술가를 위한 저렴한 스튜디오로 재건축했다. 몽파르나스에 있는 이 비좁은 스튜디오는 큰 벌집처럼 보였기 때문에 '벌집(La Ruche)'이라 불렸으며, 가난한 예술가들의 거주지였다(벌집 주소: 2 Passage de Dantzig, 75015 Paris, 프랑스).

젊은 예술가들이 함께 사용하는 공유 모델을 제공하면서 거주 공간에 전시 공간까지 제공함으로써 다목적 스튜디오였던 '라 뤼세(La Ruche)'는 비단 예술가들뿐만 아니라 주

정꾼이나 사회 부적응자, 빈털터리와 무일푼의 영혼들을 위한 집이기도 했다. 이 '벌집'은 피카소가 거주하던 몽마르트르의 '바토 라부아르(Le Bateau-Lavoir, 세탁선)'와 상대적으로 '몽파르나스 그룹'을 탄생시킨 곳이다. 이곳에는 표현주의자 생 수틴, 시인 기욤 아폴리네르, 우크라이나 키예프 출신의 입체파 조각가 알렉산드르 아키펭코(Alexander Archipenko), 헝가리 출신의 아방가르드 예술가 요제프 짜키(Joseph Csaky), 헝가리 출신의 시작 예술가 구스타브 미클로스(Gustave Miklos), 조각가 오십 자드킨(Ossip Zadkine), 마르크 샤갈(Marc Chagall), 페르낭 레제(Fernand Léger), 프랑스 시인 막스 자코브(Max Jacob), 이탈리아 출신의 화가 아메데오 모딜리아니(Amedeo Modigliani), 프리다 칼로의 남편 디에고 리베라(Diego Rivera) 등이 살았었다.

생 수틴(Chaim Soutine, 1894~1943)은 벨라루스 공화국의 수도 민스크에서 유대인 재봉사의 10번째 아들로 태어나 소년 시절을 가난 속에서 보냈다. 리투아니아 학교를 졸업 후 1913년 20살에 파리에 도착해서 국립미술학교(École des Beaux-Arts)에 다녔다. 그때 그는 이 벌집 '라 루셰(La Ruche)'에 기거하면서 많은 미술가와 교류를 쌓는다. 특히 모딜리아니는 자신의 미술 활동을 후원하던 화상 레오폴드 즈보로프스키(Leopold Zborowski, 1889~1932)를 소개했었다. 화상 즈보로프스키 부부의 도움으로 생 수틴은 1919년부터 3년 동안 남프랑스의 세르(Céret)에서 살면서 모리스 드 블라맹크(Maurice de Vlaminck, 1876~1958)에 심취해 그의 작품 세계도 영향을 받았다. 생 수틴은 1943년 8월 9일 위궤양으로 사망하고 몽파르나스 묘지에 안장되었다.

4) 몽마르트르의 수잔 발라동과 인상주의 화가들

몽마르트르 언덕의 테르트르 광장은 성심성당 옆에 있으며 교수형을 행하던 장소다. 20세기 초 많은 파리의 화가들에게 사랑받았던 카바레 '라팽 아질(Lapin Agile, 뛰는 토끼)'이 옆에 있고 달리 미술관인 '레스빠스 살바도르 달리(L'Espace Salvador Dalí)'도 근처에 있다. 언덕을 조금 내려가면 1910년대의 몽마르트르에서 생활하던 가난한 예술가들의 합숙소인 '세탁선(Le Bateau-Lavoir)'도 있다. 이곳에서 작업하던 피카소는 〈아비뇽의 처녀들〉(1907)이라는 걸작을 완성해 20세기 입체파를 탄생시켰다.

현재 몽마르트르 미술관(Musée de Montmartre)은 19세기의 르누아르(Renoir)와 라울 뒤피(Raoul Dufy) 그리고 수잔 발라동이 스튜디오와 숙소로 사용했던 곳이다. 드가와 르누아르, 툴루즈-로트렉 등 당대 유명한 인상주의 화가들의 모델인 수잔 발라동(Suzanne Valadon)이 아들 모리스 위트릴로(Maurice Utrillo)와 1912년부터 1926년까지 14년을 살았다. 르누아르는 1875년부터 1877년까지 이곳에 수잔 발라동과 연인관계로 지내며 그림을 그렸다. 오르세이 미술관 소장품인 〈그네(La Balançoire)〉(1876), 〈물랭 드 라 갈레트의 무도회(Bal du Moulin de la Galette)〉 그림도 이 작업실에서 탄생했다. 미술관 안뜰에는 르누아르 정원도 있다. 툴루즈-로트렉의 모델이던 수잔 발라동은 툴루즈-로트렉과 결혼하기 위해 음독자살 소동까지 벌이기도 했으나 로트렉은 결혼을 거부하고 독신으로 살았다.

수잔 발라동의 본명인 마리 클레망틴 발라동(Marie-Clementine Valadon)은 1865년 9월 23일 프랑스 중부 오트비엔에서 출생하였다. 가난한 세탁부의 사생아로서 파리에서 6살 때부터 어머니의 세탁 일을 도왔으며, 1880년 15세 때 서커스단의 곡예사로 활동하다가 18세에 화가 샤반느의 하녀와 모델로 일하면서 아버지를 모르는 아들을 출산한다. 아들인 모리스 위트릴로(Maurice Utrillo, 1883~1955)는 10세 때 발라동의 오래전 연인이자 친구인 스페인 화가 미구엘 위트릴로(Miguel Utrillo, 1862~1934)가 자신의 호적에 입적한다.

1886년 21세에 툴루즈-로트렉이 그녀의 재능을 발견하고 그림을 그리도록 격려하며 개인전을 열도록 한다. 툴루즈-로트렉은 그녀에게 수잔이란 이름을 지어준다. 1890년대 초반에 열린 발라동의 첫 번째 전시회에는 사랑하던 작곡가 에릭 사티의 초상화가 많았다. 이후 1892년 수잔과 에릭 사티(Eric Satie; 1866~1925)는 6개월 동안 동거한다. 프랑스 현대음악의 대가로 불리는 에릭 사티는 그녀와 헤어진 후 평생 독신으로 살아간다. 1893년 28세의 수잔은 누드모델을 청산하고 화가의 길로 들어선다. 1894년 발라동의 첫 살롱전에서 드가는 그녀의 작품 〈목욕통〉 외 3점을 구매하며 도움을 주었다. 이후 에드가르 드가의 도움으로 정식 화가로 데뷔하였으며, 29세에 여성 최초로 프랑스 국립 예술원(Salon de Nationale) 회원이 되었다. 아들의 친구였던 21세 연하 앙드레 우터(Ander Wooter)를 만나 사랑에 빠져 이혼 후 1914년 우터와 정식으로 재혼한다. 수잔 발라동은 1938년 73세로 홀로 생을 마감하고, 장례식엔 피카소, 발자크 등이 참석하였다. 그녀는 평생 약 300점의 드로잉과 450점이 넘는 유화를 남긴 위대한 화가였다.

르누아르, 부지발의 무도회(부분)(1883)

수잔 발라동, 푸른 방(1923)

5) 반 고흐와 삶의 여정 따라가기

작열하는 태양이 눈부시던 7월, 네덜란드에서 태어났으나 유럽을 떠돌다 태양 속으로 사라진 이방인이던 화가 반 고흐의 실존적인 삶을 돌아본다. 짐멜의 정의처럼 이방인이란 방랑자와 토착민의 특성을 모두 가지고 있으며, 항상 배척당할 위험을 극복하고 스스로 삶을 살아가기 위해 처절하게 살았던 사람들이다. 평생 이방인처럼 살았던 반 고흐도 근원적인 존재에 대한 고민과 한 인간으로서의 실존적인 불안이 항상 그의 삶 속에 있었을 것이다. 이방인의 주인공 뫼르소(Meurso)가 태양(soleil)과 살인(meurtre)을 연상시키는 이름인 것처럼 반 고흐도 작열하는 태양을 상징하던 해바라기 그림을 여러 점 남기고는 신적인 존재로 삼던 태양에 몸을 맡겼다.

예술가가 살았던 장소를 방문하고 산책하는 것은 단순한 여행 그 이상의 감동과 가치를 지닌다. 알랭 드 보통은 "화가가 어떤 장소를 규정할 만한 특징을 매우 예리하게 선별해 냈다면, 우리는 그 풍경을 여행할 때 그 위대한 화가가 그곳에서 본 것을 생각하게 되기 마련이다."고 했다. 반 고흐가 잠시 말년을 보냈던 오베르-쉬르-와즈 마을에는 그의 그림 속 산책로가 거기에 있어 나도 같은 길을 걸을 수 있고, 그가 드나들던 성당과 주변을 나도 바라볼 수 있다. 그가 걸어가다 잠시 화구를 내려놓고 그림을 그린 장소에서 바라보는 풍경도 세월의 흐름말고는 하나도 달라진 것이 없다.

반 고흐가 사망 전에 그린 그림, <까마귀가 나는 밀밭>(1890년 7월)

오베르-쉬르-와즈, 저자가 방문했을 당시의 밀밭 모습

(1) 네덜란드에서 태어나다

반 고흐는 1853년 3월 30일 네덜란드 브란반트 지방의 작은 마을 준데르트(Zundert)에서 장남으로 탄생한다. 장로교 목사 사택에서 태어난 그의 부친은 보수적인 칼뱅 교단 목사였으며, 어머니는 왕실 제본가의 딸인 안나 코르넬리아 카르벤투스로 온화한 성품을 지녔으며 그림과 글에 능했다. 빈센트가 태어난 날은 한 해 전에 빈센트 빌렘이 사산아로 태어난 날이며 형의 이름을 그대로 물려받았다. 이후 그에게는 5명의 동생이 있었다.

벨기에 앤트워프에서 30km 정도 거리에 있는 준데르트에는 현재 목사관이 남아 있고, 교회 앞에는 키예프 출신의 큐비즘 조각가 Ossip Zadkine(1888~1967)이 조각한 테오와 빈센트의 조각상이 있다.

(2) 헤이그의 구필 화랑에서 점원으로 활동

1864년 기숙학교에 처음으로 입학하였으나 학비를 감당하지 못해 1868년 학업을 중단한다. 빈센트는 독서를 즐겼으며, 짧은 학업이었지만 프랑스어, 영어, 독일어를 배웠다. 초등학교 3년과 중학교 1년의 학업을 중단하고, 1869년 7월 숙부의 소개로 헤이그 구필 화랑에서 판화와 복제화를 파는 점원으로 취업한다. 드로잉에 취미가 있는 그는 화랑 일에 만족하였으며 성실함을 인정받는다. 틈틈이 미술관을 방문하여 대가들의 작품을 접했으며, 특히 그는 네덜란드 화가들과 바르비종 화가인 밀레에게 마음이 끌렸다.

1873년 3월 런던 지점으로 발령받아 런던 생활이 시작되었다. 동생 테오도 같은 해 1월부터 구필 화랑 브뤼셀 지점에서 일을 시작한다. 반 고흐는 싼 방을 찾아 이사하고는 집주인이며 프랑스 남불 출신 목사의 미망인 로이어를 사랑하게 된다. 청혼을 했지만 거절당하자 반 고흐는 실의에 빠져 슬럼프에 빠진다. 이 사실을 안 숙부가 파리의 구필 화랑으로 발령하여 1875년 5월 중순 몽마르트르에서 잠시 살았다.

네덜란드, 벨기에 그리고 영국에서 생계 유지와 신학 공부를 위해 돌아다녔고, 1878년 브뤼셀 복음 학교는 그에게 평신도 자격으로 6개월 동안 보리나주에서 환자들과 광부들에게 복음을 전하는 정도사의 길을 허락했다. 1879년 더는 전도사 자격을 허락하지 않아 선교활동을 접어야 했다. 1880년 8월 전도사 생활을 청산한다고 복음학교에 통지한 후 27살이 되어서 화가의 길로 들어선다. 1875년 10월 말 아버지가 새로 부임한 교회가 있는 에텐에 돌아와 미술 수업을 받고, 종종 브뤼셀과 헤이그를 오가며 가서 그림 수업을 받았다.

1881년 8월 외삼촌의 딸 케이트를 사랑하게 되었다. 그는 남편을 잃은 케이트를 보자 사랑을 고백하지만 슬픔을 벗어나지 못한 그녀는 사촌 동생의 사랑이 불편했을 것이다. 결국, 절대적으로 불가능한 그녀와 이별의 아픔을 겪어야 했다. 이후 헤이그에서 인기 최고의 안톤 모베에게 그림을 배우는데, 빈센트가 화필을 쥘 수 있게 도움을 준 스승이었다. 그림 수업을 받는 과정에서 시엔이란 매춘 여성을 만나 이별의 아픔을 뒤로 하고 새로운 사람과 동거를 시작한다. 그러나 사랑하던 시엔은 생활고를 견디지 못해 매춘을 시작했고, 매독까지 걸린 반 고흐는 테오의 충고를 받아들여 20개월의 동거 생활을 청산하고 헤어질 결심을 한다. 파리에서 알게 된 라파르트가 드렌테 지방으로 가면 좋은 영감을 얻을 것이라는 말을 듣고 그곳으로 떠난다. 드렌테 지방에서 그는 절망과 시엔에 대한 양심의 가책으로 농부들의 삶의 현장인 인물화를 주로 그린다.

1883년 12월 아버지가 목회하고 있던 누에넨으로 간다. 2년 동안 그곳에서 가족과 함께 지내면서 학생들에게 그림을 가르쳐주고 식당을 장식하기 위해 그림 7점을 그려 돈을 벌기도 한다. 1885년 아버지가 세상을 떠난다. 〈감자 먹는 사람들〉(1885), 〈정면에서 본 직조공〉(1884), 〈누에넨 근처 포플러가 있는 오솔길〉(1885), 〈누에넨 목사관〉(1885) 등의 작품을 제작한다.

1885년 10월 네덜란드 누에넨(Nuenen)을 떠나 암스테르담에 사흘 동안 묵으면서 미술관을 방문하고, 11월 말에는 벨기에 안트베르펜에 가서 루벤스의 작품에 대한 이해를 발견한다. 1886년 1월 안트베르펜 아카데미에 등록하여 4주 정도 수학한다. 〈담배를 문 해골〉(1886)은 이 시기에 그린 것이다. 1886년 2월 28일 프랑스 파리에 도착한 후 한번도 조국 땅을 밟지 않았다. 이후 그는 1886년 프랑스 파리에서 2년, 아를, 프로방스의 생-레미 요양원에서 1년씩 머물다 다시 파리로 돌아왔다.

(3) 파리에서의 반 고흐

1886년 파리에 도착하자 '구필-부소& 발라동'이라는 화랑에서 근무하던 동생 테오를 만난다. 몽마르트 거리 19번지에 있는 화랑으로 테오는 근처 라발 25번지에 살고 있었다. 그곳에서 동생과 함께 기거하면서 빈센트는 '코르몽'으로 알려진 '페르낭 안느 피에트르'의 아틀리에에 입학하여 4개월 동안 수업에 참여한다. 그해 겨울 동생 테오가 몽마르트르 루픽 거리 54번지로 이사함으로써 방 하나를 작업실로 활용할 수 있었다. 당시 그림 40여 점의 정물화는 그의 독특한 화풍을 만드는 계기가 된다. 1887년 처음으로 해바라기 그림을 완성한다. 파리에서의 활동도 1년 6개월이 지나면서 염증을 느끼기 시작한다. 그는 남쪽 어디론가 떠나고 싶은 심경의 변화를 동료작가 베르나르에게 토로한다. 〈밀짚모자를 쓴 자화상〉(1887)에서 신인상주의(점묘파)의 영향으로 짧은 붓 터치의 원숙한 회화성이 돋보였다.

(4) 아를에서 미친 듯이 그린 그림들

동생 테오와 함께 점묘파의 선구자 쇠라의 아틀리에를 방문한 다음 날인 1888년 2월 20일 빈센트는 아를에 도착한다. 그가 아를에 관심을 기울게 된 계기는 분명하지 않다. 파리에서 반 고흐는 선배인 툴루즈-로트렉이 자족적인 미술가 공동체를 제안한 내용에 관심을 가지고 고갱과 베르나르 등과 의기투합하여 남프랑스 프로방스 지역 아를에 모여 공동 창작촌을 만들자며 기대하고 있었다. 빈센트는 부푼 꿈을 안고 그가 먼저 아를에 내려와 카발레리 30번지에 위치한 호텔 겸 식당인 카렐에 살다가 숙박료 문제로 일명 노란 집(Yellow House)을 빌려 1층 아틀리에, 2층 2개의 방 중 큰 길로 난 방을 고갱의 작업실로 꾸미고 복도 옆의 방을 사용했다. 파리에 있는 베르나르, 고갱, 툴루즈-로트렉에게 자신의 희망인 공동체를 알리려 편지를 쓴다. 특별히 의지하고 존경하던 고갱을 기다리며 40여 점의 유화 작품을 그렸는데 가장 중요한 작품은 〈몽마주르가 보이는 라 크로의 추수〉(1888), 〈랑글루아 다리〉(1988), 〈해바라기〉, 〈밤의 카페〉, 〈아를의 화가의 집〉 등이다. 반 고흐가 그림을 그린 기간은 1890년까지 10년이지만 〈감자 먹는 사람들〉(1885)이란 걸작부터라고 치면 6년간 그린 그림이다. 특히 아를에서의 작품은 탁월한 결과였으며 작품 수 또한 엄청난 것이었다.

1888년 10월 28일 고갱이 아를에 왔다. 두 화가는 함께 기차를 타고 몽펠리에 박물관도 다녀오고, 주변 인물들과 풍경을 그렸다. 알리스 캉 공동묘지, 루빈 드 로이 카날, 가르 카페의 여주인 지누와 남편, 아를의 밤 카페를 소재로 그림을 남겼다. 그러나 반 고흐가 간절히 바라던 고갱이 아를에 온 것은 동생 테오가 그림을 팔아줄 것이란 속셈 때문이었다. 두 사람의 일시적인 공동생활은 갈등의 연속이었으며 2개월을 채 넘기지 못했다. 사사건건 의견 대립이 심하고 술집에서 다투는 일이 비일비재했다. 마침내 크리스마스 전날 밤에 고흐는 고갱과 다툰 끝에 면도칼로 자신의 왼쪽 귓불을 잘랐고 창녀 리셀에게 조심히 다루라는 말을 남기고 떠났다. 다음날 반 고흐는 아를 '디에우 정신병원'에 입원했고, 내과의 펠릭스 레이의 치료를 받은 후 1월 7일 퇴원하며, 감사의 선물로 의사의 초상화를 그렸으나 맘에 들지 않았다고 한다. 퇴원 후 반 고흐를 통해 이익을 추구하던 마음을 감추고 찾아온 고갱은 이미 떠났다.

◀ 반 고흐, <아를의 노란 집>(1888)
▶ <파이프를 물고 귀에 붕대를 한 자화상>(1889.1.15)

반 고흐, <펠릭스 레이 박사 초상화>(1889)

(5) 생 폴-드-모졸(St. Paul-de-Mausole) 수도원

반 고흐는 1889년 5월 3일 생-레미-드-프로방스(St. Rémy-de-Provence)에 있는 수도원 부설기관인 생 폴-드-모졸(St. Paul-de-Mausole) 요양원에서 생활한다. 982년부터 문을 열었던 수도원은 베네딕도회 성-안드레아(Saint-André) 수도원이었다. 성당의 수도원 자리에 1080년에 다시 지어졌고 오래전부터 생 폴-드-모졸(Saint-Paul-de-Mausole) 요양원으로 수도원 부설 정신병원과 요양소가 함께 있는 곳이다. 한적한 입구에는 올리브 나무가 많았으며, 도시로부터 떨어진 외진 곳이었다.

생 레미의 생 폴-드-모졸(St. Pau-de-Mausole) 요양원에는 1890년 5월 16일까지 반 고흐(Vincent van Gogh)가 12개월 동안 치료받던 방과 작업실이 있다. 동생 테오가 두 개의 작은 방을 임대했으며 요양비용도 지급한다. 빈센트 반 고흐는 이곳에서 12개월 동안 생활하면서 되풀이되는 발작과 절망과 평안 사이를 오가며 미친 듯이 그림을 그렸다. 이곳에서 그는 자신의 자화상뿐만 아니라 〈수선화〉, 〈아이리스〉, 〈별이 빛나는 밤〉, 〈사이프러스 나무〉, 〈생 폴 드 모졸 예배당 풍경〉, 〈요양원 정원〉, 〈올리브 수확하는 여인〉 등 역사상 가장 중요한 걸작을 남겼다.

(6) 반 고흐가 마지막 혼을 불태우던 오베르-쉬르-와즈

그는 동생 테오의 도움으로 1890년 5월 20일 파리 근교 오베르-쉬르-와즈라는 작은 마을에 도착해서 세상을 떠나던 날까지 70일 정도 머무르며 80여 점의 작품을 남겼다. 7월 29일 권총으로 복부에 손상을 입었으나 회복하지 못하고 밀밭에서 〈까마귀 나는 들판〉을 마지막 작품으로 남기고 홀연히 떠났다. 반 고흐가 잠시 머물렀던 이 작은 마을은 화가로서 치열하고 예술적인 삶이 숭고한 가치로 남아 여행자들의 발길이 끊이질 않는다. 반 고흐라는 화가가 유년기를 보낸 마을 그리고 예술가로서 머문 장소들인 프랑스 남부 프로방스의 생-레미와 아를 또한 여행자들의 호기심을 자극하는 장소다. 반 고흐를 사랑하는 애호가로서 그의 흔적을 되새기고 이해하기 위해, 반 고흐를 사랑하는 많은 애호가들은 멀고 험난한 길이지만 찾아가야 하는 곳이다.

빈센트 반 고흐의 여정

	장소	위치	활동내용	대표작
1	준데르트 (Zundert)	벨기에 앤트워프 에서 30km	네덜란드 준데르트 생	부친은 칼뱅 교단의 목사, 모친은 왕실 베본가의 딸. 형은 사산아로 6남매 중 장남
2	학업		1864년 입학 4년 후 초중교육 자퇴	프랑스어, 영어, 독일어를 배움 독서와 드로잉 관심
3	헤이그 본점	구필 화랑	1869년 점원 취업으로 미술관 방문, 밀레에 관한 관심이 커짐	
4	런던 지점	런던 구필 화랑	1873년 3월 지점 발령	집주인 로이어에게 청혼 후 거절당함
5	파리 지점 에텐 거주	파리 구필 화랑 네덜란드	1875년 5월 지점 발령 1875년 10월 부친 근무지	잠시 점원으로 활동 후 에텐으로 귀향 브뤼셀과 헤이그에서 그림 수업
6	복음 학교	브뤼셀	1878~1880년 보리나주 광부에게 전도사로 활동 1880년 전도사 포기하고 화가로 전향	
7	헤이그	네덜란드	1881년 사촌 누이 케이트에게 실연당한 후 시엔을 만나 20개월 동거와 그림 수업	
8	드렌테 거주 작업	네덜란드	1882년 농부의 인물화를 주로 그림	
9	누에넨 거주(2년)	네덜란드	1883년 부친 근무지	<감자 먹는 사람들>(1885)
10	암스테르담	네덜란드	1885.10 1885.11	부친 사망. 미술관 방문 루벤스 작품 이해
11	안트베르펜	네덜란드	1886.1	아카데미 등록(4주) <담배를 문 해골>(1886)
12	파리 거주 (18개월)	라발 거리 25번지	1886.2.28 파리 도착	페르낭 안느 피에트르의 아틀리에(4개월) 수강, 해바라기 그림 그리기 시작. 200여 점 남김
13	아를 거주	노란 집 (Yellow House)	1888년	40여 점의 유화 작품 완성 <해바라기>, <밤의 카페>, <아를 화가의 집> 등
14	생 폴-드-모졸 (St. Paul-de-Mausole)	요양원 12개월	1889년 5월 8일 입원	<별이 빛나는 밤>(1889), <사이프러스 나무>, <수선화>, <아이리스>, <아를병원>(1889) 등
15	오베르-쉬르-와즈	파리 근교	1890년 5월 20일 이사	<까마귀 있는 밀밭>, <오베르 교회> 등
			1890년 7월 29일 사망	권총에 맞아 사망(자살 추정)
16	파리	1891년 2월 25일 동생 테오 사망		동생은 후에 오베르-쉬르-와즈에 함께 안치

반 고흐가 마지막 삶을 살았던 오베르-쉬르-와즈의 라부의 집, 그의 무덤 곁엔 동생 테오가 함께 안장

6) 현대미술의 개척자, 세잔의 발자취를 따라

후기 인상주의 화가 세잔은 현대미술을 열었던 화가로 평가받는다. 후기 인상주의 화가 반 고흐, 고갱과 더불어 현대예술의 다양한 사조가 시작되는 시점에서 혁신적인 사유와 형식으로 주목받는다. 특히 세잔은 입체주의의 초석을 다졌으며, 프랑스 태생의 입체주의 화가 브라크에 의해 계승되었다. 그리고 스페인 출신의 피카소에 의해 입체파는 현대미술의 혁명적 전환이 이뤄졌다.

(1) 엑상프로방스 탄생

엑스는 '아쿠아 섹티아'에서 유래되었으며, '물의 도시'란 의미로 101개의 온천이 있는 도시로 기원전 124년 로마에 의해 탄생했다. 1413년 대학이 설립되었으나 혁명 때 사라지기도 했다. 이후 1808년 법대 설립 후 1846년까지 문과대를 재건립하였으며 현재 대학 중심의 도시다.

세잔 가문은 17세기 중엽 이탈리아 볼로냐 근처 체세나(Cesena)에서 온 이주민이다. Cesena는 교황 비오 6세와 7세가 태어난 곳이다. 세잔은 '체세나 사람'이란 의미의 프랑스어다. 1839년 1월 19일 세잔이 태어날 당시 그의 부모는 결혼 전이었다. 아버지는 마흔 살이고 어머니는 24살이었다. 혼전 출산은 도덕과 상식에 어긋나 감추고 있다가 세잔이 다섯 살이 되어서야 결혼식을 올렸다. 폴 세잔의 아버지 루이 오귀스트는 모직물상의 직원으로 출발해, 1821년 파리에서 모자 제조업을 4년 동안 익힌다. 엑스에서 카보넬이라는 사람이 운영하는 모자 작업장에 취업 후 자신의 사업장을 오픈한다. 1848년엔 바르제르 은행의 파산으로 출납계원인 카바솔과 함께 세잔의 자본으로 은행을 설립하여 '카바솔 세잔 은행'을 운영하였다.

(2) 자드부팡

자드부팡은 세잔이 1859~1899년까지 40년의 세월을 보낸 곳이다. 36점의 유화와 17점의 수채화를 그린 곳이다. 18세기에 지어진 자드부팡은 루이 14세 때 프랑스 주지사 비야르 후작의 저택이었다. 1859년 9월 15일 세잔의 부친이 8만 프랑으로 구매한다. 1870년 수리 후 입주한다. 세잔의 작업실도 지붕 밑 방을 아틀리에로 사용하였다. 아버지의 사망 후 형제들의 소유였으나 가세가 기울면서 엔지니어 루이 그라넬에게 처분된다. 아틀리에 벽에 세잔이 남긴 그림은 국가에 기증하였으나 거절당하고, 이후 개인 컬렉터에게 넘어갔으나 결국 프랑스 파리 '프티 팔레 미술관' 소장품이 되었다. 2002년 자드부팡은 엑스시 소유가 되었다. 1888년 1월 르누아르가 잠시 거주한 적이 있었다.

(3) 콜레주 부르봉에서 졸라와 함께 수업을 받다

세잔은 1844~1850년까지 에피노 거리에 있는 공립학교와 기숙사에 머물렀고, 여기서 조각가 필립 솔라리를 만난다. 1850~1852년까지 생 조세프 가톨릭 학교에서 앙리 카스케를 만난 인연으로 이후 아들인 아킴 가스케와의 대화를 책으로 출간하였다. 이후 6년 과정인 콜레주 부르봉 중고에 입학한다. 여기서 19세기 문학을 대표하는 에밀 졸라를 만나게 된다. 세잔은 졸업 후 법대에 진학한다(현재 미네 고등학교로 바뀌었다).

에밀 졸라는 세잔보다 한 살 어린 친구였으며 병약했다. 졸라의 아버지 프랑수아는 외인부대 장교 출신으로 이탈리아 베네치아 사람이다. 아내 에밀리 오베르와는 24살이나 차이가 났다. 건축가였던 졸라의 아버지는 댐을 건설하기 위해 파리에서 이곳으로 정착한다. 이후 그는 파리에서 회사를 운영하였으나 공사 중에 폐렴에 걸려 사망한다. 부친의 사망 후 졸라의 가세는 기울었으나 어머니의 교육열로 졸라는 노트르담 초등학교를 거쳐 콜레주 부르봉에 입학했다. 졸라는 입학 후 월반하여 세잔을 만난다. 당시 세잔은 라틴어, 시, 고전문학의 성적이 좋았고, 재수 끝에 대학 입학 허가시험은 최상의 우수한 성적을 냈다. 그러나 데생 점수는 하위권이었다.

세잔이 그림을 배우게 된 것은 필립 솔라리를 따라 미술 수업을 시작한 곳으로 작은 기사회 소속 미술관에서 운영하는 자선 교육 중 하나였다. 조셉 지베르인 관장이 데생 지도를 했다. 1857~1862년까지 수업을 받았고, 1859년엔 2등상을 받는다. 현재 '그라네 미술관'이 그곳이다. 화가 프랑수아 마리위스 그라네가 1849년 세상을 떠나면서 기증한 작품으로 미술관의 이름을 얻었다.

(4) 파리에 도착

졸라는 아버지 친구의 도움으로 파리의 일류 고등학교 생 루이에 입학한다. 세잔은 법대에 2년 반을 다니다 자퇴를 했고, 졸라는 대학 입학 자격시험에 실패한다. 졸라는 세잔을 파리로 불렀고 세잔 아버지의 반대는 완강했으나 세잔은 1861년 파리에 도착한다. 스위스라는 이름 따서 만든 아틀리에 '아카데미 스위스'에서 그림 수업에 등록한다. 이곳에서 쿠르베, 들라크루아, 마네, 모네, 피사로, 아르망 기요맹 등을 만났다. 그리고 고향 사람이자 10살 연상인 난쟁이 곱사등이 화가인 아실 앙프레르도 만났다. 세잔은 파리 생활의 적응이 어려워 6개월 만에 귀향하여 은행원 일을 시작하였다. 1862년 다시 파리를 향하였고 파리국립미술학교 입학시험에 낙방한다.

(5) 파리 근교, 퐁투아즈에서의 삶 그리고 인상파 전시 참여

1881년 세잔은 퐁튀가 31번지에 집을 얻어 이사한다. 50살에 피사로와 같은 주민이 된 것이다. 이곳은 〈쿨뢰브 물레방앗간〉 그림의 배경이며, 〈퐁투아즈 모비송 정원〉(1877), 〈소 언덕 풍경〉(1877)과 〈퐁투와즈에 있는 댐〉(1881), 〈나무와 집〉(1873), 〈퐁투아즈의 잘레 언덕〉(1879~1881) 등이 있다.

반 고흐가 마지막 삶을 살았던 오베르 쉬르 와즈에서 세잔은 가쉐 박사와도 친교가 있었으며, 작품으로는 〈오베르에 있는 가셰 박사의 집〉(1873), 〈Pendu의 집〉(1873), 〈오베르의 길〉(1872~1874), 〈오베르 파노라마〉(1873~1875) 그림을 남기고 1874년 오베르 쉬르 와즈를 떠난다.

1874년 5월 15일 나다르의 작업 공간에서 최초로 인상파 전시가 열렸다. 관람료는 1 프랑, 165점과 27명의 화가가 참여한 전시다. 세잔은 피사로의 추천으로 참여하게 된다.

이후 1877년 4월 4일에 '제3회 인상파' 전시가 카유보트 주관으로 플르티에 거리에 있던 넓은 아파트에서 열렸다. 240점 중 세잔은 15점을 전시했다. 세간의 평가는 혹독했으며 좌절과 방황이 시작된다. 시련으로 고립된 세잔은 자신만의 회화를 위해 인상파 화가들과도 인연을 끊었다. 1878~1887년까지는 세잔이 경제적인 곤궁에서 벗어나지 못한 시기였다. 그러나 전시 이후 세관 공무원이던 쇼케가 세잔의 그림을 구매하기 시작한다. 이후 〈빅토르 쇼케의 초상〉(1877)을 그림으로 남긴다.

(6) 졸라의 매당 별장과 파리 근교: 믈뢰, 로슈기용, 샹티이

1879년 졸라는 매당에 별장을 매입한다. 1902년 그가 사망하고 그의 창고에서 세잔의 초기 작품들이 쏟아져 나왔다. 1878년 〈목로주점〉의 성공으로 출판사로부터 1만 8,500프랑을 받았다. 저작권료 9,000프랑으로 구매한 저택이다. 파리에서 서쪽으로 40km 떨어진 곳이다. 〈매당 성〉(1879~1881)은 고갱이 소유했었다.

1880년 2월까지 믈뢰에서 체류한다. 파리 남동쪽으로 40km 떨어진 곳이다. 맹시는 차로 5분 정도 떨어진 장소다. 뤼벨이라는 곳에 맹시 다리는 온전하게 복원되어 있다. 〈맹시 다리〉(1879~1880)는 피사로의 〈작은 다리〉에서 영향을 받은 작품이다.

로슈기용은 세잔이 사랑에 빠져 방황할 때 이곳에 살던 르누아르를 찾아온 곳으로 1885년 6월에 한 달간 머물렀다. 파리에서 북서쪽으로 100km에 있는 이 지역은 일드 프랑스와 노르망디 경계 마을이다. 로슈기용은 옛 성주의 이름으로 1109년 장인에게 목이 졸려 죽음을 당한 사건으로 만화의 배경이 되기도 한다. 세잔은 이곳에서 〈로슈기용〉(1885)이란 작품을 그렸다. 근처에 모네가 살았고 그의 아내를 잃었던 베퇴유라는 마을에 모네의 노란 집이 있다. 샹티이에서도 〈샹티이 산책로〉(1888) 등 3점의 풍경화를 그렸다.

(7) 남프랑스, 에스타크

1864년에 처음 갔던 곳으로 1883년 세잔은 에스타크에 있었다. 세잔의 어머니가 집 한 채를 구매하면서 인연이 된 곳이다. 프러시아 프랑스 전쟁 중에도 세잔은 이곳에 머물렀다. 그는 에스타크에서 풍경과 집, 지붕, 공장 굴뚝 등 예술적 각을 입혀 실제로 존재하는 것처럼 표현했다. 1882~1887년 사이 세잔은 실재하는 대상의 추상화를 통해 물의 질량을 표현하고 멀리 산을 넣어 공간감을 표현했다. 작품으로 〈에스타크 마을과 이프 성〉(1883~1885), 〈에스타크와 마르세유 만〉(1883년경), 〈에스타크에서 바라본 마르세유〉(1885년경), 〈에스타크의 집〉(1880~1885)이 있다.

(8) 가르단과 누와르 성 그리고 비메뷔 채석장

가르단은 엑스에서 15km 떨어진 곳으로 친구인 졸라, 바유와 함께 1853년 왔던 곳이다. 1885~86년에 체류하며 도시 전체를 그린 유일한 곳이다. 〈가르단 부근의 보르퀴르〉(1885~86) 그림처럼 세잔의 가르단 풍경 속 집들은 상자처럼 그려졌다. 나무들은 이미 야수파를 연상시키고, 그림 아랫부분에 여백과 색조 배열은 추상적 성향을 보인다. 세잔은 〈가르단〉(1885~86) 그림에서 마을 전체의 풍경에 관심을 기울였다. 마을이 가진 구조적 형태를 표현했던 것으로 혁신적 형식인 기하학적 구조에의 관심이 시작된 작품이다.

1887년 세잔이 작업을 위해 누와르 성의 방 한 칸을 얻어 살았다. 〈누아르 성근처 마리아의 집〉(1895~98), 〈누아르 성〉(1904~06)의 작품이 있다. 1897년 비메뷔 채석장에서 11점의 유화와 수채화 16점을 제작한다.

(9) 1895년 첫 개인전

화상 볼라르는 세잔의 개인전을 기획한다. 볼라르는 1868년 서인도제도 태생으로 27살의 청년이었다. 법학을 공부한 후 1893년 갤러리를 오픈한다. 그리고 세잔의 개인전을 열게 된 것이다. 세잔의 그림 150점으로 1895년 12월 첫 개인전이 열렸다. 세잔의 나이 53세였다. 호평과 혹평이 난무하는 중에 1895년 12월 1일 '라 르뷔 블랑슈'에 타데 나탕숑은 세잔에 대해 존경하는 시각을 제시하였다.

화상 볼라르는 세잔에게 초상화를 부탁하고 세잔은 흔쾌히 승낙했으나 그림을 완성하기까지 115번이나 포즈를 취해야 했다. 초상화 모델을 섰던 곳은 에제시프모로 거리였다. 지금은 연극인 로진 파베가 살고 있다. 외젠 이오네스크가 로진을 위해 희곡을 쓰고 싶다고 말한 배우다. 근처엔 세잔이 그림을 그린 솔르 거리가 있다. 〈솔르 가〉(1867~69), 솔르 거리를 그린 장소는 라 메종 로즈로 피카소의 첫 주거지였다.

(10) 마지막 안식처, 로브 화실

세잔의 여동생 막심 코닐의 상속 재산을 지키기 위해 조작하다가 오히려 실수로 재산을 날려버린다. 집이 사라진 세잔은 불르공 거리 23번지 2층에 거주지를 마련한다. 그러나 화실이 좁아 1901년 엑스 시 주변 땅을 이천 프랑에 구매해 화실을 지었고, 6년 동안 말년을 보낸 곳이다. 이후 15년 동안 방치되었으나 1921년 세잔의 아들이 마르셀 프로방스에게 팔았고 그는 1951년까지 이곳에 살다 사망한다. 이후 1952년 미술가 존 리월드와 존 경이 114명의 기증자의 도움으로 세잔의 기념관으로 탄생한다. 존 리월드는 세잔을 주제로 소르본 대학에서 박사 논문을 쓴 사람으로 미국에서 교수로 활동하였다. 그는 기증자들의 모금으로 세잔의 집을 구매하여 마르세유와 엑스 대학에 기증한다. 1954년 7월 8일 기념행사가 열리고, 1969년 엑상프로방스 시에 최종적으로 양도되었으며, 이곳은 세잔을 위한 시립미술관이 된 것이다.

1906년 10월 15일 톨로네에 있는 주르당 농가 풍경을 그리다가 빗속에서 쓰러진다. 길을 지나던 세탁소 수레에 실려 집으로 돌아온다. 1906년 10월 23일 결국 늑막염으로 67세에 세상을 떠난다. 4년 전인 1902년 9월 29일 졸라가 세상을 떠나기 4일 전에 유언장을 남겼었다. 엑상프로방스 시내 세잔의 도로에 들어서면 세잔의 표지판, 세잔 두상, 묘지를 방문할 수 있다.

세잔의 여정을 따라서

	지역	위치	활동내용	대표작품
1	엑상프로방스	프랑스 남부	1839년 탄생	
2	자드부팡	엑상프로방스	40년 거주지(1859~1899)	
3	콜레주 부르봉	엑상프로방스	1844~1850년 공립학교 1850~1852년 생 조세프 가톨릭 학교 1853~1859년 부르봉 중등학교	조각가 필립 솔라리 앙리 카스케 에밀 졸라와 교우관계
4	파리	프랑스, 파리	스위스 아카데미 화실 등록. 6개월 법대 2년 후 자퇴 1861년 파리 도착	화가 아실 앙프레르
5	퐁투아즈	파리 근교	1881~1874년, 50세에 거주	<퐁투아즈 모비송 정원>(1877)
6	나다르 작업실	파리	1874년, 1회 인상파전 출품	
7	믈뢰, 맹시	파리, 40km	1880년 2월까지 믈뢰에서 체류	<맹시 다리>(1879~80)
8	매당 별장	파리 근교	1879년 졸라가 매입한 별장	<매당 성>(1879~81)
9	몽주르	파리 근교		

10	로슈기용 (La Roche-Guyon)	파리 근교	파리에서 북서쪽 100km	〈로슈기용〉(1885)
11	샹티이 (Chantilly)	파리 근교	파리에서 북쪽 40km	〈샹티이 산책로〉(1888)
12	에스타크 (L'Estaque)	프랑스 남부	1883년 체류, 어머니 집 1882~87년 사이 대상의 추상화 작업	〈에스타크에서 바라본 마르세유〉(1885년경), 〈에스타크의 집〉(1880~85)
13	가르단 (Gardanne)	엑스에서 15km	1885~86년 체류. 야수파적 경향	〈가르단 부근의 보르퀴르〉(1885~86)
14	볼라르 화랑	파리	화상 볼라르의 화랑, 53세 첫 개인전	〈솔르 가〉(1867~69)
15	누아르 성	엑상프로방스	1887년 작업을 위해 방 한 칸 임시 거주	〈누아르 성〉(1904~06)
16	비메뷔 채석장	엑상프로방스	1897년	11점 유화, 수채화 16점 완성
17	로브 화실	엑상프로방스, 불르공가 23번지	1901년 매입 작업실 건립, 6년간 사용 1969년 엑상프로방스 시에 양도	시립미술관
18	주르당	엑상프로방스	1906.10.15. 주르당 농가 그리다 쓰러져, 10. 23일 늑막염으로 67세에 임종	
19	엑스 시립묘지	엑상프로방스	공동묘지 안치	

7) 인상파 화가가 사랑한 항구, 옹플뢰르

옹플뢰르(Honfleur)는 프랑스의 항구도시이며, 인상파 화가들의 안식처였다. 칼바도스 주에 위치하며 요트 정박지가 있는 휴양 해양 도시다. 1862년 파리에서 옹플뢰르까지 철도가 개설되어 많은 화가와 예술가들이 방문한다. 이곳에서 근대풍경화를 그린 화가들을 '옹플뢰르 화파'라 부르기도 한다.

외젠 부댕(1824~1898)은 옹플뢰르에서 항해사의 아들로 태어났으며, 모네의 스승이며 인상파 화가로 바다 풍광을 주로 그렸다. 특히 북프랑스의 노르망디나 브르타뉴 지방 그리고 네덜란드의 바다를 테마로 삼았다. 해변의 밝은 대기를 즐겨 묘사하여 빛나는 외광(外光)을 신선한 색채감으로 표현한 그의 화풍은 인상파 화가에게 영향을 끼쳐 인상파의 선구자로 인정받고 있다. 부댕은 옹플뢰르에서 여러 예술가와 만나게 되었고, 콩스탕 트루아용, 밀레 등의 작품을 전시하기도 했었다. 그 당시 장 밥티스트 이자베이와 토마스 쿠튀르를 만나 예술적 경험을 하게 된다.

부댕은 1855년부터 풍경화를 그리기 위해 브르타뉴 지방을 정기적으로 여행했다. 그는 모네에게 밝은 색조, 물의 조절 등을 알려주었다. 1874년 모네와 그의 동료들을 첫 번째 인상주의 전시회에 초대했다. 부댕의 높아가는 명성은 그를 1870년대의 많은 곳으로 여행하게 했다. 그는 벨기에, 네덜란드, 남부 프랑스를 여행했고, 1892년에서 1895년에는 정기적으로 베네치아를 방문했다. 네덜란드의 17세기 화가들은 부댕에게 많은 영향을 주었다. 그는 파리살롱에서 계속 작품을 출품했고, 1881년에는 파리살롱에서 3번째 메달을, 1889년에는 만국박람회에서 금상을 받았다. 1892년 부댕은 레지옹 도뇌르 훈장을 받았다. 그는 병 때문에 남부 프랑스로 다시 돌아왔다. 결국, 그는 도빌에서 그가 자주 그리던 영국 해협을 보면서 세상을 떠났다.

그의 작품은 샤를 보들레르에게 큰 칭송을 받았고, 카미유 코로는 그를 '하늘의 왕'이라고 불렀다. 1859년 보들레르는 어머니를 찾아 옹플뢰르에 간다. 〈악의 꽃〉 재판으로 힘들었고, 애인 잔 뒤발과도 헤어졌기에 이곳에서 2개월간 머무르며 한가하게 보낸다. 화가 모네는 빚쟁이들을 따돌리기 위해 옹플뢰르로 거처를 옮긴다. 이곳에서 〈정원의 여인들〉이란 대작을 완성한다. 모네는 이 작품과 〈옹플뢰르의 항구〉(1866)를 1867년 살롱전에 출품했지만 모두 낙선한다. 1867년 파리로 돌아와 비스콩티 거리 20번지 바지유 아틀리에서 경제적으로 어려웠던 르누아르와 함께 바지유에게 신세를 진다. 바지유는 모네의 〈정원의 여인들〉을 2천5백 프랑에 구매한다.

3 남프랑스 미술가들의 안식처, 생 폴-드-방스(St. Paul-de-Vence)

1) 니스, 시미에(Cimiez) 마티스 미술관

남프랑스 니스에 가면 야수파 화가 마티스 미술관을 만날 수 있다. 마티스 미술관은 고대 로마 유적이 남아 있는 시미에(Cimiez)라는 지역에 있다. 1917년 48세에 마티스는 니스에서의 또 다른 삶을 시작한다. 미술 작품에만 집중하겠다는 일념에서 선택한 곳이다. 앙리 마티스는 1930년대 초에 니스에서 멀지 않은 레지나 저택(Hotel Regina)에 머물며 37년간 작품 활동을 하다가 이곳에서 생을 정리한다. '앙리 마티스 미술관'은 유서 깊은 아렌 저택(Villa des Arnes, 1685년에 건립)을 니스시가 구매하여 1963년에 국립미술관으로 개관하였으며, 그의 작품 500여 점을 소장하고 있다. 멀지 않은 방스(Vence)에는 말년에 병든 몸을 이끌고 다녔던 로제르 예배당(Chapelle du Rosaire)이 있다. 이 예배당은 마티스가 1943년 별장으로 사용하던 곳이었으나 1941년 이후 침대에 누워 지내야만 했던 자신의 병간호를 정성껏 해준 도미니크 수도회 수녀에게 보답하기 위해 로제르 예배당(Chapelle du Rosaire)을 짓기로 한다. 마티스가 설계하고 장식 일체와 자신의 재능을 기부하고 열정적으로 참여함으로써 1948년에 착공하여 1951년에 완공된 것이다. 스테인드글라스와 성직자의 예배용 의복까지 디자인하였다. 방스에서는 마티스 예배당으로 더 알려진 곳이다. 여든 무렵에 그는 색종이를 잘라 조형화하는 창의적인 형식의 작품을 제작하였다. 이후 1954년 11월 84세의 나이로 세상과 작별한다. 시미에 노트르담 수도원 공동묘지에 마티스 부부의 무덤이 마련되었다.

출처 : 니스 시청 사이트 / http://chapellematisse.com/

니스, 마티스 미술관과 로제르 예배당

2) 에메 매그(Aime Maeght) 미술재단

남프랑스 생 폴-드-방스(St. Paul-de-Vence)에는 에메 매그(Aime Maeght, 1906~1981) 재단 미술관이 있다. 이 사립미술관은 에메가 수집한 많은 피카소의 작품 등 7,000여 점의 작품을 소장하고 있으며, 1964년 설립된 매그 재단(Fondation Maeght)에 의해 사립미술관으로 일반에게 공개되어 지역의 명소가 되었다. 매그는 현대미술 컬렉터로서 2차 세계대전 이전부터 신예작가였던 피에르 보나르, 앙리 마티스, 호앙 미로, 자코메티 등의 후원자였으며, 그들과도 상당히 친밀하게 지낸 것으로 알려졌다. 매그 미술재단은 다수의 무명작가와 신진작가의 작품을 소장하며, 사설 미술관으로는 유럽에서 가장 규모가 크다. 매그 재단 건축물은 스페인 건축가 호세 루이스 세르트(Josep Lluis Sert)에 의해 설계되었다. 미술관 정원에는 자코메티, 알렉산더 칼더, 호앙 미로, 브라크의 작품이 설치되어 있다.

3) 샤갈의 도시, 생 폴-드-방스(St. Paul-de-Vence)

마르크 샤갈(1887~1985)이 30년간 아내 바바와 함께 여생을 살았던 곳도 니스에서 가까운 생 폴-드-방스(St. Paul-de-Vence)다. 세계대전 이후 마티스, 샤갈, 피카소, 이브 몽탕, 로저 무어가 살면서 유명해진 마을이다. 리투니아 출신의 수틴(Soutine, 1894~1943), 페르낭 레제(1881~1955), 장 콕도(Jean Cocteau, 1889~1963), 롤링 스톤즈의 멤버 중 하나인 빌 와이만(1936~생존)도 거주하는 곳이다.

이곳에는 1966년 샤갈이 17점의 연작 〈성경의 메시지〉를 프랑스 정부에 기증하면서 '국립 샤갈 성서 미술관(Musee National Message Biblique Marc Chagall)'이 탄생한다. 샤갈이 86세 되던 해인 1973년에 '성서 메시지'를 담은 샤갈의 기증품으로 잠시 문을 열었으나, 개보수와 확장공사를 거쳐 '국립 마르크 샤갈 미술관(Musee National Marc Chagall)'이란 이름으로 재개장을 한 것이다. 샤갈은 살아 있는 동안 자신의 미술관이 개관하는 것을 지켜보는 행운을 얻었다, 이후 샤갈은 1977년 프랑스 정부로부터 '레지옹 도뇌르' 훈장을 받았고, 생존 화가로 루브르 박물관에 작품이 소장되는 영광스러운 기회를 얻는다.

1952년 마르크 샤갈과 결혼한 바바는 샤갈이 97세로 사별하게 된 1985년까지 무려

33년을 함께했다. 그의 후반부 결혼생활 절반을 함께 살았던 셈이다. 바바는 샤갈이 죽고 난 후에도 샤갈과 함께 지내던 생 폴-드-방스에서 샤갈의 유작들을 관리하고 컬렉션을 정리하면서 살다가 88세이던 1993년 12월에 사망한다. 두 사람은 집에서 가까운 프랑스 생 폴-드-방스 유대인 마을 묘지에 묻혔다.

1952년 첫째 부인 벨라와 낳은 딸 이다(Ida)가 결혼하고 출가하면서 아버지에게 여비서를 소개했다. 그는 발렌티나 브로드스키(Valentina Brodsky, 1905~1993)였다. 애칭으로 불리던 바바(Vava)는 러시아계 유대인으로 런던에서 아주 성공적인 모자 가게를 운영하던 사람이었다. 처음에는 샤갈의 비서로 왔으나 몇 개월 뒤 47세의 바바는 65세의 샤갈과 재혼하게 된다.

출처 : 니스 시청

국립 마르크 샤갈 미술관

4) 카뉴-쉬르-메르(Cagnes-sur-Mer), 르누아르의 집

남프랑스의 프로방스, 카뉴-쉬르-메르(Cagnes-sur-Mer)는 남프랑스 해안 도시로 피에르-오귀스트 르누아르(1841~1919)가 말년에 마지막으로 살았던 지역으로 레 콜레트(Les Collettes) 농가가 있다. 현재 이곳은 '카뉴-쉬르-메르 르누아르 뮤지엄(Musee Renoir de Cagnes-sur-Mer)'으로 부른다. 1907년 말년에 류머티즘 발작을 일으켰고, 그 고통이 더욱 극심해지면서 치료를 위해 '도멘느 데 꼴레뜨(Domaine des Collettes)'라고 불렸던 농가와 농지를 매입해 정착했다. 1919년 마지막 날까지 12년 동안 그의 아내 및 세 자녀와 함께 이곳에 살면서 800여 점의 작품을 남긴 곳이다. 르누아르의 집 정도로만 유지되어 있던 이 농가를 2013년에 프랑스 문화부가 새롭게 손질해서 다시 문을 열면서, '르누아르 미술관(Musee Renoir)'으로 만들었다. 그의 삶을 조명해 볼 수 있는 조각과 편지, 사진, 문서와 원본 그림 11점이 집안에 전시되어 있다.

르누아르의 집 미술관에는 재봉사였던 그의 아내 알린 샤리고(Aline Victorine Charigot, 1859~1915)의 목조각이 있다. 르누아르보다 18살이 어렸으나 1881년 22세에 르누아르와 동거를 시작해서 1885년에 피에르(Pierre)라는 아들을 낳았다. 형편이 나아지고 그녀가 31살이 되던 1890년 결혼식을 올렸다. 첫째 아들 피에르 르누아르(Pierre Renoir, 1885~1952)는 영화배우가 되었다. 둘째 아들 장 르누아르 Jean Renoir(1894~1979)는 나중에 유명한 프랑스 영화감독이 되었다.

둘째 아들 장의 어머니는 샤리고가 아니라 15살부터 르누아르 집안에서 함께 지내면서 아이들을 키우며 르누아르에게는 헌신적인 모델을 겸해서 생활하면서 가족처럼 지낸 가브리엘 르나르(Gabrielle Renard)였다. 르누아르 그림 대부분의 모델인 그녀는 몰래 둘째 아들인 장을 낳았다. 그러나 샤리고는 1915년 전쟁에서 중상을 입은 아들 장(Jean)을 만나러 프랑스 북동부 보주(Vosges) 전선에 갔다 돌아온 뒤 앓다가 세상을 떠났다. 가브리엘은 1919년 르누아르가 78살에 죽을 때까지 함께하다가 1921년 43살에 미국의 화가 콘래드 헨슬러 슬레이드(Conrad Hensler Slade, 1871~1955)와 첫 결혼을 한다.

출처 : 카뉴 관관청

카뉴-쉬르-메르 르누아르 뮤지엄

5) 피카소가 잠든 곳, 무쟁(Mougins)

피카소는 1958년 남프랑스에 있는 프로방스(Provence) 알프-꼬뜨-다쥐르(Alpes-Côte d'Azur) 지방 무쟁(Mougins)으로 향한다. 엑상-프로방스의 생트-빅투아르 산(Mont Sainte-Victoire) 중턱, 바우베나르구스 마을에 있는 중세시대에 만들어진 성을 구매하여 생활공간과 작업실로 사용한다. 이 보브나르그 성(Chateau Vauvenargues)은 피카소와 자클린 로크(Jacqueline Roque)[1] 부부가 마지막 여생을 보낸 곳이다. 그곳에서 피카소는 1973년 4월 8일 92세를 일기로 사망하고, 13년 후 자살로 생을 마감한 그의 아내 자클린 로크와 함께 묻힌 무덤이 있다. 일반인에게 개방하지 않았던 피카소가 마지막 여생을 보낸 집은 최근 한시적으로 개방이 시작되었다.

출처 : Le Figaro

피카소의 보브나르그 성

1 피카소의 일곱 번째 여인 자클린 로크(Jacqueline Roque)는 1954년 27세에 피카소가 73세에 만난다. 자클린은 발로리스(Vallauris)의 마두라 도자기 공방(Madoura Pottery Studio)의 매장 직원이었다. 18살에 결혼해서 딸을 키우던 이혼녀였지만, 피카소는 그녀와 인연을 맺고 1961년 80살에 올가(Olga Khokhlova)와 이혼한 후 두 번째로 정식으로 결혼한다. 남프랑스 무쟁(Mougins)의 고성에서 그녀는 20년이 넘도록 피카소의 뒷바라지와 애정으로 함께 보냈다. 피카소 사후 유산 다툼을 10여 년 동안 수습하고, 1986년 그녀는 피카소의 생일날에 무덤 앞에서 권총으로 자살했다. 피카소와 함께 영면하기 위해 스스로 생을 마감한 것이다.

6) 나비파 화가, 보나르 미술관(Musée Bonnard Le Cannet)

최후의 인상주의 나비(Nabi)파 화가 피에르 보나르(Pierre Bonnard)는 말년을 르 까네(Le Cannet)에서 보낸다. 르 까네(Le Cannet)시는 보나르의 작품을 구매하여 미술관을 개관하였다. 피에르 보나르는 1867년 프랑스 파리 근교의 퐁트네-오-로즈에서 태어났다. 유복한 집안에서 유년 시절을 보내고 아버지의 권유로 파리 대학에서 법률을 공부했다. 국립미술학교인 에콜 데 보자르와 아카데미 쥘리앙에서 틈틈이 미술 공부를 병행했다.

1888년 그룹을 결성하여 '나비(Les Nabis)'라는 이름을 붙였다. '나비'란 히브리어로 '예언자'를 뜻하는데, 시대를 앞서 이끌어 나가겠다는 의미다. 보나르는 일상의 정경을 담은 스타일의 '앵티미슴(Intimisme)'을 이끌었다. 소박하면서도 감미로운 정감의 그림을 그린 화가 보나르는 그의 모델이자 평생 동반자인 마르트를 모델로 그림을 많이 그렸다. 1893년 16세에 만나, 1925년 결혼하여 1942년 세상을 떠나는 날까지 함께했다. 특히 마르트는 정신적으로 불안정한 경향을 보였는데, 그 증상 중의 하나가 청결에 강박적으로 집착하여 항상 몸을 씻고 목욕을 했다고 한다. 그녀가 욕조 안에 누워 있거나 몸단장을 하는 모습을 친밀하게 담아낸 작품만도 100여 점이 넘는다. 보나르는 마르트 사후에도 외롭게 혼자 살다 1947년 남프랑스 르 카네(Le Cannet)에서 생을 마감했다.

7) 야수파의 탄생, 콜리우르(Collioure)

콜리우르는 스페인 국경에 인접한 피레네 산맥과 지중해 사이에 위치한 어촌이다. 이곳이 화가들에게 사랑받았던 곳으로 야수파가 탄생한 장소다. 마티스는 1905년 그의 부인 아멜리-노에미-알렉산드린 파레이르(Amelie-Noemi-Alexandrine Parayre)와 1904년에 태어난 아들 장 제라르(Jean Gerard)와 함께 항구가 보이는 방에 체류한다. 11살이 어린 앙드레 드랭이라는 후배 화가를 초청하여 1905년 7월에 합류한다. 이곳에 머무는 동안 마티스는 100여 점의 드로잉, 15점의 유화, 50여 점의 수채화를 그렸다. 그는 사실주의적인 색채에서 빨강과 초록, 주황과 파랑, 노랑과 보라의 강렬한 보색대비로 바뀌었다.

드랭은 약 30점의 유화와 드로잉을 완성했다. 1905년 10월 마티스와 드랭은 파리로 돌아가 살롱 도톤 전시에서 자신들이 여름에 그린 작품을 전시했다. 파리에서 처음 공식적으로 전시된 야수파 그림들은 엄청난 스캔들로 관람객들에게 커다란 충격을 주었다. 비평가 루이 보셀은 작품들의 야수처럼 격정적인 특성에 '야수'라는 비아냥거리는 호칭을 붙였다. 마티스는 체계적 연구에 따라 3차원 공간보다는 색채라는 새로운 회화공간을 추구했다. 이후 드랭은 더는 이곳을 방문하지 않았지만, 마티스는 1905년에서 1914년 사이에 여름이 되면 종종 그곳을 찾았다. 콜리우르는 당시 점묘파, 인상파, 야수파, 입체파 화가들의 '성지'처럼 되었고, 달리, 피카소, 마욜(Maillol), 마르케, 망갱, 블라맹크, 뒤피와 같은 화가들도 체류한 곳이다. 1902년 콜리우르에 온 화가 장 페스케(Jan Peske)는 1930년에 '현대미술 뮤지엄(Musee d'Art Moderne)'을 설립했다.

8) 알비, 툴루즈-로트렉 뮤지엄

툴루즈-로트렉(Henri de Toulouse-Lautrec, 1864~1901)은 프랑스 남부 알비(Albi)의 알퐁스 백작 아들로 탄생한다. 12세기부터 내려온 귀족 가문의 아버지와 백작 직계 후손인 아델 조에 타피에 백작 어머니는 사촌 간의 근친결혼으로 인한 유전적 결함으로 툴루즈-로트렉은 허약한 체질로 태어났다. 백작 부부는 로트렉이 8살 때 이혼하였으며, 어머니를 따라 툴루즈-로트렉은 파리에 도착하였고, 백작 부인은 말로메 성을 구매하였다. 8살에 파리에서 학교 교육을 받았으나 병약하여 고향으로 돌아와 요양하면서 가정교사에게 수업을 받는다. 13세에 두 번 낙마하여 골절로 뼈의 성장이 멈춰 152cm의 키에 지팡이를 의지하며 살아간다.

1882년 로트렉은 파리 레옹 보나와 코르몽 화실에서 미술 수업을 받았으며 드가의 영향을 받는다. 이곳에서 반고흐, 수잔 발라동을 알게 된다. 선천적으로 허약했던 그는 1899년 발작으로 쓰러져 파리 근교 뇌이유 병원에 입원하였고, 1900년 보르도로 휴양을 떠나기도 했는데, 몸 한쪽이 마비된 채 37세에 어머니 앞에서 죽음을 맞이하게 된다. 그의 묘지는 알비시의 말로메성 근처 베로베에 있다.

툴루즈에서 멀지 않은 알비시에는 붉은 벽돌로 지어진 프랑스 남부 특유의 고딕 양식으로 세계에서 규모가 가장 큰 '성 세실 대성당'이 있다. 세실 성당 옆에는 툴루즈-로트렉 어머니의 도움으로 13세기 주교가 머물던 바르비 성을 활용하여, '툴루즈-로트렉 뮤지엄'이 1922년에 개관한다. 미술관에는 아델 부인으로부터 기증받은 툴루즈-로트렉의 작품 1천여 점이 보유되어 있다. 이후 10여 년의 보수로 2012년에 재개관하였다. 알비에는 그의 생가도 있고, 성 세실 성당, 바르비 성, 타른강을 가로지르는 퐁 비외가 유네스코 문화유산으로 등재된 곳이다. 로트렉이 어린 시절을 보내던 할머니 소유의 보스크 성은 알비 근교에 있으며 기획전이 열리는 곳이다.

프랑스 현대 미술가의 여정

	장소	예술가	활동	대표작
1	파리, 몽마르트르	피카소	피카소, 입체주의	아비뇽의 처녀들
2	파리, 몽파르나스	수틴, 모딜리아니…	몽파르나스 그룹	다양한 작품
3	파리 근교, 퐁투와즈	피사로	신인상주의	점묘파 작품
4	오베르 쉬르 와즈	반 고흐	말년 작품활동	<까마귀 있는 밀밭>(1890) 동생 테오와 안치
5	루앙	모네	루앙성당 연작	
6	옹플뢰르	부뎅	인상주의	바다 풍경
7	르 아브르	모네	인상주의 탄생	<해돋이>(1872)
8	지베르니	모네	모네의 정원	수련 연작
9	알비	툴루즈-로트렉	상징주의	말로메성 근처 베로베 안치
10	니스	마티스	시미에	시미에 노트르담 수도원, 부부 안치
11	엑상프로방스	세잔	후기 인상주의	
12	아를르	반 고흐	후기 인상주의	
13	르 까네	보나르	나비파	보나르 미술관, 영면
14	콜리우르	마티스, 드랭	야수파	초기작품
15	무쟁	피카소	말년	부부 영면
16	카뉴 쉬르 메르	르누아르	말년	영면
17	생 폴 드 방스	샤갈	말년	생 폴-드-방스 유대인 마을 묘지 안치
18	생 폴 드 모졸	반 고흐	수도원, 요양원	<별이 빛나는 밤>(1889)
19	엑상프로방스 자드부팡(1859~1899)	세잔 탄생 생활 공간	세잔의 고향이며 작품 활동지역	탄생과 영면
20	에스타크	세잔, 브라크	입체주의	<에스타크 마을과 이프 성> (1883~85)

4 현대미술 대규모 기획전시, 유럽 현대미술 빅 이벤트

10년마다 전 세계 미술 애호가나 미술계 관계자들의 시선은 유럽으로 향한다. 10년 주기로 미술계의 빅 이벤트 전시 5개 이상이 5월과 6월 이탈리아, 독일, 스위스, 이스탄불, 리용에서 동시다발적으로 개막하기 때문이다. 물론 매년 열리는 바젤 아트페어와 2년마다 열리는 베니스 비엔날레, 리용 비엔날레, 튀르키예의 이스탄불 비엔날레 등도 주목할 만한 미술계 행사다. 2017년이 바로 5년마다 열리는 카셀 도큐멘타와 10년 주기로 개최하는 뮌스터 조각 프로젝트 그리고 베니스 비엔날레의 3대 미술제가 동시에 개최되는 10년 주기의 '그랜드 크로스'의 해이다. 게다가 비슷한 시기에 스위스 바젤에서 열리는 아트페어까지 가세하면 유럽의 미술계 빅 이벤트는 초국가적인 거대한 축제인 것이다. 1977년에 백남준, 1992년에 육근병 그리고 20년 후인 2012년에 양혜규와 문정원 그리고 전준호가 초대받았다. 이제 10년 뒤 2027년 또 다른 빅 이벤트를 위해 미술계에 어떤 일들이 일어날지 기대할 만할 것이다.

1) 유럽 최대의 미술축제, 베니스 비엔날레

베니스 비엔날레는 건축, 영화, 무용, 음악 등 예술의 전반적인 분야를 다루는 '국제 현대미술 전시회'이다. 2년마다 개최되는 미술 전시회를 의미하는 '비엔날레(Biennale)'라는 명칭이 베니스 비엔날레에서 유래했을 정도로 세계에서 가장 유서가 깊고 영향력이 큰 비엔날레 중 하나다. 베니스 비엔날레를 통해서 전 세계의 현대미술을 한자리에서 거대한 규모로 확인해 볼 수 있다.

2년마다 열리는 '베니스 비엔날레'는 1895년 황제 부부의 은혼식을 기념하여 탄생했다. 1895년 이탈리아, 프랑스, 오스트리아, 헝가리, 영국, 벨기에, 폴란드, 러시아 등 8개국이 참가해 행사가 개최된 이후 격년제로 열리고 있다. 1913년 1차 세계대전과 1946년 2차 세계대전으로 중단된 적도 있었으나 이후 2년마다 꾸준히 개최되었다.

비엔날레에 소개되는 다양한 작품들은 베네치아시의 카스텔로(Castello) 공원 내 33만㎡ 부지에서 6개월이 넘는 기간 동안 전시된다. 미술뿐 아니라 영화 · 건축 · 음악 · 연극 등

5개 부문으로 나누어 각각 다른 시간에 독립된 행사를 동시에 열고 있다. 베니스 비엔날레의 미술전은 크게 '국가관 전시(자르데니아)', '이탈리아관 전시(파비용 이탈리안)', 젊고 실험적인 작업을 소개하는 '아르세날레전'으로 구성된다. 각 국가관 전시는 보통 60여 개국이 참가하는데 독립된 국가관을 가진 24개국을 제외하고는 시내의 이탈리아관에서 함께 소개된다. 한국관은 1995년에 마지막으로 건립되었다.

이탈리아, 베네치아

베니스 비엔날레의 수상 형식은 회화 1명, 조각 1명 그리고 국가관에 수여하는 3개의 황금사자상과 젊은 작가에게 수여하는 은사자상, 4명의 작가에게 수여하는 특별상이 있다. 심사는 세계적인 권위를 가진 미술관장이나 미술사가, 평론가 등의 4~5명으로 구성된다. 2년 주기로 열리는 베니스 비엔날레는 가장 최신의 주제와 형식 그리고 시대를 반영한다. 국내 작가로는 전수천(1995), 강익중(1997), 이불(1999)이 특별상을 받았다. 1993년 백남준이 한스 하케와 독일관 작가로 참여해 황금사자상의 주인공이기도 했다. 2015

년 임흥순 작가가 〈위로 공간〉으로 한국 최초 본전시에서 은사자상의 주인공이 되었다.

2022년 59회 베니스 비엔날레는 4월 23일~11월 27일까지 열렸다. 59회는 세실리아 알레마니가 예술감독으로 선임되어 '꿈의 우유'라는 주제로 진행하였다. 세부 주제로는 신체의 변형, 개인과 기술의 관계, 신체와 지구의 연결이라는 세 가지 주제를 통해 인류의 미래에 대해 질문을 한다. 이 대규모 전시회는 Giardini와 Arsenale에서 58개 국가 213명 작가가 참여하였고 이 중 188명이 여성 작가로 최초로 과반을 남긴 것이다. 시내 중심가에 85개국의 전시 참여가 동시에 펼쳐진다. 본전시에 초청받은 한국 작가는 정금형과 이미래 작가였다. 황금사자상은 미국의 시몬 리, 영국의 소아 보이스에게 수여되었다. 두 작가는 베니스 비엔날레 역사상 최초의 흑인 여성인 것이다. 한국관 예술감독으로는 이영철 큐레이터가 선임되었다. 이번 전시 주제는 '나선'이었다. 점점 커지는 나선형의 새로운 문명에 대한 관점으로 김윤철 작가의 작품이 소개되었다.

2023년 18회 베니스 비엔날레 국제건축전은 베네치아 자르디니와 아르세날레 일대에서 5월 18일 개막되었고 11월 26일까지 열린다. '레슬리 로코'가 총감독을 맡아 '미래의 실험실(The Laboratory of the Future)'을 주제로 선정하여 아프리카 대륙을 상정했다. 2023년 한국관 예술감독은 정소익(도시매개프로젝트 대표)과 박경(샌디에이고 대학교 교수) 두 명의 예술감독이 진행한다. '2086: 우리는 어떻게?'라는 화두로 2086년 세계 인구가 정점에 다다르는 시점에서 환경문제와 인류문명의 새로운 패러다임을 가설로 제안한다. '인류세 이후의 미래 공동체: 시비촌3.0(Future Communities in Post- Anthropocene Life: CiVi-Chon 3.0)'이란 세부 주제를 중심으로 미래 공동체를 탐색한다. 시비촌(CiViChon)은 '도시(City)'와 '마을(Village)'의 첫 두 글자와 농촌을 뜻하는 '촌(chon)'을 붙여 만든 개념이다.

'미술계의 올림픽'으로 불리는 2024년 60회 베니스 비엔날레는 팬데믹으로 2023년에 열리지 못해 2024년에 열리게 되었다. 60회 베니스 비엔날레는 아드리아노 페드로사(상파울루 미술관 예술감독)가 총감독을 맡아 2024년 4월 20일부터 11월 24일까지 이탈리아 베네치아시 카스텔로 공원과 아르세날레 일대에서 개최된다. 2024년 한국관 Giardini를 이끄는 예술감독으로 야콥 파브리시우스(53) 덴마크 아트 허브 코펜하겐 관장과 이설희(36) 덴마크 쿤스트할 오르후스 큐레이터가 선정됐다. '오도라마 시티(ODORAMA CIT-IES)'를 주제로 해서 한국관 건물 전체를 '한국 향기 여행(Korean scent journey)'을 콘셉트로 한 구정아 작가의 신작을 소개할 것이다.

2) 5년 주기로 개최하는 독일 카셀 도큐멘타

독일 중부에 있는 작은 도시 카셀(Kassel)

프리드리히 광장에 'The Partheonon of Books'가 설치

다른 유럽 국가보다 상대적으로 미술문화의 변방이라는 한계를 극복하기 위해 출발한 '카셀 도큐멘타'는 현재 독일을 서구 현대미술의 보고로 만드는 중요한 역할을 하고 있다. 창시자인 아놀드 보데, 브라넬 카셀 시장, 미술사가 하우 드프만 등을 중심으로 진행되고 있는데 첫 회 프리데리치아눔 미술관만을 전시 공간으로 이용하던 이 행사는 폐공장을 재활용할 정도로 규모가 확대되었으며, 전시예산 또한 총 100억에 이르고 있다. 카셀 도큐멘타는 예술품의 전시 공간이라기보다는 정치, 사회, 경제, 문화영역 전반에 걸쳐 동시대의 다양한 문제를 사유할 수 있는 현대미술의 현장이다.

독일 중부에 있는 작은 도시 카셀(Kassel)에서는 5년마다 대규모 미술품 전시인 '카셀 도큐멘타(Kassel documenta)'가 열리고 있다. 1955년 당시 카셀대학교의 교수이자 아티스트 큐레이터였던 아놀드 보데(Arnold Bode)에 의해 창설되었다. 카셀 지역에서 열린 연방원예 전시의 목적으로 시작된 전시는 2017년에는 14번째 카셀 도큐멘타 14(Kassel Documenta 14)가 6월 10일부터 9월 17일까지 3개월 동안 개최되어 현대미술 애호가 90만여 명이 방문하였다. 카셀 시 전체가 행사가 열리는 10일 동안 도시 전체는 거대한 미술관으로 탈바꿈해서 도로마다 관람객들로 시끌벅적하고 광장은 활기가 넘친다. 방문자들은 자전거를 빌려 타거나, 걸어서 도시 구석구석을 돌아다니며 미술관을 방문하고 동시에 열리는 부대행사인 도큐멘타 매거진과 세미나에도 참석할 수 있다.

독일은 종전 이후 1955년 나치 시절의 미술계에 대한 폭력과 잘못을 반성하고자 국제적인 미술 행사를 기획하게 된다. 물론 전쟁으로 황폐해진 도시를 재건해야 한다는 정치적인 의도에서 시작된 것이다. 나치즘은 땅에 묻고 도큐먼트로 새로운 독일을 재건하려는 의도였다. 도큐먼트는 '전시회는 모던아트의 기록(Documentation)'이라는 의미에서 붙여졌으며, 모던아트(modern art)를 퇴폐의 소산이라는 이유로 금지했던 나치에 대한 반발로 지어진 이름이다. 유럽 대륙 최초의 공공 미술관이었던 프리데리치아눔(Fridericianum)이 전쟁 중 훼손되고 방치된 곳에서 전시를 열었던 것이 '카셀 도큐멘타'의 출발이었다. 전위적인 작가와 실험적인 작품을 소개하는 목표로 진행되었으며 세계적인 명성을 유지하고 있다. 이에 2012년 '도큐먼트 13(Documenta 13)'은 250억의 예산으로 운영되었고, 방문객은 90만 명 가까이 되었다.

2017년 '도큐먼트 14'에서는 바젤의 쿤스트할레 관장이며 폴란드 출신의 예술감독 아담 심칙(Adam Szymczyk)을 중심으로 '아테네로부터 배운다(LEARNING FROM ATHENS)'는 주제로 그리스 아테네에서도 전시가 개최되었다. '카셀(Kassel)' 본 전시에서도 '아테네로부터 배운다'를 주제로, 전쟁, 테러, 난민 등 다양한 현대사회 문제에 대한 다양한 아티스트들의 결과물을 전시하였다. 그리고 카셀의 중심부인 프리드리히 광장에 'The Partheonon of Books'가 설치되었다. 이곳은 나치가 2,000권의 '금서'를 불태운 곳으로, 아르헨티나의 작가 마르타 미누진이 10만 권의 금서로 파르테논 신전을 만들어 놓고 슬픈 역사를 예술로 승화시켰다.

1회 큐레이터인 보데가 총 570점의 148명의 작가, 6개국의 참가국, 야수파, 입체파, 청기사파, 그리고 미래파, 표현주의 흐름을 보여주었다. 한스 아르프, 파블로 피카소, 알렉산더 칼더 등이 참여한 3회 도큐먼트까지는 유럽 중심의 현대미술의 흐름을 중점적으로 소개하고 있었다면 4회부터는 유럽 이외의 작가들을 적극적으로 도입하는 새로운 성격을 보여주기 시작했다. 10회(1997)에는 캐서린 다비드라는 첫 여성 감독을 선임함으로써 기존의 일관된 사회적 시각을 타파하기도 하였다. 또한, 토론과 담론 형성의 중요성을 강조하는 전시내용을 보여줌으로써 타 현대미술 행사와 구별되는 차이점을 제시하기도 하였다. 1977년 백남준, 1992년 육근병 등 한국을 대표하는 현대미술 작가가 참여했던 카셀 도큐멘타는 회를 거듭할수록 현대미술을 선도하는 개념의 양산과 국가와 인종을 막론한 비평가, 작가, 미술 관계자 간의 지적 네트워크 구축과정을 본 전시 이상으로 주시하고 있음을 보여준다. 2012년 카셀 도큐멘타에는 전준호, 문경원, 양혜규 등 한국 작가들이 20년 만에 초청받았다.

2022년 개막한 15회 카셀 도쿠멘타는 6월 18일에 시작하여 9월 25일까지 진행된다. 인도네시아 자카르타를 기반으로 활동하는 컬렉티브 '루앙루파(Ruangrupa)'가 예술감독을 맡았다. "이번 도큐먼트의 주제는 없습니다. 대신, 우리는 '룸붕(Lumbung)'이라는 개념을 알리고 실현하겠습니다."라고 소개했다. '룸붕(Lumbung)'은 인도네시아에서 '농사 후 남은 쌀을 함께 저장하는 헛간'을 뜻하는 단어다. '룸붕(Lumbung)'을 구현할 멤버는 1,500명 이상으로 엄청난 전시 규모가 되었다. 카셀 전역의 32개 전시장에서 룸붕 멤버들의 전시가 진행 중이다. 카셀 자연사 박물관에서는 한국 멤버인 '이끼바위쿠르르'가 만든 2채널 영상 〈Tropics Story〉(2022)를 볼 수 있다. 다음 전시는 2027년에 열리게 될 것이다.

지난 2007년 도큐먼트 예산의 절반인 1,900만 유로는 카셀주가 감당하였고, 나머지는 입장권, 기증자, 이벤트 후원자 등에 의해 충당되었다. 2017년 14번째 행사에는 3,700만 유로의 예산이 투입되었다. 2017년 〈카셀 도쿠멘타 14〉는 13회가 열린 2012년 바로 다음 해인 2013년부터 준비가 시작되었다. 그해 1월 도쿠멘타 예술감독을 선정하는 위원회(Finding Committee)를 결성하고 4월, 6월, 11월 세 차례 회의를 통해 감독 선임을 마무리한 것이다. 예술감독 선정위원은 총 8명으로 구성된다.

3) 10년 주기로 열리는 독일 뮌스터 조각 프로젝트

'뮌스터 조각 프로젝트(Skulptur-Projekte Munster)'는 베니스 비엔날레, 카셀 도큐멘타와 함께 유럽 3대 미술축제로 알려졌다. 세계적인 현대조각과 설치작품의 전시회로 10년 주기마다 열리며 공공성을 표방한 조각 프로젝트 축제다. 1977년 최초로 개최되었는데 1974년 뮌스터시가 도시환경의 새로운 변화를 위해 공공장소에 조각을 설치하려는 목적에서 출발하였다. 당시 베스트팔렌 시립미술관 큐레이터 클라우스 부스만(Klaus Busmann)은 반대하던 지역 시민들을 설득하여 공공조각에 관한 지속적인 노력으로 여론을 돌려세웠고, 교육의 기회를 마련하는 차원으로 1977년 야외 조각 전시회를 탄생시켰다. 그러나 뮌스터 조각 프로젝트는 도시를 꾸미거나 장식적인 조각품을 설치하는 그런 부류의 프로젝트는 아니다. 뮌스터에 설치되는 작업은 뮌스터만의 사회적 맥락과 역사, 현재

상황, 삶의 공간, 정체성 등을 담아야 한다는 것이다. 공공조각 프로젝트 미술품은 설치물이 놓인 장소의 역사 가치와 조응하지 않으면 의미가 없다는 것이다.

뮌스터 조각프로젝트(Skulptur-Projekte Munster)가 열리는 독일 뮌스터

베스트팔렌 지방의 중심에 있는 뮌스터는 라틴어로 수도원(Monasterium)을 의미하는 단어에서 유래한 대학과 종교의 도시다. 북서쪽으로 네덜란드가 가까이 있으며, 언덕이 거의 없는 평지로 구성되어 있다. 다른 도시에 비해 건축의 밀도가 낮으며 고층 건물이 많지 않다. 29만여 명이 거주하는 뮌스터는 13세기 한자동맹(Hanseatic League)과 1530년대 개신교의 도시로 변모했다. 1648년에는 30년 전쟁 이후 베스트팔렌 평화조약을 체결함으로써 협상의 도시로서 주목받았던 곳이기도 하다. 자전거가 많은 이 조용한 도시는 805년 건축된 뮌스터 대성당을 중심으로 종교의 도시답게 여러 성당 건축물을 만날 수 있으며, 전통과 현대가 조화롭고 매력적인 도시로 유명하다.

10년마다 조각프로젝트(Skulptur Projekte 2017)가 열리는 뮌스터(Münster)는 독일 북서쪽의 작은 마을이지만 약 100일간 도시 전체가 거대한 조각공원으로 변신한다. 관람객은 안내소에서 제공한 지도를 참고로 아담한 도심을 여유롭게 산책하거나 혹은 보물찾기를 하듯 적극적으로 작품을 찾아 나서야 한다. 도시 자체가 예술품인 뮌스터는 세계 최정상의 조각가들이 설치한 작품들로 골목, 광장, 화장실, 버스정류장, 공원 등은 낯선 미술관으로 변신한다.

1977년 1회 뮌스터 프로젝트에는 9명의 당대 최고의 조각가를 초대하여 작가가 원하는 장소에서 그에 맞는 조각품을 설치했다. 초청된 작가들은 일정 기간 뮌스터에 머물면서 도시가 지닌 정체성과 역사의 흐름을 통해 시민들의 정서와 전시 성격에 적합한 작품을 구상하고 설치해야만 한다. 따라서 뮌스터 도시의 역사성과 공간특성 그리고 지형에 관한 연구가 선행되어야 했고, 장소가 정해지면 그곳에 맞는 작업을 구상한 후 뮌스터 관계자들과 긴 시간 동안 의견을 나누며 수정하고 보완하여 작품을 설치하는 것이다. 10년이라는 주기로 열리는데 이토록 긴 주기를 갖는 것은 다음 전시를 위한 준비 과정으로 10년이라는 시간이 적합하다는 이유에서다. 지금까지 40년이 축적되면서 뮌스터는 조각 프로젝트를 통해 새로운 도시의 지형도를 만드는 중이다.

2017년 다섯 번째로 열린 전시는 1977년부터 이 전시를 이끌었던 캐스퍼 쾨니히(Kasper König) 예술감독을 중심으로 70억 정도의 예산과 36명의 작가와 팀이 선정되었다. 지금까지 총감독 역을 맡았던 캐스퍼 쾨니히는 이 전시를 끝으로 물러나게 되었다. 영상, 퍼포먼스 아트에 중점을 두어 한정된 지역성을 넘어 전 지구적인 현안을 포함하려는 그의 의도가 전시에 반영되었다. 2017년 주제는 디지털 문명 속에서 '몸을 벗어나, 시간을 벗어나, 장소를 벗어나'라는 주제로 연계된 전시였다. 그들의 작품은 지역 사회의 문제를 제기하고 지역 주민과의 소통을 적극적으로 반영한다는 점에서 다른 프로젝트와 차별성을 지닌다. 그러므로 공적인 공간과 시민들의 관심이 통합된 문화적 소통이 실현된 도시로 평가받는다. 1977년부터 2017년까지 뮌스터에 영구적으로 설치된 총 38점의 '퍼블릭 컬렉션' 작품들은 꾸준히 시민들의 사랑을 받고 있다. 공공미술이 도시 전체를 예술적으로 탈바꿈하게 하여 문화도시로 혁신적인 가치가 구축된 것이다.

4) 스위스 '아트 바젤'의 글로벌 미술시장의 확장

스위스 바젤 지역은 라인강이 흐르고 중세의 모습을 간직한 곳이다. 그러나 미술시장이라는 '아트 바젤'로 예술 애호가들과 일반인들로부터 유명해진 도시다. 아트 바젤(Art Basel)은 매년 6월 중에 열리는 아트 페어 즉, 국제 예술 박람회이다. 아트페어는 세계적인 갤러리들이 같은 시간, 같은 장소, 특정 기간에 모여서 작품을 거래하는 글로벌 미술 시장이다. Art Basel은 5일 동안 컬렉터, 갤러리 및 아티스트를 연결하는 세계적인 글로벌 플랫폼으로 미술품 견본 시장이다. 스위스 아트 바젤은 1970년 스위스의 갤러리스트인 에른스트 바이엘러(Ernst Beyeler)를 중심으로 바젤 갤러리스트들이 창설한 아트페어다.

아트 바젤은 스위스 아트 바젤, 아트 바젤 홍콩(3월), 아트 바젤 마이애미 비치(12월)로 진출하여 지역의 미술시장 활성과 인프라 확장을 위해 3개 지역으로 운영되고 있다. 최근 아트 바젤은 프랑스 파리에서 열린다는 소식이다. 아트 바젤을 소유한 스위스 회사인 MCH 그룹과 프랑스를 대표하는 아트 페어인 피악을 운영하는 RX사가 경쟁했는데, 1,000만 달러(약 120억 원)라는 거액과 7년 계약 조건을 내건 MCH사의 제안이 결국 채택됐다. 일반적으로 매년 10월에 열렸던 파리 아트페어 '피악(FIAC)'의 전시 일정도 '아트 바젤'에게 넘긴 것이다. 1970년 스위스 바젤에서 처음 시작된 '아트 바젤'은 홍콩, 마이애미 그리고 파리가 추가된 것이다.

이로써 1974년에 창설되어 47년의 역사를 지닌 세계 최고의 파리 아트페어라는 위상과 그랑팔레라는 전시 공간을 결국 '아트 바젤'에 내준 것이다. 2022년 10월의 파리 '그랑팔레 에페메르'에는 30개국에서 156개 갤러리가 참여하고 개최되는 1회 '아트 바젤 파리+'의 전시가 기대되는 이유다. 한국의 갤러리는 메인 섹터인 '갤러리즈'에 선정된 국제갤러리가 유일하게 '아트 바젤 파리+'에 참가한다. 이제 '아트 바젤'은 홍콩 3월, 바젤 6월, 파리 10월 마이애미 12월로 사계절 내내 글로벌 미술축제가 만들어진 것이다.

2018년 '스위스 아트 바젤'의 총거래액은 3조 4천억 원이며, 2019년 '아트 바젤 홍콩'도 1조 원을 달성했다. 2019년 '스위스 아트 바젤'은 34개국, 232개 갤러리, 4천 명의 작가가 참가했고, 9만여 명이 관람했다. '아트 바젤' 행사 기간은 7일 정도지만 2일은 VIP만 입장이 가능하다. 미술시장이라 초대받은 컬렉터와 큐레이터를 선정하여 순차적으로 작품을 고를 수 있도록 배려한 것이다. 이후 5일 동안 일반인에게 공개하는데 거대한 전시를 관람하는 형식이다. 일반인의 입장권은 1일권, 2일권 등으로 온라인 예매가 가능하다. 최근 아트 바젤 홍콩의 1일 입장권은 400H KD(약 8만 원)였다.

'아트 바젤'은 다른 아트페어와 달리 엄격한 심사를 통해 갤러리에게 참가 자격을 부여한다. 유명 갤러리 부스에서 열리는 갤러리즈(Galleries), 신진작가를 소개하는 스테이트먼트(Statement), 주목할 만한 실험적인 작품을 소개하는 피처(Feature)로 구분한다. 참가하는 갤러리의 부스 사용료는 최고 1억 원 이상이다. 2023년 '스위스 아트 바젤'에 참여한 한국 갤러리는 '국제갤러리'와 '갤러리현대'로 참가자격의 진입장벽이 높다는 의미다. 2019년 '스위스 아트 바젤'에서는 김환기 작가의 작품 'Tranquility 5-IV-73'이 1,000~1,200만 달러(117~141억)에 거래되었다.

5) 프랑스 파리 미술견본시장(FIAC)

프랑스의 '피악(FIAC: 국제현대미술제)'은 미국의 '아트 시카고(Art Chicago)', '스위스의 아트 바젤(Art Basel)'과 함께 세계 3대 아트페어다. 파리 미술견본시장인 FIAC(Foire Internationale d'Art Contemporain)은 1974년에 창설되었다. 1977년 이후 1900년 파리만국박람회 때 지어진 '그랑팔레'에서 현대미술의 거장부터 동시대 미술작가들의 작품, 실험적인 전위 미술까지 폭넓은 작가들의 다양한 작품들을 소개하며 매년 개최하였다. 1974년 '국제 현대미술 살롱(Salon international d'art con-temporain)'으로 프랑스 내 80개의 화랑이 참가하며 처음 시작되었고 바스티유 역사에서 열렸다. 이후 타이틀은 살롱(Salon)에서 견본시장(Foire)으로 변경되었고 1977년부터 그랑팔레(Grand Palais)에서 개최한다. 1993년부터 2005년까지 그랑팔레의 내부 리노베이션으로 다른 장소인 '에스파스 에펠 브랑리(Espace Eiffel Branly)'와 '포르트 드 베르사유(Porte de Versailles)' 전시 공간에서 개최되기도 했다. 2006년 그랑팔레가 재개장하며 FIAC은 안정을 되찾았다. 1996년 전시는 아시아 국가로는 처음으로 한국이 선정되어 '한국 미술의 해'라는 특별전시를 열었었다. 2020년은 팬데믹으로 인해 행사가 진행되지 못하였으며 2021년 3월 4일~2021년 3월 7일까지 온라인으로 열렸다.

그러나 2024년부터는 FIAC이 개최하던 공간에 '아트 바젤 파리+'가 10월에 미술견본시장을 개최한다. 30년 동안 매년 10월에 열렸던 FIAC의 장소와 날짜도 변경할 수밖에 없었다. 2022년 1월 FIAC의 개최사 RX는 아트 바젤 주관사인 스위스 MHC 그룹과 그랑팔레의 '10월 중 1주일 사용권'을 놓고 막판 입찰경쟁에서 1,060만 유로(약 140억 원)와 '7년 계약'을 조건으로 그랑팔레(RMN-그랑팔레)로부터 사용허가권을 받았다. 이제 세계적인 미술견본시장이며 프랑스의 역사적인 미술시장 FIAC은 쓸쓸하게 스위스 '아트 바젤'에 넘겨준 것이다.

5 문화의 보물창고, 미술관 기행

1) 프랑스 지역

(1) 고전주의, 파리 루브르

출처 : 프랑스 관광청

루브르 박물관

프랑스 루브르 박물관은 세계 3대 박물관 중 하나다. 미술관 방문객으로는 세계 최고로 2019년 유료 관객 수는 천만에 가깝다. 소장된 작품의 양도 풍부하지만, 그 규모 또한 최대의 박물관이다. 루브르(Louvre)의 어원이 늑대라는 라틴어 'Lupara' 의미를 지녔으며, 프랑스어의 'loup'도 늑대다. 아마도 12세기경에는 늑대가 살았던 장소로 알려진 곳이었던 듯하다. 늑대 성 루브르(Louvre)는 원래 프랑스 왕가의 요새화된 궁전이었다, 1672년 루이 14세가 베르사유 궁전으로 이전하면서 그동안 수장고에 있던 왕실의 수집품을 루브르에 전시하게 된 것이다. 1793년 8월 10일 537점의 그림을 시민에게 드디어 공개하면서 박물관으로 재탄생하게 된 것이다. 최고의 초상화라 불리는 레오나르도 다 빈치의 〈모나리자(La Joconde)〉, 고대 그리스 조각 〈밀로의 비너스(Venus de Milo)〉 등 그 수를 헤아리기 어려운 소장품들로 채워져 있다.

(2) 인상주의 보고, 오르세 미술관

오르세 미술관 건물은 원래 1900년 파리 세계무역박람회를 위해 지어진 기차역을 미술관으로 리모델링한 후 오르세 미술관(Musee d'Orsay)으로 개관하였다. 오르세 미술관에는 반 고흐(Van Gogh)의 〈별이 빛나는 밤(Starry Night)〉을 비롯하여 19세기와 20세기 사실주의, 인상파, 신인상파, 후기 인상파, 상징주의 화가의 작품이 전시되고 있다. 쿠르베, 밀레, 모네, 마네, 르누아르, 피사로, 반 고흐, 고갱, 드가의 유명한 작품들을 만날 수 있는 흥미로운 미술관이다.

출처 : 위키백과

오르세 미술관 내부와 미술관 이전 역의 모습

(3) 모네의 수련으로 가득한 오랑주리 미술관

튈르리 정원(Jardin des Tuileries) 끝에 자리 잡은 오랑주리는 오르세 미술관(Orsay Museum)과 센 강을 사이에 두고 마주보고 있으며, 연결된 다리로 건너갈 수 있다. 과거의 오랑주리(Orangerie)는 '오렌지 나무를 키우던 온실'이다. 클레망소는 1918년 11월 모네의 지베르니 아틀리에를 찾아와 특별한 대형 작품을 의뢰했다. 모네는 작품을 시민이 언제나 볼 수 있게 할 것, 전시장은 장식이 없는 하얀 공간으로 입장하게 하고 작품은 자연광으로 감상하게 할 것 등 몇 가지 제한된 조건을 전제로 이 필생의 작업을 프랑스 총리 클레망소에게 승낙한다.

1927년 말년의 모네가 자신의 작품을 전시할 두 개의 거대한 타원형 전시실을 직접 지휘하며 지베르니의 영감을 옮겨 물의 정원 이미지를 만든 곳이다. 모네의 수련, 8점의 연작 작품은 모네의 지휘 아래 전시장 공간을 지정하고 그림은 동쪽 편에는 해가 떠오르는 일출의 수련 장면에서 서쪽 편에는 해가 지는 일몰의 수련 작품으로, 그날의 시간에 따라 변하는 수련의 모습으로 만들어졌다. 오랑주리는 오로지 모네 연작 수련을 위해 지어진 미술관이다. 미술관 위층에 있는 모네의 수련(Monet's Nymphéas) 전시관에는 8점의 모네 작품이 특별히 디자인된 전시실에 설치되어 있다.

출처 : https://www.obonparis.com/ko/magazine/orangerie-museum

모네의 수련 그림과 오랑주리 미술관

(4) 프랑스 파리, 피카소 미술관

파리 마레 지역의 가장 인기 있는 미술관은 17세기의 살레 저택(Hétel Salé)을 개조한 파리 피카소 미술관(Musée National Picasso)일 것이다. 피카소 박물관은 1973년 그가 세상을 떠났을 때 피카소가 소장하고 있던 유작들과 저택들에 대한 상속세 대신 프랑스 정부에 기증된 덕분에 세계에서 피카소 작품을 가장 많이 소장하고 있는 미술관이다. 미술관은 5,000여 점의 작품을 소장하고 있으며, 5개 층에 구성된 37개의 전시실에서 소개된다. 세잔, 르누아르, 마티스, 모딜리아니의 작품 포함 150여 점과 피카소 개인이 소장하고 있던 21,000여 점의 그림도 있다.

(5) 프랑스 파리, 조르주 퐁피두 센터(Centre Georges-Pompidou)

파리 중심지 레 알(Les Halles)과 르 마레(Le Marais) 지역 인근의 보부르그(Beaubourg) 지역에 설립한 복합문화예술 공간이다. 퐁피두 센터는 이를 계획한 프랑스 대통령의 이름에서 유래한다. 1969년 12월, 예술 애호가인 조르주 퐁피두(Georges Pompidou) 프랑스 대통령은 파리에 현대예술과 대형공공 도서관을 위한 시설을 건립하겠다는 발표를 한다. 이듬해인 1970년, 문화센터 프로젝트를 위한 국제 설계 아이디어 공모전이 개최되었다.

당선된 렌조 피아노와 리차드 로저스에게 설계권이 주어지고 1972년 3월 공사가 시작되었다. 1974년 퐁피두 대통령이 사망하고, 1977년 '조르주 퐁피두 국립예술문화회관'이 개관된다.

▶ 출처 : 위키백과

◀ **현재의 퐁피두 센터**
▶ **과거 보부르그 광장의 모습**

시민들의 출입이 자유롭고 내부가 공개되는 투명한 구조물로 된 열린 복합문화공간으로서의 기능을 갖추고 있다. 복합문화예술 공간인 '퐁피두 센터'의 건립은 국가의 문화예술적 위상을 높이고 도시의 의미를 재설정하고 새로운 사회의 공공적 가치를 창출하는 목표로 건립되었다. 프랑스 현대예술의 중흥과 문화적 상징성을 표출한 총체적 의미를 지닌 프로젝트였다. 2010년에 프랑스 동부 로렌 지방의 도시 메스(Metz)에 분관을 세웠다. 이를 모델로 삼아 빌바오 구겐하임, 런던 테이트 모던이 그 뒤를 이은 것이다.

2022년 프랑스 '퐁피두 센터'가 2025년경에 한국에 분관을 설치한다고 발표했다. 2022년 3월 20일 '퐁피두 센터 한화 서울'(가칭)을 4년간 매년 2회의 전시를 운영하는 데 한화문화재단 신현우 이사장과 퐁피두 센터 로랑 르봉(Laurent Le Bon) 관장이 합의하였다.

풍피두 센터 내부와 야간 조명을 받은 모습

2) 독일 지역

(1) 쾰른에서 만나는 미술관

가. 루트비히 미술관

요세프 하우브리히가 독일 표현주의 미술품과 루트비히 부부가 소장한 피카소의 작품 900여 점 그리고 350여 점의 팝 아트, 러시아 아방가르드 작품을 기증하여 만든 미술관이다. 팝 아트의 작품은 미국 다음으로 많고, 피카소의 작품은 스페인 바르셀로나, 프랑스 파리 피카소 박물관 다음으로 많은 작품을 소장하고 있다.

출처 : 위키백과

쾰른 루트비히 미술관

나. 발라프 리하르츠 미술관

쾰른에서 가장 오래된 미술관으로 1824년 예수회 신부이자 쾰른대학교 교수였던 프란츠 발라프가 소장품을 쾰른시에 기증하였고, 상인이었던 요한 리하르트가 건물을 기부하면서 두 사람의 이름을 빌려 1861년 개관하였다. 1층은 시모네 마르티니 같은 중세 이탈리아 성화부터 쾰른 공방의 제단화, 2층은 네덜란드와 프랑스의 바로크 로코코 회화, 그리고 3층은 독일 낭만주의부터 프랑스의 인상주의, 북유럽 표현주의 작품까지 수많은 작품이 망라되어 있다. 렘브란트의 자화상들과 죽기 전에 그렸다는 〈말 스틱을 든 자화상〉도 있다.

(2) 뉘른베르크

가. 신미술관

뉘른베르크에는 2000년에 개관한 신미술관도 있다. 신미술관의 건물은 폴커 슈타브의 설계로 전면이 유리로 건축되었고, 1967년 이후의 현대미술품을 볼 수 있다. 특히 독일 드레스덴 출신의 유명한 현대화가 게르하르트 리히터의 작품을 만날 수 있다.

나. 게르만 박물관

뉘른베르크 게르만 박물관은 1852년 개관하였다. 설립자는 한스 폰 운트 쭈 아우프제스(Hans von und zu Aufseß) 남작으로 독일어 문화권 지역의 문화, 예술, 역사에 관한 관심에서 출발한다. 이전에는 잠시 티어가르텐토어 탑을 박물관 건물로 사용했지만, 1857년에 바이에른 왕국과 뉘른베르크시에서는 14세기에 지어진 카르토이저 수도원(Kartäuser-kloster)을 박물관으로 사용하도록 했다. 게르만 박물관 입구에 8m 높이의 원형 기둥 30개가 일렬로 늘어서 있고, 각 기둥에는 UN 세계인권선언 전체 30개 조항이 독일어와 서로 다른 30개 국가의 언어로 적혀 있다. 상당히 중요한 게르만 민족의 다양한 문화적 유물들의 상당량이 전시된 곳이다.

다. 나치 전당대회장

뉘른베르크의 유명한 장소 중 하나는 나치 전당대회장이다. 나치의 생생한 기록의 현장을 보존한 곳이다. 히틀러는 거대한 원형경기장을 지어 이곳에서 광신적인 전당대회를 치르며 힘을 과시해 나갔다. 나치의 수도가 된 뉘른베르크는 나치의 시대가 막을 내린 곳이기도 하다. 2차 세계대전이 끝난 후에는 뉘른베르크 법원 600호 법정에서 군사재판이 열리고 주요 전범들에게 실형이 선고됐고 법원 내 재판 기념관과 원형경기장 안 박물관에는 나치와 관련된 자료들을 여과 없이 공개, 역사의 오점을 기록하고 반성하는 모습을 보여준다.

(3) 뮌헨의 미술관

가. 뮌헨의 박물관지구, 렌바흐하우스(Lenbachhaus)

1929년 개관한 루이젠 거리(Luisenstraße)에 있는 렌바흐하우스(Lenbachhaus)는 청기사파와 칸딘스키의 많은 작품을 만날 수 있는 미술관이다. 박물관 이름인 렌바흐는 19세기 독일을 대표했던 화가 프란츠 폰 렌바흐(Franz von Lehnbach, 1836~1904)에서 따온 것이다. 전시 공간으로 사용하는 노란색 2층 건물도 그의 화실이 있던 곳이다. 렌바흐하우스(Lenbachhaus)에는 게르하르트 리히터 작품을 위한 공간과 앤디 워홀, 요셉 보이스, 클레, 프란츠, 폴케 등 현대미술 거장들의 많은 작품이 소장되어 있다. 특히 칸딘스키의 제자이자 연인이던 가브리엘 뮌터(1877~1962)의 작품도 만날 수 있다.

나. 뮌헨의 미술관 브란트 호스트

뮌헨의 미술관 '브란트 호스트'는 2009년에 개관한 신생 미술관이다. 이 미술관의 건축 외관상 특징으로는 색색의 도자기 막대 3만 6천여 개가 외벽에 촘촘히 설치되어 해의 방향에 따라 화려한 그림자를 연출한다. 독일 쌍둥이 칼로 유명한 헹켈사의 설립자 증손녀 부부가 소장작품을 뮌헨에 기증하면서 미술관이 만들어졌다. 사이 톰블리(Cy Twombly, 1928~2011) 작품 60점을 포함하여 팝 아트를 비롯한 현대미술과 디자인 관련 작품들을 소장한 미술관이다.

출처 : www.museum-brandhorst.de

Museum Brandhorst

다. 뮌헨, 3개의 피나코테크(Pinakothek, 회화수집관) 시리즈의 미술관

가) 피나코테크 데어 모데르네

20세기 미술과 디자인에 집중한 피나코테크 데어 모데르네(현대미술관)는 알테 피나코테크와 노이에 피나코테크의 또 다른 맞은편에 도로를 사이에 두고 있다. 2002년 개관한 신축 건물은 지하 1층과 지상 2층으로 이루어진 총 4개의 독립적인 컬렉션을 함께 전시하고 있는데 지하에서부터 디자인, 그래픽, 건축과 주로 현대미술품을 전시한다. 피카소부터 표현주의자 키르히너 그리고 프랜시스 베이컨의 작품 40만여 점의 그래픽 컬렉션으로 유명하다.

나) 노이에 피나코테크

노이에 피나코테크(근대 미술관)에서는 인상파를 비롯한 근대 회화작품을 만날 수 있다. 1853년 미술 애호가였던 바이에른 왕 루트비히 1세(Ludwig I)가 건립한 것으로, 프리드리히 폰 게르트너(Friedrich von Gärtner)가 설계했다. 제2차 세계대전 중에 심하게 파손되어 이후 알렉산더 폰 브란카(Alexander Freiherr von Branca)에 의해 새로 설계되었고, 1981년 재개관했다. 세잔의 작품과 마네, 모네, 반 고흐의 해바라기, 고갱, 샤반느 등 근대 미술의 걸작들을 만날 수 있다. 카스파 다비드 프리드리히 작품과 19세기 독일 낭만파 화가들과 영국 화가들의 작품이 함께 전시되어 있다.

다) 알테 피나코테크

알테 피나코테크(Alte Pinakothek, 고전 미술관)는 가장 중심에 있는 미술관이기도 하고 상당히 큰 규모의 미술관이다. 고전회화관은 루트비히 1세 왕의 지시로 레오 폰 클렌체가 지어 1836년에 개관, 19개의 대형 전시실과 47개의 소형 전시실에 약 700여 점의 그림을 상설 전시한다. 조토로부터 프라고나르, 이탈리아 성화부터 프랑스 로코코 회화까지 아우른다. 그 유명한 알프레드 뒤러의 자화상도 이곳에 소장 전시하고 있다. 무리요, 마니에리즘 화가 엘 그레코, 티에폴로, 베르메르, 티치아노, 틴토레토, 레오나르도 다 빈치의 〈카네이션을 든 성모〉, 보티첼리 〈피에타〉, 라파엘로, 뒤러 〈모피를 입은 자화상〉, 렘브란트, 루벤스의 〈레우키포스의 딸들 납치〉 등 많은 작품을 소장하고 있다. 프랑스 로코코 화가 프랑수아 부셰의 〈엎드린 소녀〉, 〈마담 퐁파두르의 초상화〉 작품도 볼 수 있다.

라) 프랑크푸르트 박물관지구, 슈테델 미술관

마인강의 아름다운 강변과 공원을 배경으로 10여 개의 박물관이 자리 잡고 있다. 유럽에서도 주목받고 있는 박물관 밀집 지역이다. 응용미술관, 영화박물관, 건축박물관, 슈테델 미술관, 리비하우스 등이 있다. 특히 리비하우스(Liebieghaus)는 고대부터 19세기 초까지의 조각품들을 모아 놓은 곳으로 고딕, 르네상스, 바로크, 로코코 등을 총망라한 조각 전시 공간이다.

슈테델 미술관은 독일에서 가장 오래되고 중요한 미술관으로 은행가이자 무역업자였던 요한 프리드리히 슈테델의 기부로 1815년 설립해 2011년 리모델링 후 재개관하였고, 2015년에 200주년을 맞이했다. 신축전시장은 최근에 독일 국영은행인 도이치뱅크의 20세기 후반기 미술 컬렉션 6백여 점과 사진 컬렉션 2백여 점이 보태져서 규모가 커졌다. 신축전시장에는 게르하르트 리히터 등 독일 신표현주의 회화와 뒤셀도르프 쿤스트 아카데미 출신 작가들의 사진들을 볼 수 있다. 슈테델 미술관은 요한 티슈바인이 그린 이탈리아 여행 중에 비스듬히 앉아 있는 괴테의 초상화를 볼 수 있다. 라파엘로의 〈율리우스 2세〉, 보티첼리, 벨라스케즈, 게리코, 푸생, 보나르 등의 인상주의 화가들의 작품, 르동과 샤반느 등 상징주의자의 그림, 다채로운 현대미술품, 뒤러, 와토, 반 아이크, 렘브란트, 베르메르, 피카소, 샤갈, 마티스, 표현주의자인 키르히너, 베크만, 놀데, 초현실주의자인 에른스트 등 2,700여 점의 회화와 600여 점의 조각, 드로잉과 판화 10만여 점을 소장한 미술관이다.

라. 베를린 미술관

가) 박물관 섬의 5개 미술관

출처 : 박물관 섬 공식홈페이지

베를린 박물관 섬에 5개의 박물관이 밀집해 있다. 알테 뮤지엄

알테 뮤지엄(Altes Museum, 구 박물관)

알테 뮤지엄은 박물관 섬에서 1830년대에 완성된 건축물로 가장 오래된 박물관이다. 1797년에 프리드리히 빌헬름 2세(Friedrich Wilhelm II)가 고고학자이자 미술 교수였던 알로이스 히르트(Aloys Hirt)의 제안을 수락하면서 설립이 결정되었다. 건축가 카를 프리드리히 싱켈(Karl Friedrich Schinkel)이 설계했고 웅장하고 엄격한 신고전주의 건축으로 유명하다. 고대 그리스 그림과 조각부터 로마 시대 초상 조각과 유물들을 볼 수 있다. 총 2개 층의 전시장에는 〈고대의 세계-그리스, 에트루리아, 로마〉라는 주제로 상설전시가 마련되어 있다.

베를린 신 박물관(Neues Museum)

이곳은 파피루스 컬렉션을 비롯한 고대 이집트 유물, 고고학자 하인리히 슐레만의 트로이 발굴품, 그리고 유럽의 선사시대 및 중세 비잔틴 예술을 보여주는 곳이다. 신 미술관의 하이라이트는 〈네페르티티〉의 흉상이다. 〈네페르티티〉는 고대 이집트 말로 '미인이 왔다'라는 뜻이다. 네페르티티(BC 1370~1330)는 이집트 제18왕조의 왕 아크나톤의 왕비였으며, 투탕카멘의 이모였다.

▶ 출처 : 위키백과

◀ 베를린 신 박물관, Friedrich August Stüler의 계획하에 1843~1855년 사이 건립
▶ 네페르티티(Nefertiti, 기원전 1370~1330년경), 석회석 채색 흉상

베를린 구 국립미술관(Alte Nationalgalerie)

구 국립미술관은 고대 로마 신전을 닮았다. 건물 정면의 중앙을 차지한 것은 프로이센의 왕 프리드리히 빌헬름 4세의 기마상이다. 지붕의 삼각형 박공판 위에는 게르마니아 형상이 자리 잡았다. 문화 면에서 영국과 프랑스에 뒤처져 있던 독일 미술은 1861년 동시대 미술을 위한 국립미술관으로 '구 국립미술관'을 개관하기에 이른다. 보수공사를 마치고 2001년 재개관한 미술관은 1층 신고전주의 조각과 사실주의 회화, 2층은 독일의 나자레파와 프랑스 인상주의, 그리고 3층은 괴테 시대의 미술, 뒤셀도르프파의 회화와 낭만주의 그림이 전시되어 있다. 아르놀트 뵈클린의 〈죽음의 섬〉, 카스파 다비드 프리드리히의 〈바닷가의 수도승〉은 대표적인 작품이다. 베를린 구 국립미술관에는 아돌프 멘첼의 그림이 70점이나 소장되어 있다.

보데 박물관

보데 박물관 건물은 총 3층이고 외관은 코린트 양식의 기둥으로 둘러싸였다. 건축가는 황제 빌헬름 2세의 명을 받은 에른스트 폰 이네(Ernst von Ihne)가 1897년부터 건설하기 시작하여 1904년에 완공한 박물관은 원래 이름이 '카이저-프리드리히 박물관(Kaiser-Friedrich Museum)'이었지만 독일이 분단되자 옛 동독에서 1956년 이름을 바꾸었다. 보데 박물관에는 그리스에서 중세까지 조각 작품이 주를 이루고 아프리카 조각, 고대 회화작품과 고대 조각 작품이 전시되어 있다.

페르가몬 박물관(Pergamon Museum)

베를린에서 가장 많은 방문객을 자랑하는 곳이 페르가몬 박물관이다. 페르가몬의 원래 이름은 도이치스 무제움, 독일 박물관이다. 이 페르가몬 박물관은 건물을 통째로 들고 온 것이다. 오늘날까지도 터키(튀르키예)에서 반환 요청 중이지만 문화 제국주의의 욕망은 끝이 없다. 페르가몬 박물관의 전시품은 기원전 170년경 에우메네스 2세 왕이 소아시아 컬트족과의 전투에서 승리를 기원하며 제우스에게 바쳤던 제단이다. 제우스 제단은 전시장에서 ㄷ자로 재조립되어 전체 36m 너비에 34m 깊이로 계단을 사이에 두고 한 면이 열린 형태로 남게 되었다.

바빌론 이슈타르 문도 있다. 이슈타르 문은 바빌론시의 북서쪽을 담당했던 문이다. 이슈타르의 문은 발굴한 유적을 통째로 실어와 1930년까지 10여 년간 모사하여 복원한 것으로, 엄밀히 말하면 당대의 것과는 다른 것이다. 이슈타르 행렬 길은 원래 길이가 250m, 도로 폭 20~24m, 성벽 두께 7m였으나 이 박물관은 길이 30m, 높이 12.5m, 폭 8m로 축소하여 복원해 놓았다.

출처 : 위키백과

페르가몬 미술관 내 제우스의 대제단

나) 베를린, 게멜데 갤러리(국립회화관)

게멜데 갤러리(국립회화관)는 건축가 하인츠 히플러와 크리스토프 사틀러의 설계로 만들어졌다. 베를린 회화관에 소장된 작품들은 프리드리히 대제를 비롯한 대제후들의 컬렉션이었던 것을 1830년 루스트가르텐의 왕립박물관에 보관하다가 국립미술관을 세우고 1890년부터 빌헬름 폰 보데가 관장을 맡으면서 세계 최대의 미술관으로 규모가 커졌다.

보데 미술관과 달렘 미술관이 소장하던 작품으로 주로 13세기부터 18세기에 이르는 그림들이다. 1998년에 개관한 게멜데 갤러리(국립회화관)에는 누구나 보면 알 만한 최고의 명작들이 72개의 전시장에 가득하다. 중세부터~18세기에 이르는 유럽회화의 걸작들을 각 시대를 대표하는 독일, 이탈리아, 네덜란드 작가들을 중심으로 연대별, 작가별로 나누어 전시하고 있다. 놓치면 후회하게 될 미술관이다.

마. 드레스덴 미술관

가) 알테 마이스터 회화관

15~18세기 유럽회화 대가들의 작품이 전시되어 있다. 라파엘로의 〈시스티나 성모〉가 대표작이자 두 천사의 모습이 이곳 드레스덴의 상징이 되기도 한다. 루벤스, 뒤러, 크르나흐, 렘브란트 작품들이 회화관을 더욱 빛내고 있다. 보티첼리, 크르나흐, 홀바인, 파르미지아노, 조르조네의 〈잠자는 비너스〉, 렘브란트, 브뤼헐, 루벤스 등 걸출한 작품이 소장된 곳이다. 절대 놓치지 말아야 할 미술관 중 하나다.

라파엘로, <시스티나 성모>(1512) / 조르조네, <잠자는 비너스>(1510)

나) 드레스덴의 알베르티눔 뮤지엄

근현대 작품과 고대부터 중세 그리고 르네상스 시대 이후 작품을 중심으로 전시하는 노이에 마이스터 회화관과 고대부터 중세와 그 이후의 조각을 전시하는 조각관으로 층을 달리해 분리되어 있다. 원래 군사적 기능이 있는 건물로 세워진 르네상스 양식의 건물(1559~1563)이고 당시 작센의 왕 알베르트에서 유래한 이름이다. 2002년 수해로 피해를 보았고, 이후 보수공사를 거쳐 2010년 재개관하였다. 로댕, 클림트, 툴루즈-로트렉, 드가, 고흐, 고갱, 인상주의자들과 많은 키르히너의 작품과 드레스덴에서 교수로 재직한 오토 딕스 등 표현주의자들, 드레스덴 출신의 화가 게르하르트 리히터, 드레스덴에서 생을 마감한 카스파 프리드리히의 그림이 소장되어 있다.

바. 라이프치히역에서 가까운 조형예술미술관

중세부터 현재까지 약 3,000여 점의 회화, 1천여 점의 조각, 사진 등이 소장되어 있다. 밀레, 쿠르베, 엘 그레코, 뵈클린의 5번째 〈죽음의 섬〉 등의 작품을 소장한 미술관이다. 17년간 값비싼 재료로 공들여 완성한 막스 클링거의 〈베토벤〉은 1902년 분리파 전시에서 공개되어 큰 반향을 일으켰고 빈과의 구매 경쟁에서 앞선 라이프치히가 당시 막대한 금액을 주고 구매하여 이곳에 소장하게 되었다고 한다.

3) 이탈리아

(1) 로마, 바티칸 미술관

바티칸 미술관은 로마 가톨릭교회(Roman Catholic Church)의 바티칸시 내부에 있는 세계 최대급 규모의 미술관이다. 미술품을 보기 위해서는 걸어서 15km가 소요되는 엄청난 규모의 미술관이다. 매년 650만 명이 방문한다. 이곳의 대표적인 작품으로는 레오나르도 다 빈치(Leonardo da Vinci)와 자신만의 특실이 따로 있는 라파엘로(Raphael), 그리고 시스티나 예배당(Sistine Chapel) 천장에 그림을 그린 미켈란젤로(Michelangelo)일 것이다.

로마에는 또 다른 천재 화가 라파엘로가 있다. 라파엘로의 방(Raphael Rooms)은 바티칸 궁전에 있는 라파엘로의 작업장이자 그의 제자들과 함께 프레스코화를 만들던 방이다. 20대 초반에 교황은 자신의 집무실, 서명의 방 등을 장식하는 거대한 프로젝트를 라파엘로에게 맡겼다. 바티칸 미술관에 라파엘로가 그린 〈아테네 학당〉이 있다.

(2) 피렌체, 우피치 미술관

우피치 미술관은 피렌체의 대표적인 미술과 관련된 공간이다. 르네상스 시대의 그림을 수집한 미술관으로는 세계 최고이다. 보티첼리의 〈동방박사의 경배〉, 〈비너스의 탄생〉, 〈봄〉 등을 감상할 수 있는 미술관이다. 메디치 가문의 수집품을 모아 놓은 곳이 우피치 미술관이다. 메디치 가문은 피렌체를 세계 최고의 도시로 만든다는 계획을 세웠으며, 문화와 예술에 대한 후원 또한 세계 최고의 이력을 가지고 있다. 메디치 가문의 코시모는 고대 로마의 부활을 꿈꾸었으며, 인문주의 운동과 문화 예술의 부흥을 목표로 삼았다. 코시모의 손자인 로렌초에 이르기까지 인문주의를 가장 중요한 가치로 세웠으며, 그 중심에는 수십 년 동안 막대한 자금을 투자하고 플라톤 아카데미를 후원하는 것이다. 이를 통해 메디치 가문은 피렌체 시민들에게 신뢰를 얻었으며 절대적인 지지를 얻고 성장한 것이다. 지금의 노블레스 오블리주를 실천한 가문이다.

(3) 베네치아, 페기 구겐하임 컬렉션(Peggy Guggenheim Collection)

페기 구겐하임 컬렉션(Peggy Guggenheim Collection), 이탈리아 베네치아의 카날 그랑데, 대운하 옆에 있고 솔로몬 R. 구겐하임 재단 미술관 중 한 곳이다. 이 미술관은 '팔라초 베니에르 데이 레오니(Palazzo Venier dei Leoni) 저택'이었다. 18세기 중반의 건축가 로렌초 보스체티(Lorenzo Boschetti)가 설계한 집을 1946년 페기가 매입했다. 이곳에서 그녀는 30여 년을 살았다. 지금은 베네치아의 가장 유명한 명소 중 한 곳이 되었다.

출처 : 위키백과

페기 구겐하임 그리고 그의 반려견과 함께 안장된 묘지

Tip 억만장자, 페기 구겐하임(Peggy Guggenheim)

1924년, 스물다섯 살의 페기 구겐하임(Peggy Guggenheim), 타이태닉호의 침몰로 급작스럽게 아버지 벤저민 구겐하임을 잃은 페기는 엄청난 유산을 물려받고 23살에 프랑스 파리로 온다. 그녀는 마르셀 뒤샹, 만 레이, 콘스탄틴 브랑쿠시, 막스 에른스트 등 수많은 예술가들과 교류하며 현대미술에 눈을 떴다. 1939년 페기 구겐하임은 파리로 아주 이주했다. 마침 억만장자 삼촌인 솔로몬 R. 구겐하임도 뉴욕에서 뮤지엄 건립을 진행 중이었다. 그녀는 현대미술 작품들을 사들이기 시작했다. 그해에 파블로 피카소 작품을 10점이나 사들였고, 호안 미로 8점, 르네 마그리트 4점, 만 레이 3점, 살바도르 달리 3점, 클레 1점, 샤갈 1점 그리고 웬일인지 막스 에른스트의 작품을 40점이나 집중 매입했다. 1939년 그녀는 사무엘 베케트를 만난다. 아일랜드 극작가 사무엘 베케트는 당시 파리에서 제임스 조이스의 비서로 일하고 있었다. 파티에서 만나 인사를 나누고 베케트는 생제르맹 데프레에 있는 페기의 집에서 외출도 않은 채 12일 동안 열애에 빠졌다. 제2차 세계대전 때는 그동안 수집한 작품을 친구의 헛간에 급히 숨겼다. 급히 달려가 루브르 박물관의 비밀 장소를 조금 얻으려고 교섭했으나 루브르 박물관은 페기가 들고 온 작품들은 보존가치가 전혀 없는 쓰레기들이라고 거부했다. 그들이 형편없다고 했던 작품들의 화가들은 살바도르 달리, 르네 마그리트, 칸딘스키, 클레, 막스 에른스트, 데 키리코, 자코메티, 헨리 무어, 피카비아, 후안 그리스, 마르쿠시, 들로네, 몬드리안, 미로, 이브 탕기 등이다.

독일 초현실주의 화가 막스 에른스트의 미국 망명을 돕고 1941년 12월 그와 결혼한다. 1946년 에른스트와 이혼 후 베니스로 떠난다. 전후 이탈리아 부흥에 불꽃을 일게 하고 역동적인 힘을 새롭게 찾아줄 이탈리아 미래주의 아티스트들을 우선적으로 지원했다. 미술품 수집가로서뿐만 아니라 미래주의 화가 그룹을 만들었고 베니스 비엔날레를 활성화시키는 문화적 지평을 넓혔다.

4) 스페인

(1) 마드리드, 프라도 미술관

15세기 이후 스페인 왕실에서 수집한 미술 작품을 전시하고 있다. 무리요 동상이 서 있는 마드리드에 있는 프라도 미술관, 벨라스케스의 〈시녀들〉(1656)을 만날 수 있다. 프라도 미술관은 유럽 3대 미술관 중 하나로 그 규모는 상상을 초월한다. 3만 점이 넘는 작품을 소장한 미술관으로 벨라스케스, 고야의 작품들을 만날 수 있는 미술관이다.

▶ 출처 : 위키백과

◀ 벨라스케스의 <시녀들>(1656)
▶ 스페인 마드리드 프라도 미술관

(2) 빌바오의 구겐하임 미술관

스페인 북부 바스크 지방, 빌바오 구겐하임 미술관은 1997년 10월 19일 개관하였다. 1,100억 원을 들여 구겐하임 미술관을 유치한 것이다. 구겐하임 재단은 뉴욕뿐만 아니라 전 세계에 구겐하임 미술관을 설립하는 중이다. 이미 빌바오뿐만 아니라 베네치아, 베를린 등에도 구겐하임 미술관이 있다. 구겐하임 미술관의 디자인은 대형 복합미술관의 가장 실험적인 도전이었으나 매우 성공적으로 완성된 건축물로 평가받는다. 서울에 있는 '동대문 디자인플라자'도 구겐하임 미술관의 영향을 받은 작품 중 하나이다.

1997년 네르비온 강변의 낙후된 지역에 구겐하임 미술관이 개방되었다. 이제 구겐하임 미술관은 빌바오의 상징적인 건축물이 된 것이다. 캐나다 태생 프랭크 게리의

0.38mm 티타늄 패널 약 60t이 사용된 1997년 작품이다. 33,000개의 얇은 티타늄 막으로 만든 외관은 바람의 움직임에 따라 흔들리고 빛의 반사를 다채롭게 하여 빛의 변화에 따라 다양한 모습을 만날 수 있는 미술관이다. 미술관의 중심에는 50m 높이의 커다란 아트리움이 있다. 이 아트리움을 중심으로 19개의 전시실이 3개 층으로 뻗어 나가는 구조다. 19개의 전시실 중 10개는 사각 평면의 전시실이고, 나머지 9개는 각기 다른 형태를 지니고 있다.

출처 : 나무위키

스페인 북부 바스크 지방, 빌바오 구겐하임 미술관

5) 벨기에, 안트베르펜 성당, 루벤스 그림

루벤스의 작품 4점이 안트베르펜 대성당에 있으며, '위다(Ouida, 1839~1908)[2]'라는 영국의 동화작가가 쓴 소설 『플랜더스의 개』가 안트베르펜을 배경으로 하고 있다. 소년 넬로(Nello)와 개 파트라슈(Patrasche)에 관한 이야기다. 성당 안에 걸려 있는 루벤스의 세 폭 제단화를 한 번만이라도 보고 싶어 성탄절 이브에 몰래 들어가 바라던 소망을 이룬다. 그러나 루벤스의 삼부작 〈십자가에서 올리심〉이 그려진 세 폭 제단화 앞에 넬로와 파트

2 본명은 매리 루이스 드 라 라메(Marie Louise de la Ramée, 1839~1908)

라슈가 얼어 죽은 채로 발견된다. 안트베르펜의 성모 성당은 미술관 같은 곳이며, 루벤스의 또 다른 작품 〈십자가에서 내려오심(The Descent from the Cross)〉도 볼 수 있다.

◀ **피터 폴 루벤스, <십자가에서 내려오심>(1612~1614)**
▶ **안트베르펜의 성모 성당(1352~1521년 사이에 지어진 고딕 양식의 십자형 교회)**

6) 노르웨이 뭉크 미술관

노르웨이 표현주의 화가이며 국민화가인 에드바르 뭉크(Edvard Munch, 1863~1944)의 초상은 노르웨이 지폐 1,000크로네에도 있을 정도로 그들에겐 대단한 국민화가다. 오슬로 뭉크 미술관에는 1,100점의 그림과 4,500편의 수채화와 드로잉들이 있으며 세계 최고의 소장품을 자랑한다. 2018년에 오슬로 해안의 새로운 문화 지역인 비요르비카(Bjørvika) 지구, 오슬로 오페라 하우스(Oslo Opera House) 바로 옆으로 이전했다.

7) 노르웨이 비겔란 조각공원

오슬로 교외 32ha의 광활한 프로그네르 공원(Frognerparken)의 중심에는 노르웨이에서 가장 사랑받는 조각가 구스타프 비겔란(Gustav Vigeland)의 조각 작품이 공원에 전시되어 있다. 212개의 화강암과 청동 조각품으로 가득한 정원이다. 아돌프 구스타브 비겔란(Adolf Gustav Vigeland)은 노르웨이의 오슬로시 정부의 지원을 받아 1915년부터 세계 최대의 조각공원(Glyptotel)을 만들기 시작했다. 〈시나타겐(Sinnataggen)〉*이라는 화난 꼬마의 조각상이 가장 유명하다. 그러나 비겔란은 많은 작품을 만들면서 스스로 작품 제목을 붙인 것은 없었다. 비겔란 조각공원의 중심 탑에 서 있는 이 모노리스(Monolith)는 '외로운, 하나의, 또는 고립된'이라는 라틴어에서 유래한다. 높이 17.3m의 거대한 화강암 기둥의 모노리스 돌탑 조각은 무려 121명의 남녀가 뒤엉켜 있다.

▶ 출처 : 위키백과

◀ 화난 꼬마(Foto: Wikipedia. Kjetil Ree, 2008)
▶ 비겔란 공원 전경

비겔란 모노리스 조각 탑

8) 오스트리아 미술관

(1) 빈 미술사 박물관

빈 미술사 박물관은 1891년 개관 이후 고대 로마부터 18세기까지 폭넓은 시대와 장소를 아우르는 작품들로 가득하다. 1848년 프란츠 요제프 황제는 왕가의 예술재산을 한 장소에 모으려는 생각을 구체화하기 시작했다. 건축가 칼 하제나우어(Karl Hasenauer)와 고트프리트 젬퍼(Gottfried Semper)가 맡아 값비싼 대리석과 멋진 프레스코 모자이크로 화려하게 장식하고 배치될 미술품에 적합한 양식으로 꾸며졌다.

라파엘로, 티치아노, 카라바지오, 벨라스케즈, 루벤스, 베르메르, 아르침볼트, 브뤼헐, 크르나흐 등의 유명 미술품을 만날 수 있는 곳이다. 특히 미술사 박물관의 벽화는 클림트가 제작한 것이다. 벨라스케스가 그린 스페인 마거릿 공주의 초상화를 만나는 즐거움도 있다. 합스부르크 왕가와 정략 결혼한 어린 공주의 성장 과정을 스페인 궁정화가 벨라스케스가 그림으로 그려 보냈다. 그러나 결혼 후 어린 나이에 요절한다. 라파엘의 가장 유명한 그림인 〈성모자상〉이 있다. 브뤼헬의 〈바벨탑〉(1563)도 만날 수 있다.

출처 : 오스트리아 관광청

빈 미술사 박물관

(2) 빈의 레오폴트 미술관

빈 아르누보(Viennese Art Nouveau), 빈 공방(Wiener Werkstätte), 표현주의(Expressionism)의 독특하고 귀중한 보물들이 모인 레오폴트 미술관이다. 레오폴트 미술관은 오스트리아의 의사이자 미술품 수집가인 루돌프 레오폴트 박사가 평생 모은 작품 5천여 점을 바탕으로 세워졌다. 1994년 5천400㎡의 전시 공간을 자랑하는 현대적이고 쾌적한 레오폴트 미술관이 완공되었다. 1900년 전후의 빈 분리파 작품들이 주종을 이루는데 구스타프 클림트, 오스카 코코슈가 등의 작품이 있으며, 특히 에곤 실레의 작품은 세계 어느 미술관보다 많이 소장되어 있다.

(3) 빈의 알베르티나 미술관

알베르티나는 마리아 테레지아 여제의 딸인 마리아 크리스티나의 남편 알베르트 공이 살던 궁전이었다. 알베르트 공은 대단한 미술 애호가로서 생전에 백만 점이 넘는 작품들을 소장했다. 그의 컬렉션을 중심으로 사후에 미술관이 만들어졌으며 수집가를 기리기 위해 '알베르티나'란 이름이 붙여졌다고 한다. 2003년 건축가 한스 홀라인이 리노베이션 후 새로운 미술관이 되었는데 15세기의 아름다운 궁전 안에는 지하에까지 초현대식 갤러리가 조화를 이루고 있다. 알베르티나 미술관의 컬렉션은 크게 회화와 조각, 드로잉과 판화, 사진, 건축물 등으로 나누어져 있다. 특별히 알프레히드 뒤러의 컬렉션을 위한 전시실이 유명하다. 미켈란젤로의 드로잉, 클림트, 에곤 실러, 렘브란트, 루벤스, 모딜리아니, 인상주의자들의 작품, 표현주의 그림, 마티스, 피카소, 샤갈, 미로, 자코메티, 델보, 말레비치 등 근대미술가의 작품을 소장한 곳이다.

(4) 오스트리아 빈의 벨베데레 궁전

클림트 작품 전시관으로 〈키스〉, 〈유디트 1〉 등 주옥 같은 작품을 만날 수 있으며, 클림트의 대형 작품도 벨베데레가 소장하고 있다. 에곤 실레(Egon Schiele)의 걸작 〈죽음과 소녀(Death and the Maiden)〉, 〈포옹(The Embrace)〉, 〈가족〉, 오스카 코코슈카(Oskar Kokoschka)의 작품 등도 인기가 많다. 너무도 유명한 다비드의 〈나폴레옹 초상화〉, 인상주의자들의 작품들이 있다. 에곤 실러의 작품 〈가족〉은 그가 스페인 독감에 걸려 미완성으로 남긴 그림이다. 임신한 아내에게서 곧 태어날 아기를 기다리면서 그렸을 그림이지만 불행하게도 얼마 후 스페인 독감으로 아내는 죽고 그도 3일 후 불과 28세의 젊은 나이로 세상을 떠난다.

출처 : 위키백과

벨베데레 궁전 상부

(5) 제체시온, 클림트의 베토벤 프리즈

빈 분리파 전시관이다. 빈 분리파 전시관은 19세기 말, 신진 예술가들이 모여 낡은 것으로부터 단절을 선언하고 문화예술계 영향력을 행사하던 기존 권력 집단과 결별을 선언하고 빈 분리파를 결성한다. 이들은 자체 전시회를 열고 1898년 요제프 마리아 올브리히에 의해 독립된 전시관을 마련하게 된다. 규모는 크지 않지만, 클림트의 〈베토벤 프리즈〉는 이곳에서만 볼 수 있다.

클림트, <베토벤 프리즈>(부분)

9) 영국

(1) 런던 대영박물관(The British Museum, London)

1753년 설립된 대영박물관은 세계 최고의 박물관으로 가장 많은 유물을 소장하고 있다. 최초의 박물관은 '몬테규 하우스'로 1759년 대중에게 최초로 공개된 곳이다. 전시품 대부분은 다른 나라에서 취합해 가져온 것이다. 일반적으로 유럽 전역의 유물을 포함하고 있으며 아시아와 한국의 유물도 소장하고 있다. 특히 가장 유명한 유물로는 로제타석, 이집트 미라, 고대 그리스의 조각품 엘긴 대리석이다.

(2) 영국 런던의 테이트 모던

런던 템스강 서남쪽에 있는 이 건물은 원래 '뱅크사이드' 화력발전소로 1981년 공해문제로 중단되어 방치된 곳이다. 원래 이 화력발전소는 영국의 명물인 '빨간 공중전화 부스'를 디자인한 자일스 길버트 스콧 경이 1947년 설계한 것이다. 1994년 미술관 건립을 위한 '국제건축 현상설계'가 개최되어 스위스의 쟈크 헤르조그와 피에르 드 므롱은 새로운 건물 대신 기존 발전소의 외형 및 골격은 그대로 유지한 채 내부만 고친 리모델링 설계안을 제시하여 수주에 성공하였다.

2차 세계대전 직후부터 운영되던 템스강변의 화력발전소를 새롭게 리모델링해 동시대 미술관으로 개조하였으며, 바로 그 테이트 모던 뮤지엄은 2000년 5월 12일 개관했다. 화력발전소가 있던 낙후된 지역을 활성화하고, 테이트 모던 뮤지엄을 대표적인 문화 명소로 탈바꿈시켰다. 테이트 모던 맞은편, 템스강 건너편에는 세인트폴 대성당(St. Paul's Cathedral)이 마주 보이며, 밀레니엄 보행자 다리를 통해 연결된다. 미술관 건물 자체만으로도 볼거리가 된 테이트 모던은 한 해 400만 명 이상의 관광객이 찾는 런던의 새로운 관광명소가 되었다.

1층은 본관 입구, 2층은 강 쪽으로 연결되는 출입구에 카페와 상점, 전시실 등이 있다. 2층에는 북쪽에 있는 작은 갤러리로, 최근 트렌디 경향의 현대 예술작품을 전시한다. 3층, 5층과 마찬가지로 4층은 기획전시 공간, 두 개의 큰 전시영역으로 나뉘어 있다. 5층엔 플럭서스 연방 States of Fluxus, 백남준 상설 전시장이 있다. 테이트 모던 6층에는 멤버스 룸이 있으며 7층에는 레스토랑과 바 등이 있다.

10) 네덜란드 암스테르담의 국립미술관

네덜란드 암스테르담의 국립 미술관(Rijksmuseum)은 세계적인 명성답게 중세시대 예술부터 네덜란드 예술작품의 보고다. 100만 점 이상의 미술품을 소장하고 있는 암스테르담의 국립미술관은 한번에 8,000점 이상의 작품을 전시할 수 있다. 특히 렘브란트, 베르메르, 반 고흐의 작품이 많이 소장된 미술관이다. 렘브란트는 대부분의 생애 동안 암스테르담에서 살았으며, 황금시대의 걸작으로 유명한 작품은 암스테르담의 국립미술관(Rijksmuseum)에 소장하고 있다. 렘브란트의 대표작 〈야간 순찰〉, 베르메르(Vermeer)의 〈우유 따르는 여인(The Milkmaid)〉이 있다. 암스테르담 국립미술관 내부에 있는 화려한 '명예의 갤러리(The Gallery of Honour)'는 렘브란트의 위대한 걸작인 〈야간 순찰(The Night Watch)〉을 위해 특별히 설계된 전용 공간이다. 암스테르담의 반 고흐 미술관(Van Gogh Museum)에는 반 고흐의 작품이 가장 많은 곳이다.

출처 : https://www.jung.de/

네덜란드 암스테르담의 국립 미술관

11) 상트페테르부르크의 에르미타주 미술관(State Hermitage, St. Petersburg)

상트페테르부르크가 세계에 자랑하는 초일류 미술관으로 역대 황제의 거처인 겨울 궁전과 4개의 건물이 통로로 연결된 곳이다. 정식 명칭은 '국립 에르미타주 미술'이다. 영국의 대영박물관, 프랑스의 루브르 박물관과 더불어 세계 3대 박물관으로 알려졌다. 1764년에 예카테리나 2세가 미술품을 수집한 것이 에르미타주의 기원이다. 본래는 예카테리나 2세 전용의 미술관으로, 초기에는 왕족과 귀족들의 수집품을 모았으나, 19세기 말에는 일반인에게도 개방되었다. 1922년부터 국립 에르미타주 박물관으로 명명된 이곳은 현재 1,020여 개의 방에 레오나르도 다빈치, 미켈란젤로, 라파엘로, 루벤스, 피카소, 고갱, 고흐, 르누아르 등의 명화가 전시되어 있고, 이탈리아 등지에서 들여온 조각품들과 이집트의 미라부터 현대의 병기에 이르는 고고학적 유물, 화폐와 메달, 장신구, 의상 등 300만 점의 소장품이 전시되어 있다. 작품 1점에 1분씩만 보아도 전부 보려면 5년이 걸린다는 말이 있을 정도다.

출처 : 상트페테르부르크 사이트

상트페테르부르크의 에르미타주 미술관

12) 미국

(1) 뉴욕

가. 뉴욕 메트로폴리탄 미술관

미국 뉴욕주 뉴욕 맨해튼 어퍼 이스트사이드에 있는 메트로폴리탄 미술 박물관(the Met)의 대 회랑(The Great Hall), 소장 유물의 폭이 동서고금을 막론, 전 시대와 모든 지역의 유물 작품이 광범위하게 걸쳐 있다는 점이 특징이다. 이집트의 미라부터 신전, 유럽과 아시아의 갑옷, 중세 미술과 현대 사진 등 회화와 조각, 사진, 공예품 등 300여만 점이 소장되어 있다. 내부에는 400개가 넘는 갤러리가 있다. 뉴욕 메트로폴리탄 미술관(The Met)은 세계 최대 규모의 민간 주도 박물관 중 하나다.

1913년부터 뉴욕에서 미국 최초의 국제 근대 미술전 '아모리 쇼(Armory Show)'를 열어 세잔, 반 고흐, 피카소 등의 19세기 유럽 인상파 작품을 무려 2천여 점이나 무더기로 사들이면서 미국에서 유럽 스타일의 인상파 탄생에 방아쇠를 당겼다. 1938년에 따로 개관한 포트 트라이안 파크의 메츠 분관 클로이스터스(The Cloisters) 화랑은 중세 유럽의 미술품만을 전시하고 있다.

출처 : 위키백과

Metropolitan Museum of Art, The Met

나. 솔로몬 R. 구겐하임 박물관(Solomon R. Guggenheim Museum)

건축가 프랭크 로이드 라이트의 특별한 설계로 기존 미술관의 네모난 화랑이라는 고정관념을 뒤집은 나선형 공간의 비탈길 동선은 그 자체로 대담한 설계였다. 내부에 열려 있는 둥근 로툰다와 아트리움이다. 방해되는 벽을 모두 없애고 기하학적 형태와 자연을 결합해서 '흐르듯이 동선'을 만들어 작품을 전시하고 있다.

출처 : Solomon R. Guggenheim Museum

솔로몬 R. 구겐하임 박물관

다. 뉴욕현대미술관(MoMA, the Museum of Modern Art)

아메리카와 핍스 에비뉴 사이 W 53번가 11번지에 있는 MoMA, 뉴욕 현대미술관이 2019년 10월까지 4억 5천만 달러를 들여 확장공사를 마감하고 다시 문을 열었다. 반 고흐의 〈별이 빛나는 밤에〉, 피카소의 〈아비뇽의 처녀들〉, 달리 〈기억의 지속〉, 윌럼 데 쿠닝(Willem de Kooning) 〈여인〉(1950~1952)을 만날 수 있는 미술관이다. 1929년부터는 팝 아트나 현대 화가들의 작품들은 말할 것도 없고 인상주의, 후기 인상파 작품, 입체주의, 초현실주의, 추상표현주의 등에 이르기까지 걸작들을 모아 새로운 미술 장르를 개척하였다.

라. 유대인 박물(The Jewish Museum, Manhattan)

뉴욕 맨해튼에 있는 유대인 박물관(The Jewish Museum)은 미국 최대의 유대인 박물관으로, 유대교의 유대인 역사와 문화의 보존에 중요한 3만여 점의 유대 문화 소장품(Judaica)이 전시되어 있다. 특히 유대인 출신의 예술가들을 집중 기획 전시하는 일도 만만치 않아 마르크 샤갈(Marc Chagall), 팝 아트 앤디 워홀(Andy Warhol), 개념미술가 에바 헤세(Eva Hesse), 사진작가 리처드 애버던(Richard Avedon) 같은 유대인 미술들이 기획전시로 수시로 열린다.

마. 휘트니 미술관(Whitney Museum of American Art)

75번가에 있는 매디슨가에서 50년 역사를 간직한 휘트니 미술관은 2015년 허드슨강변 로어 맨해튼의 미트패킹 구역에 프리츠커 건축상을 받은 국제적인 건축가 렌조 피아노(Renzo Piano)가 설계한 신축 건물로 이사했다.

휘트니가 다른 미술관과 크게 차별화된 것은 미국 예술가들의 현대 작품에 있다. 특히 에드워드 호퍼(Edward Hopper) 작품의 저작권을 대부분 가지고 있다. 영구 컬렉션 소장품으로는 알렉산더 칼더(Alexander Calder), 윌럼 데 쿠닝(Willem de Kooning), 제스퍼 존스(Jasper Johns), 조지아 오키프(Georgia O'Keeffe), 클래스 올덴버그(Claes Oldenburg) 등 약 2,000명이 넘는 미국 출신 예술가들의 작품이 있다.

(2) 폴 게티 센터(J. Paul Getty Center)

폴 게티 센터가 설립된 것은 자신의 집에 미술품을 전시하기 시작한 1954년이라고 한다. 말리부 비치 언덕에 폴 게티 센터(J. Paul Getty Center)가 들어선 것은 1983년이다. 폴 게티의 유산으로 만들어진 폴 게티 트러스트에서 산타모니카 산맥의 산기슭에 드넓은 땅을 구매하면서 시작된다. 마네(Manet)의 〈폴리-베르제르 바(A Bar at the Folies-Bergere)〉, 반 고흐(van Gogh)의 〈아이리스(Irises)〉를 만날 수 있다. 미술관은 전적으로 폴 게티 트러스트에 의해 운영되고 있으며, 폴 게티의 기부금에 의해 설립, 운영되고 있다.

출처 : 위키백과

캘리포니아주 로스앤젤레스에 위치한 폴 게티 센터

(3) 롱아일랜드, 이스트 햄턴의 폴락-크래스너 하우스 겸 스터디 센터(Pollock-Krasner House & Study Center)

이 집은 폴락과 그의 아내 리 크래스너가 살며 작업하던 아틀리에였다. 크래스너는 자신과 폴락이 사랑하고, 작업하던 집을 공공 뮤지엄 겸 도서관으로 만들 것을 유언으로 남겼다. 1987년 스프링스의 집은 스토니 브룩 재단(Stony Brook Foundation)에 귀속되었고, 1988년 6월 뮤지엄으로 개관하였다. 1994년 폴락-크래스너 하우스는 미국 정부의 랜드마크로 지정됐다.

◀ 출처 : 위키백과

◀ 폴락-크래스너 하우스
▶ 작업 중인 잭슨 폴락과 크래스너

(4) 로스코 예배당(The Rothko Chapel, 1971)

1958년 로스코는 석유 재벌 출신의 자선사업가인 존 드 메닐(John and Dominique de Menil) 부부의 신앙심으로 텍사스주 남동부 휴스턴(Houston)에 있는 예배당의 장식용 그림을 의뢰받는다. 로스코는 대략 10년간 14개의 거의 단색조 모노크롬의 작품을 완성했다. 신비로운 로스코의 그림을 보면 만년에 세상과 담을 쌓았던 그가 얼마나 우울한 명상과 깊은 사색을 거듭했는지 알게 될 것이다. Rothko는 1970년 2월 25일 뉴욕 스튜디오에서 자살로 사망했다. 1971년 이 예배당은 로스코가 죽은 뒤 '로스코 예배당'이라는 이름으로 불리게 되었다.

출처 : Elizabeth Felicella. https://www.designboom.com/

로스코 예배당

(5) UAE, 장 누벨의 루브르 아부다비

프랑스 건축가 장 누벨(Jean Nouvel)이 디자인한 이 박물관은 건축물 자체만으로도 거대한 작품이다. 아부다비에 루브르 분관을 유치하기로 결정한 것이 2007년이었다. 파리 루브르 박물관의 첫 해외별관인 '루브르 아부다비'가 10년에 걸쳐 드디어 준공됐다. 루브르 아부다비의 전시는 30년간 박물관 이름과 전시물을 빌려 전시하는 형식으로, 서양화보다는 조각상이나 유물형태의 전시품이 주를 이룬다. 해변가에 아랍 전통마을을 모방하여 55개의 작은 건물들을 아키펠라고처럼 배치했는데, 5개의 건물(섬) 중 23개가 갤러리이다. 상설전시 면적은 9,200㎡, 기획전시는 2,000㎡다. 화려하고 세속적인 도시를 지향하는 두바이와 달리 아부다비는 고급 예술을 지향하며 미래 예술 중심의 도시를 만들기 위해 문화예술콘텐츠에 집중적으로 투자 중이다.

아부다비 루브르, 우측에 보이는 둥근 지붕의 건물이 박물관이다.

(6) 장 누벨의 카타르 국립박물관(national museum of Qatar)

건축가 장 누벨의 설계로 2008년 시작된 카타르 국립박물관은 2011년부터 현대건설이 공사를 시작했다. 10년간 카타르 수도 도하에 건설되었고, 2019년 3월 27일 개관한 국립박물관은 금세기 최고의 걸작이라고 할 수 있다. 지하 1층, 지상 5층으로 전체면적 4만 6,596㎡ 규모로 12개의 전시장으로 구성된 박물관이다. 도하의 카타르 국립박물관 지붕은 중동 사막에서 희귀하게 발견되는 '사막의 장미(Desert Rose)'[3]라 불리는 결이 아름다운 보석 같은 돌의 모양에서 영감을 얻어 디자인 개념을 따왔다고 한다. 316개에 달하는 원형판(Disk)이 뒤섞이고 맞물리며 만들어낸 독특한 형태는 보석을 닮았다. 카타르 국립박물관 수장은 알 마야사 공주다. 세계에서 가장 영향력 있는 미술계 인사 10인에 꼽히는 마야사 공주는 미술계의 영향력 있는 인물로 알려졌다.

3 '사막의 장미(Desert Rose)'는 모래와 미네랄이 엉켜 수분이 증발하면서 장미 모양의 결정체로 굳어진 희귀한 돌로 '행운'을 상징한다.

출처 : 현대건설 / 리움 박물관 제공

◀ **현대건설이 시공한 카타르 국립박물관 전경**
▶ **장 누벨의 디자인, 리움 박물관 2**

(7) 일본의 섬, 나오시마의 변신

나오시마는 시코쿠의 가가와현(香川県)에 있는 인구 4,000명이 채 안 되는 작은 섬이다. 나오시마 섬이지만 베넷세 하우스 뮤지엄, 이우환 미술관, 안도 미술관, 지중(地中) 미술관 등이 모여 있어 섬 전체가 미술관으로 유명하다. 영국의 관광 잡지 『Traveler』는 꼭 가야 할 세계의 7대 명소로 선정한 바 있다. 설치미술과 빈집을 이용한 '빈집 프로젝트' 이외에도 다양한 예술 프로젝트가 진행되고 있다. 집 프로젝트는 혼무라 지역에 버려져 있던 빈집과 신사들을 새로운 개념의 예술 건축물로 복원하는 작업이었다.

나오시마 미야노우라항에 도착하면 쿠사마 야요이의 대표작품인 붉은 호박이 눈에 들어온다. 노란 호박은 베네세 하우스로 가는 길을 걷다 보면 방파제 위에 올려져 있다. 2004년에 설립된 지중(地中) 미술관(지추 미술관)은 나오시마 후쿠타케 미술관 재단이 운영하고 있다. 나오시마 섬 남부의 산 위에 계단식 밭 형태의 염전이 있던 자리 지하에 만들어진 안도 다다오가 설계한 특이한 미술관이다.

출처 : 아오치 다이스케

쿠사마 야요이, <붉은 호박>, 2006년, 나오시마 미야노우라 항구 광장

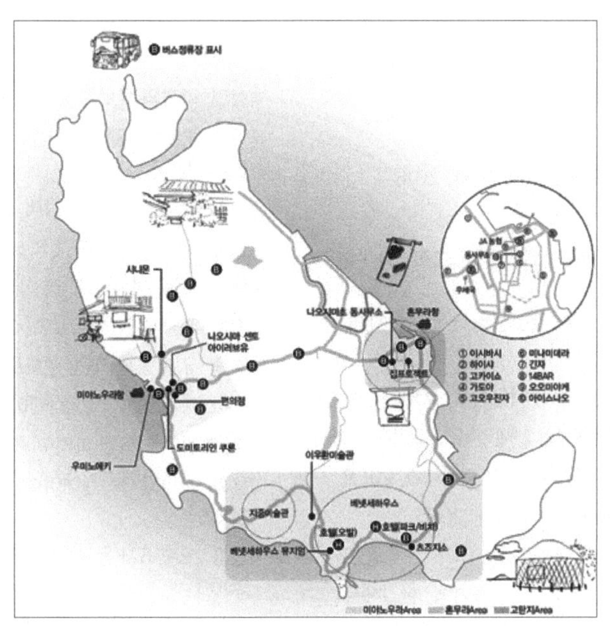

출처 : ARCHIST

나오시마 지도

참고문헌

강주연, 캐나다 미술여행, 토담, 2013

고종원 외, 국제관광, 백산출판사, 2021

고종원 외, 세계의 축제와 관광문화, 신화, 2018

고종원, 세계관광, 대왕사, 2003

권삼윤, 이탈리아 지중해의 바람과 햇살 석을 거닐다, 푸른숲, 2005

그리우트 팸, 특별한 세계 테마여행 100, 동시대, 2010

김규원, 축제 세상의 빛을 담다, 시공아트, 2006

김상근, 천재들의 도시 피렌체, 21세기북스, 2010

김상근·최선미, 르네상스 창조경영, 21세기북스, 2008

김춘식·남치호, 세계축제경영, 김영사, 2002

김희자, 네덜란드, 꼭사요, 2003

닉슨 앤드루 그레이엄, 르네상스 미술기행, 한길헤르메스, 2002

닝왕, 관광과 근대성, 일신사, 2004

로제 카이와, 이상률 역, 놀이와 인간, 문예출판사, 1994

류승희, 빈센트와 함께 걷다, 아트북스, 2016

류승희, 안녕하세요 세잔씨, 아트북스, 2008

류승희, 화가들이 사랑한 파리, 아트북스, 2017

박종호, 박종호의 황홀한 여행, 웅진지식하우스, 2008

박홍규, 내사랑 빈센트, 소나무, 1999

백상현, 라깡의 루브르, 위고, 2016

볼츠 노베르트, 윤종석 외 역, 놀이하는 인간, 문예출판사, 2017

서경식, 나의 음악 순례, 창비, 2011

송정임, 블루 플라크, 23 번의 노크, 뿌리와이파리, 2015

알랭 드 보통, 여행의 기술, 이레, 2004

오종우, 예술 수업, 어크로스, 2010

유경숙, 유럽 축제 사전, 멘토르, 2011

유정아, 축제 이론, 커뮤니케이션북스, 2013

이소, 화가가 사랑한 파리 미술관, 다독다독, 2017

이은화, 21세기 유럽현대미술관 기행, 랜덤하우스중앙, 2005

이정흠, 오후 5시 동유럽의 골목을 걷다, 즐거운상상, 2008

정기호 외, 유럽 정원을 거닐다, 글항아리, 2013

최상운, 플랑드르 미술여행, 샘터, 2013

추피 스테파노, 천년의 그림여행, 예경, 2005

호이징하 요한, 김윤수 역, 호모 루덴스, 까치, 2003

베니스 비엔날레 http://www.labiennale.org/en

카셀 도큐멘타 http://www.documenta14.de/en/

뮌스터 조각 프로젝트 http://www.biennialfoundation.org/biennials/skulptur-projekte-muenster/

6장

음악문화 주제여행

주제
여행
상품

6장

음악문화 주제여행

1 유럽 오페라와 음악여행

1) 오페라의 탄생, 이탈리아 피렌체

중세 이후 르네상스로 접어들면서 이탈리아에서는 오페라를 실험적인 예술로 다루면서 음악을 좀 더 종합적인 형식으로 연구하는 동시에 중세시대에 억압되었던 다양한 종류의 예술을 새롭게 발전시키기 시작했다. 그 중심에는 피렌체 도시를 후원하던 메디치 가문이 재정지원으로 설립한 인문학의 연구기관인 '아카데미아'가 있었다.

오페라는 1600년경 르네상스 시대 이탈리아 피렌체에서 탄생했다. 당시 피렌체에는 인문학자, 음악가, 화가, 시인 등으로 구성된 인문학과 예술을 연구하던 'Camerata'라는 그룹이 있었다. 카메라(Camera)는 방이라는 의미이며 카메라타와 관련된 자료는 1573년까지 거슬러 올라가는데 후원자인 조반니 바르디 백작을 중심으로 한 피렌체 지식인의 모임이었다.

특히 그들은 고대 그리스 문화에 관심이 깊었고 비극과 당대 문화와 예술에 관한 토론이 자주 행해졌다. 이 과정에서 고대 그리스의 연극에 음악과 무용을 접목하는 새로운 형식을 통해 음악을 가미한 일종의 음악을 접목한 연극인 오페라가 탄생한 것이다. 고대 그리스 시대의 연극인 춤, 연기, 음악의 종합예술이 종교적인 소재로만 제한되면서 세속적인 주제의 연극이 사라진 것에 대해 안타까움을 극복하고 재현하겠다는 목적으로 '오페라'가 탄생했다. '오페라'의 어원은 '오퍼스(opus, 작품)'라는 단수형이 복수형으로 채택되어 '종합예술'이라는 의미의 오페라가 된 것이다. 음악으로 이야기를 구체적으로 전달하는 장르 중 유일한 것이 오페라였고, 그러다 보니 이야기가 보편적인 취향에서 벗어나거나 도덕적으로 문란한 것은 배제되었다. 그러나 시간이 갈수록 이야기는 당대 사람들의 관심거리를 중심으로 창작되고 시대적인 문제를 다루면서 대중들의 많은 사랑과 인기를 얻었다.

최초의 오페라는 1597년 카메라타 회원 음악가인 '야코포 페리(Jacopo Peri, 1561~1633)'에 의해 만들어진 〈다프네(Dafne)〉라는 기록물이다. 다프네 음악 자료는 소실되어 현재 재연이 불가능하다. 이어 1600년 메디치 가문의 딸 마리아 드 메디치와 프랑스 왕 앙리 4세의 결혼식 축하연을 위해 작곡된 〈에우리디체(Euridice)〉가 초연되었다. 초연 후 악보가 출판되어 에우리디체는 재연 가능한 최초의 오페라로 남았다. 당시 대본가 오타비오 리누치니(Ottavio Rinuccini, 1562~1621)는 르네상스와 바로크 시대의 시인이자 대본가로 야콥 페리와 협연하여 최초의 오페라를 탄생시켰다.

1607년 베네치아를 중심으로 활동한 음악가 몬테베르디(Claudio Monteverdi, 1567~1643)의 〈오르페오의 전설(La favola d'Orfeo)〉은 근대 오페라의 효시로 지금도 자주 공연되는 바로크 시대 걸작이다. 몬테베르디가 오페라를 근대개념에 맞게 창조한 〈포베아의 대관〉은 실존 인물 이야기를 배경으로 삼아 작곡된 최초의 진보적인 작품이다. 그는 오페라에 음악적인 생명력을 불어넣었고 실질적으로 정착시킨 장본인이기도 하다. 몬테베르디 이후 가장 중요한 오페라 작곡가로는 베네치아의 프란체스코 카발리(1602~1676)도 유명하다. 그의 대표작품으로는 〈오르민도〉, 〈칼리스토〉, 〈에지스토〉 등이 있다. 1623년 바르베르니 추기경은 자신의 궁 안에 오페라 하우스를 지었으며 1637년 최초의 상업적 오페라 극장인 '테아트로 산 카시아노'가 베네치아에서 탄생하였다. 17세기에 15개의 오페라 극장이 생겨 동네마다 하나씩 있었을 정도로 오페라는 가장 인기 있는 음악 장르였다. 오페라의 성지 이탈리아 피렌체와 바로크 시대에 확립된 오페라는 도니체티, 벨리니, 푸치니, 베르디, 로시니 등이 최고의 유명세를 떨쳤으며 18세기 중엽에는 모차르트의 오페라, 19세기 초 프랑스에서는 '그랜드 오페라'가 탄생하였다.

르네상스 시대 피렌체에서 탄생한 오페라는 이탈리아, 독일, 프랑스를 중심으로 발달했으나 오페라의 저항적이고 사회 비판적인 내용은 언제나 자신들이 살았던 세계와 무관해 보이는 장소와 무대를 선택하곤 했다. 세계에서 가장 많은 오페라를 공연하는 나라는 독일과 이탈리아이다. 인구밀도를 기준으로 한다면 이탈리아 베네치아가 가장 많은 공연을 하고 있다. 아직도 그들이 오페라를 열정적으로 사랑하는 것에는 오페라가 시대 상황을 적나라하게 반영하여 거센 논란의 중심에 있으면서 민중을 계몽하고 시민의 삶과 호흡을 함께하던 장르였기 때문일 것이다. 이는 오페라도 '예술을 위한 예술의 모방'이거나 예술가들만의 잔치로 끝나서는 안 된다는 역사적 증거이기도 하다.

2) 오페라 작곡가들의 도시, 피렌체

오페라의 나라는 이탈리아다. 대부분의 오페라 걸작들은 이탈리아 작곡가들의 작품이기 때문이다. 밀라노에는 오페라 전문 극장인 '라스칼라'가 있다. 1778년 8월 3일 살리에리 작품으로 문을 연 꿈의 무대 '라 스칼라 오페라 극장(Teatro alla Scala)'이다. 1831년 빈첸초 벨리니(Vincenzo Bellini)의 오페라 '노르마(Norma)', 1842년 주세페 베르디(Giuseppe Verdi)의 '나부코(Nabucco)', 1887년 베르디의 '오셀로(Othello)', 1904년 푸치니(Giacomo Puccini)의 '나비부인(Madama Butterfly)', 1926년 푸치니(Giacomo Puccini)의 '투란도트(Turandot)'를 초연한 극장이다. 특히 베르디 오페라의 대부분이 이 극장에서 초연되었다. 라스칼라 2층에는 1913년에 개관한 오페라 박물관이 있으며, 이탈리아 오페라의 전설적인 가수와 의상과 소품 등 오페라의 역사를 보여준다. 그리스계 미국인이던 전설적인 가수 마리아 칼라스를 위한 공간은 따로 마련하였다.

가에타노 도니체티(Gaetano Donizetti)의 〈사랑의 묘약〉에서 부르는 '남몰래 흐르는 눈물(Una Furtiva Lagrima)'♬, 자코모 푸치니(Giacomo Puccini)의 〈라 보엠〉의 아리아 '나 홀로 길을 걸을 때면(Quando m'en vo' soletta)', 〈투란도트〉의 아리아 '공주는 잠 못 이루고(Nessun dorma)'♬, 〈나비부인〉의 아리아 '명예롭게 죽어라(Con onor muore)', 빈첸초 로마니(Vincenzo Bellini)의 〈노르마〉의 아리아 '청순한 여신이여(Casta diva)', 주세페 베르디(Giuseppe Verdi)의 〈라트라비아타〉의 듀엣 아리아 '들어라, 행복의 잔 속에(Libiamo, ne'lieti calici)', 〈아이다〉의 아리아 합창곡 '개선행진곡과 합창(Triumphal March and Chorus)' 등의 아름다운 노래가 있다.

빈첸조 벨리니

<노르마>, Renée Fleming 노래, America's Queen of Opera 7분 17초

도니체티

<남몰래 흐르는 눈물>, 이탈리아 테너 가수 Pavarotti at a German performance in 1988, 4분 32초

3) 베르디의 도시, 부세토

▶ 출처 : 위키백과

◀ **조반니 볼디니, 주세페 베르디의 초상화(1886)**
▶ **부세토의 베르디 동상**

이탈리아 3대 오페라의 작곡가로 베르디, 로시니, 푸치니가 있다. 주세페 베르디의 대표적인 오페라 작품은 〈나부코〉(1842), 〈리골레토〉(1850), 〈일 트로바토레〉(1853), 〈라 트라비아타〉(1853)♬, 〈돈 카를로스〉(1867), 〈아이다〉(1871)♬, 〈오셀로〉(1887), 〈팔스타프〉(1893) 등으로 최고의 찬사를 받는다.

이탈리아 최고의 오페라 작곡가 베르디(Giuseppe F. F. Verdi, 1813~1901)는 부세토에서 동쪽으로 5km 떨어진 시골 마을 론콜레에서 출생했다. 10살 때 이사를 해서 활동하던 곳은 이탈리아 중북부 시골 마을 '부세토'이다. 21세에 밀라노에서 돌아와 부세토에서 음악감독직을 맡았으며, 1836년 마르게리타 베리치와 결혼한다. 그러나 불행이 겹쳐 결혼 4년 만에 그의 아내와 어린 아들 그리고 딸까지 병으로 잃는다. 잠시 부세토를 떠나 밀라노에서 작업하다 심적인 고통을 견디지 못해 부세토에 다시 돌아와 우울증에 빠진다. 자살까지 시도했던 그는 17년 전에 만나 관계를 유지하던 가수 주세피나 스트레포니의 조언으로 위기를 극복하고 그녀와 결혼한다. 결혼 후 왕성한 활동으로 이어지고 세계적인 오페라 작곡가로 등극한다. 불운했던 삶을 극복하고 1842년부터 1850년까지 14곡의 오페라를 작곡했다. 특히 〈에르나니〉(1844), 〈잔 다르크〉(1845) 등 애국정신과 독립정신을 담은 작품들을 통해 이탈리아 국민의 신임과 명성을 얻었다. 1850년 37살에 작곡한 〈리골레토〉는 하루아침에 그를 세계적인 작곡가로서 우뚝 서는 계기를 만들어주었다. 1897년 아내는 폐렴으로 사망하고, 베르디는 1901년 세상을 떠난다. 이탈리아인들에게 그는 오페라의 신적인 존재로 추앙받고 있다.

이탈리아 중북부 조그만 마을 부세토는 베르디를 기리는 관광지가 많은 곳이다. 1867년 개관한 '베르디 오페라' 극장과 베르디 광장에 그의 조각상이 있다. 베르디는 곤궁하고 역경에 처했던 시절 부세토 시민들이 자신을 따듯하게 반겨주지 않아 상처를 입었다. 그는 고향 사람들이 유명해진 자신을 위해 헌정한 '주세페 베르디 오페라 하우스'에 후원금도 내지 않았으며, 한번도 극장에 오지 않았다고 한다.

'팔라비치노 박물관'은 그의 유품들과 오페라 관련 자료들로 채워져 있다. 베르디가 앉아 있는 동상 앞에 보이는 붉은 건물인 '바레지의 집'은 베르디가 젊은 날 기거하던 곳이다. 이 집은 자신이 음악수업을 받던 스승 바레지가 허락하여 기거하던 곳으로 사랑하는 바레지의 딸 마르게리타를 만난 곳이다. 23세에 바레지의 딸과 부세토 성당에서 결혼 후 살던 집이었으나 4년 만에 두 자식과 아내를 잃은 슬픔의 공간이다.

베르디가 성공한 후 구매한 아가타라는 곳에는 거대한 정원과 호수가 있는 '빌라 베르디'가 있다. 그가 지은 집으로 33세부터 88세 사망하는 날까지 살았던 저택이다. 지금은 베르디 기념관으로 사용하고 있으며, 그가 사용하던 마차와 악보 그리고 그가 입던 의류들이 보관되어 있다. 빌라 베르디는 2층 건물로 가족 예배실까지 만든 거대한 저택과 정원이 딸린 집으로 그가 농사를 짓고, 사냥을 나가거나 산책하며 작곡하던 곳이다. 그는 60년 동안 작곡가로 활동했으며, 말년에 개인재산을 털어 밀라노에 '음악가를 위한 휴식의 집(카사 베르디)'을 설립한다. 고령의 이탈리아 음악가들이 노후를 편하게 보낼 수 있도록 후원한 곳이다. 파르마가 그의 명성을 대신하여 베르디 오페라의 메카가 되었다.

1991년 토스카니니 재단이 '베르디를 위한 부세토 페스티벌 재단'을 설립했다. 2001년 부세토의 오페라 극장에서 베르디 서거 100주년을 기념하여 그의 작품 〈아이다〉가 공연되었다. 부세토 시는 매년 베르디의 기일을 전후로 공연을 열고, 6월과 7월에는 오페라 공연을 연다. 현재 부세토 시청, 파르마 시청과 에밀리아-로마냐 주청이 페스티벌의 재정을 분담한다.

베르디

<아이다>의 개선행진곡, 7분 11초

베르디

<라 트라비아타>의 듀엣 아리아 '들어라, 행복의 잔 속에(Libiamo, ne'lieti calici)' 3분 09초

4) 로시니의 도시, 페사로

◀ 출처 : 나무위키

◀ 사망 3년 전(1865) 로시니
▶ 로시니의 동상

3대 오페라 작곡가 중 한 사람인 로시니(1792~1868)의 고향은 아드리안 해변 리조트 관광지로도 유명한 바닷가 마을인 페사로다. 로시니는 1792년 관악기 연주자인 아버지와 소프라노 가수였던 어머니에게서 태어났다. 재능이 뛰어나 14살에 이미 오페라를 작곡했다. 푸치니와 베르디보다 먼저 활동했던 이탈리아 오페라의 선구자였다. 로시니(Giaoacchino A. Rossini, 1792~1869)는 낭만파 오페라의 효시로 평가받으며, 19세기 벨칸토 오페라를 완성하였고 꽃피운 작곡가였다. 그의 작품 중 23세에 13일 만에 작곡한 〈세비야의 이발사〉(1816)로 일약 유럽 최고의 작곡가로 우뚝 선다.

〈세비야의 이발사〉는 보마르셰라는 작가가 쓴 희곡이다. 1775년 초연된 5막의 연극이었다. 이 희곡으로 만든 오페라 작곡가는 10명이 넘지만 그중 가장 인기를 끌었던 오페라는 로시니가 작곡한 곡이다. 〈신데렐라〉, 〈빌헬름 텔〉을 끝으로 37세 젊은 나이에 오페라 작곡을 그만두고 예술가들과의 교류나 요리 등으로 일생을 보낸다.

그가 태어나 살던 곳은 로시니를 위한 박물관이 되었다. 그와 가족들의 사진과 유물들로 채워졌다. 로시니는 1829년 마지막 오페라 〈윌리엄 텔〉을 작곡하고 37세부터 작곡을 더는 발표하지 않았다. 그는 페사로 고향을 떠나 파리에서 살다 76세에 사망 후 파리의 '페르 라세즈' 묘지에 묻힌다. 그러나 이탈리아 국민의 요구로 이탈리아 피렌체 '산타크로체성당'으로 이장을 한다. 이곳은 갈릴레오, 미켈란젤로가 함께 누워 있는 곳이다.

페사로에는 로시니 생가를 비롯하여 로시니가 세웠다는 '로시니 음악원'과 '로시니 오페라 극장'이 있다. 로시니가 세운 음악원은 후에 음악대학이 되었고, 로시니 기념관이 있어 그의 유품들과 자필 오페라 악보도 보관되어 있다. 해마다 8월 페사로에는 로시니 오페라 페스티벌이 열린다.

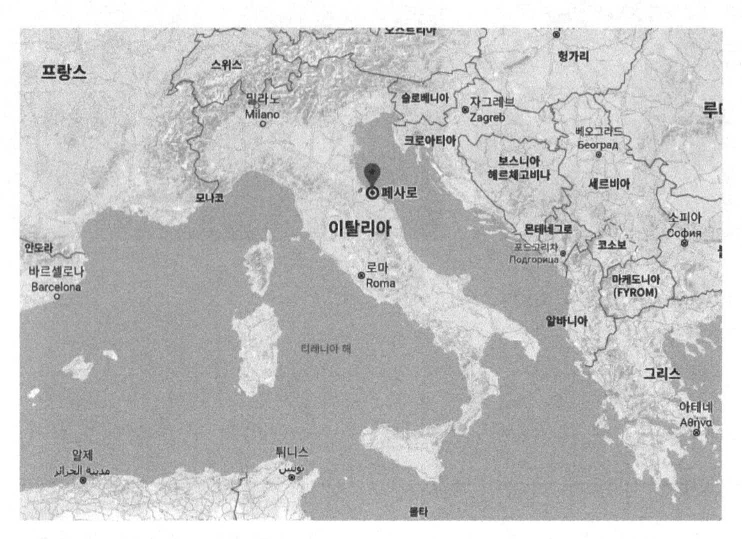

로시니의 고향 이탈리아 페사로

1980년에 설립된 로시니 오페라 축제는 로시니의 작품 발굴과 계승을 목적으로 하며 수준 높은 연구와 체계적인 공연이 열린다. 음악 출판사인 리코르디(Ricordi)가 로시니의 작품 중 잘 알려지지 않은 작품을 발굴하여 소개하는 목적으로 페스티벌을 출범시켰다. 오페라 작곡가 로시니는 〈세비야의 이발사〉♬, 〈오셀로〉, 〈도둑 까치〉, 〈윌리엄 텔〉 ♬ 등 고전주의 후기 작곡가로 기교적으로도 난해한 것으로 알려져 있다. 로시니 벨칸토 오페라의 메카인 '로시니 음악원'을 중심으로 한 로시니 오페라에 대한 심도 있는 학술적 연구는 세계적으로 권위를 인정받고 있다. 이는 많은 유산을 남기고 간 로시니의 음악학교를 설립하고 예술을 위해 희생한 사람들을 위해 사용해 줄 것을 바라던 그의 유언이기도 했다. 1993년 이탈리아 의회는 '로시니 오페라 페스티벌 지원법'이라는 특별법을 통과시켰다. 이로써 페사로 페스티벌은 '이탈리아 최고의 페스티벌'이라는 칭호를 받았고, 특별히 이탈리아 정부로부터 재정지원뿐만 아니라 시청과 지방의 은행 그리고 기업체들의 후원을 받아 성대하게 열리는 축제가 되었다.

1980년 페사로 페스티벌을 처음 시작하였을 때는 1818년에 건설한 850석 규모의 로시니 극장(Teatro Rossini)에서 공연하였다. 1988년부터는 1,500명 규모의 작은 테니스장 같은 임시로 만든 공연장인 팔라스포트(Palasports)에서 공연했고, 2000년부터는 실험극장인 스페리멘탈레 극장(Teatro Sperimentale)과 500석 정도의 로시니 음악원 강당인 '아우디토리움 페드로티'에서도 공연을 한다. 로시니는 약 40개의 오페라 중에서 몇 작품만 선정하여 공연하지만, 축제를 통해 점차 그의 미발표된 작품들이 공개되고 있다.

로시니

로시니, <세비야의 이발사> 중 '나는 이 거리의 만물박사', 4분 41초

로시니

로시니, <윌리엄 텔> 서곡, The Tokyo Philharmonic Orchestra, 정명훈 지휘, 4분 41초

5) 푸치니의 고향, 루카

푸치니의 동상(루카, 생가 앞)

푸치니의 고향 루카(Lucca)

푸치니 고향은 이탈리아 중북부 피사에서 16km 북쪽에 있는 '루카(Lucca)'라는 곳이다.

시내 중심 두오모 성당 옆에 22세까지 살았던 붉은 4층 건물이 '푸치니생가'로 옛 모습 그대로 남아 있다. 생가 앞에는 푸치니의 좌상이 놓여 있다. 그는 22세에 루카의 파치니 음악원을 졸업하고 밀라노 음악원에 입학한다. 18세에 베르디의 〈아이다〉를 관람한 후 오페라 작곡가가 되기로 결심하였다. 1896년 〈라 보엠〉이 대성공을 거두었고, 1900년엔 〈토스카〉가 로마에서 대단한 성공을 거두었다. 오페라 작품으로는 〈나비부인〉(1904)♬, 〈투란도트〉♬, 〈마농 레스코〉 등 주옥 같은 작품들을 남겼다. 토스카나 피렌체를 배경으로 『신곡』「지옥편」의 이야기를 바탕으로 쓴 오페라 〈잔니 스키키〉 중 1막에 나오는 아리아 '오 사랑하는 나의 아버지(O Mio Babbino Caro)'가 유명하다.

지아코모 푸치니(1858~1924)가 본격적으로 활동하던 곳은 이탈리아 북서쪽 '토레 델 라고' 마사추콜리 호수를 배경으로 지은 저택에서 살던 때이다. 이곳에서 푸치니는 30년간 살면서 세계적인 오페라 대부분을 발표한다. 30대의 푸치니는 고향 '루카'에서 작곡한 그의 세 번째 오페라 〈마농 레스코〉가 성공한 후에 부를 얻었고, 아름다운 저택 '빌라 푸치니'를 지었다. 아름다운 마사추콜리 호수 옆에 자리 잡은 푸치니 저택에서 그의 오페라 중 3대 걸작 〈라 보엠〉, 〈토스카〉, 〈나비부인〉을 연달아 발표하여 이탈리아 최고의 작곡가 반열에 오른다. 마을의 역 이름도 '토레 델 라고 푸치니'라고 지었다.

'빌라 푸치니 기념관'의 응접실에는 소파, 서재, 책상, 친필 악보, 사진이 방안에 가득하고, 푸치니 의복도 걸려 있으며 그가 사용한 피아노 등 사용하고 생활하던 모든 것이 그대로 있다. 푸치니는 이곳에서 30년을 보낸 후 그의 최후의 오페라 〈투란도트〉를 완성하지 못한 채 교통사고의 후유증과 암으로 신병 치료차 머물던 벨기에 브뤼셀에서 1924년 66세로 생을 마감한다. 미완성의 〈투란도트〉는 후배인 프랑코 알파노에 의해 완성되었고, 1926년 밀라노에서 초연되었다. 그의 장례식에는 이탈리아 국민이 애도하여 국민장으로 치러지고, 그의 유해는 유언에 따라 그가 살았던 '빌라 푸치니' 기념관에 묻혔다.

그는 이탈리아 오페라의 계보를 잇는 음악가로 낭만주의의 형식을 벗어나 극적 표현이라는 새로운 형식의 오페라를 창조했다. 특히 푸치니의 오페라 여주인공들 묘사가 탁월하고 매력적인 아리아의 선율들은 지금까지 사랑받고 있다. 그의 오페라 〈토스카〉, 소프라노 마리아 칼라스가 노래하는 '노래에 살고 사랑에 살고(Vissi d'arte, vissi d'amore)' 아리아는 최고의 가치를 더한다. 테너 루치아노 파바로티가 부르는 카바라도시의 '별은 빛나건만'도 놓치면 아쉽다.

푸치니 페스티벌은 자코모 푸치니를 기념하여 매년 여름(7~8월) 푸치니의 고향 루카(Lucca)에서 가까운 토레 델 라고(Torre del Lago) 호숫가에서 열리는 오페라 축제다. 푸치니 페스티벌은 푸치니의 친구로서 그의 오페라 대본을 여러 편 맡았던 조바키노 포르자노(Giovacchino Forzano)가 솔선하여 추진했다. 1930년에 시작, 최고의 오페라 4편만 공연되고 매년 40만 명이 방문하는 축제다. 푸치니는 대표작 〈투란도트〉로 베르디 이후 이탈리아 최고의 작곡가로 불린다. 루카에서 태어난 푸치니는 다양한 무대와 소재의 이야기를 음악으로 창조했다. 공연은 '토레 델 라고' 호수를 배경으로 4,000명의 극장이란 이름의 'Teatro dei Quattromilla'에서 공연된다. 극장은 '푸치니 기념관(Villa Museum Puccini)'과 이웃하고 있다. 푸치니 기념관은 1900년 푸치니가 지은 빌라로 1921년까지 살았었다.

푸치니는 마사추콜리 호수의 아름다운 자연을 배경으로 그의 오페라가 공연되기를 희망했다. 포르자노는 1930년 8월 24일 푸치니가 살던 빌라 앞 호수에 파일을 박아 임시무대를 설치하고 어떤 순회 오페라단을 초청하여 라 보엠을 공연했다. 임시극장은 'Carro di Tespi Lirico'라고 불렀다. 그 후 2차 대전을 거치면서 정치적, 재정적 문제가 야기되어 1937년 콘서트 형식의 오페라 공연을 끝으로 1949년까지 단 한번의 공연밖에 없었다. 1949년에 들어서서 푸치니 서거 25주년을 기념하여 푸치니 페스티벌이 다시 문을 열었다. 이후 매년 임시극장에서 푸치니 페스티벌이 계속되었다. 그러다가 1966년 임시극장 부근에 호수를 메운 땅이 생겨서 그곳에 새로운 극장을 짓게 되는데 현재의 Teatro dei Quattromila(4천 명 극장)이다. 2000년은 포르자노와 마스카니가 푸치니 추모음악회를 주도한 지 70년이 되는 해였지만 푸치니 페스티벌의 횟수로는 46회가 된다. 2004년 푸치니 페스티벌 50회 기념으로는 1904년 5월 28일 '라스칼라'에서 오페라 〈나비부인〉 초연 100주년을 기념하여 무대에 올려졌다. 2018년 7월 초부터 8월 말까지 푸치니 오페라 페스티벌은 〈투란도트〉, 〈토스카〉, 〈나비부인〉, 〈마농 레스코〉, 〈라 보엠〉, 〈일 트리티코〉가 공연 레퍼토리다.

푸치니

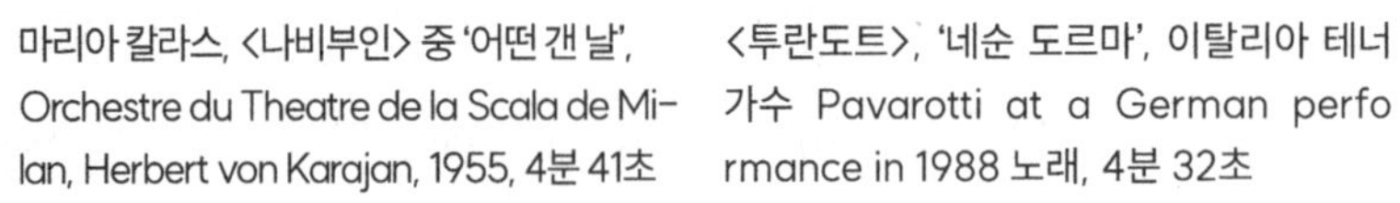

마리아 칼라스, <나비부인> 중 '어떤 갠 날', Orchestre du Theatre de la Scala de Milan, Herbert von Karajan, 1955, 4분 41초

<투란도트>, '네순 도르마', 이탈리아 테너 가수 Pavarotti at a German performance in 1988 노래, 4분 32초

푸치니와 그의 오페라 작품

6) 요절한 천재 오페라 작곡가, 벨리니

빈첸초 벨리니(Vincenzo Salvatore Carmelo Francesco Bellini, 1801~1835)의 오페라는 유려함과 절정을 향하는 긴 선율이 특징이다. 아름다운 선율에 고상한 기품과 감미로움을 넘어서는 매력 넘치는 곡으로 사람의 마음을 사로잡았다. 벨리니는 나폴리 음악원에서 음악수업을 받았다. 34살에 요절한 음악가였지만 당대 최고의 인기를 얻었으며, 로시니, 도니체티와 더불어 벨칸토 오페라 최고의 작곡가였다. 벨리니의 기품, 우수에 찬 선율의 아름다움은 19세기 많은 작곡가에 영향을 주었는데, 그의 창조적인 선율에 영향받은 쇼팽은 임종 시 그의 아리아를 듣고 싶어했다고 전해진다.

벨리니는 1801년 시칠리아 왕국 카타니아에서 출생하였다. 어릴 때부터 교회 음악가인 할아버지와 아버지의 지도로 일찍부터 작곡가의 재능을 발휘하여 6살 때 첫 번째 작품을 작곡했다. 이후 가족들의 권유로 18세의 벨리니는 나폴리 왕립음악원(Real Collegio di Musica)에 입학하여 칭가렐리에게 작곡을 배웠다. 벨리니의 노래는 나폴리의 신화 같은 존재, 오디세우스에게 세이렌(사람을 닮은 새)이던 파르테노페의 치명적으로 매혹적인 노래를 닮았을 것이다. 트로이 목마를 고안하고 세이렌이 부르는 죽음의 노래 '영웅 오디세우스여 나에게 오라'라는 노래를 들었으나 조언자였던 키르케의 충고로 몸이 묶여 있던 그는 달콤한 유혹을 피할 수 있었고 그들은 아말피를 통과한 최초의 생존자가 된 것이다. 세이렌의 해안인 아말피를 무사히 통과한 오디세우스와 선원들은 죽음을 피하고 10년 여정을 마친 트로이 전쟁의 영웅인 그들은 그리스인 고향으로 돌아갈 수 있었다. 나폴리의 이름이 파르테노페(Parthenope)였다. 8세기경 BC 고대 그리스인들은 파르테노페에 왔고, 기원전 5세기경엔 쿠마에(Kumai)인들이 내륙으로 침입하면서 새로운 도시를 건설하여 네아폴리스(Neapolis, 신도시)라고 했다.

1827년에는 밀라노 라스칼라 극장의 의뢰로 그 당시 가장 유명했던 이탈리아의 대본 작가 펠리체 로마니의 시에 대한 감흥으로 〈해적〉을 발표하였는데, 이 작품은 큰 성공을 거둔 첫 번째 작품이 되었다. 1829년 〈이국의 여인〉과 〈차이라〉, 1830년 셰익스피어의 '로미오와 줄리엣'을 〈카플렛가와 몬테규가〉라는 오페라로 작곡하였고 1831년에는 〈몽유병 여인〉과 〈노르마〉♬를 발표하였다. 1833년에는 〈단테의 베아트리체〉를 상연한 후, 파리로 이주하여 1835년에 최후의 오페라 〈청교도〉를 파리와 이탈리아 오페라 극장에서 공연하여 대성공을 거두었다. 그는 로시니의 은퇴와 베르디의 등장 사이 10년간 최고의 명성을 날렸다. 가곡 〈은빛에 유랑하는 달〉이란 노래는 대표적인 가곡으로 많은 사람에게 사랑받고 있다. 1835년 프랑스 파리 근교 퓌토에서 세상을 떠난다.

벨리니와 그의 노래

빈첸조 벨리니

〈노르마〉, Renée Fleming 노래, America's Queen of Opera 7분 17초

7) 벨칸토 오페라, 도니체티

도메니코 가에타노 마리아 도니체티(Domenico Gaetano Maria Donizetti)는 1797년 이탈리아 롬바르디아 베르가모에서 태어나 1848년 베르가모에서 사망했다. 베르가모는 이탈리아 북부 롬바르디아주에 있는 도시이다. 밀라노 동북쪽 40km 알프스산맥에 위치한다. 중세시대에 롬바르디아 공국이었고, 1428년 베네치아 공화국의 지배를 받았으며 1815년 오스트리아에 속했으나, 1859년 이탈리아로 넘어왔다.

도니체티는 베르가모를 대표하는 가톨릭 성직자 조반니 시모네 마이르에게 음악수업을 받았다. 볼로냐 음악원에서 로시니의 후배로 초기에는 로시니의 모방에 그쳤으나, 로시니 퇴임 후 두각을 나타내게 되었다. 음악가의 희망을 품었으나 아버지의 반대로 군에 입대하여 조용히 오페라 작곡에 힘썼다. 1823년 25세로 제대 후 19세기 유행하던 벨칸토 오페라 작곡가로서 이탈리아 각지에서 해마다 새 작품을 발표하여 점차 지위를 굳혔다. 가장 유명한 작품으로는《람메르무어의 루치아》,《사랑의 묘약》이 있다. 도니체티는 빈첸초 벨리니, 조아키노 로시니와 함께 19세기 전반 '벨칸토 오페라'를 주도하였다.

1830년대에 들어서 오페라 '부파'로는 〈사랑의 묘약〉(1832), 〈연대의 딸〉(1840), 〈돈 파스콸레〉(1843) 등을 내놓았고, 오페라 '세리아'로는 〈루크레치아 보르지아〉(1834), 〈람메르무어의 루치아〉(1835) 등을 남겼다. 빈이나 파리에서도 활약했지만 1845년경부터 신경성 마비로 고향인 베르가모로 돌아와 1848년 4월 8일 50세로 세상을 떠났다. 도니체티의 오페라는 성악의 기교를 과시하는 것이 특징이며 〈루치아〉의 유명한 〈광란의 장〉에서 전형을 들을 수 있다. 한편 도니체티의 궁극적 목적은 가수의 아름다운 소리를 어떻게 발휘하느냐에 대한 방법의 탐구로 〈사랑의 묘약〉에서처럼 유려하고 감미로운 멜로디의 창작에도 뛰어났다. 75개의 오페라, 16개의 교향곡, 19개의 현악 사중주, 193개의 가곡, 45개의 듀엣, 3개의 오라토리오, 기악 협주곡, 소나타, 기타 실내악 등의 작품을 작곡했다.

이탈리아 오페라 기행

	작곡가	장소	내용	대표작품
1	베르디	론꼴레	탄생. 부세토에서 동쪽 5km 떨어진 곳	
		부세토	10세 이후 살던 곳	
			음악 공부로 밀라노에 거주하다 21세에 부세토로 돌아와 음악감독직 수행. 1836년 마르게리타 베리치와 결혼, 이후 4년 만에 사망	<나부코>(1842) <리골레토>(1850) <일 트로바토레>(1853) <라 트라비아타>(1853) <돈 카를로스>(1867) <아이다>(1871) <오셀로>(1887) <팔스타프>(1893)
		밀라노		
		부세토	베르디 오페라 극장, 베르디 광장 조각상	
		빌라 베르디		

2	로시니	페사로	1792 탄생, 1868 영면	부모는 음악가
			23세, 낭만파 오페라	〈세비야의 이발사〉(1816)
			37세 마지막 작품	〈윌리엄 텔〉(1829)
		파리	페르 라세즈, 76세 영면	파리 공동묘지 안치
3	푸치니	루카	탄생. 피사 북쪽 16km	
		루카	파치니 음악원 수학	
		밀라노	음악원 입학	
		토레 델 라고	마사추콜리 호숫가 저택 빌라 푸치니	〈라 보엠〉, 〈토스카〉, 〈나비부인〉
		브뤼셀	사망	치료를 위해 머무른 곳
4	벨리니	카타니아	시칠리아	
		나폴리	왕립음악원 입학	
		밀라노	라스칼라 극장	〈해적〉 발표
		파리	〈청교도〉	
		퓌토	사망	
5	도니체티	롬바르디아 베르가모 탄생		〈사랑의 묘약〉
6	카발리	베네치아	1602~1676년 활동 1623년 바르베르니 추기경 오페라 하우스 건립 1637년 '테아트로 산 카시아노' 극장 오픈	〈오르민도〉 〈칼리스토〉 〈에지스토〉

8) 오페라의 무대가 된 도시, 스페인 남부 '세비야(Seville)'

세비야의 스페인 광장

세비야(스페인어 Sevilla, 이탈리아어 Siviglia, 영어 Seville)는 인구 70만 명이 조금 넘는 스페인 남부 안달루시아 지방의 행정 수도로, 유럽 음악의 발상지 중 하나이며 악기 제작과 판매의 중심지이다. 이슬람 문화와 유럽 문화가 뒤섞인 신비로운 안달루시아, 카르멘을 닮은 건강하고 활달한 미녀들, 도시를 관통하는 과달키비르강, 정열의 투우와 플라멩코 등이 이 도시를 대표한다. 음악과 관련이 많은 도시답게 콜롬비아 보고타, 이탈리아 볼로냐, 영국 글래스고, 네덜란드 겐트에 앞서 2006년 유네스코 '음악 도시'에 선정되었다.

오페라에 조금이라도 관심이 있는 애호가라면 세계적으로 유명한 오페라 로시니의 〈세비야의 이발사〉와 비제의 〈카르멘〉이 스페인 남부도시 세비야가 배경이라는 것을 알고 있을 것이다. 세비야는 콜럼버스가 항해를 시작했고 잠들어 있는 곳이며, 지금은 스페인의 문화와 예술, 학문과 산업의 중심지이다. 소설의 주인공으로 유럽 사교계를 뒤흔들었던 천하의 바람둥이 돈 조반니(Don Giovanni)의 고향이자 플라멩코와 근대 투우가 시작된 곳으로도 유명하다. 또한 세르반테스(Miguel de Cervantes, 1547~1616)가 1602년 옥중에서 소설『돈키호테』를 구상한 도시이며, 바로크 시대의 화가 무리요(Bartolome Esteban Murillo, 1617~1682)와 거장 벨라스케스(Diego Velazquez, 1599~1660)가 예술혼을 키웠던 고향이기도 하다. 이렇게 세비야는 중세 무어(Moor)의 찬란한 문화와 기독교 문화가 유연하게 융합되어 곳곳에 이국적 향취가 넘쳐나는 도시가 되었고, 이 매력적인 도시를 무대로 한 예술작품들은 그 특유의 소재와 낭만성으로 오늘에 이르기까지 만인의 사랑을 받고 있다. 이슬람 문화의 흔적이 강하게 남아 있는 세비야의 모습은 당대 유럽인들에게도 굉장히 이국적으로 보였던 모양이다.

세계적으로 가장 좋아하는 오페라 로시니의 〈세비야의 이발사〉(1816), 비제의 〈카르멘〉(1875)♬, 모차르트의 〈피가로의 결혼〉(1786)과 〈돈 조반니〉(1787), 베토벤의 〈휘델리오〉(1805), 베르디의 〈운명의 힘〉(1862), 프로코피예프의 〈수도원에서의 약혼〉(1946), 마누엘 파넬라의 〈들고양이〉(1916) 등 스페인 오페레타를 포함하면 100여 편이 넘는 오페라의 무대가 세비야이다. 세비야를 배경으로 한 이들 오페라의 공통된 특징은 초연 당시 파격을 넘어 사회적인 문제를 일으킬 만한 내용을 담고 있다는 것이다. 팜므 파탈, 난봉꾼들의 불손하고 문란한 이야기, 지배계급의 부조리한 상황, 민중들의 저항정신, 자유, 평등, 혁명 같은 사회적, 정치적 메시지를 담은 이야기들이 제3의 도시 세비야를 선택하여 골치 아픈 검열과 탄압의 문제들을 피해 갔다.

비제

<카르멘>, '투우사의 노래', Dmitri Hvorostovsky 노래, 5분 31초

비제

<카르멘>, '하바네라', Anna Caterina Antonacci 노래, The Royal Opera, 2분 10초

비제

<카르멘>, '사랑은 반항하는 새처럼', Anna Caterina Antonacci 노래, The Royal Opera, 4분 35초

Tip 파리 사회를 혼란에 빠트린 비제의 <카르멘>(1875)

세비야를 배경으로 한 가장 유명한 오페라 <카르멘>은 1873년, 파리 오페라 코미크(Opera Comique)극장의 예술감독인 카미유 뒤 로클(Camille du Locle, 1832~1903)이 연말 공연을 목적으로 비제에게 오페라를 작곡해 달라고 요청하여 탄생했다. 35세의 청년 비제는 프로스페르 메리메의 단편소설 『카르멘』을 읽고 상당히 마음에 들어 작곡에 착수했다. 그러나 대본의 파격적이고 불손한 내용으로 인해 극장장의 반대, 주역을 섭외하는 문제, 리허설의 부재 등 진행 중 많은 걸림돌을 만났다. 뭇 남자를 유혹하기 위한 관능적인 제스처, 저급한 대사, 선정적인 춤 등을 연기하는 성악가를 찾는다는 것은 실로 어려운 일이었다. 금세기 최고의 소프라노 마리아 칼라스도 부도덕한 역할을 할 수 없단 이유로 <카르멘>의 무대에는 절대 서지 않았다고 한다. 게다가 음악계는 돈 호세가 카르멘을 칼로 찔러 죽이는 장면이 맘에 들지 않는다는 이유로 수정을 요구했고, 여공들이 집단으로 싸우는 장면들을 삭제하라고 압박했다. 예상했던 대로 공연이 끝난 후 평론가들은 요부를 앞세운 부도덕한 내용에 대해 비난을 퍼부었고, 저속하고 선정적인 대사가 포함된 <카르멘>의 오페라 대본이 발간되자 대중의 비판은 더욱 거세졌다.

3년 동안 파리에서는 <카르멘>이 사라진 공연이 되었다가 빈에서 엄청난 성공을 거둔 후 재공연이 파리에서 성사되어 많은 인기를 얻었다. 비제는 <카르멘>이 초연된 지 꼭 석 달 후인 6월 3일 심근경색으로 세상을 떠나 <카르멘>의 성공을 알지 못했다. 그는 파리에서의 초연이 처참한 실패로 끝나자 실망감과 혹독한 피로가 겹쳐 병을 극복하지 못하고 비극적인 죽음을 맞이한 것이다. 스페인 세비야는 <카르멘>에 등장하는 1820년대의 담배공장과 투우장, 거리와 골목, 광장 등을 보존하여 지금도 그를 기억하는 사람들이 찾고 있다. 스페인 세비야에서 만나는 프랑스 작곡가 비제, 가장 유명한 오페라를 남기고 간 그의 인생도 오페라 <카르멘>도 모두 비극으로 끝났다.

◀ 오스트리아 베르겐츠에서 공연한 <카르멘>, 강을 배경으로 색다른 연출로 <카르멘>을 재해석했다.
▶ 이탈리아 베로나 원형 경기장에서 공연된 <카르멘>, 공연을 마치고 팡파레의 모습

2 유럽 여름 음악제

1) 이탈리아 베로나 페스티벌

베로나의 아레나 원형경기장

베로나 페스티벌은 고대 로마 시대 검투사들의 경기가 있던 원형경기장을 활용한 오페라 축제다. 현재도 활용 가능한 원형경기장으로 로마의 콜로세움보다 서기 1세기경 40년 먼저 지어졌으며, 유럽에서 3번째로 큰 경기장으로 2만 명 이상을 수용할 수 있다. 1913년 마이크가 필요 없는 원형경기장에서의 오페라 공연이 최초로 개최되어 화제가 되었다. 이제 원형경기장의 아레나는 검투사의 공간이 아니라 세계에서 가장 큰 오페라의 성지로 알려져 있다. 셰익스피어의『로미오와 줄리엣』은 베로나에서 전해지던 설화를 기본으로 만들어낸 이야기다. 사랑의 전설이 가득한 도시로 규모는 작지만 오랜 역사와 문화만큼은 자부심이 대단하다. 베로나 오페라 페스티벌은 주로 〈아이다〉, 〈투란도트〉, 〈카르멘〉과 같은 대형 오페라를 중심으로 환상적인 공간에서 개최된다. 1913년에 시작된 축제는 매년 6월에서 8월 말까지 2~3개월 동안 진행된다. 한국 오페라 가수 소프라노 임세경이 2015년 〈아이다〉 주역 가수로 한국인 최초로 캐스팅되었으며, 2017년에는 〈아이다〉, 〈나비부인〉 주연에 출연했었다.

(1) 이탈리아 베로나 소개

이탈리아 베로나는 로마에서 베네치아를 향하는 길목에 있는 작은 도시로 예로부터 '벨라 베로나(Bella Verona)'라고 불릴 만큼 아름다운 도시다. 로미오와 줄리엣의 배경이 된 이 도시는 과거 로마의 지배를 받아 고대 유적이 남아 있으며, 여름이면 관광객들로 넘쳐난다. 중세건물들로 이어진 구시가지는 강과 언덕이 조화를 이루어 풍광이 수려하다. 고대유물이 산재한 비첸차, 파도바, 만토바와 같은 도시들에 빙 둘러싸여 있고, 미농이 살았던 이탈리아 최대의 가르다 호수가 그림 같은 휴양지이다. 독일인들이 세계에서 가장 살기 좋은 도시로 손꼽았던 베로나는 북유럽인들이 동경하는 곳이기도 하다. 셰익스피어(1564~1616)의 『로미오와 줄리엣』, 『말괄량이 길들이기』 이야기의 배경이 된 도시로 '줄리엣의 집'과 '줄리엣의 무덤'이 있고 '포르타 레오니', '시뇨리아 광장' 등 두 개의 로마 유적 그리고 멋진 중세 건축물들로 가득하며, 건축사적 가치가 인정되어 도시 전체가 2000년에 유네스코 세계유산으로 등재되었다. 풍광도 오스트리아의 잘츠부르크나 독일 하이델베르크에 뒤지지 않는다. 레오나르도 다빈치가 해부학 강의를 했던 유명한 파도바대학이 있으며, 리골레토의 무대이자 이사벨라 테스트 궁전으로 유명한 만토바가 있고, 베네치아도 가까이에 있다.

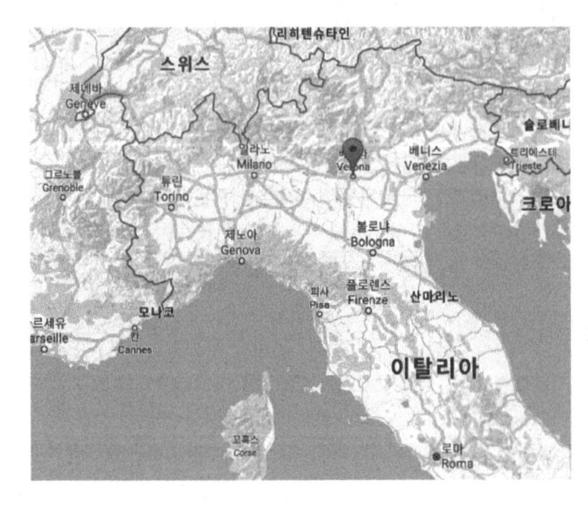

◀ 출처 : 구글

◀ 이탈리아 베로나

▶ 오페라 축제가 열리는 경기장, 아레나 원형극장

(2) 베로나 오페라 축제의 탄생 배경

'베로나 아레나 오페라 축제'는 1936년 시립 공연 자치단체에 의해 시작되었고, 1996년과 1998년 사설재단에 의해 운영되고 있다. 특히 오페라 공연은 2만 명 이상의 관중을 수용할 수 있는 고대 로마 원형극장인 아레나 원형극장에서 공연하는 전통을 유지한다. 최초로 공연된 오페라는 베르디 탄생 100주년을 기념한 〈나부코〉(1913)이다. 이후 매년 비공식적인 여름 오페라 축제를 진행하고 있다.

베로나 경기장을 공연장으로 만든 사람은 명지휘자 툴리오 세라핀이다. 그는 1910년 베네치아에서 밀라노로 가던 기차를 타고 있었다. 열차가 베로나로 진입하자 그는 함께 여행하던 테너, 바이올리니스트 등과 베로나에 있는 아레나에 관해 이야기를 나누었다. 세라핀은 베로나에서 갑자기 내려 아레나로 갔다. 그리고 바이올리니스트에게 아레나 한가운데서 바이올린을 연주하도록 요청했다. 스탠드 위에 올라서서 그 소리를 들은 세라핀은 원형경기장의 공명에 놀랐다. 그리하여 1913년 8월, 이 지방에서 가장 비가 오지 않는 주간에 처음으로 '아레나 디 베로나'에서 베르디의 〈아이다〉가 공연되었다. 물론 지휘는 세라핀이, 라다메스 역은 제나텔로가 맡았다. 이것이 '제1회 아레나 디 베로나 페스티벌'이 된 것이다. 이탈리아 오페라 가수 중 이곳에서 노래하지 않은 이가 거의 없을 정도다. 마리아 칼라스의 서유럽 데뷔도 이곳에서 이루어졌다. 베로나 페스티벌은 1910년 이후 2차 세계대전 동안을 제외하고 매년 개최되어 벌써 80회가 넘는다. 기간은 7월에서 8월 거의 두 달에 걸쳐서 열리는데 7월에는 일주일에 4~5일 정도, 8월에는 월요일을 제외한 매일 저녁 공연을 한다. 한 시즌에 보통 다섯 개의 대형 오페라 작품이 공연된다.

(3) 베로나 오페라 축제의 특성

베로나 공연장에서는 마이크를 사용하지 않는다. 그것은 베로나의 오랜 매력이자 전통이지만, 동시에 관중석에서는 좋은 감상이 어려운 이유이기도 하다. 육성의 공명이 결국 아레나 디 베로나의 가장 큰 매력으로 인식되었다. 무대에 오른 작품들로는 베르디의 〈아이다〉가 가장 많이 공연된다. 지금까지 공연 횟수가 무려 400회를 넘었다. 〈아이다〉, 〈카르멘〉, 〈투란도트〉, 〈나부코〉, 〈토스카〉, 〈리골레토〉, 〈나비부인〉 등이 뒤를 이어 많이 오른 작품들이다. 대부분 이탈리아 오페라들이 주요 레퍼토리로 선택된다. 오페라 축제 동안 매일 밤 로마 공연장에서는 셰익스피어 연극이 공연된다. 베로나는 '로미오와 줄리엣'의 배경이 되는 도시이기 때문이다. 그뿐만 아니라 베로나에서는 발레도 공연되고, 콘서트도 자주 열린다. 그리고 세계적인 미술가들의 전시회가 시내 곳곳에서 동시에 유치된다.

일반적으로 야외 오페라 무대는 한 시즌에 하나의 무대 세트로 매일 공연을 올리는 데 반해 베로나는 매일 밤 공연이 끝나면 다음 날 오후까지 매번 세트를 바꾸는 것이 가장 큰 특징이다. 이는 베로나의 거대한 예산과 입장 수입 덕분에 가능하다. 오케스트라와 합창단은 매년 오디션으로 선발한다. 오케스트라 단원 수는 보통 악단의 두 배가 넘고 합창단과 무용단 그리고 엑스트라가 최대 300명까지 동원된다. 그들은 약 6개월 전부터 연습을 하는데 경제적으로 젊은 음악인들과 학생들에게 많은 도움을 받을 수 있는 일이기도 하다. '아레나 디 베로나'에 수용할 수 있는 최대인원은 2만에서 2만 5천 명까지 가능하다. 매일 입장료 수입은 20억 원에 가깝다. 2개월간 열리는 오페라 공연이니 세계 최대의 입장 수입인 셈이다. 전 세계의 오페라 애호가들은 새해가 시작되면 베로나 오페라 축제에 참여하기 위해 예매를 서두른다.

2) 호반에서 펼쳐지는 브레겐츠(Bregenz) 오페라 페스티벌

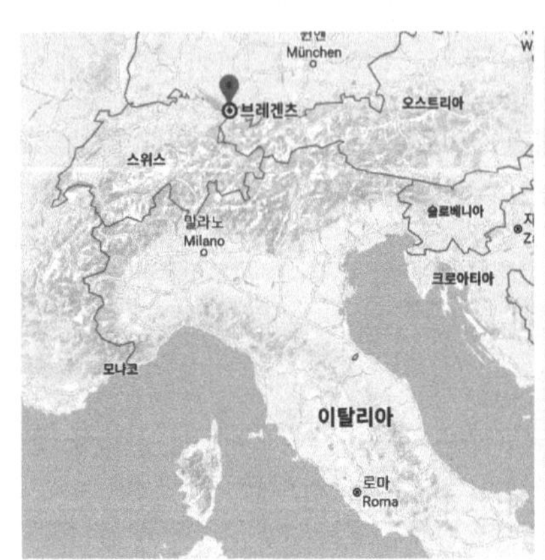

오스트리아 브레겐츠와 오페라 무대장치

여름밤 호수에서 열리는 음악 페스티벌 중에는 중부 유럽의 산악에 있는 보덴 호수에서 열리는 축제가 아름답다. 보덴 호수는 독일, 오스트리아, 스위스 3국이 만나는 국경에 위치한다. 면적 536km², 호면 표고 400m로 빙하기에 형성되었으며, 큰 호수인 오버호(Obersee)와 서쪽의 몇몇 작은 호수로 나뉜다. 라인강 상류의 중요한 발원지 중 한 곳으로, 서쪽으로 흘러나간다. 주변은 산으로 둘러싸여 있으나 이 호수로 인하여 기후가 온화하며, 호수는 한겨울에도 거의 얼지 않는다.

(1) 오스트리아 브레겐츠 오페라 축제

브레겐츠(Bregenz)는 오스트리아 서쪽 국경 지역에 있다. 37만 명의 시민이 거주하는 포어아를베르크(Vorarlberg)주 수도이지만 낭만적인 동화 속 마을처럼 작아서 산책하기 좋다. 좁은 골목마다 갤러리, 서점, 카페들도 많고 전통 식당도 많다. 시내 곳곳에는 특히 이탈리아 오페라와 관련된 상점들이 많아서 이탈리아 작은 마을에 온 것처럼 느껴지기도 한다. 산속의 작은 마을에 있는 현대미술관 쿤스트 하우스도 유명한 관광지이다. 호수가 마주 보이는 곳에 개관한 이 초현대식 건축물에는 전위적인 현대미술전 '월드 비욘드'가 열리는데 페스티벌 기간에는 항상 오스트리아를 비롯한 유럽 전위 작가들의 특별전을 볼 수 있다. 브레겐츠 주위의 아름다운 관광지 중 특히 보덴 호수 주변의 린다우가 가장 두드러진 곳이다. 브레겐츠는 오스트리아이고 린다우는 독일이라 열차를 탈 때 여권을 소지해야 하는 것이 원칙이지만 매일 이웃 마을처럼 오가게 되는 곳이다.

(2) 브레겐츠 페스티벌

브레겐츠에서 매년 여름마다 세계 3위라고 해도 손색이 없는 잘츠부르크, 바이로이트와 비견될 만한 대규모 음악 페스티벌이 펼쳐진다. 세계 최고의 호수 위에서 열리는 브레겐츠 페스티벌은 1945년에 시작되었다. 처음에는 호수에 큰 배를 띄워 갑판 위에서 공연하면 관객들은 호숫가에 앉아서 감상했다. 그 행사가 브레겐츠와 보덴호숫가의 여러 도시를 찾는 휴양객들로부터 커다란 인기를 얻자 주최 측은 1948년부터 호수 위에 무대를 만들었다.

이후 1979년 지금과 같은 현대식 시설을 갖추게 되었다. 호수 무대에 기계식 이동장치와 첨단 음향시설을 갖추고, 이어 1980년에는 페스티벌 하우스가 설립되었다. 그리하여 제대로 된 일반 오페라 하우스보다 한층 거대한 무대에서 엄청난 사운드를 들려주게 된 것이다. 초기 무대를 장식하던 소규모의 오페레타 레퍼토리들은 사라지고 작품성에 역점을 둔 본격적인 오페라가 올려졌다. 브레겐츠는 비록 전자장치를 쓰지만, 그 음향은 참으로 대단해서 무려 300m 밖 호반에 앉아서도 음악을 제대로 감상할 수 있다. 그동안 높은 평가를 받는 작품으로는 1985년 〈투란도트〉, 1991년 비제의 〈카르멘〉, 1994년 〈나부코〉, 1999년 베르디 오페라 〈가면무도회〉, 2002년에 〈라 보엠〉 등이 있다. 브레겐츠에는 호수 위의 오페라만 있는 것은 아니다. 1980년에 개장한 페스티벌 하우스에서는 야외공연과는 별도로 매년 예술적인 가치가 높은 작품이나 현대 오페라도 공연하고 있다. 1948년부터는 해마다 빈 심포니 오케스트라가 오페라 공연의 모든 곡을 연주한다. 잘츠부르크 페스티벌이 빈 필하모닉과 같은 역할을 하는 셈이다. 빈 심포니는 오페라뿐만 아니라 오페라 공연이 없는 날에는 7월 중순부터 8월 중순까지 페스티벌 기간 내내 콘서트를 하루도 쉬지 않고 연주한다.

무대는 호수 가운데 떠 있다. 호수에 '떠 있는 초대형 무대'는 객석과 약간의 거리를 두고 있는데 왼쪽에 긴 다리를 통해서 스태프와 출연자들이 통행한다. 페스티벌 하우스는 오페라가 콘서트, 전시, 회의 등이 열리는 상설공연장으로서 현대식 복합문화공간이다. 이 건물 뒤쪽 호숫가에 호수를 바라보는 4,400석의 큰 계단식 좌석을 만들고 오페라 공연을 올린다. 거대한 무대 세트는 일회적인 설치물이 아니라 견고하게 만들어 시즌이 끝난 이후에는 하나의 조형물처럼 보인다.

3) 세계 최고의 잘츠부르크 음악축제

(1) 잘츠부르크(Salzburg)의 역사와 도시

오스트리아 중서부 지방에 있는 아름다운 도시 잘츠부르크(Salzburg)는 15만 명의 인구로 구성된 음악의 도시다. 빈에서 310km 떨어진 곳이고, 오스트리아 잘츠부르크주의 주도로 로마 시대부터 형성되어 유서가 깊어 1996년 '잘츠부르크 역사지구'가 세계 문화유산으로 등재되었다. 동화 속의 도시처럼 온화하고 고도의 모습을 간직하고 있어 영화 〈사운드 오브 뮤직〉의 촬영지로도 유명하고, 음악가 모차르트(1756~1791)의 출생 도시이기에 더더욱 유명하다.

독일어로 '잘츠'는 '소금'이란 뜻이고 '부르크'는 '성'이란 의미이다. 소금 거래로 번성하던 이 지역에서 예전부터 암염이 많이 생산되었으며 유럽 각지에 판매하던 장소이다. 잘츠부르크에서 빼놓을 수 없는 아름다운 명소 중 하나는 '미라벨 정원'이다. 직사각형의 바로크식 정원으로 이곳에서 바라보는 잘츠부르크 성의 경치는 한 폭의 그림처럼 아름답다. 시내 중앙으로 잘츠부르크의 젖줄인 잘자흐 강이 유유히 흐른다. 구시가는 좁은 반경 내에 밀집되어 있어서 걸어서도 반나절이면 충분히 구경할 수 있다.

잘츠부르크의 랜드마크인 호엔잘츠부르크 성채(Hohensalzburg Fortress)는 1077년 게르하르트 대주교의 명으로 지어졌다. 중앙 유럽에서 가장 크고 보존이 잘 된 요새로서 환상적인 도시 경관을 제공한다. 신성로마제국의 황제와 로마 교황이 주교 선임권을 놓고 싸울 당시 대주교가 독일 남부의 침략에 대비해 세운 성이다. 인근의 웅장한 잘츠부르크 돔(Dom)은 당연히 구시가지의 주요 명소다. 돔 내부에는 모차르트가 세례를 받았던 로마네스크식 세례반도 있다. 그 외에도 대주교의 거주 공간, 군대 막사, 감옥 시설로 이용되었으며 15~16세기 증축, 보수를 거쳐 지금의 성채가 되었다. 한번도 외부의 침략을 받은 적이 없어 원형 그대로 잘 보존되어 있다.

(2) 잘츠부르크 페스티벌의 탄생과 전개

모차르트는 잘츠부르크에서 궁정 음악가의 아들로 태어나 다섯 살 때 피아노 소품을 작곡하였을 정도로 천재였다. 게트라이데 거리(Getreidegasse)에는 그가 태어나 17세까지 살았던 모차르트 생가가 보존되어 있고, 피아노와 바이올린, 자필로 쓴 악보, 편지 등이 전시되어 있다. 그는 열한 살 때부터 오페라를 작곡하였으며, 유명한 오페라 작품도 22편이나 된다. 1870년 〈마술피리〉의 완전한 악보가 발견되었다. 그 후 잘츠부르크 '국제 모차르테움 협회'가 발족하였고, 이것을 모태로 1920년에 세계 최고 음악제의 첫 공연이 오른 것이다.

잘츠부르크에는 모차르트만 있었던 것은 아니다. 세계적인 지휘자 헤르베르트 폰 카라얀의 고향이기도 하다. 카라얀은 1956년부터 잘츠부르크 페스티벌을 맡았으며, 33년간 고향의 음악제를 위해 온갖 노력을 다했다. 1960년 페스티벌 하우스를 새로 개관하였으며, 베를린 필하모니를 참여시켰다. 지금은 빈 필하모닉 오케스트라가 호스트 오케스트라로 참여하여 축제를 빛내주고 있다. 잘츠부르크 중심부에는 카라얀의 공로와 명성을 기념하기 위해 '헤르베르트 폰 카라얀 플라츠'라 불리는 페스티벌 하우스 광장이 있다.

매년 잘츠부르크 대성당 앞 광장에 돔플라츠 가설무대를 설치하고, 개막일 오후 5시에 호프만슈탈(Hofmannsthal, 1874~1929)의 연극 〈예더만〉을 개막함으로써 잘츠부르크 페스티벌의 막이 오른다. 대표적인 공연장은 모차르트 음악원, 주립극장, 대성당, 대축제 극장, 소축제 극장, 여름 승마학교 등이다. 야외무대로는 대성당 앞 광장이 주로 이용된다. 이 페스티벌은 1924년과 1944년 2회를 제외하고는 매년 7월 하순에서 8월 말까지 약 6주간 개최되어 시민뿐만 아니라 세계인들에게 높은 관심을 받았다. 잘츠부르크 페스티벌에서는 모차르트 음악을 비롯한 주옥 같은 작품들이 공연된다. 베를린 필, 빈 필 등 세계적인 필하모닉들이 연주하고 당대를 대표하는 명지휘자들이 음악 애호가들을 사로잡는다.

잘츠부르크에서 가장 비중이 큰 장르는 오페라이지만, 콘서트나 세계적인 솔리스트들의 발표회도 수준이 높다. 잘츠부르크 축제에서 개최되는 오페라는 세계 각지의 젊은 성악가들이 참여하여 세계무대에 선을 보이는 중요한 기회를 얻을 수 있는 공연이다. 이 무대를 통해 소프라노 가수 조수미도 세계 팬들에게 이름을 알렸다. 연출가 마틴 쿠세이가 올린 모차르트 〈돈 조반니〉에서는 모든 여성 출연자들의 란제리 의상 그리고 데이비드 폰티니가 연출한 미완성작 푸치니의 〈투란도트〉 등이 주목할 만한 무대였다. 특히 폰트니의 연출은 푸치니가 '투란도트'를 완성하지 못하고 사망하여 나머지 부분을 이탈리아 작곡가 루차노 베리오가 다시 작곡한 부분을 가지고 새로운 〈투란도트〉를 무대에 올린 것이다. 공연된 작품은 푸치니의 후배 프랑코 알파노가 완성한 것보다 베리오의 악보와 완벽한 조화를 이루었다.

잘츠부르크 페스티벌은 유럽에서 가장 많은 후원금을 받는 축제 중 하나이다. 후원금은 축제 예산의 14%를 차지하는데 여기에는 개인기부금, 기업의 협찬금, '축제의 친구들'이 내는 후원금 등이 주를 이룬다. 기업으로는 세계적으로 잘 알려진 네슬레, 아우디, 지멘스 등의 회사가 협찬한다. 보조금은 축제 예산의 26%를 차지하는데 이 중 40%는 연방정부가, 나머지는 주 정부와 시 정부가 각각 20%, 그리고 잘츠부르크 관광 진흥기금에서 20%를 지원한다. 잘츠부르크 축제가 오스트리아 경제에 미치는 파급 효과는 매년 약 2,100억 원에 달한다고 한다. 잘츠부르크 페스티벌 기간에는 93%의 좌석 점유율을 자랑하며, 축제 기간에 20여만 명의 공연 관람객이 방문한다. 온라인 판매 오픈은 11월 중이지만 인기 있는 공연은 적어도 6개월 전에 예매하지 않으면 금방 마감되기에 표 구하기가 만만치가 않다.

4) 유럽 최고의 EDM(Electronic Dance Music), 투머로우랜드

◀ 투모로우랜드(Tomorrowland)가 열리는 벨기에 붐(Boom)
▶ 세계 최대의 전자댄스뮤직페스티벌(Electronic Dance Music), 투모로우랜드

투모로우랜드(Tomorrowland)는 벨기에서 열리는 세계 최대의 전자 댄스뮤직 페스티벌(Electronic Dance Music)이다. 투모로우랜드가 열리는 붐(Boom)은 벨기에 수도인 브뤼셀에서 35km 떨어진 인구 2만여 명의 작은 도시다. 2005년부터 시작해 매년 최정상급부터 신인 DJ들까지도 참여하는 붐(Boom)이란 마을의 대형공원은 매년 40만 명 이상이 몰리

는 댄스뮤직의 성지 같은 곳이다. 페스티벌의 주제는 해마다 다르며, 그 주제에 따라서 스테이지의 구성이나 배경이 바뀌어 매번 신선한 느낌을 받을 수 있다. 행사 안내도에는 16개의 다양한 스테이지가 설치되었다. 투머로우랜드는 기본적으로 동화의 나라를 콘셉트로 한다. 투머로우랜드는 매해 색다른 스토리를 구성하고 이를 멋진 애니메이션이나 연기로 보여주며 동화의 나라로 관객들을 인도한다. 가장 관심을 받는 메인 스테이지는 해마다 스토리에 맞춰 모습을 바꿔가고, 페스티벌 당일까지 비밀로 유지되고 있던 스테이지의 모습이 현장에서 드러나는 순간 관객은 감탄을 금치 못하게 된다. 게다가 아름다운 페스티벌 현장 주변의 자연환경과 페스티벌 곳곳에 설치된 장치들, 분장한 스태프도 동화의 나라를 멋지게 안내한다. 아름답고 비현실적인 동화의 세계 같은 순수한 마음은 바로 투머로우랜드에 모인 관객들의 마음이다.

보통의 댄스뮤직 페스티벌의 트레일러가 아티스트의 라인업이나 하늘을 향해 손을 뻗은 관객들, 즐겁게 웃고 있는 사람들, 열정적인 퍼포먼스를 보여주는 아티스트의 모습을 담는다. 이에 반해 댄스뮤직 페스티벌은 기본적으로 DJ Set를 중심으로 운영된다. CDJ와 믹서를 설치하고 공연하는 모습은 우리가 가장 일반적으로 생각하는 DJ의 모습이다. 댄스뮤직 페스티벌은 이러한 DJ Set 위주로 구성되어 있어서 락 페스티벌 등의 페스티벌과 비교했을 때 상대적으로 스테이지 운영이 쉽다. 락 페스티벌에서는 한 아티스트의 무대가 끝나면 사운드 체크, 프로덕션 교체 등 적어도 약 2~30분 정도의 준비 시간이 필요한 데 비해, 댄스뮤직 페스티벌은 한 아티스트의 무대가 끝나면 바로 다음 아티스트가 올라와 음악을 계속해서 이어갈 수 있다. 투머로우랜드의 환상적인 분위기는 세계 최고의 댄스뮤직 아티스트의 무대와 함께 더욱 완벽해진다. 그동안 세계 최고의 뮤지션들인 Kaskade, Krewella, Armin Van Buuren, Afrojack, R3hab, Nervo, Dimitri Vegas & Like Mike, Eric Prydz, Knife Party, Laidback Luke, Dyro, Sunnery James & Ryan Marciano, Chuckie, Hardwell, Tiesto 등이 투머로우랜드의 공연을 통해 동화 나라의 마법과도 같은 경험을 전자댄스음악에 심취한 모든 이들에게 꿈을 선사한다.

2013년에는 단 1초 만에 모든 티켓이 매진되어 티케팅만으로도 이름을 알렸다. 매년 일순간에 티켓이 매진되었으며 참여를 요구하고 구매하기를 원하는 댄스뮤직 팬들로 넘쳐나고 있다. 전 세계 92개 국가에서 18만 명이 넘는 관객이 모여들었다. 세계 최고의 페스티벌 〈Tomorrowland〉는 콘셉트와 디자인의 완벽한 조화를 보여준다. '인터내셔널 댄스뮤직 어워즈(International Dance Music Awards)'에서 '최고의 페스티벌' 부문에 2012년부터 2014년까지 3년 연속 수상한 〈Tomorrowland〉는 벨기에가 자랑하는 세계 최고의 페스티벌이다. 『Viagogo』의 분석에 따르면 〈Tomorrowland〉의 1주 차 페스티벌이 끝나고 2주 차 티켓에 대한 수요가 317%나 증가하였다고 한다. 『Viagogo』는 〈Tomorrowland〉가 〈Coachella〉, 〈Stereosonic〉 등을 제치고 최고의 티켓 수요를 가진 페스티벌이라 분석하였다. 'ID&T'사가 주최하는 〈Tomorrowland〉는 지난해 미국에 진출하여 'Tomorrow-world'라는 이름으로 페스티벌을 수출하였다. 2015년에 또 하나의 대륙인 브라질의 상파울루 페스티벌을 진출시켰다.

투모로우랜드 페스티벌은 7월 말에 두 번의 축제를 연다. 브뤼셀에서 떨어진 작은 마을에서 열리고 호텔이 부족한 이유로 숙박은 텐트촌으로 대신한다. 드림빌(DreamVille)이라는 텐트촌에서는 최대 4박 5일의 축제 현장을 즐길 수 있다. 입장권과 텐트를 제공해주는 패키지 티켓으로 구매가 가능하다. 야영장의 규모가 크기에 색다른 페스티벌의 즐거움도 추가로 즐길 수 있다. 물론 푸드존이 있어 다양한 음식을 먹을 수도 있지만, 개인이 즐길 먹거리와 간단한 캠핑 도구와 개인 장비는 미리 준비하는 것이 좋다. 행사장 내 모든 결제는 입장하면서 채워지는 '팔찌'를 계산대에 대면 쉽게 해결할 수 있다. 참고로 투머로우랜드에서는 '펄(Perls)'이란 화폐단위를 쓴다.

유럽에서 열리는 세계적으로 유명한 댄스음악 페스티벌(EDM) 크로아티아의 'Ultra Europe'은 아름다운 해변을 배경으로 'Poljud 스타디움'에서 슈퍼스타들이 총출동한 화려한 축제를 보여준다. 또한, 스페인 바르셀로나에서 열리는 '소나르(Sonar) 페스티벌', 세르비아의 '엑싯(Exit) 페스티벌', 헝가리의 '시겟(Sziget) 페스티벌' 등도 유명하다. 한국은 아시아 최초로 'Ultra Music Festival'을 가져온 국가이다. 'Ultra'는 한국을 기점으로 일본으로 뻗어나갔고 앞으로 계속 확장해 나갈 계획이다. 또한, 'Global Gathering'도 한국에서 6년 차를 맞이하고 있다. 이미 성공적으로 해외 페스티벌을 개최하고 있는 한국은 〈Tomorrowland〉의 아시아 베이스캠프로 선정될 수도 있을 것이다. 또한, 〈Tomorrow-land〉를 주최하는 'ID&T'사의 관계자가 여러 번 한국을 방문했다는 사실도 〈Tomorrow-land Korea〉를 기대하게 만든다.

3 최고의 음악여행지, 나폴리와 주변 도시들

1) 독창적인 민요의 도시, 나폴리

예로부터 감정 표현이 솔직하고 활달한 이탈리아 남부 사람들은 그들의 노래 칸초네(canzone) 부르기를 즐긴다. 특히 나폴리를 포함한 이탈리아 남부지방은 그들만의 애향심으로 표현된 독창적인 민요가 많다. 나폴리의 악기 만돌린으로 연주하고 불러야 제맛이 나는 칸초네다. 나폴리 방언으로 부르는 노래 '나폴레타나(napoletana)'의 대표곡으로는 〈오 솔레 미오〉와 〈먼 산타루치아〉 그리고 〈돌아오라 소렌토로〉♬가 대중적으로 애창되는 짧고 경쾌한 곡이다. 애수가 담긴 나폴레타나는 그들의 추억을 포함하는 시대적 의미 또한 적지 않은데 노래 대부분이 고향을 떠난 사람들이 이국에서 이상향을 그리는 향수 어린 망향 곡이다. 이 곡들은 활달하고 감미로운 멜로디로 한국에는 물론 전 세계에 잘 알려져 있다.

나폴리 민요가 전 세계에 알려진 것은 1744년 이후 나폴리에서 매년 개최되는 민요제 때문이다. 이는 이 지방 어부들이 제례(祭禮)에 노래를 바치던 의식이 그 시초라고 하는데 메르겔리나 역 앞 피에디그로타 언덕 광장의 산타마리아 피에디그로타 교회에서 매년 9월에 열리는 민요제가 가장 유명하다. 루이지 덴차(Luigi Denza)의 〈푸니쿨리 푸니쿨라〉(1880), 에드아르도 디 카푸아(Eduardo di Capua)의 〈오 솔레 미오〉(1898), 쿠르티스(Ernesto de Curtis)의 〈돌아오라 소렌토로〉(1902)와 〈머나먼 산타루치아〉(1919), 가르딜로(Salvatore Gardillo)의 〈무정한 마음(가타리 가타리)〉(1908) 등이 이 민요제가 낳은 대표곡들이다. 이 외에도 1953년부터는 나폴리 민요협회 주최의 '나폴리 가요제'가 매년 6월 초에 개최되는데, 이 행사는 작곡을 중심으로 입선작은 이탈리아 방송협회(RAI)에 의해 전국에 소개된다. 이외에도 이탈리아 북서부에서 1951년에 시작된 산레모 가요제도 유명하다.

2) <돌아오라 소렌토로>: 노래로 그리는 소렌토

"보세요, 바다는 얼마나 아름다운가요. 거기에는 많은 감성이 감돌고 있네요. 그것은 마치 당신의 부드러운 소리처럼 내게 꿈을 꾸게 합니다. 나는 느끼네요, 정원에서 피어

오르는 오렌지의 향기를. 사랑에 두근거리는 마음에 그 향기는 비할 데가 없지요. 당신은 말해요. '나는 떠납니다. 안녕히'라고. 당신은 내 마음의 사랑을 이 땅에 남긴 채 멀어져만 가는가요. 하지만 나에게서 달아나지 말아줘요. 나를 더는 괴롭히지 말아 주세요. 소렌토로, 돌아와요. 내 마음을 아프게 하지 마세요."(Torna a Surriento)

나폴리에서 1시간 정도 떨어진 소렌토에서 불리는 나폴리 민요 〈돌아오라 소렌토로〉는 1902년의 피에디그로타 가요제에서 발표된 곡이다. 시인이며 화가였던 잠바티스타 쿠르티스(Giambattista de Curtis)가 작사를, 작곡은 27세였던 그의 동생 에르네스토 데 쿠르티스(Ernesto de Curtis)가 했다. 형은 당시 이 호텔의 주인이던 트라몬타노의 초청으로 호텔을 장식해 주기 위해 1891년 이곳에 왔고, 그 후 매년 6개월 정도 이 호텔에 머물면서 그림을 그렸다. 지금도 비토리오 베네토 거리에 있는 Grand Hotel of Guglielmo Tramontano' 입구 안내판에는 "괴테, 바이런, 키츠, 셸리, 스콧, 라마르틴, 롱펠로 등이 머물렀고, 스토 부인이 〈소렌토의 아그네스〉의 영감을 얻었으며, 입센이 6개월간 머물면서 〈유령〉을 쓰기도 했다. 그리고 잠바티스타 쿠르티스(Giambattista de Curtis, 1860~1926)가 노래 〈돌아오라 소렌토로〉를 이 호텔 테라스에서 작곡했다."라고 적혀 있다.

소렌토는 만을 사이에 둔 나폴리 반도의 항구로 나폴리어로 '수리엔토'라고 한다. 소렌토는 경치 좋은 관광지로 알려져 있는데, 노래 〈돌아오라 소렌토로〉는 소렌토 풍경의 아름다움을 찬양하면서 떠나가는 연인에게 "잊지 못할 이곳에서 기다리고 있나니 곧 돌아오라"라고 간절하게 호소하고 있다. 쿠르티스 형제는 이후에도 공동으로 〈머나먼 산타루치아〉, 〈아 프리마보타〉 등 많은 곡을 만들어 명성을 떨쳤다. 소렌토 역 가까이에 잠바티스타의 흉상이 있고 맞은편에는 〈돌아오라 소렌토로〉의 비석이 서 있으며, 나폴리의 산타마리아 안테세쿨라 가에 두 형제의 생가 기념관이 있다.

〈돌아오라 소렌토로〉에 관한 재밌는 에피소드가 있다. 1900년대 초 바질리카타 지방은 오랜 가뭄으로 인해 큰 피해를 보고 있었는데 1902년 9월 15일 이탈리아 수상 차나르델 리가 재해 현장을 순방하는 길에 소렌토의 임페리얼 호텔에 묵게 되었다. 소렌토 시장을 역임하고 있던 호텔 주인 트라몬타노는 수상에게 우체국을 하나 세워줄 것을 청원했다. 수상은 더 급한 일도 있는데 무슨 우체국이냐면서 역정을 냈지만 결국에는 그의 청원을 받아들였다. 트라몬타노는 이때 쿠르티스 형제를 불러 수상이 우체국을 건립하겠다는 약속을 이행하도록 노래를 만들 것을 부탁했다. 형제는 호텔 발코니에서 소렌토의 바다를 바라보며 3시간이란 짧은 시간에 형은 작사, 동생은 작곡하여 노래를 완성했고 수상이 소렌토를 떠날 때 부르게 했다고 한다. 소렌토의 아름다운 풍광과 오렌지 향기 가득한 소렌토로 다시 돌아오라는 떠나는 이를 부르는 가사다. 수상의 체류를 기념하고 당시 76세이던 수상이 생전에 아름다운 이곳에 다시 찾아오기를 기원한 노래였다. 그 후 감미롭고 애절한 이 노래가 나폴리의 가요제에 첫선을 보였고 세계적인 노래가 된 것이다. 약속대로 우체국이 세워졌고 노래는 유명해졌지만 차나르델리 수상은 소렌토를 재방문하지 못한 채 세상을 떠났다고 한다.

3) 나의 태양, 오 솔레 미오(O Sole Mio)

"오 맑은 햇빛, 너 참 아름답다. 폭풍우 지난 후 너 더욱 찬란해. 시원한 바람 솔 솔 불어올 때, 하늘에 밝은 해는 비친다. 나의 몸에는 사랑스러운 나의 태양이 비친다. 나의 태양, 찬란하게 비친다."(O Sole Mio)

모르는 사람이 없을 정도로 유명한 세계적인 칸초네 나폴레타나 〈오 솔레 미오〉는 조반니 카푸로(Giovanni Capurro) 작사, 에두아르도 디 카푸아(Eduardo di Capua) 작곡으로

1898년 나폴리 '피에디그로타 음악제'에서 우승했던 곡이다. 가사는 카푸로가 러시아에 1년 동안 체류하면서 나폴리의 밝은 태양이 그리워 쓴 것으로 사랑하는 이의 눈동자를 태양에 비유한 내용이다. 이후 테너 카루소에 의해 이탈리아 국민노래로 자리 잡았는데 아름다운 목소리를 지녔던 카루소는 음악을 통해 나폴리를 이탈리아 최고의 도시로 만든 셈이다. 남성 발라드곡인 〈오 솔레 미오〉를 나폴리의 노래로 남긴 카루소는 나폴리의 위대한 영웅이 되었고 오페라와 대중가요의 거리를 좁혔다는 평가를 남겼다. 참고로 'O Sole Mio'의 '오'는 감탄사가 아니라 나폴리 원어의 관사이다.

또한, 1920년 앤트워프 올림픽에서 이탈리아 국가 대신, 이 노래가 연주될 정도로 사랑을 받았다. 유명한 성악가라면 대부분 이 노래를 녹음했으며, 파바로티는 〈오 솔레 미오〉♬로 1908년 그래미상을 받았다. 엘비스 프레슬리는 〈It's Now or Never〉로 리메이크해서 불러 음반 1,000만 장을 판매하기도 했다. 이제 누구든 바다로 나가 밝은 태양을 맞이하면 저절로 입에서 나오는 세계적인 애창곡이 된 〈오 솔레 미오〉는 나폴리를 낭만적인 도시로 만든 훌륭한 홍보대사가 된 것이다.

<오 솔레미오(O Sole Mio)>, 이탈리아 테너 가수 Placido Domingo 노래, Because You're Mine 앨범

<푸니쿨리 푸니쿨라>, 이탈리아 테너 가수 Mario Lanza(with Lyrics) 노래, BMI - Broadcast Music Inc.

4) 관광객을 불러 모으던 노래 '푸니쿨리 푸니쿨라'

이탈리아 나폴리 인근에는 AD 79년에 화산이 폭발해 10km 정도 떨어진 폼페이(Pompeii)를 한순간에 잿더미로 만들어버린 1,281m의 베수비오 산(Monte Vesuvio)이 있다. 멀리서 보면 부드러운 두 개의 봉우리가 아름답지만 1973년과 1979년 화산폭발 이후에도 계속 증기를 뿜어내는 분화구를 가진 활화산으로 언제 다시 터질지 모르는 위험을 안고 있다. 1845년 세계 최초의 화산 관측소가 설립되었던 역사적인 장소이며 현재 분화구는 지름이 500m, 깊이는 250m로 아직도 군데군데에서 유황 가스를 뿜어내고 있다.

그런데 당시 영국의 관광 사업가였던 토마스 쿡(Thomas Cook, 1808~1892)이라는 사람이 베수비오 화산 정상까지 케이블카를 설치하고 개통은 했는데 막상 사람들은 선 하나에 매달려 위험하고 무서운 활화산으로 끌려 올라가는 등산전차의 안전을 신뢰하지 못했다. 엄청난 사업투자금과 성공의 꿈이 사라질 위기에 놓였던 그는 대안으로 노래를 만들어 사람들의 입에 오르내리는 방법을 선택했다. 화산을 오를 때의 두려움을 경쾌한 노래로 잊게 만들면 누구나 편안한 마음으로 올 것이라고 믿은 것이다. 드디어 적극적인 홍보와 노래를 통해 케이블카는 친숙한 관광 전차로 변신했고, 노래를 즐겨 부르던 사람들이 기꺼이 등산전차를 타려는 심적 부담을 떨치고 용기를 내면서 관광 사업은 크게 성공하게 되었다.

그래서 만들어진 곡이 바로 〈푸니쿨리 푸니쿨라(Funiculi Funicula)〉♬다. 이탈리아어로 케이블카라는 뜻이 있는 '푸니콜라레(Funicolare)'를 어원으로 나폴리 지역 사투리와 줄임말을 결합하여 '케이블카 타고'라는 뜻의 감탄사적 표현이 제목이 되었다. 1880년 6월 6일 나폴리 베수비오 등산전차가 개통된 날 밤에 축하의 노래로 작곡되었으며, 그해 페디그로타의 가곡제에서 발표된 이후 세계적인 사랑을 받고 있다. 작사자는 당시의 나폴리 신문 기자로서 명성이 있던 주제페 투르고, 작곡은 루이지 덴차(Luigi Denza)가 했다. 타란텔라(6/8박자) 리듬의 춤곡으로 약동하는 듯한 반주의 리듬이 즐거운 등산의 느낌을 준다. 나폴리에서 12km 떨어진 베수비오 산은 활화산으로도 유명하지만 〈푸니쿨리 푸니쿨라〉 노래로 더 알려진 곳이 되었다.

'무서운 불을 뿜는 저기 저 산에 올라가자. 그곳은 지옥같이 무서운 곳 무서워라. 산으로 올라가는 전차 타고 모두가 올라가네. 떠오르는 저 연기, 오라고 손짓을 하네. 얌모, 얌모(가자, 가자), 놉파 얌모 야. 푸니쿨리 푸니쿨라…'라고 비속어처럼 부르던 이 케이블카는 지각이 불안정하다는 이유로 1943년에 철거하게 되었지만, 더는 존재하지 않는 이곳의 케이블카를 알리는 노래는 여전히 세계적인 인기를 끌며 불리고 있다. 지금은 미니밴이나 버스 그리고 몬스터 트럭 버스로 갈아타고 매표소 도착 후 도보로 정상까지 올라간다.

4 유럽에서 만나는 클래식 여행

1) 클로드 드뷔시

프랑스의 대표적인 음악가 클로드 드뷔시(1862~1918)의 고향. 파리 근교 북서쪽 20km 떨어진 생제르맹-앙-레(Saint-Germain-en-Laye)는 드뷔시의 고향이다. 1862년 그릇 가게를 운영하던 부모님의 5남매 중 장남으로 태어나 2년간 살았던 곳이다. 드뷔시는 프랑스 인상주의 화가처럼 자연에서 느끼는 감정과 표현을 구현한 음악으로 평가받는 인상주의 음악의 창시자이다. 드뷔시 생가는 1923년 드뷔시 기념회에서 보존하여 여행자들에게 공개하고 있다. 내부에는 드뷔시의 초안, 악보 등의 기록물이 남아 있다. 〈바다〉의 작품에 영감을 준 일본 판화 작가 가츠시카 호쿠사이의 〈가나가와 해변의 높은 파도 아래〉라는 작품이 걸려 있다. 생제르맹 시내 중심가 아주 작은 4층 건물로 밀집된 상가에 있다. 파리 샹젤리제 거리에서 개선문을 바라보고 개선문 뒤 왼쪽 아파트 24번지에 그가 살다 생을 마감한 아파트도 만나볼 수 있다. 그는 52세에 암에 걸려 일찍 생을 마감하였다.

2) 폴란드 바르샤바의 프레데릭 프랑수아 쇼팽 그리고 파리

프레데릭 프랑수아 쇼팽은 1810년 3월 1일에 폴란드 바르샤바 근교의 젤라조바 볼라에서 태어났다. 쇼팽은 4세 때부터 피아노를 배우기 시작했다. 1829년 빈에서 피아노 독주회를 열었는데 주위 사람들을 놀라게 할 정도로 찬사를 받았다. 빈에서 돌아와 1830년 11월 2일 20세 때 쇼팽은 바르샤바를 떠나 빈으로 가게 되는데, 그 후 다시는 고국 폴란드의 땅을 밟지 않게 되리라고는 아무도 상상하지 못했다. 폴란드와 러시아 사이에 전쟁이 일어났는데, 폴란드인들을 배척하던 상황으로 쇼팽은 고독과 실망 속에서 빈에 혼자 남게 되었다.

쇼팽은 잠시 체류 중이던 빈을 떠나 1831년 9월에 꽃의 도시 파리에 도착했다. 그의 몸속에 흐르는 피의 절반은 프랑스가 조국인 아버지 니콜라스에게서 온 것이다. 그래서 파리는 쇼팽에게 제2의 고향이라 여겨졌다. 1836년 26세 때의 겨울, 쇼팽은 유명한 피아니스트이자 작곡가인 리스트의 소개로 조르주 상드를 만났다. 그녀는 건강이 좋지 않았던 쇼팽과 9년 동안 결혼하지 않은 채로 함께 살다가 헤어졌다. 그의 작품 중에서 가장 뛰어난 것들이 이 시기에 태어났다.

1848년 영국과 스코틀랜드로 연주 여행을 떠났다가 건강이 악화되어 그해 1848년 11월 말에 파리로 돌아오게 되었다. 결국, 1849년 10월 17일 새벽 2시에 39세의 나이로 쇼팽은 세상을 떠났다. 그는 페르 라셰즈 묘지에 영원히 잠들었다. 20년 전 그가 바르샤바를 떠날 때 친구들이 주었던 조국 폴란드의 흙 한 줌이 그의 유해에 뿌려졌다. 그리고 그의 유언대로 심장만은 조국 폴란드에 보내져서 바르샤바의 성 십자가 교회 안에 안치되었다. 쇼팽을 기리기 위해, 1927년에 시작되어 1955년부터 5년에 한 번씩 열리는 '쇼팽 국제 피아노 콩쿠르'에서 2015년 조성진이 한국 최초로 1등을 차지했다. 임동혁, 임동민 형제는 2005년 2위 없는 공동 3위를 차지하기도 했다.

3) 슈만과 클라라의 사랑 그리고 브람스

슈만과 클라라의 사랑은 세인들에게 유명하다. 슈만은 그의 스승 비크 교수의 딸인 클라라와 사랑에 빠진다. 스승의 반대가 심했지만, 재판이라는 우여곡절 끝에 결혼을 성사시켰다. 슈만은 신혼 첫해 당시에 유명한 피아니스트이며 작곡가인 아내 클라라의 사랑과 내조로 140곡이 넘는 아름다운 가곡을 발표한다. 특히 클라라를 위한 〈미르테르의 꽃〉 ♬은 사랑 가득한 노래로 유명하다. 그러나 16년간의 결혼생활은 46살에 슈만의 사망으로 끝이 난다. 37살의 클라라는 7남매를 데리고 홀로 연주 활동과 슈만의 악보를 정리하며 남은 생을 살았다고 전해진다. 그녀의 주변에는 물심양면으로 돕던 음악가 브람스가 있었다.

슈만

클라라를 위한 <미르테르의 꽃>, 피아노-김정원, 베이스-길병민, MBC 21. 01. 16. 방송, 2분 25초

브람스

<피아노 협주곡 2악장> 피아노-김정원, 12분 58초

브람스는 20대에 작곡한 악보를 들고 슈만을 찾아간다. 슈만은 그의 재능에 감탄하여 제자로 삼고 음악계에 소개한다. 이때 브람스는 14살 연상인 슈만의 부인에게 연정을 품었다. 갑작스러운 슈만의 사망 후 홀로 7남매를 키워야 하는 그녀의 평생 후견인이 된다. 브람스의 〈피아노 협주곡 2악장〉♬은 '클라라에게 바치는 나의 마음'이라고 전해지는 곡이다. 그녀가 사망한 후 슈만과 합장하는 장례식에 참석한 후 1년 뒤 세상을 떠난다. 브람스는 14살 연상의 클라라를 흠모하며 평생 독신으로 살았다.

슈만, 클라라, 브람스의 젊은 시절

4) 바그너, 음악극의 창시자

독일의 오페라음악가 리하르트 바그너(1813~1883)는 라이프치히에서 태어났다. 독일 낭만주의 오페라의 전성시대를 열었으며, '음악극'이라는 새로운 장르인 자기만의 독창적인 오페라를 작곡했다. 예로부터 전해 내려오는 신화와 전설을 바탕으로 자기가 직접 대본을 써서 만든 오페라 대본이었다. 유명한 작품으로는 〈로엔그린〉, 〈탄호이저〉, 〈트리스탄과 이졸데〉, 〈발퀴레〉 등 10편이 명작으로 손꼽힌다. 유명한 결혼행진곡은 바그너 오페라 〈로엔그린〉에서 울려 퍼지는 합창곡이다. 〈니벨룽겐의 반지〉는 13시간짜리 4부작으로 나흘 동안 연속으로 관람하는 오페라이다. 바그너는 본인의 작품만을 공연하는 바이로이트 축제만을 위한 전용 공연장인 바이로이트 '페스트슈필하우스'를 건립했다.

바그너가 직접 건설한 유명한 축제극장을 보기 위해선 독일 남동쪽에 있는 바그너 오페라의 요람 바이로이트로 가야 한다. 인구 6만 명쯤 되는 작은 도시로 시내 곳곳에 바그너의 휘장이 나부끼고 있어 이곳 시민들의 바그너에 대한 자부심이 대단함을 느낄 수 있다. 축제극장을 설계하고 직접 건설할 수 있었던 것은 당시 왕으로 있던 루트비히 2세의 적극적인 성원과 배려로 가능했다. 바그너는 자신이 만든 축제극장에서 죽을 때까지 7년간 자신의 작품을 직접 지휘를 하는 호사를 누렸다. 바그너는 바이로이트 시내 멋진 장소에 꿈과 몽환의 집 '반프리트'라고 명명한 호화저택에서 살았다. 그의 묘지는 부인과 함께 저택 정원 뒤에 묻혔다.

5) 독일 음악의 도시, 라이프치히

출처 : 두산백과 / 위키백과

◀ **라이프치히 성 토마스교회, 내부에 바흐의 묘가 있다.**
▶ **바흐**

클래식 음악사에서 손꼽히는 바흐, 슈만, 멘델스존 등 유명한 음악가들이 활약했던 독일의 음악 도시 라이프치히에 '성 토마스교회'*가 있다. 음악의 아버지라고 불리는 요한 세바스찬 바흐*와 멘델스존도 이 교회에서 음악감독으로 봉직했던 곳이다. 바흐가 30년간 그의 주옥 같은 음악들을 성 토마스교회에 근무하면서 작곡한 장소였다.

성 토마스교회는 1496년에 세워졌는데 지금도 설립 당시 옛 모습을 그대로 간직하고 있으며, 교회 내부에는 바흐의 묘지도 있다. 멘델스존은 바흐가 죽은 후 이곳에서 12년간 음악감독으로 활약하던 중 사라진 바흐의 악보를 찾아내어 세상에 발표한다. 이 곡은 유명한 바흐의 성악곡 오라토리오 〈마태 수난곡〉♬이다. 교회 뒤편 정원에는 성 토마스교회를 빛낸 음악가 멘델스존의 동상도 세워져 있다.

라이프치히에는 슈만과 클라라의 신혼 아파트와 멘델스존이 12년간 살다가 떠난 그의 아파트가 남아 있다. 천재 음악가 멘델스존은 38살에 갑자기 뇌졸중으로 사망한다. 멘델스존 기념관에는 그가 사용했던 피아노, 연주회장이 남아 있다. 멘델스존의 집 건너편에는 그가 12년간 상임 지휘자로 봉직했으며 세계 오케스트라 극장으로는 가장 오래된 '게반트 하우스극장'과 오케스트라도 남아 있고 공연도 볼 수 있는 곳이다.

바흐

<마태 수난곡> 중 베드로의 아리아 '저를 불쌍히 여기소서', 6분 23초

바흐

<G선상의 아리아> HAUSER performing Air, Museum of Fine Arts, Budapest, 5분 08초

6) 음악의 수도, 오스트리아 빈

출처 : 오스트리아 관광청

150년 전통을 자랑하는 국립 오페라 극장

가장 살기 좋은 곳으로 평가를 받은 오스트리아 빈에는 모차르트, 베토벤, 슈베르트, 브람스 등의 음악가들이 탄생하고 활동하고 떠난 아름다운 음악의 도시다. 빈에는 최고의 음악 홀로 손꼽히는 '무지크 페라인 황금홀'이 있다. 빈 필하모닉만을 위한 연중 공연장으로, '음악 친구들'이라는 뜻의 '무지크 페라인'은 음악사적으로 유명한 오케스트라, 지휘자, 가수 등 이루 헤아릴 수 없이 많은 음악가가 출연하고 인정받았던 공연장으로도 유명하다. 1870년 완공된 '무지크 페라인'은 음악가 요하네스 브람스가 초대 회장으로 취임했으며 당시 피아니스트로 유명했던 작곡가 슈만의 부인 클라라 슈만이 개관 기념으로 첫 공연을 했다. '무지크 페라인'의 황금홀 내부는 전부 목재로 되어 있으며 1,700석의 대공연장인 황금 홀과 브람스 홀 등 7개의 소극장을 갖추고 1년 내내 유명한 연주자들의 공연이 이어지고 있다. 음악의 도시 빈에는 '무지크 페라인'과 세계 3대 '국립 오페라 극장' 그리고 '빈 콘체르토 하우스'가 있다. 국립 오페라 극장에서는 날씨가 온화한 4월에서 6월까지 실시간으로 LED 생중계를 시민에게 제공한다. 그리고 빈의 유명한 관광지이자 음악회가 열리는 '쇤부른 궁전'은 1786년에 모차르트와 살리에리가 경합을 펼쳤던 장소로도 유명한 곳이다. 빈에 있는 슈테판 대성당은 모차르트가 결혼한 곳이며, 장례를 치른 곳이기도 하다.

1862년에 조성된 영국식 정원으로 빈 중심가에 있는 '시립공원(Stadtpark)'에는 이들 음악가뿐 아니라 오스트리아 출신의 슈베르트와 브루크너의 기념상도 볼 수 있다. 브루크너는 오스트리아의 작은 시골 마을 플로리안 성당에서 30년간 봉직하였다. 또한 짐머링 지역에는 바이올린을 연주하는 요한 슈트라우스 2세의 황금 동도 볼 수 있으며, 1874년에 조성한 중앙묘지(Wiener Zentralfriedhof)는 너무 넓어 순환 버스가 운영될 정도다. 음악가 명예묘역에 안장된 음악가는 베토벤, 브람스, 살리에리, 쇤베르크, 슈베르트, 요한 슈트라우스 가족묘역이 있다. 특히 32A 구역 모차르트 서거 100주년 기념비[1]를 중심으로 그의 곁에 묻히고 싶다는 유언을 남긴 슈베르트와 베토벤이 곁에 안장되어 있다. 빈에는 1797년 슈베르트가 태어난 집과 1828년 마지막으로 살던 집[2]도 있다. 왈츠의 황제 요한 슈트라우스가 1863~1870년에 살았던 집이 있으며, 이곳에서 〈아름답고 푸른 도나우〉가 완성되었다. 이외에도 요한 슈트라우스의 생가, 마지막으로 살던 집, 오페라 〈박쥐〉를 작곡한 집 등을 보존하고 있다. 현대음악의 선구자인 쇤베르크를 위해서 1998년에 쇤베르그 재단이 개관한 '아놀드 쇤베르크 센터'도 방문할 수 있다.

1 모차르트는 1791년 12월 6일 서른다섯의 나이로 요절한 후 빈 외곽의 성 마르크스 묘지에 묻혔다. 그의 죽음의 원인은 미스터리로 남아 있다. 그러나 현재 모차르트 시신이 매장된 무덤은 찾을 길이 없다. 장례식에는 살리에리와 모차르트의 친척들을 포함한 일부만이 참석했다. 18세기 당시에는 흑사병 등 여러 전염병으로 시신은 급히 처리되었으며, 유족들도 성 밖 무덤까지 따르지 못하도록 하였다. 모차르트의 부인 콘스탄체마저도 그의 묘지를 17년 동안 찾지 않아 어디에 묻혔는지 모른다. 추정되는 곳에 기념비가 세워진 것이다.

2 생가는 빈, 9구 누스도르퍼 슈트라세(Nussdorfer Strasse) 54번지에 있다. 세상을 떠난 집은 4구 케텐브뤼켄가세(Kettenbrueckengasse) 6번지에 있다. 항상 개방하는 곳은 관람 시간이 정해져 있다.

7) 교향곡의 거목, 요제프 하이든

하이든은 102곡의 교향곡♬을 작곡하여 교향곡의 선두주자로 불린다. 프란츠 요제프 하이든(1732~1809)*은 고향 '로라우'를 떠나 8세부터 빈 중심에 있는 슈테판 성당에서 성가대원으로 활동하고, 29세에 에스터 하지 궁정 악장으로 30년간 재임한다. 말년에는 14년 동안 빈에서 보냈는데, 서부역 가까이에 '하이든 기념관'이 있다. 30년간 에스터 하지 악장으로 보낸 후 1791년 아이젠슈타트를 떠나 3년간 머물던 영국에서 이곳으로 귀국하여 1795년부터 77세에 임종할 때까지 14년간 마지막을 보낸 곳인데 기념관 규모가 크고 그의 유품이 많이 보존되어 있어 방문할 가치가 있다. 2층 왼쪽 첫 번째 방이 그가 운명한 곳으로 데스마스크도 보관하고 있다. 안쪽의 커다란 방은 하이든의 유명 교향곡과 현악 4중주의 대부분을 작곡한 곳으로 만년 대작 오라토리오 〈천지창조〉와 〈4계〉를 작곡한 방으로 초판 악보가 전시되어 있으며, 그가 사용했던 지휘봉, 작곡용 피아노, 석상과 그가 입었던 의복 등 많은 유품이 전시되어 있다. 하이든은 영국 여행에서 헨델의 〈메시아〉를 듣고 엄청난 충격과 감동을 간직한다. 이후 하이든은 대작을 창작하겠다는 결심을 하고 1796년 64세 이곳 기념관에서 착수하여 3년 만에 완성했다. 오라토리오 〈천지창조〉♬는 웅장한 오라토리아의 대서사시 음악으로 바흐의 〈마태 수난곡〉, 헨델의 〈메시아〉와 함께 3대 오라트리오 음악으로 손꼽히고 있다.

브람스의 기념관도 함께 있는 이유는 이후에 브람스가 살던 곳이기도 하기 때문이다. 음악가로 왕성한 중년 시절을 보냈던 제2의 고향에 영원히 묻혔다. 하이든의 묘지는 빈 시내 공원묘지에 묻혔으나 그가 30년간 봉직했던 에스테르하지 가문의 요청으로 아이젠슈타트 교회로 이장되었다.

하이든

<천지창조> 중 1부. 임선혜,니콜라이보르체프,김우경, 36분 56초

<No.94 G장조 놀람 교향곡> 빈 필하모닉, 카를로스 클라이버 지휘(1982 연주), 40분 35초

하이든의 모습과 그가 작곡한 음악

8) 음악의 신, 베토벤

출처: 오스트리아 관광청

베토벤 박물관, '유서의 집'과 내부

빈 북쪽에 있는 그린칭 마을에는 '유서의 집'*인 베토벤 박물관이 있다. '하일리겐슈타트의 유서'를 작성한 집으로 피아노 소나타, 바이올린 소나타, 교향곡 〈영웅〉도 이곳에서 탄생했다. 빈 외곽 숲에는 베토벤의 길, 베토벤 기념관이 있다. 이곳은 와인으로 유명한 호이리게 거리이기도 하다. 이곳은 '하일리겐슈타트 유서의 집'으로 불리던 기념관을 베토벤 박물관으로 확장해 2017년에 재개관했다. 베토벤의 여름 별장처럼 쓰였던 곳으로 1802년 청력을 잃어가던 베토벤이 절망에 빠져 유서를 썼던 장소이기도 하다.

빈 주변 도시 중 바덴에는 베토벤이 2년간 머물며 20년간 구상했던 〈합창교향곡〉을 완성한 '합창교향곡 하우스'*가 있다. 노란색 건물의 2층짜리 아담한 베토벤 하우스로 베토벤이 사망하기 3년 전에 쇠약해진 몸을 치료하기 위해 이곳 바덴 온천 마을을 찾아온다. 베토벤은 교향곡의 최고봉 〈합창교향곡〉을 20년간 구상하다가 이 집에서 2년 만에 완성한다.

베토벤이 〈영웅교향곡〉을 작곡한 기념관 '에로이카 하우스'는 그가 좋아하던 빈 북쪽 숲속 근처 그린칭 마을 입구에 있다. 1803년부터 여름을 이 기념관에서 거처하며 〈영웅교향곡〉을 작곡했다고 한다. 베토벤은 모두 32곡의 피아노 소나타를 작곡했는데 이곳에서 〈피아노 소나타 23번, 열정 소나타〉를 작곡했다.

루트비히 반 베토벤(1770~1827)은 22세에 음악가로의 큰 꿈을 안고 고향 독일 본을 떠나 57세로 세상을 하직할 때까지 35년간을 빈에서 살았다. 베토벤이 빈에서 살았던 집은 35년간 30곳이 넘는다. 베토벤은 하이든의 제자가 되면서 비로소 음악가로 명성을 쌓는다. 빈 대학 건너편에는 〈운명교향곡〉을 작곡한 5층 아파트 '파스콸라티 하우스'* 기념관이 있다. 베토벤이 1804년부터 1815년까지 총 여덟 차례 머물면서 교향곡의 대명사가 된 유명한 〈운명교향곡〉, 오페라 〈피델리오〉, 피아노 소나타 〈엘리제를 위하여〉를 작곡한 기념관이다. 그를 배려했던 남작의 이름을 따서 '파스콸라티 하우스'라는 기념관이 되었다. 이곳은 1938년부터 기념관이 되었는데 베토벤이 가장 아꼈던 '요제프 밀러'가 그린 초상화도 걸려 있다. 그가 사용한 피아노를 비롯하여 친필 악보, 괘종시계, 가재도구 등이 있다. 〈바이올린 협주곡〉, 〈피아노 협주곡 4번〉도 이곳에서 만들었고, 나중에 파혼했지만 테레자와 약혼한 것도 이때다.

▶ 출처 : 오스트리아 관광청

◀ **바덴의 합창교향곡 하우스**
▶ **〈운명교향곡〉을 작곡한 파스콸라티 하우스**

9) 천재적인 음악가, 모차르트의 '피가로 하우스'

출처 : 오스리아 관광청, 피가로 하우스 페이스북

빈에 있는 모차르트 피가로 하우스 입구와 내부

아마데우스 모차르트(1751~1791)가 가장 행복했던 시절을 보낸 '모차르트 피가로 하우스'가 슈테판 대성당 바로 뒤편에 있다. 모차르트가 1784년 28세에 처음으로 자기 집을 소유한 것이 '피가로 하우스'다. 이 집에서 유명한 〈교향곡 40번〉♬, 〈41번〉을 작곡하는 등 모차르트 음악의 절정기를 보냈다. 특히 모차르트는 이 집에 살면서 오페라 〈피가로의 결혼〉을 작곡한다. 그래서 기념관 공식 명칭이 '피가로 하우스'이다. 피가로 하우스는 베토벤과 모차르트가 처음 만난 곳이기도 하다. 17살의 청년 베토벤이 자신의 악보를 들고 당시 최고의 음악가로 이름을 떨치고 있던 모차르트 집을 찾아와 만난 곳이다. 악보를 훑어본 모차르트는 베토벤의 천재성에 감탄하여 제자로 삼기로 했으나 베토벤의 모친이 갑자기 위독하다는 전갈을 받고 고향 본으로 돌아간 탓에 두 사람은 다시는 못 만나게 된다. 5년 후 베토벤이 빈을 다시 찾았을 때 모차르트가 사망한 후였기 때문이다.

출처 : 위키백과

빈의 슈테판 성당

모차르트는 25살 때까지 살았던 고향 잘츠부르크를 떠나 빈에서 10년을 살면서 슈테판 성당과 많은 인연을 가진다. 부인 콘스탄체와 슈테판 성당에서 결혼식도 올렸고, 그의 장례식을 치른 곳도 이곳이며, 35세의 짧은 나이에 생을 마감한 집도 슈테판 성당 옆이다. 모차르트는 35살에 너무 짧은 생을 마치면서도 41개 교향곡, 27개의 피아노 협주곡 등 아름다운 626곡을 후세에 남겼다. 그의 오페라 〈피가로의 결혼〉♬, 〈돈 조반니〉, 〈마술피리〉도 유명하다. 장례 미사곡인 그의 마지막 작품 〈레퀴엠〉을 반만 작곡하고 부인과 두 아들을 남기고 세상을 떠난다. '피가로 하우스'에는 모차르트가 사용했던 피아노, 아버지와 나눈 편지, 악보, 서재, 의복 등이 살던 곳에 남아 있어 행복하게 살았던 모습을 생생하게 접할 수 있다.

모차르트

<심포니 40> 중 1부. Leonard Bernstein(conductor), Boston Symphony Orchestra, 31분 32초

모차르트

오페라 <피가로의 결혼> 중 '사랑의 괴로움을 그대는 아시는가', Netherlands Chamber Orchestra conducted by Ivor Bolton, 2분 35초

10) 음악의 도시, 잘츠부르크

출처 : 오스트리아 관광청

유럽은 다양한 작곡가와 음악가들의 활동 무대였다. 오스트리아 음악의 도시 잘츠부르크는 모차르트와 카라얀이 태어난 곳이다. 모차르트는 1756년 태어나 25년간 잘츠부르크에서 살았다. 잘츠부르크에는 그가 세례를 받았던 대성당이 있다. 10여 년을 빈에서 보내다 35세에 세상을 떠났다. 잘츠부르크에는 그가 청년 시절을 보낸 '모차르트 하우스'가 있고, 그의 생가가 시청 앞에 있다. 7월엔 세계적인 잘츠부르크 음악축제가 열린다.

이 음악축제를 세계 최고의 축제로 만든 사람은 세계적인 천재 지휘자 카라얀*이다.

카라얀은 1908년에 오스트리아 잘츠부르크의 저명한 의사인 아버지를 둔 상류층 가정에서 태어났다. 그는 불과 8세 때인 1916에 잘츠부르크의 모차르테움에 입학하여 10년 후인 1926년에 졸업했다. 1929년부터 1934년까지 카라얀은 울름에서 5년 동안 활동했는데 그가 오페라 지휘자로서 명성을 얻게 된 것은 1933년 잘츠부르크 페스티벌에서 구노의 〈파우스트〉 중 '발푸르기스의 밤(Walpurgisnacht)'을 지휘한 것 때문이었다. 카라얀은 1989년 잘츠부르크주의 서쪽 끝, 독일과의 접경지대에 있는 아니프(Anif)라는 마을에서 심장마비로 81세에 세상을 떠났으나 고향마을 아니프 교회의 소박한 묘지에 묻혔다. 빈은 1996년에 슈타츠오퍼 옆의 자허 호텔 방향 광장을 '헤르베르트 폰 카라얀 플라츠'라고 명명했다. 오스트리아 정부는 1991년에 카라얀의 모습을 담은 500실링의 기념화를 발행하기도 했다. Herbert von Karajan(1908~1989)의 생가는 은행으로 사용하고 있어 방문이 어렵다. 잘츠부르크는 1964년 영화 〈사운드 오브 뮤직〉의 무대가 되었고 지금은 미라벨 정원 등 영화촬영 장소들이 아름다운 관광지로 여행객들에게 사랑받고 있다.

출처 : 나무위키

카라얀이 지휘하는 모습

카라얀

베토벤 〈심포니 9 합창〉. Karajan·Berliner Philharmoniker, 31분 32초

Tip <고요한 밤, 거룩한 밤>의 고향

소금광산과 수송으로 유명한 오스트리아 잘츠부르크(Salzburg) 역시 성탄절을 특별하게 맞이하는 도시다. 감미롭고 아름다운 캐럴(carol) 중 하나인 <고요한 밤, 거룩한 밤>♫의 고향이기 때문이다. <고요한 밤, 거룩한 밤>은 원래 6절까지 만들어진 곡인데 19세기 이후 점점 짧아져 3절 정도만 부른다. 지금은 300개 이상의 언어와 방언으로 불리는 세계적으로 사랑받는 곡으로 2011년 유네스코 무형 유산목록, 2016년에는 'EU Songbook'에도 등재되었다.

이 곡은 오스트리아 잘츠부르크에서 북쪽으로 20km 떨어진 인구 3천여 명이 사는 '오베른도르프(Oberndorf)'라는 마을의 성당인 '성 니콜라스(St. Nicholas) 교회'에서 탄생했다. 1818년 오스트리아의 교회음악가 프란츠 그루버(Franz Xaver Gruber, 1787-1863)는 요셉 모어(Joseph Mohr) 신부(神父)가 1816년 마리아파르(Mariapfarr)에서 썼던 독일어 가사에 곡을 붙인 것이다. 이 곡은 성 니콜라스 교회에서 1818년 12월 24일 저녁 예배 도중에 세계 최초로 공개했다. <고요한 밤 거룩한 밤>은 매년 크리스마스 때가 되면 이곳에서 불리면서 점점 널리 알려지게 되었다. 이후 1937년 8월 15일 성 니콜라스 교회는 '고요한 밤 거룩한 밤'의 노래를 만든 모어 신부와 그루버 두 사람을 기념하기 위해 '고요한 밤 성당(Stille Nacht Kapelle)'으로 개명되었다.

전해지는 이야기에 따르면 1816년에 취임한 교사 겸 오르가니스트인 프란츠 그루버(Franz Xaver Gruber)의 지도로 1818년 성탄절을 앞두고 음악회 준비 중에 교회 오르간이 고장이 났다. 성탄절을 한 주 앞두고 진행된 연습이라 수리할 시간적인 여유가 없었다. 당시 '성 니콜라스' 교회에 1817년에 부임한 26세의 젊은 요셉 모어(Joseph Mohr)는 고장 난 오르간의 수리를 포기하고 단순하고 짧은 시간에 쉬운 멜로디의 노래를 원했다. 기타 반주만으로도 충분하고 성가대원들도 짧은 시간에 배울 수 있는 캐럴을 구상했다. 모어는 이미 1816년에 써놓은 '고요한 밤'이란 시에 맞는 멜로디를 붙여줄 것을 그루버에게 제안한 것이다. 크리스마스 이브에 성도들은 교회에 모였으나 오르간은 아직도 수리되지 않았다. 오르가니스트였던 그루버는 기타를 들고 나왔다. 기타 반주에 맞추어 모어는 테너, 그루버 선생은 베이스 그리고 교회합창단이 후렴을 불렀다. 두 명의 솔로 그리고 기타 반주를 곁들인 노래는 오베른도르프의 성 니콜라스 교회에서 곡을 만든 당일인 1818년 12월 24일 저녁 예배 도중에 불렀던 노래다.

출처 : Stille Nacht Kapelle

고요한 밤 성당

조수미

<고요한 밤, 거룩한 밤>. 'The Christmas Album'(2001), 2분 18초

스메타나

<나의 조국> 중 몰다우, 헤르베르트 폰 카라얀 지휘, 베를린 필하모닉 관현악단, 12분 42초

드보르자크

<신세계 교향곡> 중 4번, Rafael Kubelík 지휘, Naxos Digital Services US, 12분 12초

11) 헝가리 부다페스트, 프란츠 리스트

헝가리 수도 '부다페스트'는 왕궁이 자리 잡은 '부다'와 상업지역인 '페스트'가 합해진 이름이다. 부다페스트에 있는 마차시 교회는 성모 마리아에게 봉헌된 고딕식 성당이다. 황제와 황후도 이 성당이 묻힌다. 카를 4세의 대관식에서 프란츠 리스트가 작곡한 〈헝가리언 대관식〉 미사곡을 직접 지휘한 곳이다. 헝가리 라이딩 근처 출생의 프란츠 리스트(1811~1886)는 천재 피아니스트이며, 작곡가로서 헝가리 음악의 선구자다. 부다페스트의 3층짜리 프란츠 리스트 박물관에서는 그가 사용한 피아노를 볼 수 있다. 쇼팽을 '피아노의 시인'이라고 말하지만, 리스트는 최고의 피아노 연주자로 '피아노의 왕' 혹은 귀재로 불린다. 그는 음악가였던 아버지로부터 태어나자마자 피아노를 배웠고, 12살에 데뷔를 한다. 빈에 가서 카를 체르니에게 피아노를 배웠다. 천 곡이 넘는 작품을 만들었다. 54살에 사제 서품을 받고 신부가 되기도 한다. 프란츠 리스트의 대표작은 고난도의 피아노 실력이 있어야만 가능한 〈헝가리 광시곡 2번〉♬과 아름다운 선율의 〈녹턴 3번 사랑의 꿈〉이 있다.

독일 바이마르의 '리스트 하우스'는 그가 30년 정도 살았던 곳이다. 2층 건물로 그가 활동하던 곳이다. 그의 공연장은 젊은 여성들로 극장 안이 가득 채워질 정도로 인기가 많았다. 리스트의 인기는 유럽 전역을 휩쓸었다. 마리다구 백작부인과 결혼해 3명의 자식을 낳고 그의 딸은 바그너와 결혼한다. 75세로 바그너 축제극장이 있는 바이로이트에서 생을 마감한다.

리스트

<헝가리 광시곡 2번>, 피아노 Valentina Lisitsa , 9분 46초

리스트

<La Campanella(작은 종)>, <파가니니 대연습곡> 여섯 개 연습곡 가운데 세 번째 곡, 6분 07초

참고문헌

고종원 외, 국제관광, 백산출판사, 2021

고종원 외, 세계의 축제와 관광문화, 신화, 2018

고종원, 세계관광, 대왕사, 2003

그리우트 팸, 특별한 세계 테마여행 100, 동시대, 2010

김상근, 인문학으로 창조하라, 멘토, 2013

김상근, 천재들의 도시 피렌체, 21세기북스, 2010

김상근·최선미, 르네상스 창조경영, 21세기북스, 2008

김희자, 네덜란드, 꼭사요, 2003

닝왕, 관광과 근대성, 일신사, 2004

박종호, 박종호의 황홀한 여행, 웅진지식하우스, 2008

박종호, 유럽음악축제 순례기, 한길아트, 2005

백상현, 라깡의 루브르, 위고, 2016

서경식, 나의 음악 순례, 창비, 2011

송정임, 블루 플라크, 23번의 노크, 뿌리와이파리, 2015

스텐리 존, 천년의 음악여행, 예경, 2006

알랭 드 보통, 여행의 기술, 이레, 2004

오종우, 예술 수업, 어크로스, 2010

이소, 화가가 사랑한 파리 미술관, 다독다독, 2017

이정흠, 오후 5시 동유럽의 골목을 걷다, 즐거운상상, 2008

정기호 외, 유럽 정원을 거닐다, 글항아리, 2013

로시니 오페라 축제 http://www.rossinioperafestival.it/?IDC=16&ID=357

베로나 오페라 https://www.arena.it/arena/en

베르디 오페라 페스티벌 https://www.parmaincomingtravel.com/events-parma/festival-verdi-2018-preview.aspx

브레겐츠 페스티벌 https://bregenzerfestspiele.com/en

잘츠부르크 페스티벌 https://www.salzburgerfestspiele.at/summer

투모로우랜드(Tomorrowland)

https://www.tomorrowland.com/en/festival/welcome

https://www.tomorrowland.com/global/

푸치니 페스티벌 공식 웹사이트 & 박스 오피스

http://www.puccinifestival.it/

https://www.puccinifestival.it/en/ticketoffice/

Theme Trip Product

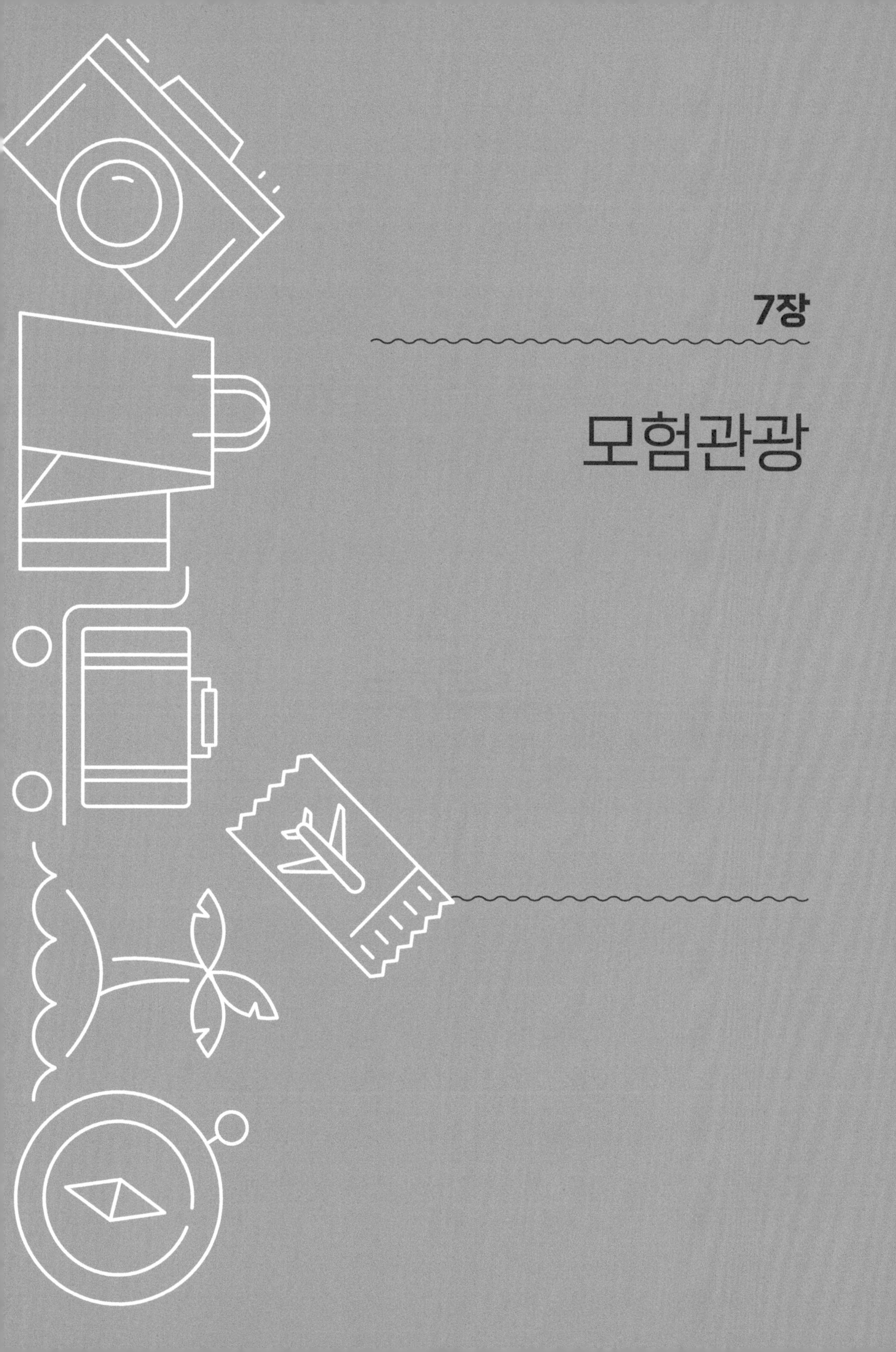

7장

모험관광

주제
여행
상품

7장

모험관광

1 모험관광의 개념

모험관광(Adventure Tourism)은 1970년대에서 1980년대 사이에 미국, 호주, 아시아를 중심으로 급성장한 관광분야로 상대적으로 발달되지 않은 자연환경에서의 야외활동을 말하며 이는 상당한 위험을 수반하는 관광활동이라고 볼 수 있다. 모험관광의 정의에 대한 연구는 국내외 학자들에 의해 활발하게 연구되었는데, Hall & Weiler(1992)는 모험관광에 대해 '모험심이 강한 야외 레크리에이션 활동을 즐기기 위한 관광'이라고 정의하였다. Cater(2000)는 모험관광이 기본적으로 동적인 레크리에이션의 참여로서 새로운 무엇인가를 하고, 만지고 느끼며 보는 체험을 기초로 하는 새로운 메타포를 요구한다고 언급하였다. 또한, 글로벌 모험관광 보고서(2014)에 의하면, 모험관광이란 체력활동, 자연환경, 문화 등을 포함하는 것이라고 보았고, 모험관광이 이루어질 때 자연환경과의 상호작용을 통해 명백하게 위험 요소를 지니고 있는 활동이라고 강조하였다. 권현재(2008)는 모험관광에 대한 여러 학자들의 정의를 종합하여 보았을 때, 공통된 요소는 위험이라는 요인을 포함하고 있으며 관광객이 관광목적지나 경유지 등에서 단순히 구경하는 것뿐만 아니라, 스스로 색다른 체험과 경험을 통해 스릴과 모험을 즐기기 위한 스포츠 행동으로 정의하였다. 여러 학자들의 정의를 정리하면 〈표 1〉과 같다.

표 1 | 모험관광의 개념

학자	내용
Ewert(1989)	대부분 자연 속에서 행해지는 관광활동으로 위험이나 모험을 의도적으로 추구하는 활동
Priest(1992)	최고의 경험을 얻기 위해 참가자가 자신의 개인적인 역량(지식, 태도, 행동, 자신감 등)뿐만 아니라 활동과 관련된 위험(귀중한 무엇인가를 잃을 수도 있는 잠재성)을 정확하게 인식하는 것
Hall & Weiler (1992)	모험심이 강한 야외 레크리에이션 활동을 즐기기 위한 관광
EU(1993)	통제된 위험을 통한 개인적인 도전과 접근 불가능한 환경에서의 용기나 흥분과 같은 요소를 포함하는 것
Cater(2000)	새로운 것을 보고, 느끼고, 체험하는 것을 기반으로 자신의 신체적 능력과 더불어 위험과 자극, 쾌감의 심리적인 감정상태를 느껴 주관적으로 판단하는 관광 유형
손영학(2007)	모험레저스포츠, 익스트림 스포츠 등의 체험이며, 인간이 처해진 상황, 자연, 기술수준의 한계를 극복해야 하는 체험
권현재(2008)	관광객이 관광목적지나 경유지 등에서 단순히 구경하는 것만이 아니고, 스스로 색다른 체험과 경험을 통해 스릴과 모험을 즐기기 위한 스포츠 행동
권현재, 박근수(2009)	관광객 스스로가 일상에서 체험하지 못하는 색다른 경험을 통해 쾌감과 자극을 느끼는 체험활동으로 위험을 동반하는 모험적이고 도전적인 요소가 강하게 포함된 야외 레크리에이션 활동
ATTA(2014)	체력활동, 자연환경, 문화체험을 포함하는 것

출서 : 구선영(2018)의 선행연구를 바탕으로 필자가 재구성함

2 모험관광의 유형

모험은 모두 행동에 기반한 것이므로 모험관광은 활동(activity), 경험(experience), 환경(environment), 동기(motivation), 위험(risk), 성능(performance)이라는 6가지 카테고리로 구성된다. 다시 말해, 모험관광의 유형은 종류가 다양하고 꾸준히 새로운 활동 유형들이 생겨나고 있으며 일반적으로 항공, 해상, 지상과 같은 공간 개념을 활용하여 세분화할 수 있다. 모험관광의 활동유형을 정리하면 〈표 2〉와 같다.

표 2 | 모험관광의 활동유형

유형	종류	특성
항공	패러글라이딩	낙하산과 행글라이더의 특성을 결합한 것으로 별도의 동력장치 없이 패러글라이더를 타고 활강하는 레포츠
	스카이다이빙	상공에서 낙하산을 펴지 않고 낙하하다가 지상 가까이에서 낙하산을 펴서 착륙하는 레포츠
	경량항공기	국내법으로 항공기 외에 비행할 수 있는 것으로 국토교통부령으로 정하는 타면 조종형비행기, 체중이동형비행기 및 회전익경량항공기로 규정
해상	스쿠버다이빙	스쿠버 장비(자급적 수중호흡기)를 구비하여 한계수심 30m 깊이까지 잠수하여 즐기는 레포츠
	래프팅	고무보트를 타고 노를 저으며 계곡의 급류를 타는 레포츠
	수상스키	수면을 미끄러질 수 있는 스키를 타고 모터 보트에 매달려 달리는 레포츠
지상	스노보드	표면 및 활주면이 하나로 된 보드를 이용해 설원을 달리는 레포츠
	산악자전거	산지나 험로를 주행하기 위한 자전거
	암벽등반	급경사의 바위를 장비와 다양한 등반기술을 활용하여 오르는 행위
	등산	산을 오르는 것으로 취미활동 목적의 놀이, 신체단련 훈련, 스포츠, 탐험 등을 아우르는 행위
	트레킹	자연이나 역사가 깊은 유적지 등을 도보로 이용하며 답사기행하는 것으로 등반과 하이킹 중간 정도의 강도

출처 : 구선영(2018)의 연구를 바탕으로 필자가 재구성함

또한, 권현재(2008)는 모험관광에 대한 여러 학자들의 정의를 종합한 결과, 공통으로 가지는 요소를 '위험을 동반하는 활동'으로 보았다. 여러 학자들은 모험관광의 난이 정도를 하드 모험(hard adventure)과 소프트 모험(soft adventure)으로 구분하였고, 소프트 모험은 색다른 장소에서 진행하는 낮은 체력의 활동인 반면, 하드 모험은 위험수준, 체력수준, 의무수준이 높은 활동으로 극단적 헌신이나 전문적인 기술을 요구한다고 밝혔다.

3 국내의 모험관광

최근, 모험관광에 참여하려는 국내 관광객이 점점 더 증가하는 추세이다. 일반 관광 상품과 더불어, 모험 및 레포츠와 연계하여 다양한 활동들을 기획하고 있는데 국내에서 운영하는 레저스포츠 사업체 수는 2021년 기준으로 전국 3,542개이다. 다음은 레저스포츠 시설업에 대한 매출액 및 총합계에 대한 정리이다.

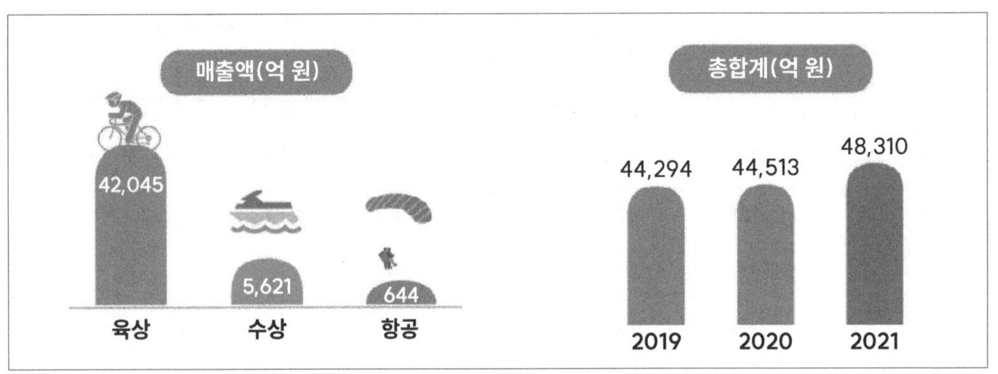

출처 : 레저스포츠산업 실태조사 보고서, 한국스포츠정책과학원(2022)

그림 1 | 레저스포츠산업 매출액과 총합계

정리된 그래프를 살펴보면, 레저스포츠산업의 매출 중 육상의 카테고리에서 가장 많은 비중의 매출액이 산출된 것으로 보인다. 매출액의 총합계는 코로나19의 영향을 받았음에도 불구하고 2019년도부터 꾸준히 증가하는 추세이다. 다음은 레저스포츠산업의 종사자 수 및 총합계를 정리한 그래프이다.

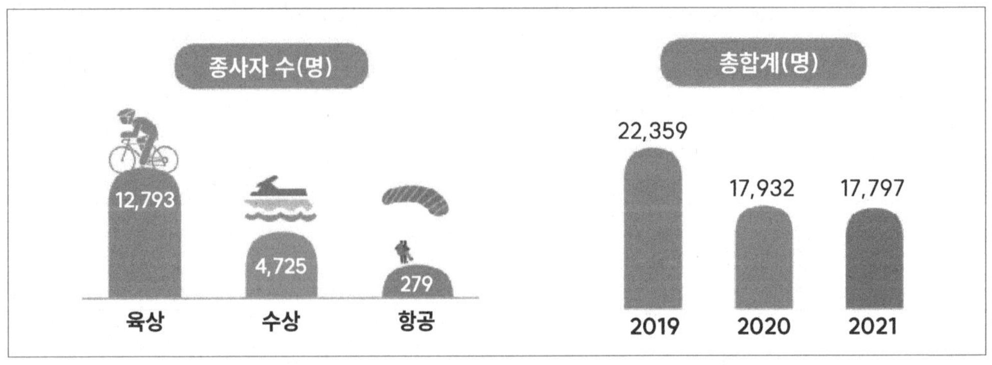

출처 : 레저스포츠산업 실태조사 보고서, 한국스포츠정책과학원(2022)

그림 2 | 레저스포츠산업 종사자 수와 총합계

앞서 살펴보았던, 레저스포츠 항목별 매출액과 동일하게 종사자 수 또한 육상 분야에 집중되어 있는 것을 알 수 있다. 레저스포츠산업의 매출액은 꾸준히 증가하고 있는 반면, 레저스포츠산업에 종사하는 종사자들의 수는 코로나19를 시작으로 현저히 감소하였음을 알 수 있다. 이는 코로나19의 여파로 해외여행에 대한 제재가 가해지면서 국내 여행에 대한 관심도와 여가활동에 대한 선택지가 확대되었는데, 사회적 거리두기 방안으로 인해 많은 스포츠산업 사업체가 운영하지 못하게 되면서 종사자 수가 감소한 것으로 보인다.

전국에 분포되어 있는 레저스포츠 시설업체는 2021년 기준으로 2,841개가 설치되어 있다. 2019년부터 분석된 결과에 따르면 매년 조금씩 증가하고 있는 것으로 나타났다. 종목 기준으로 따져보았을 때, 육상, 수상의 종목들은 전년대비 증가한 반면, 항공의 경우는 다소 감소하였다. 전국에 분포되어 있는 시설 업체 종목은 〈그림 3〉과 같다.

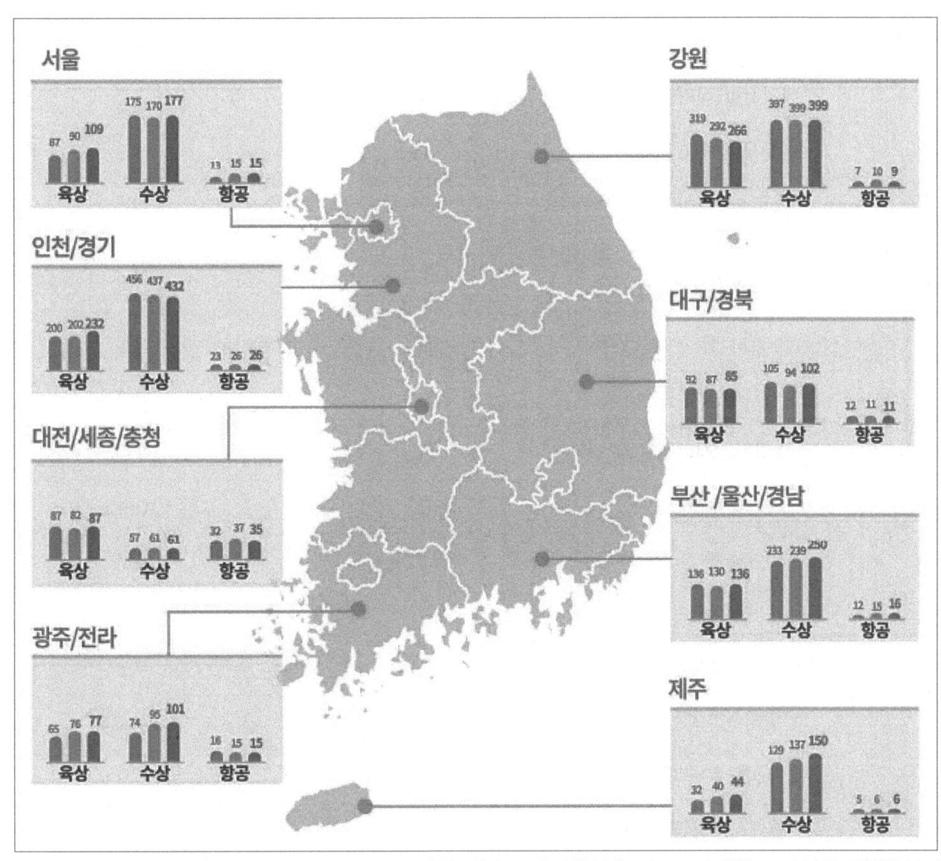

출처 : 레저스포츠산업 실태조사 보고서, 한국스포츠정책과학원(2022)

그림 3 | 전국 종목별 레저스포츠산업 시설업체 분포

〈그림 3〉과 같이 각 지역이 가진 특색을 바탕으로 레저스포츠 시설업체가 설치되어 있는 것을 알 수 있다. 산지와 강, 바다를 두고 있는 강원 지역은 육상과 수상분야가 선점하고 있으며, 대전의 경우 산지 지형에 맞도록 육상 항목이 발달되어 있다. 특히, 높고 넓은 봉우리가 많은 지형이기 때문에 패러글라이딩과 같은 항공분야가 다른 지역에 비해 활성화되어 있음을 볼 수 있다. 〈표 3〉은 종목별 사업체 수를 정리한 것이다.

표 3 | 종목별 사업체 수

구분		사업체 수	비중
전체		2,841	100.0
육상	소계	1,036	36.5
	서바이벌	239	8.4
	번지점프	9	0.3
	카트	69	2.4
	하강시설(짚라인)	57	2.0
	4륜오토바이(ATV)	236	8.3
	스포츠클라이밍	354	12.5
	파크골프 (그라운드골프 포함)	8	0.3
	MTB	13	0.5
	BMX	7	0.2
	인라인스케이트	34	1.2
	스케이트보드	10	0.4
수상	소계	1,672	58.9
	래프팅	226	8.0
	웨이크보드/수상스키	269	9.5
	워터슬라이스	39	1.4
	수상오토바이	25	0.9
	윈드서핑/서핑	237	8.3

	스킨스쿠버	419	14.7
	카누/카약	80	2.8
	모터보트/파워보트	206	7.3
	요트	171	6.0
항공	소계	133	4.7
	패러글라이딩	104	3.7
	행글라이딩	5	0.2
	초경량항공기	12	0.4
	열기구	5	0.2
	스카이다이빙	7	0.2

출처 : 레저스포츠산업 실태조사 보고서, 한국스포츠정책과학원(2022)

〈표 3〉에서 알 수 있듯이, 스킨스쿠버는 레저스포츠 시설업 종목 중 14.7%로 가장 많은 비중을 차지하고 있다. 또한 레저스포츠 시설업체의 육상, 수상, 항공의 종목 중 수상 시설업체가 58.9%로 가장 많이 분포되어 있음을 확인할 수 있다.

4 대표적인 모험관광활동

1) 등산 및 트레킹

모험관광 중 가장 인기 있는 종목은 등산 및 트레킹으로 볼 수 있다. 월간 사이트 "산"에 따르면, 등산은 한국인들이 가장 선호하는 활동이며 참여도가 매우 높다는 것을 알 수 있다. 또한, 등산과 트레킹은 다른 모험관광의 종목들과 비교하였을 때, 난이도가 낮은 소프트 모험에 해당되기 때문에 위험 감수에 대한 부담감이 적다고 볼 수 있다.

(1) 등산/트레킹 인구 규모 및 빈도

등산/트레킹 국민의식 실태조사 보고서(2021)에 따르면, 만 19세에서 79세까지의 전국 성인 남녀를 대상으로 한 조사에서 한 달에 한 번 이상(두 달에 한두 번 포함) 산에 가는 등산 인구는 47.9%를 차지하는 것으로 나타났다. 이는 일주일에 한 번 이상 산에 가는 사람이 약 798만 명, 한 달에 한 번 이상 가는 사람이 약 1,603만 명, 두 달에 한 번 이상 가는 사람이 약 1,972만 명인 수치이다.

위와 같은 연령의 전국 성인 남녀를 대상으로 한 트레킹에 대한 실태조사에 따르면, 한 달에 한 번 이상 트레킹을 가는 인구는 68.7%를 차지하며, 약 2,835만 명으로 집계되었다. 모집단의 수로 환산하면 일주일에 한 번 이상 트레킹을 가는 사람이 1,593만 명, 한 달에 한 번 이상 가는 사람이 약 2,422만 명, 두 달에 한 번 이상 가는 사람이 약 2,835만 명으로 나타났다.

종합하자면, 만 19세에서 79세까지의 전국 성인 남녀 중 한 달에 한 번 이상 등산이나 트레킹을 하는 인구는 전체 성인 남녀의 77%로 약 3,169만 명으로 나타났고, 반면에 비등산/비트레킹 인구는 23%로 약 957만 명이다. 이를 도식화하면 〈그림 4〉와 같다.

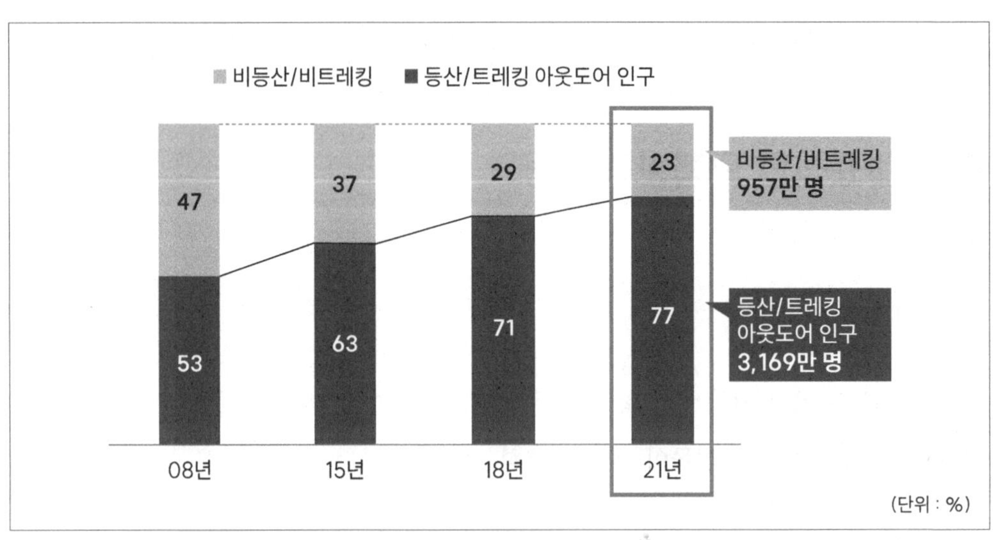

출처 : 등산트레킹 국민의식 실태조사, 한국등산·트레킹지원센터(2021)

그림 4 | 등산/트레킹 아웃도어 인구 변화 추이(만 19세~79세)

(2) 등산/트레킹 아웃도어 행태

한 달에 한 번 이상 등산과 트레킹을 동시에 즐기는 인구는 약 1,638만 명으로 성인 남녀 중 39.7%를 차지한다. 이 중 등산을 더 선호하는 인구는 약 334만 명으로 8.1%를 차지하며, 등산보다 트레킹을 위주로 하는 인구는 약 1,197만 명으로 29%를 차지하는 것으로 나타났다. 이에 비해 등산과 트레킹 모두를 한 달에 한 번 미만으로 하는 비등산 & 비트레킹 인구는 약 957만 명으로 23.2%로 차지하였다. 구체적으로 정리한 내용은 〈표 4〉와 같다.

표 4 | 등산/트레킹 아웃도어 행태(만 19세~79세, ( ) 안은 '18년도 조사결과)

등산 및 트레킹 분류	구성비율(%)	인구(만 명)
등산/트레킹 아웃도어 인구 소계	76.8 (71.1)	3,169
등산 & 트레킹 인구	39.7 (44.7)	1,638
등산 위주 인구	8.1 (11.7)	334
트레킹 위주 인구	29.0 (14.7)	1197
비등산 & 비트레킹 인구	23.2 (28.9)	957
합계	100	**4,123**

출처 : 등산트레킹 국민의식 실태조사, 한국등산·트레킹지원센터(2021)

2) 스킨스쿠버

스킨스쿠버는 스쿠버 장비를 가지고 수심 약 30m까지 잠수하여 즐기는 레포츠이다. 대기 중의 공기를 직접 공급받지 않고 물속에서 자력으로 호흡할 수 있는 기구를 말한

다. 바닷속을 자유롭게 다니며, 아름답고 신비로운 해양 생물을 구경할 수 있는 해양스포츠이다.

스킨스쿠버 활동은 바다에서 행해지기 때문에 위험 감수 부담이 높은 편이지만 위험에 대한 도전과 모험심을 바탕으로 신체적, 심리적 어려움을 극복하면서 즐거움을 느낄 수 있는 활동이다.

1953년 우리나라에서는 미 해군의 도움으로 해난 구조대가 창설되며, 스쿠버다이빙 장비와 기술이 처음으로 소개되었다. 1960년대에는 주로 군사적인 목적으로 해군과 일부 민간인에게만 전파되었다가 1970년대에 들어서야 스쿠버 장비들이 급속도로 현대화하여 보다 안전하게 스포츠를 즐길 수 있도록 개량되어 현재 전 세계적으로 널리 보편화된 레저스포츠가 되었다. 레저스포츠산업 실태조사보고서(2022)에 따르면, 스킨스쿠버 활동이 국내 종목별 사업체 수를 따져보았을 때, 수상스포츠 종목에서 가장 많은 사업체를 운영하는 것으로 나타나 관광객들에게 선호도가 높은 활동이라고 볼 수 있다.

3) 패러글라이딩

패러글라이딩은 낙하산과 글라이더의 장점을 합하여 만들어낸 항공 스포츠로 동력 장치 없이 패러글라이더를 타고 활강하는 레포츠를 말한다. 낙하산의 안전성, 분해, 조립, 운반의 용이성 그리고 행글라이더의 활공성과 속도를 모두 갖춘 이상적인 날개형태로 만들어졌다. 비행 원리를 이용하여 고안되었으며 바람에 몸을 실어 자유자재로 활공과 체

공을 조정할 수 있는 스릴 있는 레포츠이다.

많은 사람들이 쉽고, 간단하게 배워 비행을 즐기기 시작하면서 각국의 항공협회 산하 행글라이딩협회 내에 패러글라이딩위원회를 구성하게 되었고 국내에는 1986년부터 보급되기 시작하였다.

다음은 2022년도 기준 패러글라이딩 협회 회원 등록 현황을 나타낸 표이다.

표 5 | 협회별 패러글라이딩 회원등록 현황

단체명	설립일	총회원 수	2인승 파일럿 수	법인설립승인기관
사단법인 대한패러글라이딩협회	2016.09.01	2,540명	321명	문화체육관광부
사단법인 한국패러글라이딩협회	2011.01.12	1,575명	98명	국토교통부

출처 : 패러글라이딩 체험동기가 스포츠 몰입 및 심리적 웰빙에 미치는 영향, 김승기(2022)

위와 같이 현재 우리나라는 2개의 단체가 승인되어 활동하고 있다. 이렇게 단체에 등록하여 협회에서 활동하는 회원도 있지만 실제로 현장에 나가서 보면, 패러글라이딩을 이용하는 사람은 등록 회원의 2배 이상으로 예상된다.

표 6 | 협회별 패러글라이딩 관할지역 및 사업자 등록 수

허가기관	관할지역	패러글라이딩사업자 등록 수
서울지방 항공청	서울특별시, 인천광역시, 경기도, 충청남도, 충청북도, 전라북도, 강원도(7개 시, 도)	67개
부산지방 항공청	부산광역시, 대구광역시, 울산광역시, 광주광역시, 경상남도, 경상북도, 전라남도(7개 시, 도)	34개
제주지방 항공청	제주도 전역	7개

출처 : 패러글라이딩 체험동기가 스포츠 몰입 및 심리적 웰빙에 미치는 영향, 김승기(2022)

전국의 108개 패러글라이딩 사업체에서 패러글라이딩을 통한 조망 관광 비행을 진행하고 있으며, 모험과 체험 비행을 상품화하여 적극적인 마케팅을 하고 있다.

5 모험관광의 향후 발전 방안

모험과 체험을 동반한 레저스포츠 활동을 선진국에서는 다양한 방법으로 활성화시키기 위해 노력하고 있으나, 국내에서는 관리부처가 분산되어 있기 때문에 체계적인 방안을 모색하는 것이 어려운 실정이다. 지상, 수상, 항공에서 이루어지는 관광활동은 안전 및 환경 등의 문제와 연관되어 있기 때문에 기존에 가지고 있는 문제점을 찾아 극복하고 꾸준한 발전을 이루기 위해 정부의 적극적인 개입이 분명 필요해 보인다.

1) 레저스포츠 관광의 구체적인 활성화 방안 마련

레저스포츠의 경우 신체적 활동으로 난이도가 높은 활동부터 낮은 활동까지 그 범위가 방대하며 참여와 몰입에 대한 정도가 다소 높은 체험소비형 활동이다. 레저스포츠는 삶의 질을 향상시키기 위하여 여가시간에 자발적으로 행하는 것으로 골프, 승마, 스키 및 요트 등의 레저성격이 혼합된 관광으로 정의된다. 이러한 활동들에 대한 관련 법들이 시행 중에 있으나, 통합법률에 대한 부분은 부재이기 때문에 추후 안전성과 환경에 대한 문제가 빈번이 사회적 문제로 지적되고 있기 때문에 체계적인 법률로 레저 스포츠 활동을 지원해야 할 것이다.

2) 지역관광의 콘텐츠로 활용

모험관광은 레저활동과 함께 이루어지기 때문에 새로운 국가 및 지역관광의 콘텐츠로 활용되기도 한다. 대표적인 예로 동남아시아 국가들은 골프를 활용한 여행상품을 적극적으로 추진하여 외래관광객을 유치하였으며, 뉴질랜드와 캐나다는 경쟁우위에 있는 자연환경을 적극 활용하여 다양한 모험관광의 장을 제공하였다.

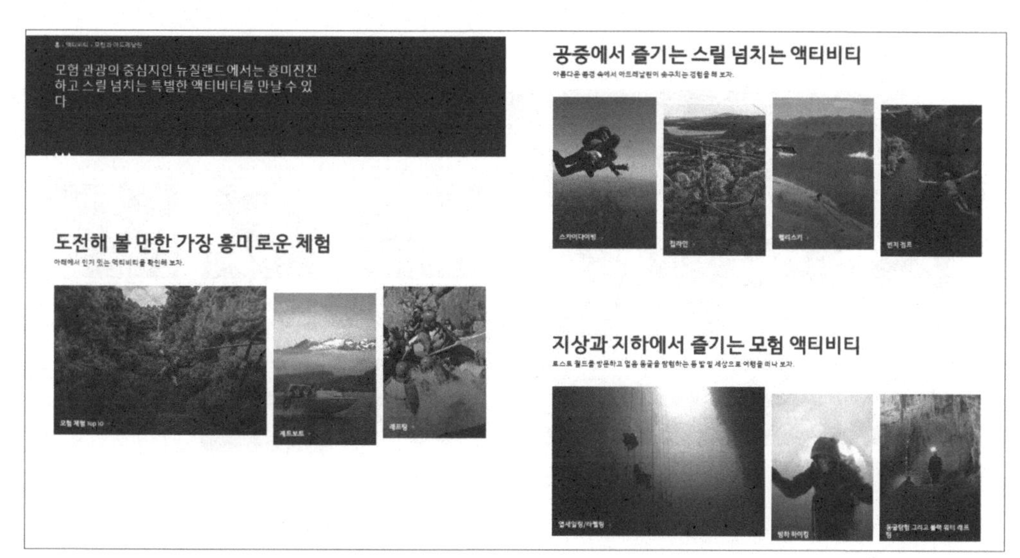

출처 : 뉴질랜드관광청(https://www.newzealand.com/kr)

그림 5 | 뉴질랜드의 모험관광 사례

국내에서는 강원특별자치도(2023.6.11부터 변경)의 인제군이 여러 모험과 체험활동이 고루 갖춰진 지역이라고 볼 수 있다. 스릴과 축제, 체험활동의 카테고리를 구분하여 홍보하고 있고 내린천 래프팅과 리버버깅, 번지점프, 카약, 짚트랙 등 다양한 놀거리가 준비되어 있다.

또한, 단양군의 경우에도 강과 산지가 어우러진 자연환경을 활용하여 육상과 수상의 관광활동들이 다양하게 마련되어 있다. 특히, 다양한 산지의 특성을 이용·개발하여 관광객들에게 패러글라이딩의 성지로 꼽히고 있다. 그러므로 지역관광을 활성화시키기 위해서는 각 관광지의 자연환경에 따라 관광상품 및 프로그램을 적극적으로 운영할 필요가 있다.

출처 : 단양군(https://www.danyang.go.kr/tour/527), 인제군(http://tour.inje.go.kr/tour)

그림 6 | 지역관광의 콘텐츠 활용 사례

3) 실내 관광활동의 증가

자연환경을 활용한 모험관광 유치에 대한 활성화 방안을 모색하는 것도 중요하지만 레저스포츠시장의 트렌드가 변화함에 따라 실내에서 즐길 수 있는 활동들이 발전하게 되었다. 실내활동은 야외활동에 비해 날씨 및 계절적 제약, 접근성, 비용부담의 한계를 극복할 수 있다는 점을 장점으로 내세워 국내외에 다양한 활동들이 도입되고 있다. 해외의 대표적인 사례로 뉴질랜드 퀸스타운 Came Over(실내 카트라이드), 호주 골드코스트 IFLY(실내 스카이다이빙)가 있고 국내에는 하남 대형 쇼핑몰인 스타필드에 입점한 스포츠 몬스터를 예로 들 수 있다.

참고문헌

구선영(2018), 모험관광객의 체험이 플로우, 만족, 심리적 행복감 및 삶의 질에 미치는 영향연구, 경희대학교 대학원

권현재(2008), 여가행동과 여가몰입이 모험관광 참여자의 만족도에 미치는 영향, 배재대학교

김승기(2022), 패러글라이딩 체험동기가 스포츠 몰입 및 심리적 웰빙에 미치는 영향, 한양대학교 융합산업대학원

한국문화관광연구원(2020), "문화체육관광 동향조사 결과 발표" 보도자료

한국스포츠정책과학원(2022), 레저스포츠산업 실태조사 보고서

한국등산·트래킹지원센터(2021), 등산트래킹 국민의식 실태조사

한국문화관광연구원(2020), "문화체육관광 동향조사 결과 발표" 보도자료

뉴질랜드관광청, https://www.newzealand.com/kr/

단양군 홈페이지, https://www.danyang.go.kr/tour/527

인제군 홈페이지, http://tour.inje.go.kr/tour

Theme Trip Product

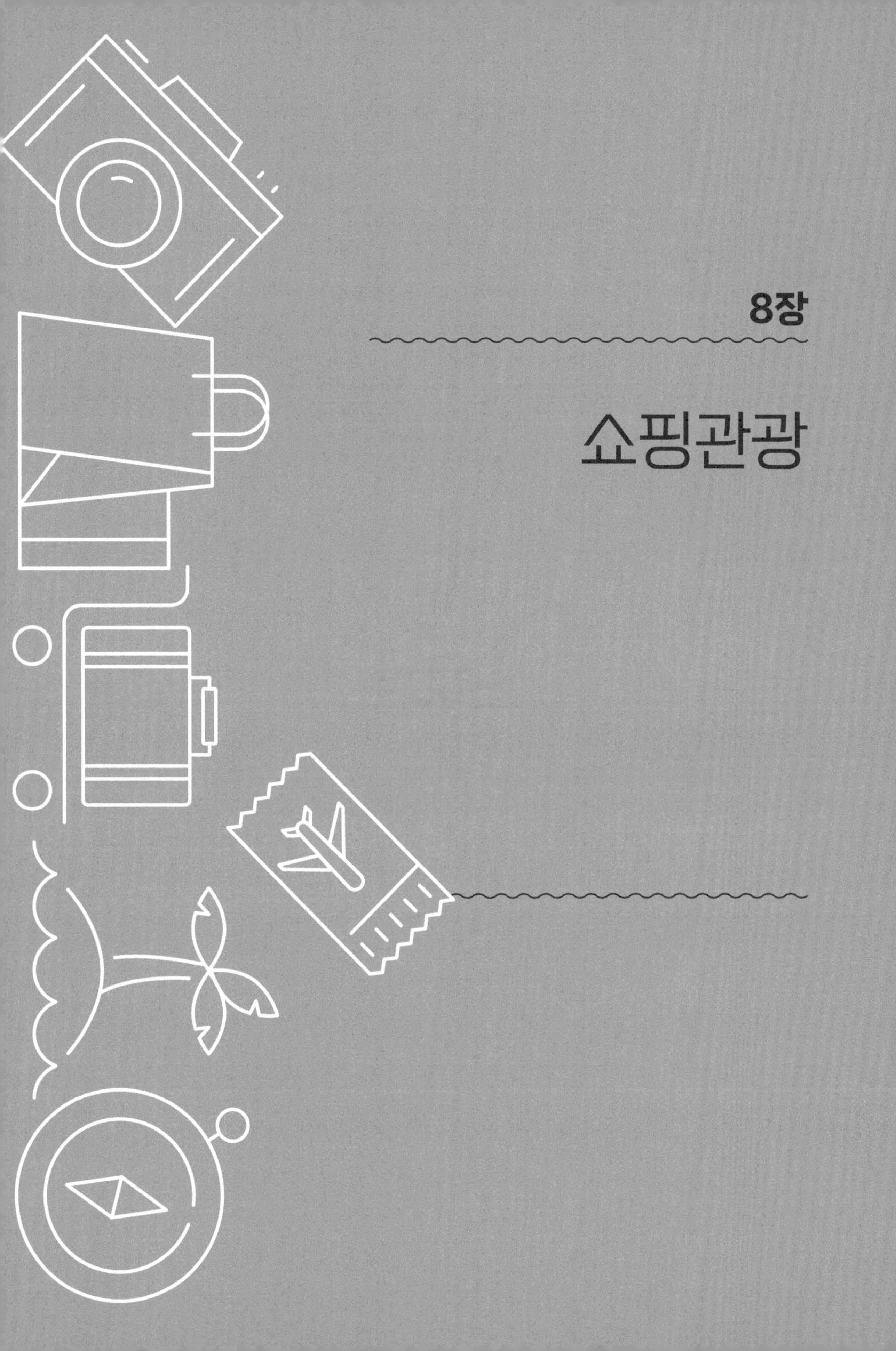

8장

쇼핑관광

주제
여행
상품

8장

쇼핑관광

1 쇼핑관광의 개념

쇼핑관광(Shopping tourism)은 관광객이 관광목적지 또는 관광활동 중 물건을 구매하는 행위와 그 과정에서 발생하는 먹거나 사는 것과 같이 부수적으로 일어나는 모든 행위를 말한다. 쇼핑에 관광을 접목시킨 쇼핑관광은 단순하게 물건을 구매하는 개념에서 그치는 것이 아니라 관광을 유발하는 동기와 목적을 가지고 있다. UNWTO(2014)는 관광에서의 쇼핑을 관광 시 여가활동 중의 하나로 보고 관광하는 동안 일어나는 쇼핑활동 자체를 여가활동의 부수적인 활동으로 보고 있다.

쇼핑관광에 대한 연구는 여러 학자들에 의해 정의되었다. 쇼핑관광에 대한 학자들의 정의는 〈표 1〉과 같다.

표 1 | 쇼핑관광의 개념

학자	내용
Shock & Snow(1983)	관광지에서의 상품 구매와 먹고 구경하는 모든 활동
Timothy & Butler(1995)	관광의 주요 동기가 상품 구매인 관광
Swanson(2004)	전체 여행비용의 33~56%를 쇼핑으로 지출하는 관광

Michalko et al.(2004)	숙박 및 교통비를 제외한 순수 관광비용의 50% 이상을 쇼핑에 지출하는 관광
Timothy(2005)	관광의 주요 목적이 쇼핑인 관광
UNWTO(2014)	관광 시 여가활동 안에 포함되는 부수적인 활동을 넘어 그 자체를 여행의 주요 목적으로 하는 관광객의 증가로 사회 경제적 관광자원으로서의 비중이 높아짐

출처 : 서울시 쇼핑관광의 실태와 정책시사점, 서울연구원(2017)을 바탕으로 필자가 재구성함

다시 말해, 여가활동 중 하나인 쇼핑관광은 일반적인 거주지에서의 소비생활과는 분명히 다른 패턴을 가진 개념으로 볼 수 있다. 단순 구매과정으로 보기보다는 여행이나 관광활동 중에 일어나는 하나의 여가활동으로 인지되고 있다. 또한, 여가활동에서의 쇼핑관광은 제품의 품질이나 가격을 넘어 해당 물품의 구매 장소, 쇼핑 시설이나 판매원의 서비스 등 여러 평가지표들을 바탕으로 쇼핑 경험의 관점에서 접근해야 하고, 관련 정보의 제공을 통한 쇼핑의 편의성이 제고되는 것이 중요하다.

2 쇼핑관광객의 유형

쇼핑관광에 특화된 여러 국가와 도시들이 있으나, 대표적으로 "I Love NY"라는 문구로 잘 알려진 미국의 도시 뉴욕시에서도 관광은 지역경제에 큰 영향을 미치고 있으며, 관광이 소매업 경제 활성화에 크게 기여한다고 밝혔다. 뉴욕의 도시 마케팅은 쇼핑에 초점을 두고 있으며, 뉴욕을 방문한 관광객들의 이목을 끌기 위하여 다양한 쇼핑 관련 마케팅 전략개발에 힘쓰고 있다. 뉴욕을 기준으로 방문 관광객의 3가지 쇼핑 타입은 〈표 2〉와 같다.

표 2 | 뉴욕시 쇼핑 관광객의 유형

유형	내용
기념품쇼핑관광객 (souvenir shopper)	집에 가져갈 선물이나 도시를 기념할 만한 기념품을 구매할 목적
	기념품을 살 만한 유명 관광지에서 대부분 구매가 이루어짐
	전반적으로 쇼핑에 많은 비용을 지출하는 편은 아님

방문 목적이 명확한 쇼핑관광객 (purpose-driven shopper)	확고한 쇼핑 목적
	쇼핑할 품목과 장소가 명확하고 쇼핑 장소를 잘 알고 있음
	전반적으로 쇼핑에 많은 비용을 지출하며 지역경제에 가장 큰 영향을 미치는 집단
도시쇼핑관광객 (city-itself shopper)	도시를 둘러보면서 즐기고자 하는 관광 목적
	도시의 곳곳을 구경하며 먹고 즐기는 활동
	쇼핑에 지출하는 돈이 적고 지역경제에 큰 영향을 미치지 않는 집단

출처 : 서울시 쇼핑관광의 실태와 정책시사점, 서울연구원(2017)을 바탕으로 필자가 재구성함

〈표 2〉의 내용과 같이 쇼핑의 방향성과 관광객의 활동유형에 따라 목적은 달라질 수 있으나, 쇼핑은 관광활동에서 중요한 요소이다. 거주지를 벗어난 관광활동의 대부분은 지출을 수반하고 기념품 구매에서부터 관광지에서 먹고 마시는 기본적인 행위까지 지역경제활동에 막대한 영향력을 행사하는 매우 중요한 활동이기 때문이다.

그러므로 국제관광 시장의 규모가 커지고 관광사업의 분야가 다양해질수록 관광객들의 지출비용도 증가하게 될 것이며, 쇼핑에 대한 인식 또한 높아질 것으로 보이므로 각국에서는 쇼핑관광을 위한 적극적인 마케팅 전략을 모색하고 관광객을 유치하는 것이 중요한 관광 활성화 방안이라고 할 수 있다.

3 쇼핑관광 경쟁력

2019년 외래관광객을 대상으로 한 조사에 따르면, 외래 관광객들은 한국 방문을 고려할 때 쇼핑을 목적으로 하는 관광객들이 가장 많은 비중을 차지하였다. 2017년부터 2019년까지의 한국 방문 선택 시 고려요인의 '쇼핑' 항목은 꾸준히 증가하는 추세이다.

표 3 | 한국 방문 선택 시 고려요인

연도	쇼핑	음식	자연	친구, 친지 방문	역사, 문화 탐방	세련된 현대 문화	휴가	한류	자국과의 이동거리	경제적인 여행비용
2019	66.2	61.3	36.3	-	23.6	19.4	19.0	12.7	8.7	6.2
2018	63.8	57.9	36.2	20.4	14.8	13.1	12.4	9.3	7.4	6.6
2017	62.2	52.8	36.4	-	19.8	25.4	10.7	10.7	12.3	11.3

출처 : 외래 관광객 조사, 한국관광공사(2017~2019)

2019년에 발표된 연간 외국인 신용카드 국내 지출액 현황에 따르면, 연간 외국인 신용카드 총지출액은 11조 1백억 원(추정치)으로 전년 대비 15.3% 증가한 것으로 나타났다. 또한, 외국인 분야별 카드 지출액 중 쇼핑에 사용된 비율은 83.1%로 카드 사용의 대부분을 쇼핑에 지출하고 있음을 알 수 있다.

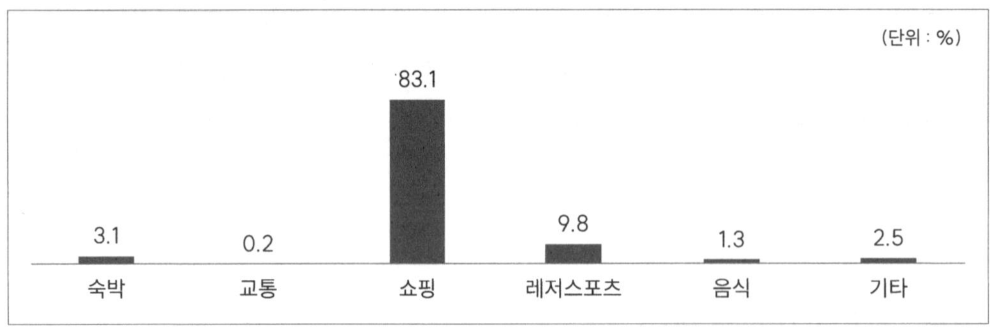

출처 : 방한외래객쇼핑관광실태조사 보고서, 한국관광공사(2020)

그림 1 | 외국인 카드 지출액 분야별 비율

2019년 기준으로 서울지역 주요 방문지 중 명동/남대문/북창동(88.2%)이 가장 높았고, 동대문패션타운(58.4%), 종로/청계천(39.6%)이 다음으로 높은 방문율을 보였다.

또한, 관광객의 관광행태가 단체관광에서 개별 관광으로 변화함에 따라 쇼핑 장소에 대한 선호도도 변화를 보이기 시작했다.

쇼핑시설 유형에 관한 구체적인 내용은 다음 〈표 4〉와 같다.

표 4 | 관광객들의 쇼핑활동이 발생할 수 있는 시설 유형(UNWTO)

유형	예시
비공식적	로드숍, 농가, 노점상(과일, 야채, 기념품 등)
자동판매형	자판기, 키오스크
고정 마켓	일일 혹은 주마다 고정적인 자리에서 열리는 시장
시즌 마켓	크리스마스 마켓, 여름 축제
이동형 마켓	지역을 옮겨다니는 이동식 시장
교통시설 내 인프라	공항, 기차역, 고속도로, 페리/크루즈터미널 내 상점
도시 중심	지역상점, 도심번화가/쇼핑거리 등
외곽 핵심구역	도시 인근 복합 문화시설, 아울렛 등

출처 : 쇼핑관광 환경분석을 통한 경쟁력 강화방안, 한국문화관광연구원(2017)

위의 내용과 같이 쇼핑장소가 다양해지고 지역적으로 확대됨에 따라 시내 면세점과 로드숍, 주요 쇼핑거리 등 여러 장소들이 변화를 겪을 것으로 예상할 수 있다. 관광객들의 쇼핑활동이 발생할 수 있는 시설이 다양해짐에 따라 공항에서부터 관광객이 이동하는 모든 동선에서 쇼핑활동이 일어날 수 있음을 암시하고 있다.

외래 관광객이 한국여행에서 가장 많이 이용하는 쇼핑 장소는 로드숍(44.8%), 공항 면세점(33.5%), 시내 면세점(31.2%), 시장(20.7%)의 순으로 나타났다. 즉, 백화점이나 대형 쇼핑몰을 직접 방문하는 것과 더불어 중소규모의 상점을 활발하게 방문하는 것으로 미루어보았을 때, 로드숍이나 시장을 면세 사업의 장으로 확대하여 영세 상인들의 이익을 증대시킬 수 있는 방안을 논의해 볼 수 있을 것이다.

4 국내의 면세제도

한류를 시작으로 K-Pop의 성행으로 해외 관광객들의 관광활동이 우리나라를 주목하고 있고, 이를 통해 외래 관광객들의 유입으로 쇼핑활동의 비중도 증가하였다. 우리나라의 경우, 면세제도를 전면 확대하여 운영하고 있으며 최근에는 사후 면세제도를 도입·확대하여 실질적으로 운영하고 있다. 일반적으로 면세점이란 국내법상 사전면세점(Duty-Free)과 사후면세점(Tax-Refund)로 운영되고 있으나 차이가 분명하다. 〈표 5〉는 사전/사후면세점에 대한 비교를 정리한 것이다.

표 5 | 사전/사후면세점 비교

	사전면세점(Duty-free)	사후면세점(Tax-Refund)
법률상	「관세법」상 "보세판매장"	「조세특례제한법」상 "외국인 관광객 면세판매장"
구입가격	면세가격	세금 포함 가격 * 예외 : 즉시 환급은 면세가격
인도장	출국장 *외국인이 시내 면세점에서 구매한 국산품은 판매장 인도 가능 *최근 입국장 면세점 개장으로 입국장 면세점에서도 구입 가능	판매장
선정방식	특허제(관세청)	신청, 지정제(국세청)
면세세목	관세, 부가가치세, 개별소비세, 주세, 담배소비세	부가가치세, 개별소비세
대상품목	내국물품 + 외국물품	내국물품
면세이용자	외국인 + 출국 내국인	외국인 관광객, 해외교포 및 한국인 유학생 (해외거주 2년 이상, 국내 체류 3개월 미만)
면세방법	사전 면세	출국장 환급, 시내 환급, 즉시 환급
구입한도	외국인 : 제한 없음 내국인 : 3,600달러	출국장 환급 : 건당 3만 원~ 시내 환급 : 건당 3~500만 원 즉시 환급 : 건당 3~50만 원 미만
매장 수	62개 ('19년 5월 말 기준)	19,150개 ('18년 12월 말 기준)
판매액	19.0조 원 ('18년 기준)	2.6조 원 ('18년 기준)

출처 : 면세점 제도 및 여행자 휴대품 면세한도 현황 설명, 기획재정부 보도참고자료(2019)

위의 내용과 같이 아직까지는 사후면세점의 매장 수가 사전면세점의 수보다 훨씬 많이 분포되어 있음에도 불구하고 사후면세점의 판매액은 사전면세점에 비해 적은 편이다. 그러므로 향후 사후면세제도 확대에 따른 이점을 따져보고 제도 개선 및 확충할 필요성이 있다.

관광객이 사후면세제도를 이용하였을 때의 이점은 다음과 같다. 첫째, 관광객은 물품 구입 금액의 일부를 환급받는다. 즉각적인 할인효과를 확인할 수 있으며, 합리적인 소비가 가능하도록 유도한다. 둘째, 관광객에게 돌아가는 이점이 있을 뿐만 아니라 영세 소상공인의 수익을 높이고, 차후 높은 사후면세 인지도를 통해 외국인 관광객을 유치하는데 도움이 될 수 있다. 대부분의 사전면세점은 대기업에서 운영 및 관리하는 반면, 사후면세점 점포들은 중소규모 소상공인들의 관광객 유치에 도움을 주는 것으로 나타났다. 셋째, 정부의 측면에서 외국인 관광객을 분산시킴으로써 지역 상권을 활성화할 수 있고, 세수를 증가시키며 더불어 관광수지를 개선할 수 있는 효과를 볼 수 있다.

사후면세제도는 이미 전 세계 80여개 국가에서 시행되는 면세제도이며 사후면세사업장에 대한 일정 수준 이상의 신뢰도를 바탕으로 관광객에게 심리적 안정감을 주어 보다 안정적인 쇼핑이 가능하도록 유도한다.

5 국외의 면세제도

1) 일본의 면세제도

일본은 2014년 '외국인 소비세 면세제도' 개정을 통해 면세 대상을 확대하고, 제3자 면세 절차 위탁을 허용하고 있다. 또한, 면제 품목을 의류나 가전제품 등에 한정하지 않고 식품과 화장품 등 전 품목으로 확대하고 있다. 면세한도는 1일 총구매금액 5천 엔 이상 50만 엔 이하로 확대하였다.

이러한 일본 면세제도의 긍정적 효과는 전문적인 면세서비스가 가능해지기 때문에 지역 소상공인의 매출증대로 이어진다는 점이다. 제도 시행 이후, 면세점 수가 18,000여개로 이전보다 3배 이상 증가하였고 면세 매출도 약 19.6% 증가하였다.

우리나라의 경우, 일본의 제도 개정 및 활성화 정책의 성공에 영향을 받아 2016년 사후면세제도를 도입하였다.

2) 싱가포르의 면세제도

싱가포르의 세금 환급제도는 싱가포르 관광객들이 여행 중 싱가포르 내에서 구매한 상품에 대한 소비세를 환급해 주는 방법으로 시행하고 있다. 싱가포르 국적 또는 영주권자가 아닌 만 16세 이상의 관광객이 세금 환급제도에 가입된 상점에서 구매한 경우, 상품의 금액이 100 싱가포르달러를 초과하면 환급신청이 가능하다.

3) 이탈리아의 면세제도

부가가치세 환급은 물건 구매 시 구매자와 판매자가 합의한 조건에 따라 직접 이루어지는 방식으로 이루어지고 있으며, 규모가 큰 공항과 같은 사업장에서는 환급대행사업자가 상품이 자국에서 반출되는 즉시 부가가치세를 현금으로 환급하기도 한다.

4) 독일의 면세제도

독일의 경우, 50유로 이상 구매 시 면세 혜택이 주어지고, 구매자는 비EU회원국 거주자로 제한을 두고 있다. 또한, 독일 내 대중교통, 호텔 등 용역이나 개인 교통을 위한 용역은 면세에서 제외되고 있고 반면 시내 중심가에서 환급대행업체와 제휴한 상점들이 많이 운영되고 있다.

6 사후면세제도 활성화 방안

위의 해외 사례들을 살펴보면 내용이 구체적일 뿐만 아니라 다양한 혜택들로 여러 가지 긍정적인 효과를 불러오는 것을 알 수 있다. 국내에서 사후면세제도가 활성화되려면,

중앙정부 및 지방자치단체의 협력과 실질적 정책 시행이 중요하다고 볼 수 있다.

2015년, 기획재정부는 성형수술을 목적으로 방문하는 의료관광객들에게 사후면세 즉시 환급제도를 도입하여 환급절차를 간소화하여 관광객들의 편의를 제고하고자 하였다. 그 이후, 2016년에는 즉시 환급 한도를 '거래가액 기준 1인 100만 원 이하'에서 1인 200만 원 이하로 확대하여 시행하였다. 〈표 6〉은 사후면세제도 환급제도의 변화를 정리한 것이다.

표 6 | 사후면세제도 환급제도 변화

	즉시환급 시행 이전 (~2015년)	즉시환급 시행 이후		
		2016~2017년	2018~2020년 3월	2020년 4월~
환급 한도	건당 3만 원 이상	건당 20만 원 미만 (인당 100만 원 한도)	건당 30만 원 미만 (인당 100만 원 한도)	건당 50만 원 미만 (인당 200만 원 한도)
		Tax-Refund(사후환급) - 출국항 환급창구 : 건당 3만 원 이상 - 시내환급창구 : 건당 3~500만 원 이하		
환급 장소	공항만 환급창구 또는 시내 환급창구, 모바일 APP 등	면세판매장에서 즉시 환급, 한도 내 즉시환급형 사후면세점에서 가능		
		출국항 또는 시내환급창구에서 가능		

출처 : 방한외래객쇼핑관광실태조사 보고서, 한국관광공사(2020)

위의 〈표 6〉과 같이, 정부는 지역관광거점도시를 중심으로 총 200개 점포를 대상으로 즉시환급형 사후면세점 확충을 통해 쇼핑을 통한 지역관광 활성화를 기대하고 있다. 즉, 정부의 여러 부처들은 사후면세점을 통한 쇼핑 콘텐츠를 제공하고 관련 홍보 마케팅을 통해 쇼핑관광 지출을 증대해야 한다.

7 해외 쇼핑관광 도시들의 특징

쇼핑관광 환경은 각 도시마다 차이가 있으며, 대륙별로 더 명백한 차이를 보이고 있다. 유럽 대륙의 여러 국가들은 쇼핑의 성지로 불리며 브랜드상의 인지도 및 상징성이 매우 크다고 볼 수 있다. 그러므로 쇼핑관광에 대한 활성화 방안을 모색하고 정책을 펼치기보다는 자체 브랜드에 대한 홍보가 주로 이루어지고 있다. 반면, 아시아 대륙은 유럽 대륙에 비해 자체 브랜드에 대한 인지도가 세계적인 수준은 아니기 때문에, 브랜드와 명품을 한데 모아 대규모의 쇼핑 페스티벌이나 행사를 통해 쇼핑관광활동을 유도한다.

국내의 쇼핑관광을 활성화시키기 위해서는 아시아 주요 국가들의 전략을 참고하고 쇼핑 환경을 파악하여 정책 및 쇼핑 인프라를 확대해야 할 것이다. 〈표 7〉은 주요 국가의 쇼핑 정책을 정리한 것이다.

표 7 | 기타 국가 주요 쇼핑 정책

도시(국가)	주요 쇼핑 정책
일본	면세 품목 및 적용 지역 확대, 면세 최소 금액 하향 조정
	사후면세제도의 현장할인(해외 관광객 대상 소비세 8% 환급)
	연중 쇼핑 페스티벌 개최(여름, 겨울에 각 2~3개월)- 최대 80%까지 할인
홍콩	관광청 주관하의 대형 쇼핑행사 개최(관광청에서 쇼핑 정보 및 쿠폰 제공)
	홍콩관광진흥청에서 관광품질인증제도(QTS) 인증업체를 선정하여 품질 및 서비스 관리
중국	면세점이 아닌 일반쇼핑업체의 할인서비스 제공으로 쇼핑시장 활성화
쿠알라룸푸르(말레이시아)	다양한 명품 브랜드와 큰 할인폭으로 명품 구매 관광객의 방문 증가
	연중 '세일축제' 개최하여 할인율 15~70%까지 제공
대만	중국 관광객 유치에 중점을 두고 있음
	중국본토와 인접한 진먼섬 전체를 면세화하는 계획 및 정책 구상 중
태국	관광청과 대형 쇼핑몰이 대규모 할인 이벤트를 동시에 진행
	국영기업이 운영하는 면세점을 통해 중국 관광객 적극 유치
괌	섬 전체를 면세지역으로 지정
	미국 판매용품을 대부분 취급하며 블랙프라이데이도 동시에 진행
두바이	연간 대형 쇼핑엔터테인먼트 축제를 개최

출처 : 서울시 쇼핑관광의 실태와 정책시사점, 서울연구원(2019)을 바탕으로 필자가 재구성함

참고문헌

기획재정부(2019), 면세점 제도 및 여행자 휴대품 면세한도 현황 설명 보도자료

경기연구원(2020), 코로나19, 여행의 미래를 바꾸다

서울연구원(2016), 서울시 쇼핑관광의 실태와 정책시사점

한국관광공사(2017), 외래관광객조사 보고서

한국관광공사(2019), 외래관광객조사 보고서

한국관광공사(2020), 방한외래객쇼핑관광실태조사 보고서

한국관광공사(2022), 외래관광객조사 보고서

한국문화관광연구원(2017), 쇼핑관광 환경분석을 통한 경쟁력 강화방안

Theme Trip Product

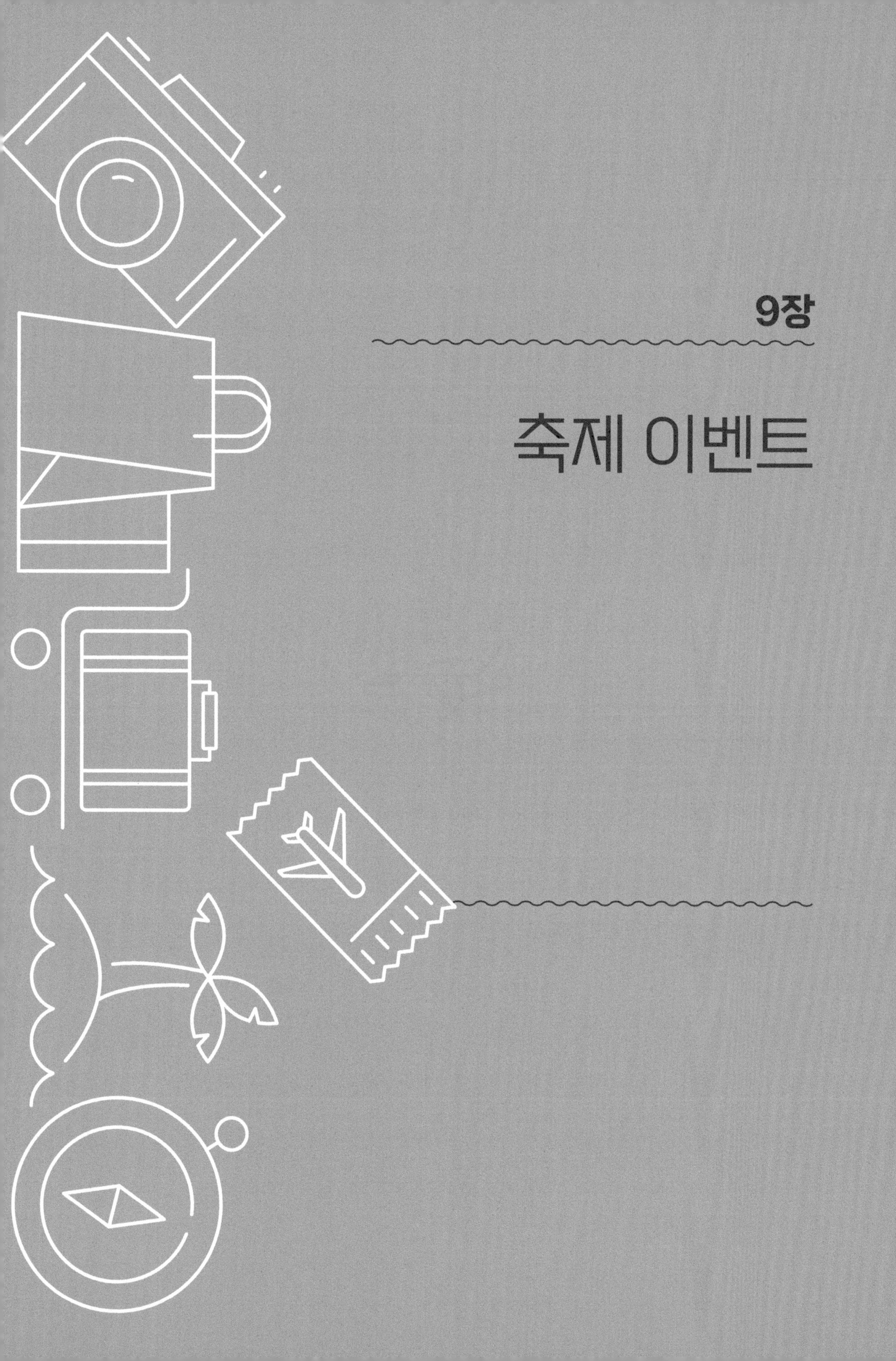

9장

축제 이벤트

주제
여행
상품

9장

축제 이벤트

1 올림픽(Olympic Game)

1) 올림픽 개요

올림픽은 고대 그리스 제전경기의 하나인 올림피아제(Olympia祭)에서 기원되었다. 올림피아제는 서기전 776년에 시작되어, 4년에 한번씩 393년까지 총 293회가 개최되었다. 그 뒤 약 1500년 동안 중단되었다가 1896년 프랑스의 쿠베르탱(Coubertein, P.)에 의하여 그리스 아테네에서 근대올림픽으로 부활되었다. 처음에는 하계대회만을 실시하여 오다가 1924년부터 동계대회가 신설되었다. 올림픽대회는 2021년 도쿄올림픽대회까지 32회가 개최되었고, 동계올림픽대회는 2022년 베이징대회까지 24회가 개최되었다.

근대올림픽의 개최목적은, 첫째, 아마추어 스포츠의 근간을 이루는 신체적 · 정신적 자질의 발전을 도모하고 둘째, 스포츠를 통한 상호이해와 우의증진 정신으로 젊은이를 교육하여 보다 발전되고 평화로운 세계를 건설하는 데 이바지하며 셋째, 전 세계에 올림픽 정신을 널리 보급하여 국제친선을 도모하는 데 있다.

이에 따라 올림픽대회의 참가는 어떠한 국가나 개인 · 인종 · 종교 또는 정치적 이유로도 차별받지 않고, 모든 참가자는 '이기는 데 있는 것이 아니라 참가하는 데 있다.'라는 올림픽 신조를 가장 소중히 지키고 존중하여야 한다.

2) 올림픽 역사

(1) 고대 올림픽대회

고대 그리스인들은 각 지역에 따라 서로 다른 시기에 올림피아(Olimpia) · 프티아(Phthia, 기원전 582년) · 이스트미아(Istmia, 기원전 582년) · 네미아(Nemia, 기원전 573년) 등에서 신을 찬양하기 위한 제전경기를 벌였다. 이 중 올림피아제가 가장 오래되고 대표적인 것으로, 기원전 776년을 그 기원으로 보고 있다. 이 올림피아제는 고대 그리스인들의 절대신인 제우스(Zeus)에게 바치는 일종의 종교행사에서 비롯되었으며, 펠레폰네소스반도 서부연안의 올림피아에서 개최되었기 때문에, 그 이름을 따서 올림픽이라 부르게 되었다.

그리스인들이 경기대회를 개최한 것은 인간의 신체와 정신은 신에게서 물려받은 것이므로, 이를 단련시켜 그 결과를 보여주는 것이 신을 숭배하는 최선의 방법이라고 믿었기 때문이다.

당시 그리스는 도시국가 형태인 여러 개의 폴리스(Police)로 나뉘어 있었는데, 올림피아대회는 순수한 헬라(Hella)인이면 누구나 참가할 수 있었고, 신을 모독한 자나 범법자 · 노예 등은 제외되었다. 또한, 참가선수는 10개월 이상 체육관에서 연습하고 대회 한 달 전 제우스신전에 기도를 올리고, 합격심사를 거친 뒤 한 달 동안 감독 밑에서 합숙을 하도록 하였다. 이는 현재의 선수등록 · 예선이나 출전기록 · 합숙 등과 같은 것이라 할 수 있다. 대회 전후 한 달 동안은 선수와 관객의 안전을 위하여 그리스 전역에 휴전이 선포되었고, 제전은 엄숙한 가운데 개막되었다.

한편, 여성에 대해서는 선수 참가가 허용되지 않았을 뿐 아니라 참관조차 할 수 없었다. 대회 기간은 처음에는 하루뿐이었으나 전성기에는 5일간으로 연장되었고, 국세가 신장됨에 따라 참가자도 그리스 전역에서 지중해의 식민지까지 확대되었다.

경기 종목은 처음에는 단거리 종목 한 가지뿐이었으나, 점차 중거리경주 · 장거리경주 · 5종경기 · 레슬링 · 권투 등이 추가되었다. 올림픽대회의 승자에게는 제7회 때부터 신의 나무로 상징되는 올리브나무의 가지와 잎으로 된 관이 주어졌고, 이때는 모두가 일어나서 승리를 축하하였다. 또한 올림피아에 승리자의 상을 세웠으며 고국에서는 성벽의 일부를 헐고 그를 맞이하였는데, 이것은 올림픽의 승자가 많은 나라에는 성벽이 필요

없다는 뜻이었다. 그러나 그리스 도시국가들의 패권다툼으로 점차 국가주의적인 경향이 짙어져 전문적인 선수를 양성하고 승리를 추구함에 따라 올림픽 정신은 쇠퇴하기 시작하였다.

이와 더불어 테오도시우스(Theodosius) 황제가 기독교를 국교로 인정하고 293년 기독교 이외의 신을 모시는 행위를 금지하라는 칙령을 내리자, 고대 올림픽대회는 제393회를 마지막으로 개최되지 못하게 되었다. 그러나 고대 올림픽대회는 당시 그리스인들의 생활에 큰 영향을 끼쳤다. 올림픽 스타디움의 경주로 길이를 거리 측정단위로 삼은 것과 우승자를 처음으로 등록한 기원전 776년을 그리스의 기원 원년으로 한 점, 달리기 경기에서 우승한 선수의 이름으로 올림피아드(Olympiad)를 명명하였던 점 등이 그것이다.

한편, 올림픽대회에 누구나 참가할 수 있었던 점이나 대회기간 동안 전쟁 중지 등은 근대 올림픽에서 인종과 종교 차별의 금지, 세계평화와 우의 증진이라는 이상과 목적 설정의 근본이 되었다.

(2) 근대 올림픽대회

고대 그리스의 올림픽대회는 르네상스시대까지 1000여 년 동안 잊혀졌었다. 그러나 르네상스 때에 이르러 그리스 문화를 찬양하고 재현하려는 운동으로 말미암아 올림피아 유적을 발굴하게 되었다. 1881년 독일의 쿠르티우스(Curtius, E.)가 올림피아 유적 발굴에 성공하면서 “올림피아 제전이 그리스 문화의 근원이었다”라는 획기적인 발표를 하게 되었다.

이에 쿠베르탱은 고대 그리스의 올림픽대회에 심취하게 되어 스포츠를 통한 청소년 교육에 깊은 관심을 기울이기 시작하였다. 그리고 올림픽이라는 스포츠 제전을 통하여 세계 청소년을 한자리에 모아 우정을 나누게 함으로써 세계평화에 크게 기여할 수 있다는 신념을 가지게 되었다. 그 뒤 1892년 프랑스 스포츠연맹 창설 3주년 기념회의에서 올림픽의 부활을 제창하였다. 쿠베르탱의 제창은 곧바로 결실을 맺지는 못하였지만, 끊임없는 노력으로 1894년 6월 국제스포츠회의에서 각국 대표들로부터 만장일치로 찬성을 받게 되었다. 1896년 제1회 올림픽대회를 아테네에서 개최하기로 하는 한편, 국제교류를 위하여 4년마다 각국 도시를 돌아가면서 개최하도록 결정하였다. 이와 함께 올림픽에 관한 모든 문제를 협의, 결정하기 위한 국제올림픽위원회(IOC)가 발족되었다.

그리스 아테네에서 1896년에 개최된 제1회 근대 올림픽대회에는 13개국에서 311명의 선수가 참가하였고, 경기는 10개 종목이었다. 1908년 영국 런던에서 개최된 제4회 대회는 종래에 개인 자격으로 참가하던 것을 이때부터 국가를 대표해서 국기를 앞세우고 참가하게 되었다. 1912년 스웨덴 스톡홀름에서 개최된 제5회 대회부터는 개최국의 정부와 개최 도시가 대회경비를 부담하고 찬조금도 공식화되어, 이 대회를 계기로 더욱 충실한 단계로 발전하게 되었다. 1920년 제7회 대회 때부터 쿠베르탱이 5대륙을 상징하는 청 · 황 · 흑 · 녹 · 적색의 오륜기를 고안하여 대회장에 등장시켰고, 1921년에는 "올림픽헌장"을 제정 · 공포하였다.

1924년부터는 동계경기가 독립되어 프랑스의 샤모니에서 16개국 307명의 선수가 참가한 가운데 제1회 동계대회를 개최하였고, 16개국 258명의 선수들이 빙상 · 스키 · 아이스하키 · 봅슬레이 · 군대정찰경기 등 5개 종목에 참가하였다. 1928년의 제9회 대회 때에는 경기장의 마라톤탑 위에 커다란 돌접시를 얹어 놓고 여기에 불을 피워 대회기간 동안 타도록 하였는데, 이것이 오늘날 성화의 기원이 되었다. 1936년 제11회 대회 때부터는 그리스 신전에서 성화를 채화하여, 개회식장까지 옮겨와 성화대에 점화하는 의식이 시작되었다. 1964년 제18회 대회는 아시아에서는 처음으로 일본의 동경에서 개최되었다. 1980년 소련(지금의 러시아)의 모스크바에서 개최된 제22회 대회는 공산권에서 열린 최초의 대회였는데, 당시 소련의 아프가니스탄 침공으로 미국을 비롯한 대부분의 자유진영 70개국이 불참하여 올림픽사상 가장 큰 위기를 맞게 되었다.

이어 제23회 대회가 미국의 로스앤젤레스에서 열리자, 이번에는 소련(러시아) 등 동유럽국가 20여 개국이 불참하여, 올림픽대회가 정치적 · 군사적 대결로 동서세력의 대치현상을 나타내게 되었다.

오늘날 세계 각국의 스포츠인들은 근대올림픽이 창설된 6월 23일을 '올림픽의 날'로 정하여 기념하고 있다.

(3) 동계올림픽(Winter Olympic Games)

동계올림픽 개최를 처음으로 제안한 국가는 이탈리아로, 1911년 초 이탈리아는 유럽의 전통적인 스포츠 스케이팅과 스키를 올림픽에 포함해 별도의 동계대회를 열자는 제안을 내놓았다. 그러나 이 제의는 10년이 지난 1921년에야 IOC회의에서 받아들여지게 되었다. 당시 북유럽 3개국의 반대가 있었지만 결국 IOC의 공식 승인을 받게 되면서 프랑스에서 시범적으로 동계올림픽을 개최하기로 했다.

이에 파리하계올림픽이 열리던 1924년 1월 27일부터 2월 5일까지 샤모니에서 제1회 동계대회가 개최되었다. 당시 샤모니 대회에서는 14개국 294명의 선수가 참가한 가운데 스키와 스케이팅 등 5개 종목이 펼쳐졌다. 그런데 이렇게 치러진 제1회 동계올림픽이 관중들의 인기를 끌며 성공을 거두자, IOC는 1925년 동계올림픽을 하계올림픽의 부속대회가 아닌 별도의 대회로 채택하는 결의안을 발효하고 하계올림픽과 같은 해에 치르도록 결정했다. 하지만 이는 기후조건이나 두 대회를 모두 치르기에는 재정 부담이 크다는 문제 때문에 잘 이뤄지지 않았다. 예컨대 1928년 암스테르담 하계올림픽을 개최한 네덜란드의 경우 눈이 거의 없어 그해 동계올림픽은 스위스 생모리츠에서 열렸다. 이에 IOC는 1986년 동계와 하계올림픽을 2년씩 교차하면서 열기로 결정하고, 그 시기를 1992년 바르셀로나 올림픽과 1996년 애틀랜타 올림픽 사이로 결정했다. 이에 1992년 바르셀로나 올림픽 2년 후인 1994년 릴레함메르 동계올림픽이 열렸고, 이후부터 2년의 주기로 하계와 동계올림픽이 번갈아 열리고 있다. 동계올림픽대회는 2022년 베이징대회까지 24회가 개최되었다.

(4) 한국 올림픽의 역사

우리나라는 1947년에 IOC에 가입하였고, 1948년 7월 제14회 런던올림픽대회부터 태극기를 앞세우고 참가하였다. 그러나 우리나라 사람이 올림픽대회에 처음 참가한 것은 1932년 미국 로스앤젤레스에서 개최된 제10회 대회 때부터이다. 1936년 베를린 올림픽대회에서는 올림픽의 꽃이라 불리는 마라톤에서 손기정이 세계 신기록으로 우승하고, 남승룡이 3위를 차지하여 마라톤 한국을 전 세계에 과시하였으나 가슴에는 일장기가 달려 있어 민족의 울분을 자아냈다.

여기에 동아일보는 일장기를 없앤 손기정 선수의 마라톤 경주 모습을 호외로 발행하여 정간을 당하는 비운을 겪기도 하였다. 1948년 제14회 때부터 정식으로 참가하여 육상 · 농구 · 복싱 · 축구 · 역도 · 사이클 · 레슬링 등 7개 종목에 68명이 출전하였다. 1952년의 제15회 헬싱키대회에는 6.25 전쟁 중이었지만, 올림픽의 이념구현을 위하여 5개 종목에 14명의 선수가 참가하였다.

1976년 제21회 몬트리올 올림픽대회에서는 올림픽대회 참가 사상 처음으로 양정모 선수가 레슬링에서 금메달을 획득하였다. 제23회 로스앤젤레스대회에서는 유도의 하형주 · 안병근, 복싱의 신준섭, 레슬링의 김원기 · 유인탁, 양궁의 서향순 등이 6개의 금메달을 획득하였다. 그 밖에 은메달 6개와 동메달 7개를 기록하여 140개국이 참가한 가운데 10위로 부상, 스포츠 선진국으로 도약하였다. 1988년 제24회 대회가 우리나라의 서울에서 개최되면서 사상 최대 규모의 160개국이 참가하여, 스포츠를 통한 동서화해와 세계평화 정착을 위한 새로운 전환점을 마련하게 되었다. 1988년 서울에서 열린 제24회 대회에서는 금메달 12개, 은메달 10개, 동메달 11개로 160개국 중 종합순위 4위를 차지하는 성과를 거두었다.

2018년 제23회 동계 올림픽경기대회가 2018년 2월 9일부터 2월 25일까지 평창에서 17일간 개최되었다. 대회 규모는 전 대회인 소치동계올림픽보다 늘어나 90여 개국에서 2,900여 명의 선수를 포함하여 약 5,000명의 선수 · 임원이 참가하였다. 동계스포츠 강국인 러시아는 '국가의 주도로 조직적 도핑과 그에 대한 검사를 조작 · 은닉'한 결과로 IOC로부터 참가 금지 처분을 받았고, 이에 따라 러시아 선수들은 개인 자격으로만 참가할 수 있게 되었다. 또한 북한도 참가하여 여자 아이스하키 종목에서 남북 단일팀으로 출전하였다. 이 대회가 끝난 뒤, 같은 장소에서 3월 9일부터 3월 18일까지 10일간 제12회 동계패럴림픽경기대회가 열린다.

출처 : 대한체육회, https://www.sports.or.kr

제24회 서울 올림픽

2 월드컵(World Cup)

축구가 오늘날과 비슷한 형태로 규칙이 정비되고, 영국으로부터 유럽 및 남미로 널리 퍼져 나가기 시작한 것은 19세기 중후반이었다. 그 후 19세기 말에 이르러서는 각 나라들 간의 국제 시합이 점차 보편화되었음은 물론, 올림픽에서도 1900년 대회부터 3회 연속 시범 종목으로 채택되며 세계적으로 인기를 누리기 시작했다.

대회는 지역 예선과, 지역 예선을 거친 국가대표팀이 참가하는 본선으로 이루어진다. 선수는 소속된 축구단의 국적이 아니라 선수 개인의 국적에 따라 참가하며, 아마추어와 프로에 관계없이 참가할 수 있기 때문에 세계 최고 수준의 경기가 펼쳐진다. 심판은 각국 축구협회가 제출한 심판명부에서 선발한다.

제1회 대회는 1930년 남미 우루과이의 몬테비데오에서 13개국이 참가한 가운데 개최되었고, 1938년 제3회 프랑스대회 이후 제2차 세계대전으로 12년간 중단되었다가 1950년에 제4회 대회가 브라질에서 다시 열렸다. 초기 대회는 오늘날과 달리 초청형식으로 치러졌으며, 제3회 국제축구연맹(FIFA) 회장인 프랑스의 줄리메(Jules Rimet)가 줄리메컵을 제공하여 '줄리메컵 세계선수권대회'라고도 했다. 줄리메컵은 대회 3회 우승(1958, 1962, 1970)을 차지한 브라질에게 영구히 넘어갔고, 1971년 FIFA에서 우승컵을 제공한 뒤부터 FIFA월드컵이라고도 한다. FIFA에서 제공한 월드컵은 이탈리아 조각가 실비오 가자니가(Silvio Gazazniga)의 작품으로 18캐럿(carat) 순금에 높이 36㎝, 무게 약 5㎏이며, 바닥에서 나선형으로 솟아오른 선들이 지구를 떠받치는 형상을 하고 있다. 원래의 작품은 FIFA에서 영구히 소유하고, 1974년 제10회 서독대회 이후부터는 도금한 복제품을 제작해 수여하고 있다.

한국은 1954년(제5회) 스위스대회에 처음으로 참가했고 이후 1986년(제13회) 멕시코대회, 1990년(제14회) 이탈리아대회, 1994년(제15회) 미국대회, 1998년(제16회) 프랑스대회 이후 2022년 카타르월드컵(제22회)의 본선경기에 진출하여 아시아에서는 처음으로 10회 연속 본선 진출에 성공했다. 2002년 제17회 대회는 한국과 일본이 공동으로 개최했다. 대회는 30일 동안 한국과 일본 각 10개 도시에서 열렸으며, 한국은 서울 · 부산 · 대구 · 인천 · 광주 · 대전 · 울산 · 수원 · 전주 · 서귀포, 일본은 삿포로시 · 요코하마시 · 미야기현 · 이바라키현 · 니가타현 · 사이타마현 · 시즈오카현 · 오사카시 · 고베시 · 오이타현에서 경기를 치렀다. 이 대회에서 한국은 7전 3승 2무 2패로 아시아 최초로 4강에 진출하였다.

제18회 월드컵축구대회는 2006년에 독일에서 열렸으며 한국은 본선에 진출하여 G조에 속해 토고, 프랑스, 스위스와 경기를 펼쳤으나 16강 진출에 실패하였다. 하지만 토고와의 경기에서 승리함으로써 한국의 월드컵 사상 원정경기 첫 승을 기록하였다. 제19회 월드컵축구대회는 2010년 남아프리카공화국에서 개최되었으며 한국은 본선에 진출하여 B조에 속해 그리스, 아르헨티나, 나이지리아와 경기를 펼쳐 원정 최초로 16강에 진출하였다. 제20회 월드컵축구대회는 2014년 브라질에서 열렸으며 벨기에, 알제리, 러시아와 H조에 속했던 한국은 16강 진출에 실패하였다. 제21회 월드컵축구대회는 2018년 러시아에서 개최되었으며, 멕시코, 스웨덴, 독일과 조별 경기를 치른 한국은 16강 진출에 실패하였다. 제22회 월드컵축구대회는 2022년 카타르에서 개최되었으며, 포르투갈, 우루과이, 가나와 조별 경기를 치른 한국은 12년 만에 16강 진출에 성공하였다.

출처 : 국제축구연맹(FIFA), https://www.fifa.com

3 세계의 축제

1) 리우카니발(Rio Carnival)

(1) 축제개요

세계 3대 미항의 하나인 브라질의 리우데자네이루(Rio de Janeiro)에서 매년 2월 말부터 3월 초 사이 사순절 전날까지 5일 동안 열리는 카니발이다. 카니발은 전 세계 가톨릭 국가들을 중심으로 성대하게 펼쳐지는 그리스도교 축제로, 부활절을 기준으로 축제 시작일이 매년 바뀌며 보통 1월 말에서 2월 사이에 시작해 사순절 전날(Mardi Gras, 참회의 화요일)에 끝난다.

카니발이 브라질에 전래된 것은 유럽인들이 이주해 온 16세기 이후로, 브라질 카니발에 대한 최초의 기록은 1723년에 발견된다. 포르투갈의 식민 지배가 19세기 초까지 이어지는 동안 브라질에서는 포르투갈, 스페인, 프랑스, 네덜란드 등 유럽의 문화와 원주민의 전통, 그리고 노동력 확보를 위해 끌고 온 아프리카인의 문화가 혼합되었다. 브라질의 카니발은 이처럼 여러 대륙의 다양한 문화가 집결되는 과정에서 형성되어 오늘날 브라질의 전통과 문화를 대표하는 축제로 자리 잡았다. 이것이 점차 발전하여 20세기 초에 지금과 같은 형식의 카니발이 완성되었다. 해마다 리우카니발이 열릴 때면 전 세계에서 약 6만 명의 관광객이 찾아오고, 브라질 국내 관광객도 25만여 명에 이른다.

브라질 카니발은 리우데자네이루, 상파울루(São Paulo), 사우바도르(Salvador), 헤시피(Recife) 등 4개 도시를 중심으로 브라질 전역에서 열린다. 카니발 기간에는 기본 산업체, 소매업, 축제 관련업을 제외한 브라질 전체가 일을 멈추고 밤낮없이 축제를 즐긴다. 그중 리우카니발은 그 규모와 화려함에 있어서 전 세계 최고라는 평가를 받는다.

브라질 카니발의 상징이자 카니발을 이끄는 춤 삼바(samba)는 바로 리우데자네이루에서 시작되었다. 따라서 화려한 의상을 입고 춤을 추는 삼바 무용수들, 화려하게 장식한 축제 차량, 노래를 부르고 음악을 연주하는 악단이 펼치는 삼바 퍼레이드는 리우카니발의 하이라이트를 이룬다. 리우카니발의 삼바 퍼레이드는 리우데자네이루 지역에 결성되어 있는 200여 개 삼바스쿨들이 일 년 동안 준비해 조직적이고 체계적으로 벌이는 행사라는 특징을 지닌다. 삼바스쿨들은 춤, 음악, 노래, 의상, 소품 등을 어우러지게 구성한 프로그램을 선보이며, 퍼레이드를 벌이는 동안 심사를 거쳐 그해 카니발의 최고의 삼바스쿨이 선정된다. 이렇듯 삼바 경연대회이기도 한 삼바퍼레이드는 다른 카니발과 차별되는 리우만의 독자적인 행사로, 리우데자네이루를 전 세계 카니발의 수도로 인식시키는 역할을 하고 있다.

브라질의 카니발은 유럽, 아메리카, 아프리카의 다양한 문화가 집결되는 과정에서 형성되어 오늘날 브라질의 전통과 문화를 대표하는 축제로 자리 잡았다. 리우카니발은 그 규모와 화려함에 있어 전 세계 최고라는 평가를 받는다.

(2) 축제 주요 행사

가. 모모 왕(Rei Momo) 즉위식

'카니발의 왕'이라 불리는 모모 왕은 남아메리카의 카니발에 단골로 등장하는 상징적인 인물이다. 리우카니발은 모모 왕의 즉위식을 거행하고 리우데자네이루 시장이 모모 왕에게 금과 은으로 만든 리우시의 열쇠를 전달함으로써 공식적으로 시작된다. 그리고 모모 왕은 삼바 퍼레이드를 비롯한 카니발 주요 행사의 시작을 알리는 역할을 한다. 전해오는 이야기에 따르면, 모모 왕은 그리스 신화에서 조롱의 신인데 올림푸스에서 추방돼 카니발의 도시 리우에 정착했다고 한다.

나. 삼바 퍼레이드

삼바 퍼레이드는 한 삼바스쿨당 60~80분 동안 준비한 프로그램을 펼쳐 보이는 삼바 경연대회다. 삼바스쿨의 퍼레이드는 정해진 규칙에 따라 진행되고 심사위원들의 공정한 심사를 통해 우열이 가려진다. 퍼레이드는 무용수 10~15명이 자신들이 속한 삼바스쿨과 준비한 프로그램을 소개하는 춤을 선보이며 행진함으로써 시작된다. 삼바스쿨이 그해 카니발을 위해 선정한 주제는 노래, 춤, 연주 음악, 의상 등에 모두 반영되며, 정교하고 화려하게 장식된 축제 차량은 프로그램의 주제를 선명하게 드러내는 데 특히 큰 역할을 한다. 한 삼바스쿨의 공연에 5~8대가 동원되는 축제 차량은 철제 구조물에 나무, 플라스틱, 스티로폼(Styrofoam)을 이용한 조각작품과 그 밖의 다양한 장식으로 꾸며진다. 1984년에 완성된 삼바 퍼레이드 공연장 삼보드로무(sambodromo)는 700미터에 이르는 행진로와 9만여 관람석을 갖추고 있다.

다. 무도회

리우카니발 기간에는 리우데자네이루의 호텔과 해변에서 많은 무도회가 열린다. 이들 무도회는 유명 호텔이 주최하기도 하고, 의상에 별다른 제한 없이 자유분방한 분위기에서 열리기도 한다. 무도회에서 사람들은 삼바뿐 아니라 룬두(Lundu), 폴카(polka), 마시시(Maxixe) 등 다양한 춤을 즐긴다. 또 축제 기간에 삼바스쿨들이 개방하는 댄스 홀은 다양한 연령과 계층의 사람들이 함께하는 거대한 나이트클럽이 된다.

라. 거리 밴드 공연

리우의 각 지역에는 지역만의 거리 밴드가 결성돼 있다. 오늘날 이들 거리 밴드는 리우 전체에 300개 정도 있는 것으로 파악되며 그 수는 계속 늘고 있다고 한다. 각 밴드는 퍼레이드를 벌이고 연주할 장소와 거리를 미리 확보해 두는데, 밴드의 규모가 클수록 큰 길 가까이에서 공연을 펼친다. 거리 밴드는 1월부터 거리 공연을 시작해 카니발이 끝날 때까지 계속한다.

거리 밴드는 퍼레이드를 위해 직접 작사, 작곡한 음악을 들려준다. 밴드는 관악기가 주를 이룬 오케스트라로 구성되며, 미리 정해둔 길을 따라 행진하거나 정해진 자리에서 공연을 펼친다. 밴드의 공연이 시작되면 평상복 차림으로든 수영복 차림으로든 열정적으로 삼바 춤을 추는 무리들이 모여들어 함께 공연을 즐긴다. 카니발 거리 밴드의 결성과 공연은 매우 단순하게 이루어진다. 먼저 사람들이 동네 광장이나 술집 등 잘 알려진 장소에 모인다. 그리고 두세 시간 정도 서로 맞춰본 후 거리로 나가 연주를 하고 행진을 시작한다. 아이들과 노인, 여장 남자 등 다양한 사람들이 최대 1만 명까지 모여 벌이는 흥겨운 행진을 거리에서 만나면 거리의 자동차들은 운행을 멈추고 행렬이 지나갈 때까지 기다려야 한다.

출처 : 리우카니발, https://www.rio-carnival.net

리우카니발

2) 옥토버페스트(Oktoberfest)

(1) 축제개요

옥토버페스트는 독일 남부 바이에른(Bayern)주의 주도인 뮌헨(München)에서 개최되는, 세계에서 가장 규모가 큰 민속 축제이자 맥주 축제다. 매년 9월 15일 이후에 돌아오는 토요일부터 10월 첫째 일요일까지 16~18일간 계속되는 축제는 1810년에 시작되어 2023년에 제188회를 맞이했다. 옥토버페스트는 독일어로 '10월 축제'라는 의미다.

1810년 10월 루트비히 1세(Ludwig I)의 결혼에 맞추어 5일간 음악제를 곁들인 축제를 열면서 시작되었다. 이후 1883년 뮌헨의 6대 메이저 맥주회사(bräu, 브로이)가 축제를 후원하면서 4월 축제와 함께 독일을 대표하는 국민축제로 발전하였다. 축제에 참여하는 맥주회사들은 시중에 유통되는 맥주보다 알코올 함량을 높인(5.8~6.3%) 특별한 축제용 맥주를 준비한다. 그리고 최대 1만 명을 수용할 수 있는 거대한 천막을 세워 맥주를 판매하는데, 축제기간 동안 팔려나간 맥주는 평균적으로 약 700만 잔에 달하는 것으로 집계됐다.

축제는 화려하게 치장한 마차와 악단의 행진으로 시작되며, 민속 의상을 차려입은 시민과 방문객 8,000여 명이 어우러져 뮌헨 시내 7km를 가로지르는 시가행진으로 흥겨움을 더한다. 축제 기간에는 회전목마, 대관람차, 롤러코스터 같은 놀이기구 80종을 포함해 서커스, 팬터마임(pantomime), 영화 상영회, 음악회 등 남녀노소가 함께할 수 있는 볼거리와 즐길거리 200여 개가 운영된다. 전 세계에서 옥토버페스트를 즐기기 위해 몰려드는 방문객은 매년 평균 600만 명에 달한다.

뮌헨 옥토버페스트는 세계 각지로 퍼져나가 유사한 성격의 민속 축제, 맥주 축제로 자리 잡았다. 뮌헨 옥토버페스트의 뒤를 이어 가장 규모가 큰 축제는 중국 칭다오의 옥토버페스트로, 매년 3백만 명의 방문객이 축제를 찾는다. 캐나다 온타리오 주 키치너(Kitchener), 브라질 남부 산타카타리나 주 블루메나우(Blumenau)에서 개최되는 옥토버페스트에는 연간 60~70만 명의 방문객이 몰려든다. 이 밖에 미국, 호주, 러시아에서도 비슷한 축제가 열리는데, 미국 신시내티에서 1976년부터 개최된 옥토버페스트 친치나티(Oktoberfest Zinzinnati)는 미국에서 열리는 가장 규모가 큰 옥토버페스트로, 그들의 독일계 조상을 기리는 의미에서 축제 명칭을 독일어로 지칭한다. 뮌헨에 이어 독일에서 두 번째로 규모가 큰 하노버(Hannover) 옥토버페스트에는 매년 방문객 90만 명이 축제를 함께한다.

(2) 축제 주요 행사

가. 축제의 시작을 알리는 행진

옥토버페스트 첫날인 토요일 오전, 축제 주최자 · 맥주 회사 관계자 · 상인 · 공연자 등 1,000여 명이 뮌헨 거리를 행진하며 공식적으로 축제의 시작을 알린다. 이 행진은 1887년에 축제 관계자와 공연자들이 축제를 시작하며 광장(테레지엔비제, Theresienwiese)으로 입장한 데서 유래했다. 오늘날에는 뮌헨시를 상징하는 '뮌헨의 아이(Münchner Kindle)'와 뮌헨 시장을 태운 화려한 마차가 행렬을 이끌며 맥주통을 실은 맥주 회사의 마차, 공연자, 상인, 악단 등이 그 뒤를 따른다.

나. 맥주통 개봉

축제 첫날인 토요일 오전에 시작된 옥토버페스트 주최자와 관계자들의 행렬이 끝나고 정확히 정오가 되면 쇼텐하멜(Schottenhamel) 천막에서 '뮌헨의 아이'가 지켜보는 가운데 뮌헨 시장이 첫 번째 맥주통을 개봉한다. 이때 "오 차프트 이스(O'zapft is: '맥주통이 열렸다!')"라고 외침으로써 비로소 옥토버페스트가 시작된다. 이어 바바리아(Bavaria) 여신상 아래 계단에서 축포 열두 발이 발사되며 이제부터 맥주를 판매할 수 있음을 온 축제장에 알린다. 전통적으로는 바이에른주 정부의 수상이 첫 번째 맥주를 마시고 나서 다른 천막의 맥주통이 개봉되어 방문객에게 판매된다. 축제 첫날 정오에 뮌헨 시장이 축제의 첫 번째 맥주통을 개봉함으로써 공식적으로 옥토버페스트가 시작되는데, 이는 1950년부터 이어져 온 전통이다.

다. 민속 의상과 소총부대 행렬

옥토버페스트의 첫 번째 일요일, 즉 축제 둘째 날 오전에 각종 민속 의상을 차려입은 사람들 8,000~9,000명이 바이에른주 의회 건물 막시밀리아네움(Maximilianeum)을 출발해 뮌헨 시내를 가로질러 축제가 열리는 테레지엔비제까지 7킬로미터 거리를 행진한다. 이는 1835년 옥토버페스트에서 바이에른의 왕 루트비히 1세와 테레제 왕비의 은혼식을 축하하며 열린 민속 의상 행렬에서 비롯됐다. 1895년에 바이에른 출신의 작가 막시밀리안 슈미트(Maximilian Schmidt)가 민속 의상을 갖춰 입은 단체 150개, 1,400여 명으로 구성된 행렬을 기획하며 한 단계 발전시켰다. 1950년부터 민속 의상 행렬은 옥토버페스트의 연례행사로 자리 잡아 축제의 하이라이트가 됐다. 민속 의상 행렬로는 세계 최대 규모라고 한다.

출처 : 옥토버페스트, https://www.oktoberfest.de

옥토버페스트 대형 맥주천막

3) 삿포로 눈축제(Sapporo Snow Festival)

(1) 축제개요

삿포로 눈축제는 1950년 제1회 행사를 개최한 이후, 매년 2월 초에 열리는 일본 최대의 축제이다. 삿포로 관광협회는 전쟁 전 오타루(小樽)의 소학교에서 개최된 눈 조각 전시회에서 아이디어를 얻어 눈축제를 기획했으며, 1950년에 삿포로의 중·고등학생들이 삿포로시 중심에 있는 오도리(Odori) 공원에 눈 조각 작품 6개를 설치하고 눈싸움, 전시회, 카니발 같은 행사를 벌였다. 이는 삿포로 시민들은 물론 인근 지역사회에서 큰 관심을 가지면서 방문객 5만여 명이 함께 즐기는 행사가 됐다. 이 소박한 행사에서 시작된 눈축제가 그 규모와 수준을 점차 확대해 오늘날 전 세계인이 함께하는 겨울 축제로 발전하여 2023년에 제73회를 맞이했다.

일본의 북단 홋카이도는 반년 동안 폭설과 추위가 지속되는 지역으로, 1~2월 평균기온은 영하 3.8도이고 '눈의 왕국'이라 불릴 만큼 눈이 많이 내리는 곳이다. 겨울철이면 곳곳에서 눈과 얼음의 축제가 펼쳐지는데, 그 가운데서도 삿포로의 눈축제가 가장 유명하다.

1972년의 삿포로 눈축제는 삿포로 동계올림픽과 같은 기간에 개최됨으로써 눈축제를 전 세계에 알리는 계기를 맞이했다. 1974년부터 중국의 선양(瀋陽), 캐나다의 앨버타(Alberta), 독일의 뮌헨(München), 오스트레일리아의 시드니(Sydney), 미국의 포틀랜드(Portland) 등 삿포로와 자매결연을 맺고 있는 외국의 도시들을 주제로 한 대형 눈 조각 작품들을 선보이기 시작해, 삿포로 눈축제는 국제적인 행사로 발전해 갔다. 개최 기간은 1주일 정도이고 동원되는 눈의 양만도 5톤 트럭 7,000대 분량이며, 이 축제를 즐기기 위해 세계 각지에서 많은 관광객들이 몰려들었다. 세계적으로 유명한 건축물, 동화 속 궁전, 일본 신화, 만화 캐릭터 등 다양한 주제를 표현하는 대형 눈 조각 작품은 최대 높이 15미터에 달하며, 규모와 더불어 섬세함과 정교함을 갖추고 있다.

삿포로 눈축제는 삿포로 시내 여러 곳에서 펼쳐진다. 그중 오도리 공원에서 열리는 국제 눈 조각 경연대회와 스스키노 행사장에서 열리는 얼음조각 경연대회는 국내외 많은 참가자들이 함께하는 축제의 대표적인 행사다. 쓰도무 행사장에는 스케이트장과 눈썰매장을 비롯해 다양한 체험의 장이 마련돼 있다.

(2) 축제 주요 행사

가. 오도리 공원의 국제 눈 조각 경연대회

삿포로 도심에 위치한 오도리 공원에는 1.5킬로미터에 이르는 구간에 눈과 얼음조각 작품 150여 점이 전시된다. 특히 공원 내 국제광장에서 열리는 국제 눈 조각 경연대회는 삿포로 눈축제를 대표하는 행사로, 세계 각국의 참가단이 상상력을 발휘해 거대한 크기에 섬세함과 정교함을 갖춘 눈 조각 작품들을 선보인다.

오도리 공원 내 시민 광장, 환경 광장, 얼음 광장 등에는 대형 눈과 얼음 조각 작품이 설치되고, 시민들이 직접 참여해 만든 크고 작은 눈 조각 작품도 함께 전시된다. 또 스케이트장과 스키점프대는 물론 홋카이도의 음식을 맛볼 수 있는 판매대가 마련돼 있다. 행사장은 축제 기간 내내 언제라도 관람할 수 있으며, 밤에도 10시까지 개방돼 하얀 눈 조각이 다양한 조명과 어우러지는 모습을 볼 수 있다.

매년 삿포로 눈축제를 위해 1955년부터 자위대가 눈 운반과 눈 조각 제작에 참여하며 도움을 주었으며, 민간단체와 시민 자원봉사자들이 함께 축제 준비를 이끌고 있다. 오도리 공원 내에 설치되는 대형 눈 조각 작품의 준비 작업은 9월경부터 시작되는데, 동화 속 궁전, 일본 신화 이야기, 세계적으로 유명한 건축물, 만화 캐릭터 등 다양한 주제를 표현하기 위한 자료 수집, 설계, 모형 제작과 자재 준비 등이 진행된다.

눈 조각의 규모는 행사장마다 다소 차이가 있지만, 일반적으로 다음과 같이 분류한다.

- 대형 눈 조각: 높이 15미터, 5톤 트럭 500대 분량
- 중형 눈 조각: 높이 10미터, 5톤 트럭 300대 분량
- 소형 눈 조각: 높이 2미터, 5톤 트럭 2대 분량

● 국제 눈 조각 경연대회

1974년에 시작된 국제 눈 조각 경연대회는 삿포로 눈축제에서 가장 눈길을 끄는 행사다. 한국은 물론 미국, 스웨덴, 핀란드, 뉴질랜드, 타이, 인도네시아, 타이완 등 전 세계 다양한 국가와 도시를 대표하는 단체들이 참가하여 자유 주제로 눈 조각 작품을 제작한다. 참가단체는 대표를 포함해 3명으로 구성되며, 3일 동안 작품을 제작하고 그 다음날 심사를 받는다. 대회에 참가한 눈 조각 작품들은 축제기간 동안 오도리 공원의 국제광장에 전시된다.

나. 스스키노 행사장의 얼음 조각 경연대회

스스키노 거리는 삿포로의 대표적인 번화가다. 축제 기간뿐 아니라, 일 년 내내 불야성을 이루는 스스키노 거리에 1981년부터 기업이나 상점의 홍보를 위한 얼음 조각이 전시되기 시작했다. 1983년에 스스키노 거리가 삿포로 눈축제의 공식 장소로 지정되면서, 그 규모가 확대됐다. 스스키노 행사장에서는 단순히 보는 것을 넘어 '얼음을 즐기자'는 주제로 크고 작은 얼음 조각 경연대회가 개최된다. 또한 매년 '눈의 여왕 선발대회'를 개최해 축제 기간 동안 안내와 홍보 활동을 펼칠 미스 삿포로를 선발한다.

● 스스키노 얼음 조각 경연대회

스스키노 얼음 조각 경연대회에는 홋카이도 얼음 조각회 소속 조각가들을 포함한 200여 명이 3일 동안 철야로 작업을 펼쳐 보인다. 홋카이도의 특산물인 털게와 갑오징어, 연어를 얼음 속에 넣어 만든 조각 등 다양한 작품들이 선보이며, 밤 11시까지 전시 작품들에 조명이 비춰진다.

● 눈의 여왕 선발대회

삿포로 눈축제를 홍보하기 위해 매년 눈의 여왕을 뽑는 미인대회가 개최된다. 눈의 여왕으로 선발된 여성은 삿포로 눈축제를 비롯해 삿포로의 각종 대내외 행사에 참가한다. 그 밖에 국내외 친선 교류 사절로 활동하게 된다. 참가자격은 삿포로 시내에 거주하는 만 18세 이상의 미혼 여성이다.

다. 쓰도무 행사장

삿포로 눈축제의 제2의 행사장으로 사용되는 쓰도무 행사장은 돔 경기장인 삿포로시 커뮤니티 돔(Sapporo Community Dome)과 그 주변에 위치한다. 실외 행사장에서는 길이 12미터의 유아용 얼음 미끄럼틀이나 길이 10미터의 튜브 슬라이딩, 길이 50미터의 눈썰매장, 스노 래프팅(래프팅 보드를 스노모빌에 연결해 설원을 달리는 코스), 대나무 스키, 눈 결정 관찰 등 아이와 어른이 함께 즐길 수 있는 다양한 체험거리를 제공한다.

실내에는 대규모 휴게소와 음식점, 어린이들이 놀 수 있는 가족 놀이터 등 다양한 시설이 갖춰져 있다. 삿포로시 외곽에 위치한 쓰도무 행사장에는 아이와 어른이 함께 즐길 수 있는 다양한 체험거리가 마련돼 있다. 눈 속에서 가족이 함께할 수 있는 체험프로그랩, 놀이 시설 등이 다양하게 준비돼 있다.

라. 시민 참여 눈 조각

눈 조각 제작에 참여하는 시민들은 직장, 지역, 학교, 가족 등 다양한 배경으로 모인 단체들이다. 1965년 제16회 축제 때부터 시작되었으며, 참가를 희망하는 팀은 매년 11월에 있는 공모에 접수해야 한다. 삿포로 눈축제 실행위원회에서 공개추첨으로 참가여부가 결정된다. 참가가 결정되면 기술 강습회에서 눈 조각 제작에 대한 지식과 붕괴 방지 기술을 배운다. 참가자들은 삿포로의 매서운 추위와 눈보라 속에서 자연의 소재인 눈으로 조각 작품을 만들며, 겨울을 체험한다. 1987년 제38회 축제 때부터는 시민들이 대형 눈 조각 제작에도 참가하고 있는데, 첫 회에는 총 1,000명이 참가했다. 삿포로시 대설상 제작단의 지휘에 따라 진행되는 눈 조각 제작에는 삿포로에 새로 전입해 온 사람들과 외국인 유학생들 위주로 참가자들이 점점 늘고 있다.

출처 : 삿포로 눈축제, https://www.snowfes.com

삿포로 눈축제

4 한국의 축제

1) 보령 머드축제(Boryeong Mud Festival)

충청남도 보령시 주관으로 대천해수욕장을 기반으로 개최되는 지역 축제로, 한국의 가장 대표적인 여름 축제이다. 보령에서 생산되는 머드를 주제로 하는 관광객 체험형 이벤트로, 머드마사지뿐 아니라 다양한 놀이를 즐길 수 있다. 1998년 7월 처음으로 축제를 개최한 이래 매년 7월 중순경에 시작되어 10일간 열린다. 문화체육관광부 선정 '대한민국 글로벌육성 축제'로 지정(2015년, 2016년, 2017년, 2018년)되었다.

보령시에는 136km에 이르는 기다란 해안선을 따라 고운 진흙이 펼쳐져 있는데, 성분분석결과 원적외선이 다량 방출되고 미네랄 · 게르마늄 · 벤토나이트를 함유하고 있어 피부미용에 효과가 뛰어난 것으로 알려졌다. 또한 이스라엘의 사해 진흙보다 품질이 더 뛰어난 것으로 밝혀졌다. 이에 따라 보령시는 머드의 본격적인 상품화에 들어가 대천해수욕장에 머드팩 하우스를 설치하고 매년 해수욕장 개장과 함께 이 축제를 개최하고 있다.

축제기간에는 머드게임 경연, 개막 축하공연, 민속굿 놀이, 머드분장 콘테스트, 보령머드 홍보전, 축하공연, 머드 마사지 체험, 해상레포츠체험, 머드 인간 마네킹, 관광상품판매 등 다채로운 행사가 펼쳐진다.

Tip 머드(mud)

머드는 '물기가 있어 질척한 흙'이란 뜻으로 보통 진흙을 함유한 점토성 물질과 동식물들의 분해 산물과 토양, 염류 등이 퇴적되어 오랜 세월 지질학적, 화학적 및 미생물의 분해작용을 받아 형성된 것이다.
보령 대천해수욕장 주변 해안에서 채취한 양질의 바다진흙을 가공한 머드파우더와 머드파우더에서 추출한 머드 워터가 함유되어 있어 피부 노화방지, 피부노폐물 제거 등 피부미용에 뛰어난 효능을 가지고 있다. 국내 유명 화장품 업체에서 OEM 생산하고 있으며, 보령시가 품질보증 판매하고 있다. 머드는 클레오파트라의 진흙화장, 중국의 흙 화장품인 백토분 등 오랜 옛날부터 피부미용과 피부질환을 고치는 데 사용되었다는 기록이 전해지고 있다. 오늘날에도 화장품원료, 피부관리, 의류염색, 사우나 등에 사용되고 있어 인류생활 전반에 걸쳐 광범위한 영향을 미치고 있다.

출처 : 보령관광문화재단, https://www.mudfestival.or.kr/

출처 : 보령관광문화재단, https://www.mudfestival.or.kr/

보령 머드축제

2) 화천 산천어축제

북한강 상류에 있는 화천군의 청정환경을 산천어와 연결하여 누구나 즐길 수 있는 겨울 축제로 매년 1월에 열린다. 2000년에 처음 시작한 '낭천얼음축제'를 2003년 새로운 테마와 이름으로 정비하였다. 빙판으로 변한 화천천에서 체험행사와 볼거리로 펼쳐지는 겨울철 이색 테마 체험축제이다.

얼음나라 화천 산천어축제는 2011년 미국 CNN이 선정한 '겨울의 7대 불가사의' 중 하나로 꼽힌 이색 겨울축제이다. 물 맑기로 유명한 화천천이 겨울 추위에 꽁꽁 얼어붙는 매년 1월에 얼음낚시로 '계곡의 여왕'이라 불리는 산천어를 잡을 수 있다. 남녀노소 누구나 쉽고 재미있게 산천어 얼음낚시의 손맛을 즐길 수 있어서 매년 100만 명 이상이 방문하고 있다.

주요 프로그램은 산천어 얼음낚시대회, 창작썰매 콘테스트, 얼음축구대회, 빙상경기대회, 겨울철 레포츠 체험행사로 진행된다. 축제의 하이라이트는 화천천 낚시대회장에서 열리는 산천어 얼음낚시대회로, 전국에서 많은 낚시꾼들이 모여든다. 초보자도 참가할 수 있고 얼음을 깬 구멍으로 견지낚싯대나 소형 릴낚싯대로 쉽게 산천어를 잡을 수 있어 가족관람객에게도 인기가 있다. 그 외 부대행사로 눈썰매 타기, 얼음썰매타기, 눈던지기 경기, 인간투포환경기, 빙판 인간새총, 빙판골프, 빙판골넣기, 인간컬링, 눈사람만들기대회, 사진 콘테스트 등이 다채롭게 펼쳐진다.

Tip 산천어(sancheoneo, 山川漁)

연어과에 속하는 어종으로 물이 맑고 수온이 연중 20℃를 넘지 않는 1급수 맑은 계곡에서 서식한다. 아미노산, 필수지방산, 비타민 등이 풍부해 몸에도 좋고 맛도 좋은 물고기다.

등쪽은 짙은 푸른색에 까만 반점, 배쪽은 은백색이고, 측면에 나타나 있는 비행기 창 모양의 특유의 무늬인 파마크(parrmark)로 인해 자태가 아름다워 '계곡의 여왕'이라 불린다.

출처 : 얼음나라 화천 산천어축제, www.narafestival.com

3) 자라섬국제재즈페스티벌(Jarasum International Jazz Festival)

경기도 가평군에 위치한 자라섬에서 개최되는 재즈음악축제로, 2004년부터 매년 9월에서 10월 사이에 약 3~4일간 진행된다. 국내에서는 생소한 장르인 '재즈(jazz)'를 소개함과 동시에, 음악을 잘 모르는 사람도 즐길 수 있도록 '자연 속의 소풍 같은 축제'를 지향함으로써 재즈의 대중화와 한국 음악계의 저변 확대를 도모하는 것이 주목적이다. 자라섬 국제재즈페스티벌은 가평군에서 주최하고 사단법인 자라섬청소년재즈센터에서 주관한다.

2004년 9월 10일부터 12일까지 3일간 초대 축제가 개최된 이래 2007년 제4회 축제까지 매년 9월경에 열려 왔으나, 2008년 제5회 축제부터는 매년 10월로 축제일을 변경했다. 특히 제1회 축제를 3만여 명의 관객으로 시작해 2023년 20회를 맞이했으며, 지난 20여 년간 총 200만 명의 누적관객 수를 달성하기도 했다. 2004년 개최 이래 18회 동안 58개국, 1,200팀의 아티스트가 다녀간 아시아 대표 재즈페스티벌로 자리 잡았다.

또 2008년부터 2010년까지 3년 연속 문화체육관광부 지정 '문화관광축제 유망축제'

로 선정된 데 이어, 2011년과 2012년에는 '대한민국 문화관광축제 우수축제'로, 2013년에는 음악축제로는 최초로 '대한민국 문화관광축제 최우수축제'로 선정되기도 했다. 2014~2015 최우수축제를 거쳐 2016년에는 대한민국 대표축제로 선정, 2017 대한민국 최우수축제, 다시 2018 대한민국 대표축제로 선정되기까지 그 경쟁력을 인정받고 있다. 자라섬의 푸르른 자연과 어우러지는 자연친화적인 축제로서 5년 연속 환경부 녹색생활 홍보대사로 위촉되었다. 1년 중 단 3일간 페스티벌을 위해 '잠시 빌려 쓰는' 자라섬의 환경을 보호하고자 다양한 환경 캠페인을 전개하고 있다. 따라서 주변 환경과 조화를 이루는 자연친화적인 축제로 손꼽히고 있다.

한편, 자라섬국제재즈페스티벌은 아시아의 주요 재즈페스티벌과 해마다 활발한 국제 교류를 통해 상호 발전을 모색하고 있다. 그 일환으로 프랑스의 '재즈 술레 포미에(Jazz Sous Les Pommier)', 말레이시아의 '페낭 아일랜드 재즈 페스티벌(Penang Island Jazz Festival)', 일본의 '타카츠키 재즈 스트리트(Takatsuki Jazz Street)', '스키야키 밋 더 월드(Sukiyaki Meets the World)' 등이 있다.

출처 : 자라섬재즈페스티벌, http://jarasumjazz.com/

자라섬국제재즈페스티벌

참고문헌

국제축구연맹(FIFA), https://www.fifa.com

대한민국 구석구석, https://korean.visitkorea.or.kr

대한체육회, https://www.sports.or.kr

두산백과 두피디아, 두산백과, http://www.doopedia.co.kr

류정아 외 2, 세계의 축제 · 기념일 백과, 다빈치출판사

리우카니발, https://www.rio-carnival.net

보령관광문화재단, https://www.mudfestival.or.kr/

삿포로 눈축제, https://www.snowfes.com

시사상식사전, pmg 지식엔진연구소, http://www.pmg.co.kr

얼음나라 화천 산천어 축제, www.narafestival.com

옥토버페스트, https://www.oktoberfest.de

자라섬재즈페스티벌, http://jarasumjazz.com/

한국민족문화대백과, 한국학중앙연구원, http://encykorea.aks.ac.kr

Theme Trip Product

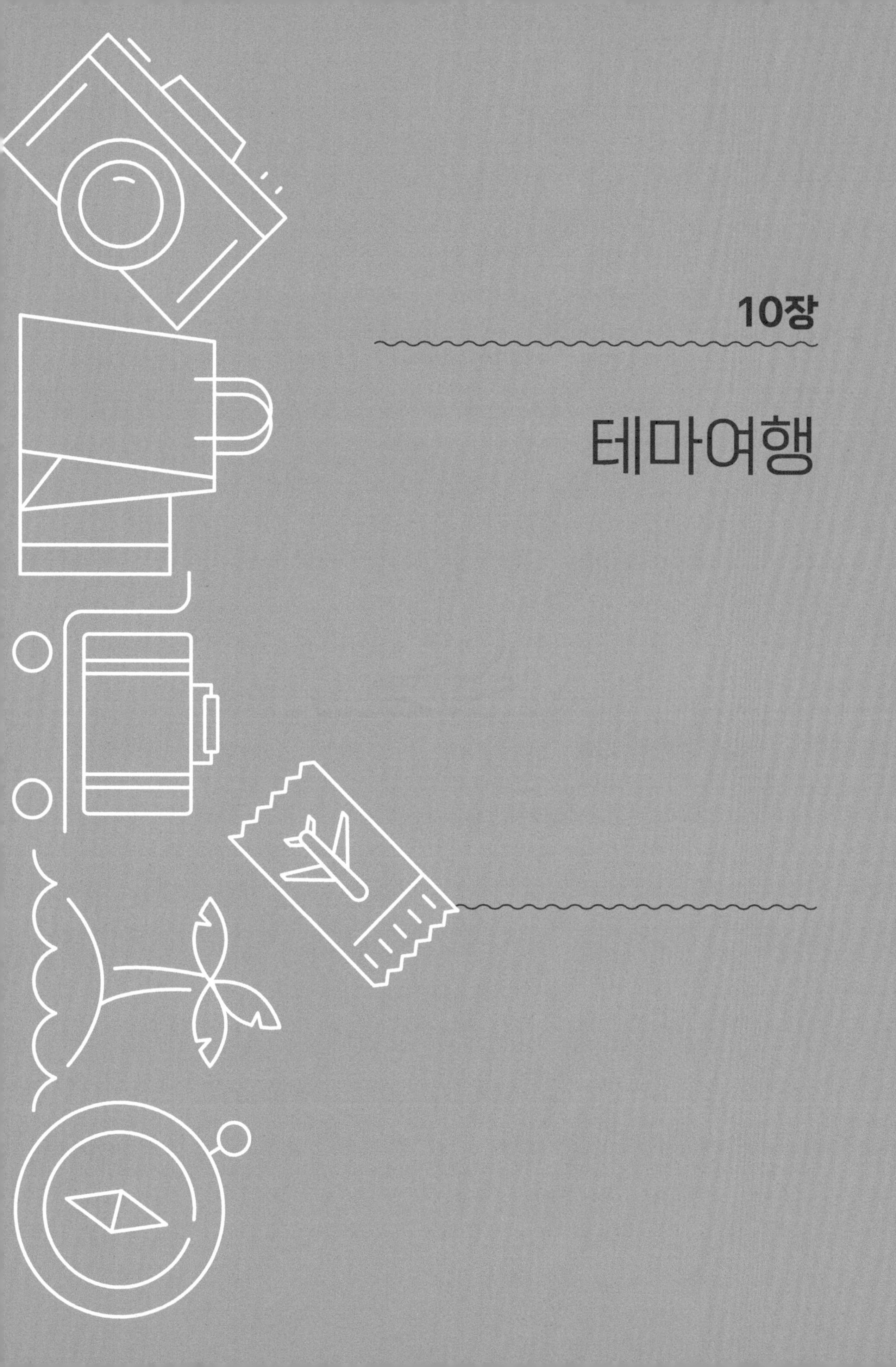

10장

테마여행

주제
여행
상품

10장

테마여행

1 다크투어리즘(Dark Tourism)의 개요

전쟁 · 학살 등 비극적 역사의 현장이나 엄청난 재난과 재해가 일어났던 곳을 돌아보며, 교훈을 얻기 위하여 떠나는 여행이다. 블랙 투어리즘(Black Tourism) 또는 그리프 투어리즘(Grief Tourism)이라고도 하며, 국립국어원에서는 '역사교훈여행'으로 우리말 다듬기를 하였다.

다크투어리즘이라는 용어는 1996년 『International Journal of Heritage Studies』라는 잡지의 특별호에서 처음 사용되었다. 2000년 영국 스코틀랜드에 있는 글래스고 칼레도니언 대학(Glasgow Caledonian University)의 맬컴 폴리(Malcolm Foley)와 존 레넌(John Lennon) 교수가 함께 지은 『Dark Tourism』이라는 책이 출간되면서 널리 사용되었다.

다크투어리즘 장소는 제2차 세계대전 당시 약 400만 명이 학살당했던 폴란드에 있는 아우슈비츠 수용소(Auschwitz Concentration Camp)이다. 세계 문화유산으로 지정된 아우슈비츠 수용소는 현재 박물관으로 바뀌었다. 그 밖에 미국 대폭발테러사건(9 · 11테러)이 발생했던 뉴욕 월드트레이드센터(World Trade Center) 부지인 그라운드 제로(Ground zero), 원자폭탄 피해 유적지인 히로시마 평화기념관, 약 200만 명의 양민이 학살된 캄보디아의 킬링필드(Killing Fields) 유적지 등을 꼽을 수 있다.

한국의 대표적 다크투어리즘 장소는 한국전쟁을 전후로 수만 명의 양민이 희생된 제

주4 · 3사건의 실상을 알려주는 제주 4 · 3평화공원을 비롯하여 국립5 · 18민주묘지, 거제포로수용소, 서대문형무소역사관 등이 있다.

2 해외 다크투어

1) 아우슈비츠 수용소(Auschwitz Concentration Camp)

폴란드 남부 크라쿠프(Krakow)에서 서쪽으로 50km 지점에 위치해 있으며, 인구 5만 명의 작은 공업도시이다. 나치가 저지른 유대인 학살의 상징으로 알려져 있으며, 당시 학살한 시체를 태웠던 소각로 · 유대인들을 실어 나른 철로 · 고문실 등이 남아 있다.

1940년 친위대 장관인 하인리히 힘러(Heinrich Luitpold Himmler)가 주동이 되어 고압전류가 흐르는 울타리, 기관총이 설치된 감시탑 등을 갖춘 강제수용소를 세웠다. 당해 6월 최초로 폴란드 정치범들이 수용되었고, 1941년 히틀러의 명령으로 대량 살해시설로 확대되었으며, 1942년부터 대학살을 시작하였다. 열차로 실려온 사람들 중 쇠약한 사람이나 노인, 어린이들은 곧바로 공동샤워실로 위장한 가스실로 보내 살해되었다. 가스, 총살, 고문, 질병, 굶주림, 인체실험 등을 당하여 죽은 사람이 400만 명으로 추산되며, 그 중 3분의 2가 유대인이다. 희생자의 유품은 재활용품으로 사용되었고, 장신구와 금니 등은 금괴로 만들었다. 또한 희생자의 머리카락을 모아 카펫을 짰으며, 뼈를 갈아서 골분비료로 썼다.

1945년 1월, 전쟁 막바지에 이르러 나치는 대량학살의 증거를 없애기 위해 막사를 불태우고 건물을 파괴하였다. 그러나 소련군이 예상보다 빨리 도착하여 수용소 건물과 막사의 일부가 파괴되지 않고 남게 되었다. 제2차 세계대전이 끝난 후, 1947년 폴란드 의회에서는 이를 보존하기로 결정하였다. 희생자를 위로하는 거대한 국제위령비가 비르케나우(Birkenau)에 세워졌으며, 수용소 터에 박물관이 건립되었다. 방문객들은 이곳에서 생체실험실 · 고문실 · 가스실 · 처형대 · 화장터와 함께 희생자들의 머리카락과 낡은 신발, 옷가지가 담긴 거대한 유리관 등을 살펴보고, 나치의 잔학상을 기록한 영화 등을 관람할 수 있다. 나치의 잔학 행위에 희생된 사람들을 잊지 않기 위해 유네스코는 1979년 아우슈비츠를 세계문화유산에 지정하였다.

출처 : 홀로코스트 백과사전, https://encyclopedia.ushmm.org/

눈 덮인 아우슈비츠-비르케나우의 모습

2) 국립 9·11테러 메모리얼&박물관(National September 11 Memorial & Museum)

2001년 9월 11일, 자살 폭탄 테러로 무너진 세계무역센터(World Trade Center)빌딩 자리에 조성한 추모 박물관이다. 오랫동안 그라운드 제로(Ground Zero)라고 불려 온 비극의 장소로 그라운드 제로란 핵무기 폭발 지점을 의미한다.

세계무역센터는 미국 경제의 상징이자 도심의 이정표 역할을 했던 랜드마크(landmark)였다. 국제 무역의 진흥과 확대를 목표로 1966년부터 1977년 사이에 세워진 6개의 빌딩을 합해 세계무역센터라고 불렀다. 세계 각국에서 무역에 관계된 여러 기관들이 모여들었고 그 외에 기업의 사무실, 레스토랑, 호텔 등이 있었다. 이 빌딩에서 일하는 사람만 5만 명에 달했으며, 관광객을 포함하면 하루에 약 10만 명 이상이 방문하는 뉴욕의 명물이었다. 그중에서도 가장 눈에 띄었던 건물은 110층의 트윈 타워로 폭파 전까지 미국에서 두 번째로 높은 건물이었다. 110층에서는 420m의 높이에서 전망을 즐길 수도 있었다. 또한 로어맨해튼(Lower Manhattan) 유일의 공원인 배터리 파크(Battery Park)는 이 건물을 건설할 때 파냈던 흙을 매립해서 만든 공원이다.

이렇듯 뉴욕에서 중요한 위치에 있었던 세계무역센터빌딩은 이슬람 테러 단체에 의해 무너졌고, 이로 인해 2,983명이 목숨을 잃고 천문학적인 피해를 남겼다. 이는 테러와 테러를 전후한 테러 단체와의 대립 상황에 이르기까지 현대 세계사의 큰 비극으로 기록됐다. 이후 뉴욕시와 희생자 유가족, 각 기관 관계자들은 빌딩이 있던 장소를 '그라운드 제로'로 지칭하고 공원과 추모 박물관을 건립했다. 박물관 내에서는 당시 처참했던 현장의 흔적을 담은 사진과 수습된 잔해들, 희생자 개개인의 삶과 가족들의 추모 영상 등을 둘러볼 수 있다. 홈페이지를 통해 해설사 투어를 예약할 수 있으며, 현장에서 모바일 애플리케이션 이용 혹은 오디오 가이드 대여를 통해 관람의 이해를 도울 수 있다.

월드 트레이드 센터가 무너진 자리에는 추모 박물관뿐만 아니라 새로운 오피스 타워도 들어섰다. 지상 104층 규모의 원 월드 트레이드 센터(One World Trade Center)는 월드 트레이드 센터를 대신해 뉴욕 스카이라인 대열에 새롭게 합류했다. 총 높이 514.3m로 2013년 완공 후 미국 내에서 가장 높은 건물로 기록되었다. 이른바 프리덤 타워(Freedom Tower)라 불리며, 100층부터 102층까지는 전망대로 운영되고 있다. 이곳에서 뉴욕 도심 전망을 파노라마로 감상할 수 있다.

출처 : 국립 9·11테러 메모리얼&박물관, https://www.911memorial.org

국립 9·11테러 메모리얼&박물관

3) 킬링필드(Killing Fields)

폴 포트(Pol Pot)가 이끄는 크메르 루주(Khmer Rouge)가 정권을 잡은 1975년부터 1979년까지 캄보디아 자국민에 대해 대학살을 자행하였다. 킬링필드는 이때 학살된 민간인들의 시신을 매장한 곳을 말하며, 캄보디아 전역에 걸쳐 약 2만여 곳 넘게 발견됐다. 가장 대표적인 곳이 프놈펜에서 약 14km 떨어진 '청 아익(Choeung Ek)'이다. 청 아익은 약 1만 7천 명의 캄보디아인들이 교도소에서 고문당한 후 처형된 곳이다. 일부 구역에서만 8천 구가 넘는 시신이 발견될 정도로 과거 대규모 학살이 자행된 현장으로 추모 공원으로 조성되었다.

붉은 크메르라는 이름의 뜻을 지닌 크메르 루주는 급진적인 좌익 무장단체다. 이들이 캄보디아를 통치한 4년 동안 전체 인구의 25%에 해당하는 약 200만 명이 학살과 질병, 기아 등으로 사망했다. 중국 문화혁명의 영향을 받은 크메르 루주의 수장 폴 포트가 추구하는 세상은 유토피아적 공산주의 농촌사회였다. 그는 서양에서 비롯했거나 자본주의적 성격을 띠는 것을 모두 말살했다. 사람들을 강제로 이주시켜 농업과 어업 등 1차 산업에 종사하게 했는데, 이 과정에서 오랜 세월 유지되어 왔던 수많은 공동체들이 해체되고 지리적 연대의식이 단절됐다.

폴 포트는 공장과 교육기관들을 없애고 교육받은 자들을 '악'으로 간주했다. 교사와 의사, 예술가와 종교인 등 전문직에 종사하는 이들이 죄 없이 교도소로 끌려가 고문당했다. 그리고 단지 글자를 읽을 줄 안다는 이유로, 손이 희거나 안경을 썼다는 이유로 죽임을 당했다. 폴 포트 정권은 보복이 두려워 사형 대상자의 가족과 친지들까지 모조리 잡아들여 학살했다. 고문과 살해 방법은 매우 잔인하고 끔찍했으며, 캄보디아 전역에 걸쳐 킬링필드가 늘어만 갔다. 크메르 루주 정권은 결국 1979년 1월 베트남군에게 쫓겨나면서 몰락했다. 이들로 인한 무고한 사람들의 죽음은 '킬링필드'라는 처참하고 아픈 현대사의 이름으로 남게 됐다.

뚜얼슬랭 대학살 박물관(Tuol Sleng Genocide Meseum)은 본래 고등학교였다. 제21 보안대 본부는 학생들이 공부하던 고등학교를 전 정권의 관리나 지식인들을 심문하고 고문하는 끔찍한 감옥으로 철저히 탈바꿈시켰는데, 이곳에서만 2,000여 명의 무고한 사람들이 잡혀 들어와 고통을 받았다. 고문 끝에 자백한 사람들은 근처의 쯔응아익 킬링필드에서 처형당했다. 크메르 루주 정권이 몰락했을 때 이곳에서 살아남은 사람은 12명에 불과했다. 쯔응아익 킬링필드(Cheung Ek Killing Field)에는 희생자의 넋을 기리기 위해 유리로 된 위령탑이 세워졌는데 그 안에는 희생자들의 유골이 쌓여 있다.

수감되어 고문당했던 사람들의 사진과 자백서 등 제21 보안대 본부가 남긴 기록의 상당수가 남아 당시의 참상을 전하는 자료가 되고 있다.

건물은 모두 4개 동이다. 내부에는 이곳에서 희생당한 사람들의 사진이 전시되어 있고 당시에 사용했던 각종 고문기구를 그대로 전시해 인간의 잔악한 역사를 되풀이하지 않기 위한 경계석으로 삼고 있다.

출처 : 뚜얼슬랭 대학살 박물관, https://tuolsleng.gov.kh/

뚜얼슬랭 대학살 박물관

3 국내 다크투어

1) 서대문형무소역사관(Seodaemun Prison History Hall)

서대문형무소역사관은 옥사 및 사형장을 보존하고 전시하는 공립박물관이다. 1908년부터 1987년까지 80여 년간 운영되었던 대표적인 수형시설이었던 서대문형무소의 옥사 및 사형장 등을 보존 · 관리하고, 관련 유물 및 자료 등을 전시하여 국민들에게 역사체험의 현장으로 제공하기 위해 설립되었다.

서대문형무소는 1908년 일제강점기 때 세워졌던 경성감옥을 시초로 하고 있다. 1908년 개소된 이후 경성감옥은 서대문감옥(1912년), 서대문형무소(1923년)로 명칭이 몇 차례 바뀌었고, 일반적으로 서대문형무소로 통칭되었다. 일제강점기에는 주로 독립운동가들이 투옥되어 고초를 당했던 현장으로 식민지 권력의 대중통제 시설로 이용되었으며, 독립운동이 치열해지면서 1920년대 초반 그 규모와 시설이 대규모로 확장되었다.

해방 이후에는 서울형무소(1945년), 서울교도소(1961년), 서울구치소(1967년)로 명칭이 바뀌었다. 독재정권과 군부정권에 저항하였던 수많은 민주화 운동 인사들이 투옥되어 고초를 당한 현장이었다. 이후 1980년대 서울의 도심 팽창으로 서울구치소가 경기도 의왕시로 이전(1987년)하게 되었다. 이에 서대문형무소의 역사적 가치를 보존하고자 독립운동가 후손들과 서대문구를 중심으로 보존 운동이 펼쳐져 옥사 일부와 사형장이 1988년 사적으로 지정되었다. 그리고 서대문형무소를 대한민국 근현대 역사를 보여주는 생생한 역사체험의 현장으로 조성하고자 서대문구의 주도로 박물관 조성사업이 추진되어 1998년 11월 5일 서대문형무소역사관으로 새롭게 문을 열었다.

현재 서대문형무소의 건물로는 보안과 청사, 중앙사, 제 9 · 10 · 11 · 12옥사, 공작사, 한센병사, 사형장, 유관순 지하감옥, 망루와 담장이 원형 그대로 남아 있다. 이들 시설들은 주로 1919년 3.1독립만세운동 이후 독립운동가의 급증으로 신축된 것들로 붉은 벽돌로 건축되었다. 이 가운데 제10 · 11 · 12옥사와 사형장은 1988년 국가사적으로 지정되었다.

특히 보안과 청사를 활용한 전시관에서는 형무소 역사실, 민족저항실 Ⅰ · Ⅱ · Ⅲ, 지하고문실, 영상실을 갖추어 서대문형무소 및 수감 인사들의 관련 유물과 자료 등을 전시하고 있다. 또한 중앙사와 제11 · 12옥사 및 공작사, 사형장은 관람객이 직접 들어가서 체험할 수 있는 공간으로 이곳에 수감되었던 인사들의 역경과 고난을 생생하게 체험해 볼 수 있어 매우 독특하고 특색있는 역사적 경험을 제공하고 있다. 한편 일제강점기인 1920년대 초반에 건축되었던 중앙사와 제9 · 10 · 11 · 12옥사, 한센병사, 공작사 및 사형장 등은 세계적으로도 몇 남지 않은 근대감옥의 원형시설로서 역사적으로는 물론 건축학적으로도 매우 큰 의의와 특색을 지니고 있다.

서대문형무소역사관은 일제강점기 제국주의 정권과 해방 이후 독재정권이 그들의 권력유지를 위해 '서대문형무소'라는 감옥을 어떻게 이용하였는지, 또 그 권력에 저항한 사람들의 치열한 투쟁의 역사를 보여주는 유적이자 박물관이다.

출처 : 서대문형무소역사관, https://sphh.sscmc.or.kr

서대문형무소

2) 거제도 포로수용소

1950년 발발한 6 · 25전쟁 중 유엔군과 한국군이 사로잡은 북한군과 중공군 포로들을 수용하기 위하여 설치하였다. 포로 수용규모는 처음에는 6만 명이었으나, 나중에 22만 명으로 확대되었다. 1950년 11월부터 거제도의 중심부인 일운면 고현리(지금의 거제시 고현동)를 중심으로 총 1,200만㎡ 부지에 수용소를 설치하는 공사가 시작되었다. 이와 함께 부산에 있던 포로들을 이송하여 1951년 2월 말에 이미 5만 명의 포로를 수용하였고, 1951년 6월 말까지 북한군 15만 명, 중공군 2만 명과 의용군 그리고 여성포로 300명 등을 포함하여 최대 17만 3,000여 명의 포로를 수용하였다.

포로수용소는 한국군과 유엔군의 경비하에 포로 자치제로 운영되었다. 그런데 포로 송환 문제를 놓고 북한으로 송환을 거부하는 반공포로와 송환을 희망하는 친공포로로 갈려 대립하였으며 유혈사태를 빚기도 하였다. 친공포로들은 수용소 내부에 조직을 만들어 소요 및 폭동 사건을 일으켰다. 1952년 5월 7일에는 친공포로들이 수용소장 프랜시스 도드(Francis Dodd) 준장을 납치하는 이른바 거제도포로소요사건을 일으켜 한 달이 지난 6월 10일에야 무력으로 진압되었다. 유엔군 사령부가 반공포로와 친공포로를 분리 및 분산하기로 결정함에 따라 1952년 8월까지 북한으로 송환을 희망하는 포로들은 거제도를 비롯하여 용초도 · 봉암도 등지로, 송환을 거부하는 포로들은 제주 · 광주 · 논산 · 마산 · 영천 · 부산 등지로 이송되어 소규모로 분산되었다. 이후 1953년 7월 27일 정전협정이 조인된 뒤 33일간에 걸쳐 거제도에 수용된 친공포로들이 모두 북한으로 송환됨에 따라 포로수용소도 폐쇄되었다.

잔존 건물의 일부만 남아 있던 포로수용소 유적은 6 · 25전쟁의 참상을 말해주는 민족역사교육장으로 가치를 인정받았다. 그래서 1983년 12월 20일 경상남도 문화재자료로 지정되었고, 1995년부터 유적을 공원화하는 사업이 추진되었다. 유적공원은 1998년 9월에 착공하여 1999년 10월 1차로 유적관을 개관하였고, 2002년 11월 완공하였다.

총 6만 4,224㎡의 부지에 조성된 거제도 포로수용소 유적공원 내부는 분수광장과 철모광장, 흥남철수작전 기념비, 탱크전시관, 무기전시장, 당시 포로수용소의 배치상황과 생활상 및 폭동현장 등을 재현한 디오라마(diorama)[1]관, 6 · 25역사관, 포로생활관, 극기훈련장, 포로생포관, 여자포로관, MP다리, 포로들 간의 사상 대립을 매직비전으로 보여주는 포로사상대립관, 친공포로와 반공포로 간의 격돌 장면을 첨단 복합 연출기법으로 재현한 포로폭동체험관, 송환심사 과정 등을 영상으로 볼 수 있는 포로설득관, 포로수용소유적관, 포로수용소의 막사와 감시초소 등을 실물로 재현한 야외막사, 경비대장 집무실과 경비대 막사 그리고 무도회장 등 실물 유적을 볼 수 있는 잔존 유적지, 기념촬영코너 등으로 이루어져 있다.

출처 : 거제 포로수용소 유적공원, https://www.gmdc.co.kr/

거제도 포로수용소

1 풍경이나 그림을 배경으로 두고 축소 모형을 설치해 역사적 사건이나 자연 풍경, 도시 경관 등 특정한 장면을 만들거나 배치하는 것을 뜻한다.

3) 제주 4·3평화공원

제주 4 · 3은 1947년 3월 1일을 기점으로 1948년 4월 발생한 소요 사태 및 1954년 9월 21일까지 제주도에서 발생한 무력 충돌과 진압 과정에서 많은 주민들이 희생된 사건을 말한다. 제주 4 · 3은 군사정권하에서 오랜 기간 금기시되다가 1978년 소설가 현기영의 『순이삼촌』으로 그 진실이 조금씩 드러나기 시작했다.

1980년대 후반 민주화운동 이후 학계를 중심으로 점차 관련 논의가 이뤄지기 시작했다. 그리고 1999년 12월 국회에서 「제주4 · 3사건 진상규명 및 희생자 명예회복에 관한 특별법」이 통과됐다. 2013년 8월 국회는 4 · 3특별법 개정안을 통과시키면서, 4 · 3 법정기념일과 관련해 부대의견으로 대통령령인 '각종 기념일에 관한 규정'을 개정해 4 · 3추념일을 법정기념일로 지정하도록 명문화했다. 이에 따라 4월 3일이 '4 · 3 희생자 추념일'로 정해졌으며, 2014년 4 · 3 희생자 추념일부터 정부 부처(행정안전부)가 주최하고, 제주도가 주관하는 행사가 이어지게 되었다.

제주 4 · 3평화공원은 제주 4 · 3의 아픈 역사를 기억하고, 화해와 상생을 열고자 하는 취지로 2008년 3월 제주시 봉개동에 개관한 평화 · 인권기념공원이다. 1980년대 말 4 · 3 진상규명운동에 매진하던 민간사회단체 등이 중심이 돼 사건의 진상규명과 위령사업을 요구하였고, 이에 1995년 8월 위령공원 조성계획이 발표되었다. 이후 2003년 4월 3일 평화공원 기공식이 열렸으며, 2008년 3월 28일 개관으로 이어졌다. 이곳은 4 · 3사건의 역사적 의미를 되새겨 희생자의 명예회복은 물론 평화 · 인권의 의미와 통일의 가치를 되새길 수 있는 인권교육의 장으로 활용되고 있다.

제주 4 · 3평화기념관은 지하1층 · 지상4층의 규모로 4 · 3의 역사를 담은 그릇의 형태를 차용하였다. 4 · 3의 역사적 진실을 기록한 상설전시실과 특별전시실, 기획전시실, 개가자료실, 영상관 등으로 구성돼 있다. 특히 정부의 제주 4 · 3사건진상보고서를 토대로 전시 연출된 상설전시실은 4 · 3의 발발 · 전개 · 결과, 진상규명운동까지 전 과정이 차례로 펼쳐져 있어 역사교육의 장으로도 활용되고 있다.

출처 : 제주 4·3 평화재단, https://www.jeju43peace.or.kr/

4·3 평화공원(위패봉안실)

참고문헌

거제 포로수용소 유적공원, https://www.gmdc.co.kr/

국립 9·11테러 메모리얼&박물관, https://www.911memorial.org

대한민국 구석구석, https://korean.visitkorea.or.kr

두산백과 두피디아, 두산백과, http://www.doopedia.co.kr

뚜얼슬랭 대학살 박물관, https://tuolsleng.gov.kh/

서대문형무소역사관, https://sphh.sscmc.or.kr

저스트고(Just go) 관광지, 시공사, http://www.sigongsa.com

제주 4·3 평화재단, https://www.jeju43peace.or.kr/

한국민족문화대백과, 한국학중앙연구원, http://encykorea.aks.ac.kr

홀로코스트 백과사전, https://encyclopedia.ushmm.org/

Theme Trip Product

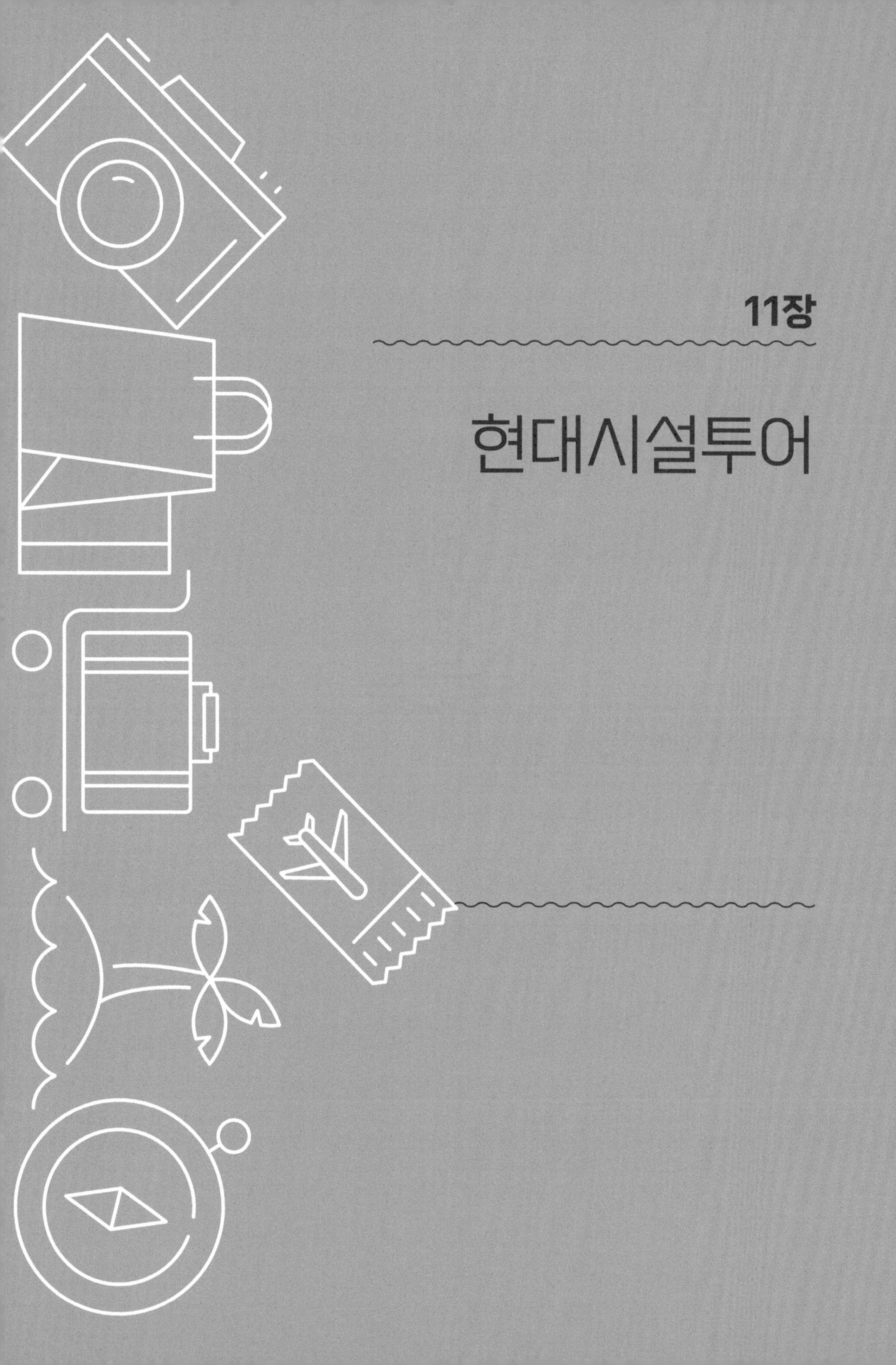

11장

현대시설투어

주제
여행
상품

11장

현대시설투어

1 케이블카

케이블카는 2020년 전후하여 가장 대세적인 시설 관광자원이 되고 있다. 국내의 관광을 활성화시키고자 하는 지자체마다 앞다투어 케이블카를 건설하는 상황이다. 기존의 우리나라의 대표적인 케이블카와 최근에 주목받고 있는 케이블카를 소개하며 현황을 파악하고자 한다.

1) 국내 기존 케이블카

(1) 설악산

설악케이블카는 비경을 감상하는 최적으로 평가된다. 케이블카 탑승장은 설악산 국립공원 소공원 내에 위치하며 해발 700m 높이의 권금성까지 연결되어 있다. 소요 시간은 10분 정도이다. 왕복이용이 가능하다. 이동 중에는 울산바위, 만물상 등의 조망이 가능하다. 권금성은 고려시대 몽골의 침입을 막기 위해 권씨와 김씨 성을 가진 장수가 성을 쌓았다고 해서 붙인 이름이라고 한다. 정상에 오르면 외설악의 풍경을 잘 볼 수 있다. 겨울철에 눈이 쌓이면 등산화 등을 갖춰야만 등산코스로 이동할 수 있다. 주말이나 성수기에는 많은 사람들이 몰리므로 대기하는 시간이 길어질 수 있다. 케이블카는 50명까지 승선이 가능하나 보통 45명 내외를 탑승시킨다. 웅장한 기괴암이 가득한 설악산을 조망할 수 있는 권금성까지 이동하는 수단으로 케이블카가 인기리에 운영되고 있다.

설악케이블카를 타려면 먼저 차량 이동 시 국립공원 주차장 요금과 문화재구역 입장료[1](성인 기준 4,500원)를 내고 왕복이용료 대인 기준 13,000원을 납부해야 한다.

설악케이블카는 1970년 설립한 이래 2002년 스위스 Doppelmayr사의 최신 기술을 도입하여 전면적인 케이블카 재설치공사 실시로 최고의 전자동 시스템을 구축하였다. 안전장치 개선, 여유 있는 탑승인원 승선 등을 설명한다(www.dorakcablecar.co.kr).

설악산 오색케이블카[2] 사업에 대한 환경영향 평가 등이 부정적이었던 것으로 알려지고 있다. 40년간 논란이 되고 있는 강원도의 숙원사업으로 알려진다. 그러나 설악산에 새 케이블카가 들어설 것으로 전망된다. 환경평가 조건부 통과로 향후 긍정적인 상황이다. 환경부 원주지방환경청은 양양군 설악산 국립공원 오색케이블카 설치사업 환경영향평가에 대해 조건부 합의 의견을 제시하였다. 환경영향 저감방안이 제시되었다. 사실상 최종관문이 통과한 것으로 보인다. 국립공원의 개발 붐에 대한 우려가 있다(연합뉴스, 2023.2.27).

환경단체의 반대가 이어질 것으로 전망된다. 최근에 케이블카는 관광지에서 매우 호응이 크다. 관광객의 편의와 이용을 확대하여 관광수요를 증가시키는 부분과 개발에 따른 환경오염과 피해를 고려하여 신중하게 결정되어야 하는 숙제가 늘 공존한다.

1 문화재구역 입장료는 대한불교 조계종 제3교구 본사 신흥사에서 징수한다. 케이블카를 타러 가기 위해서는 이 구역의 입장료를 내야 하는 것이다.

2 1980년대부터 40년의 숙원사업으로 설악산 끝청(1,604m)까지 3.3km 케이블카 설치사업이다. 오색리 하부정류장에서 1,430m인 상부정류장까지 연결된다(연합뉴스, 2023.2.27).

설악산 케이블카 전경 권금성에 케이블카가 오를 때 보이는 전경

Tip 영남 알프스 케이블카

설악산 오색케이블카 조건부 통과에 힘입어 그동안 진행하려고 했던 지자체들의 케이블카 사업에 대한 신청과 추진이 앞다투어 이뤄질 것으로 전망되고 있다.

특히 최근 영남 알프스 케이블카에 대한 논의도 활발하게 거론되고 있는 것으로 보도되고 있다. 관광개발을 위한 케이블카 설치로 가느냐 또는 환경을 보호하고 보존하는 방향으로 가느냐의 찬반 의견이 팽팽하게 대두될 것으로 보인다.

영남 알프스는 울산, 밀양, 양산, 청도, 경주의 접경지에 형성된 가지산을 중심으로 해발 1천 미터 이상의 9개의 산이 수려한 산세와 풍광을 자랑하며 유럽의 알프스와 견줄 만하다고 하여 붙여진 이름으로 천혜의 비경을 지니고 있다(tour.ulsan.go.kr).

영남 알프스는 경남 울산시 울주군 상북면이 소재로 가지산, 운문산, 천황산, 신불산, 영축산, 고헌산, 간월산 등 7개 산군이 유럽의 알프스처럼 아름답다는 의미에서 붙여진 이름이다. 전체 종주에는 2박 3일 정도 걸린다. 해발 1,241미터의 가지산에서 해발 1,034미터의 고헌산까지 비슷한 높이이다. 등억온천, 밀양 남명리의 얼음골, 대곡리 암각화, 통도사, 석남사, 운문사, 표충사 등의 명소와 사찰들이 있는 곳이다. 고헌산

정상 부근에는 20만여 평의 억새군락지도 있다(영남 알프스 봉우리, 고지 블로그).
이러한 자연환경의 경쟁력을 지닌 영남 알프스에 대한 향후 케이블카 사업이 관광발전을 위한 개발로 결정되느냐 또는 환경의 중요성에 부응한 케이블카 사업의 철회이냐의 결과가 주목된다. 가장 바람직한 방향은 환경을 보호하면서 지역사회와 관광의 발전을 동시에 충족하는 방향으로의 개발이 아닐까 하는 생각을 하게 된다.

2) 최근 호평받는 케이블카

(1) 사천케이블카

편도 운행시간은 25분이다. 칸당 10명이 정원이다. 2018년 4월부터 운행하였다. 크리스털 캐빈의 경우 대인 왕복은 2만 원이다. 대인편도는 12,000원이다. 경상남도 사천시 대방동에 위치한 해상케이블카이다. 총 구간은 약 2.43km이다(나무위키). 한려해상 국립공원인 다도해 해상을 조망하는 경치가 좋은 코스로 알려져 있다.

(2) 청풍호반 케이블카

제천 청풍은 수도권에서 1시간 30분대, 전국 3시간대 거리에 위치한 내륙의 바다, 천혜의 자연과 치유와 회복을 지향하는 청풍명월 본향으로 소개한다. 청풍호반 케이블카는 오스트리아에 본사를 둔 도펠마이어사의 최신 기종인 D-Line 모델이다. 소요시간은 약 10분, 일일 최대 15,000명까지 수송이 가능하다. 비봉산은 해발 531m로 정상에서의 풍광은 빼어나다(대한민국 구석구석).

청풍호반 케이블카는 한국관광공사가 선정한 안심관광지[3]이며 방문하여 이용 시 만족도가 높은 것으로 나타나고 있다. 봄과 여름은 푸른 자연의전경이 아름답고 가을에는 단풍의 전경이 좋고 겨울에 특히 눈이 왔을 때는 특별한 아름다움을 느낄 수 있다. 내륙의 바다로 불리는 청풍호는 비봉산에서 보는 전경이 다도해와 비슷하다는 평가를 받는다.

3 안심관광지는 달라진 일상 속에서 모두가 안심하고 여행을 지속할 수 있도록 지자체가 추천하고 한국관광공사가 선정한 방역, 안전관리가 우수한 관광지이다(www.cheongpungcablecar.com).

비봉산 위에 전경이 펼쳐지는 카페에서 커피 한 잔의 여유를 갖는 즐거움도 추천된다.

청풍호가 조망되는 풍광을 볼 수 있는 코스이다. 특히 겨울철에 방문하면 눈의 장관을 보게 된다. 봄과 가을에는 푸른 자연과 단풍을 볼 수 있다. 청풍호는 내륙의 바다로 불린다. 제천 청풍은 천혜의 자연환경과 치유와 회복을 지향하는 청풍명월의 본향으로 불린다. 청풍호반 케이블카는 청풍면 물태리에서 해발 531m의 명산인 비봉산 정상까지 2.3km 구간을 왕복 운행한다. 10인승 캐빈 43대가 운행되며 그중 10개의 캐빈은 바닥이 투명한 크리스털 캐빈이다. 그래서 스릴을 느낄 수 있다는 설명이다. 일반 케이블카 이용 시 왕복 대인요금은 18,000원이다. 이곳은 모두의 여행인 무장애여행지이다(대한민국 구석구석; korean.visitkorea.or.kr).

청풍호반 케이블카 비봉산역 전경 주위의 전경이 청풍호를 따라 산과 조화롭게 조망된다.

청풍호반 케이블카 주위 전경

(3) 발왕산 케이블카

용평스키장은 우리나라에서 가장 긴 스키코스로 평창올림픽 때 스키경기가 열렸던 곳이다. 용평스키장(모나파크)이 있는 발왕산은 해발 1,458m이다. 왕이 태어날 만큼 기세가 좋다는 산이다. 평창 지역은 해발 700m로 사람이 가장 활동하기 좋은 고도에 있다. 발왕산 케이블카는 안정성과 속도감이 좋고 100대의 8인승 캐빈이 운행된다. 왕복 7.4km로 국내 최대 길이이다. 대인의 왕복이용 운임은 25,000원이다. 소요시간은 약 18분(편도)이다(www.yongpyong.co.kr).

케이블카에서 내리면 스카이워크에서 주위 경관을 감상할 수 있다. 이 건물의 2층과 3층에는 커피전문점과 식당이 있다. 3층 식당은 겨울연가를 촬영한 장소이기도 하다.

야외 공간에는 천년주목숲길이 있다. 2천 년이 된 오래된 수목 등이 있고 걸으면서 자연을 느낄 수 있는 특별한 힐링공간으로 추천하고자 한다. 새로운 수목 등을 공부하고 경험할 수 있다.

발왕산 케이블카 전경 국내 최장 거리이며 주위 산세와 풍광이 매우 장엄하고 아름답다.

(4) 여수 케이블카

밤이 아름다운 여수의 밤바다를 조망할 수 있는 코스이다. 물론 낮에도 아름다운 여수를 조망할 수 있는 해상케이블카이다. 여수 밤바다의 노래가 인기가 있었던 만큼 여수 밤바다를 즐기려는 사람들이 많이 찾고 있다. 아름다운 여수의 경치를 잘 감상할 수 있는 코스이다.

(5) 임진각 케이블카

파주 임진각 평화곤돌라로 불린다. 파주시 문산읍 임진각로 148-73에 위치한다. 크리스털 캐빈 이용 시 대인 왕복기준으로 14,000원이다. 남과 북을 잇는 하늘길 여행으로 파주 임진각 평화곤돌라는 국내 최초 민통선 구간을 연결하는 케이블카이다.

임진각에서 출발하여 임진강을 건너 민간인 통제지역으로 이동하는 특별한 경험을 할 수 있다. 장단반도, 북한산, 경의중앙선, 자유의 다리, 독개다리, 임진각을 한눈에 볼 수 있다. 제2전망대에는 도보다리, 평화정, 평화등대가 있다. 최초의 미군부대였던 캠프 그리브스의 볼링장을 전시관으로 변경한 갤러리그리브스에서 6 · 25 관련 기획전을 문화관광해설사의 안내로 관람할 수 있다(www.dmzgondola.com).

◀ **임진각 케이블카** 민간인 출입 통제구역을 연결하는 최초의 곤돌라(케이블카)로 신원을 확인하고 탑승할 수 있다.

▶ **파주 임진각 곤돌라 탑승 입구**

(6) 제부도 해상케이블카

제부도 케이블카(서해랑 케이블카)는 경기도 화성시 서신면 전곡항로 1-10에 위치한다. 주말에는 09시부터 21시까지, 평일에는 09시부터 19시까지 운행한다. 갯벌과 바다를 조망할 수 있다. 주위에 요트가 있는 전곡항이 도보로 약 5분 거리이며 고렴산 둘레길 산책코스도 권고된다. 주말에는 많은 사람들이 이용하여 기다려야 하는 상황이다.

케이블카는 10명 정원으로 혼잡 시 8명이 승차해야 한다. 2023년 2월 기준 성인 일반 캐빈 왕복 16,000원이다. 서해안 낙조가 아름다운 곳으로 많은 사람들이 주말에 찾아온다. 시간에 따라 모세의 기적으로 불리는 제부도 바다의 갈라짐을 볼 수 있다. 주위에 바지락칼국수, 제부도해수욕장이 추천된다. 1.8km의 백사장이 펼쳐진다.

3) 해외

(1) 홋카이도 곤돌라

곤돌라(Gondola)는 케이블카[4]에 비해 소형으로 보면 된다. 스키장에서 주로 사용되는 리프트의 일종이다. 케이블 하나에 매달려 가는 소형 케이블카이다. 내부에 6~8명의 인원이 탈 수 있다

예를 들면 국내의 무주리조트에서는 곤돌라가 운영되고 있다(두산백과). 북해도 덴쿠야마 스키장은 해발 530미터의 덴쿠산에 위치한다. 이곳 북해도는 눈이 많아서 완전히 자연적인 눈이라는 장점을 갖는다. 일본 내에서는 스키장으로도 각광받는 곳이다. 곤돌라를 이용하여 이동한다. 스키를 타고 썰매장으로 이동하여 썰매를 즐길 수 있는 곳이기도 하다(특파원 25시, JTBC).

곤돌라로 도착한 이곳 전망대는 홋카이도 3대 야경으로도 알려져 있다. 영화 〈러브레터〉의 촬영장소이기도 하다. 나카야마 미호가 '오겡끼데스까[5]'를 외치던 눈 덮인 산을 바

4 케이블카(Cable car)는 공중에 걸친 강삭에 반송용의 객실을 매달고 사람이나 짐을 운반하는 장치이다. 영어권에서는 공중 트램웨이(Aerial tramway), Skyway라고 하며 독일어권에서는 Pendelbahn, 스페인어권에서는 Teleferico(텔레페리코), 일본에서는 로프웨이라고 부른다. 국내에는 대표적으로 남산 케이블카, 여수 해상 케이블카, 해외에는 홍콩 옹핑 360이 있다(나무위키; 2023.3.19). 소형 케이블카에 비하면 많은 인원이 탑승 가능하다. 설악산 케이블카는 현재 45명 정도 탑승하고 있다.

5 '잘 지내세요?' '잘 지내시지요?'의 의미이다.

라보는 장면을 생각나게 하는 장소이다.

(2) 유럽

문화일보 2023년 3월 8일자를 보면 오스트리아, 스위스, 독일 등 알프스 산지의 국가들은 케이블카 설치를 적극적으로 진행해 온 것으로 보인다. 케이블카를 주력 관광상품으로 선정하고, 전폭적인 지원으로 막대한 경제적 효과를 누리고 있다는 보도이다.

특히 오스트리아는 케이블카의 천국으로 2,900대가 넘는 케이블카를 전역에 설치했고 2,600여 개가 관광용이라는 보도이다. 환경친화적이면서 안전한 케이블카라는 입소문으로 매년 7,000만 명의 관광객이 케이블카를 이용한다. 스위스[6]도 2,400여 개의 케이블카 중 450개가 관광목적으로 운영된다. 이외에도 일본은 31개 국립공원[7] 가운데 29곳에서 40여 개의 케이블카를 설치해 운영 중이다(문화일보, 2023.3.8).

유럽의 산악관광자원이 많은 오스트리아, 스위스, 독일, 이탈리아 등은 적극적으로 케이블카 등을 도입하고 있는 것으로 확인된다. 그리고 자연적인 국립공원지역이 많은 일본에서도 케이블카 설치에 적극적이라는 것을 확인할 수 있다.

2 랜드마크

랜드마크(landmark)는 지역을 대표하거나 해당지역에서 구별될 정도의 외관이나 특징을 갖고 있는 지형이나 시설물을 말한다. 해당국가나 지역 그리고 도시에서 눈에 띄게 두드러지는 것이 랜드마크가 되고 있다. 건물, 조형물, 문화재, 지형 등이 포함된다.

6 세계적인 여행잡지인 『아웃룩트래블러』는 스위스 대표 케이블카 5개를 발표했고 가장 높은 케이블카 역이 마터호른 글래시어 파라다이스로 해발 3,883m가 포함되었다(문화일보, 2023.3.8).

7 홋카이도의 리시리레분 사로베쓰 국립공원, 후지산의 풍광과 함께하는 온천과 섬으로 알려진 후지하코네이즈 국립공원, 혼슈지방 북부의 멋진 자연 속에서 하이킹과 스키, 카누, 온천을 즐길 수 있는 반다이 아사히 국립공원, 스노클링과 스쿠버를 즐기며 군도에 서식하는 희귀한 토종을 발견할 수 있는 이리오모테 이시가키 국립공원 등이 대표적이다(일본정부관광국 공식사이트; www.japan.travel).

1) 국내

(1) N서울타워

남산서울타워 전경 N서울타워로도 불린다.

남산서울타워를 말한다. 뷰가 좋고 야경이 멋지고 사진이 잘 나오며 산책로가 잘 되어 있다는 방문자 리뷰(네이버)의 평가를 받고 있는 곳이다. 서울에서 관광명소의 역할을 하고 있다. 이곳은 대를 이어온 데이트 장소로 인식되고 있다.

남산서울타워는 1969년 12월에 착공하여 1980년 12월에 개장하였다. 높이는 236.7m의 규모이다. 현재 소유주는 YTN이며 운영은 YTN과 CJ 푸드빌에서 하고 있다(나무위키).

전망대 운영은 10시 30분부터 22시까지이다. 토요일과 일요일은 10시부터 23시까지 운영한다(www.nseoultower.com).

(2) 롯데월드타워

롯데월드타워 전경 인근 소피텔 앰배서더 호텔에서 바라본 전경이다.

555m의 거대한 수직도시의 위상을 지닌 곳이 롯데월드타워이다(www.lwt.co.kr). 전망대인 서울 스카이의 높이는 123층으로 전망대에서 보는 야경이 좋다는 평가이다. 2017년 준공 이후 한국에서 5년 연속 최고층을 기록하고 있다.

세계 5위의 높이이고 서울스카이 전망대는 세계 4위(500m)이다. 방문자 리뷰를 보면 뷰가 좋다, 야경이 멋지다. 사진이 잘 나온다, 볼거리가 많다 순이다.

영업시간은 10시 30분부터 22시까지이다. 금, 토요일과 공휴일 전날은 23시까지 영업을 한다. 일반티켓으로 만 13세 이상 성인은 29,000원이다(seoulsky.lotteworld.com).

이곳 빌딩에는 롯데에서 운영하는 시그니엘 서울 호텔, 시그니엘 레지던스가 있다. 인근에 롯데호텔 월드(잠실), 롯데 월드 테마파크, 롯데월드몰, 롯데백화점 등이 위치하여 복합적인 단지와 편의시설을 갖추고 있다(고종원, 2020: 427).

(3) 명동 쇼핑거리

서울에서 가장 많은 사람들이 연말이나 주말을 이용하여 방문하는 지역으로 인식되어 온 지역이다. 명동은 음식점, 호텔 등이 많이 위치한다. 특히 롯데백화점을 중심으로 쇼핑을 하기에 활성화된 지역으로 인식된다. 많은 브랜드를 갖는 상점들이 주위에 입점하여 영업하고 있다. 명동에는 명동성당이 가장 대표적인 곳으로 인식된다. 우리나라 민주화의 장소로 인식되고 있다.

(4) 인사동

인사동은 미술관이 많다. 갤러리 이즈, 갤러리인사아트, 경인미술관, 마루 아트센터, 인사아트센터, 인사아트프라자갤러리, 토포하우스 등 많은 미술관이 있다.

찻집과 전통공예품점 그리고 한정식 등 음식점도 많다. 한국의 정취를 느끼고자 방문하는 외국인들도 많다.

인사동 전경 코로나 엔데믹 이후 많은 사람들이 주말에 방문한다. 대부분의 미술관, 상점, 식당, 카페 등이 문을 열고 영업하고 있다.

(5) 북촌 한옥마을

삼청동의 거리에서 안쪽으로 가깝게 위치한다. 한국전통의 멋을 지닌 한옥들이 골목을 따라 위치한다. 도심의 한가운데 이런 마을이 있다는 것이 놀라우면서도 반갑다. 많은 관광객들이 몰려서 현재 살고 있는 주민들은 피해와 고통[8]을 호소하기도 하였다. 지역주민과 방문객들이 윈윈(WinWin)할 수 있도록 방문자가 에티켓을 지키는 노력이 필요하다. 주위에 갤러리, 전문식당 및 레스토랑 등이 있다.

전통 한옥과 수많은 가지모양의 골목이 600년 역사도시의 풍경을 극적으로 보여주고 있다는 평가를 받는 곳이다(고종원, 2022: 428).

(6) 봉은사

서울시 강남구 봉은사로 531에 위치한다. 794년에 연회국사에 의해 설립된 사찰이다. 대한불교 조계종 직할교구 조계사의 말사이다(나무위키).

1200여 년 역사의 천 년 고찰이다. 신라 원성왕 10년 연회국사가 창건한 봉은사는 숭유억불로 불교를 탄압하던 조선시대에서 불교의 명맥을 잇기 위해 애쓴 보우 스님의 원력으로 불교 중흥의 주춧돌이 되었다. 서산대사, 사명대사 등 걸출한 스승들을 배출하였다. 현재 판전의 현판 글씨는 추사체를 완성시킨 김정희의 절필이다. 템플스테이 등 다양한 프로그램으로 양질의 한국불교 문화를 알리고 있다(www.templestay.com).

(7) 홍대 앞 거리

최근 가장 많은 젊은이들이 방문하는 장소로 인식된다. 대학가에 가깝고 예전부터 홍대 앞 거리는 젊은 세대가 선호하는 곳으로 인식되어 왔다.

(8) 광장시장

대한민국의 대표 재래시장이다. 한국 최초의 상설시장으로 100여 년의 역사를 간직한

8 과잉의 방문자들이 찾아오면서 야기되는 일종의 오버투어리즘(Over tourism: 과잉관광)현상이다. 담배를 피는 사람들로 인해 지역주민에게 피해가 간다든지, 늦은 시간 소음으로 취침에도 방해를 받는다든지의 문제가 야기되었다. 이탈리아 베니스에도 많은 관광객이 몰리면서 쓰레기를 함부로 버리고 소음으로 인해 지역주민들이 반발하는 문제와 동일한 문제로 보면 된다. 매너와 에티켓 있는 여행이 요구되는 이유이다.

도심 재래시장의 대명사인 시장이다(www.kwangjangmarket.co.kr).

종로구 예지동 소재로 종로 5가에 위치한다. 상당량의 거래 규모를 자랑하는 종합적인 면모를 갖춘 시장으로 먹거리장터가 번화하다. 외국 관광객들이 많이 찾아오는 곳이기도 하다.

(9) 롯데월드몰/ 롯데월드 어드벤처(테마파크)

롯데월드몰은 대형 쇼핑몰이다. 롯데월드타워와 연결되어 있다. 복합쇼핑몰과 편의시설, 문화공간 등이 들어서 있다. 명품관인 에비뉴엘과 롯데면세점이 있는 에비뉴엘동, 쇼핑몰 그리고 롯데콘서트홀을 갖춘 쇼핑몰동, 쇼핑몰동 1층의 대형 중앙 복합문화공간인 아트리움 광장, 아쿠아리움, 롯데시네마 월드타워, 롯데마트, 롯데하이마트 등이 있는 엔터테인먼트동, 넓은 잔디 광장으로 다양한 전시와 행사가 개최되는 월드파크로 구성되어 있다. 제2롯데월드라고도 불린다. 오픈 3년 만에 누적 방문객 1억 명을 돌파하였다. 인천공항이 누적 방문객 1억 명 돌파에 4년 6개월이 걸렸다는 점을 감안하면 상당히 놀라운 기록(나무위키, 2023.4.7)이라는 평가이다.

롯데월드타워 주변 전경 서울의 랜드마크로 시선을 끈다.

롯데월드 어드벤처는 테마파크이다. 서울 송파구에 위치한다. 연중무휴로 10시부터 21시까지 운영된다. 모험과 신비로움이 가득한 국내 최초와 최대의 실내테마파크로써의 의미와 가치가 크다. 가족들 그리고 젊은층이 선호하는 장소이다. 특히 중국인을 중심으로 외국인들이 좋아하는 장소로 알려져 있다(고종원, 2022: 428).

롯데월드 어드벤처는 10시부터 21시까지 영업을 한다. 금, 토요일에는 22시까지 영업을 한다. 2023년 5월 기준으로 성인 종일 종합이용권은 62,000원이다(adventure.lotteworld.com).

(10) 동대문 디자인 플라자

처음에 동대문 디자인 플라자(DDP)는 이라크계 여성 건축가인 자하 하디드가 설계하였고 설립 초기 흉물 논란에 휩싸였다. DDP를 짓기 위해 80년간 한국 스포츠의 메카였던 동대문운동장을 허물었고, 인근에 한양 도성 성곽, 하도감 터[9] 등 유적들이 발굴되었음에도 이 같은 역사성과 지역의 특수성을 살리지 못했다는 지적이었다. 처마에서 아트홀 지붕까지 펼쳐지는 옥상정원도, 한국미가 아닌 2016년 별세한 자하 하디드의 고향인 이라크를 떠올리게 한다고 했다. 5,000억 원이 들어간 비용도 고려되었다. 우주선을 닮은 세계 최대 규모의 비정형 건물인 DDP는 외국인 관광객의 서선을 끌었다. 그러나 하루 평균 2만 2천여 명의 방문객이 DDP를 찾고 있고 중국인 관광객에게는 촬영 명소로 환영받고 있다. 인스타그램은 2019년 DDP를 한 해 동안 대한민국에서 가장 사랑받은 명소로 선정하였다(조선일보, 2020.7.23).

이곳에서는 미술관 전시, 5월에는 어린이들을 위한 야외공간에서의 행사 등 많은 사람들이 이동하는 지역으로서 행사가 많이 열린다. 그리고 외국인들이 상당히 많이 방문하는 장소이기도 하다. 주위에 있는 동대문의 대형 쇼핑몰 · 상가와 연계하여 국내외 유동인구가 많은 상권지역이다. JW 메리어트 동대문 등 호텔도 많이 위치해 있다.

동대문 DDP 동대문의 명소가 되었다. 많은 내외국인들이 방문하는 곳이다.

9 조선시대 훈련도감의 분영인 하도감이 있었던 자리이다. 훈련도감은 수도 한양을 지키는 최정예부대(뉴스핌, 2021.10.1)를 말한다.

(11) 광화문

서울시 종로구의 조선왕조 법궁인 경복궁의 남쪽에 있는 정문이다. 임금의 큰 덕(德)이 온 나라를 비춘다는 의미이다. 1395년에 세워졌다. 2층 누각구조로 되어 있다. 경복궁의 근정전으로 가기 위해 지나야 하는 문 3개 중에서 첫째로 마주하는 문이다. 둘째는 홍례문, 셋째는 근정문이다(위키백과; ko.wikipedia.org).

광화문은 현재 강북의 중심지 역할을 하는 지역으로 불린다. 광화문은 강북의 주요 지역으로 호텔, 관공서, 미대사관, 대기업, 신문사, 오피스, 교보문고, 음식점 등이 위치한다.

(12) 덕수궁

1897년에 선포된 황제국, 대한제국의 황궁이다. 옛 이름은 경운궁으로 조선시대의 궁궐이다. 원래 왕가의 별궁인 명례궁이었으나, 임진왜란 직후 행궁으로써 정궁 역할을 했으며, 광해군 때 정식 궁궐로 승격되어 경운궁이 되었다(나무위키).

현재 현대미술관이 궁 내에 위치하며 수문장 교대식으로 관광객들에게 호응을 얻고 있다.

(13) 창덕궁/ 창경궁

1405년 경복궁의 이궁으로 지어졌다. 임진왜란 때 소실되었다가 광해군 때 재건되었다. 27대 순종까지 거처했던 궁궐이다. 1997년 세계문화유산으로 등재된 곳이다. 약 55만 제곱미터(약 16만 평)의 면적이다. 서울의 5개 궁궐인 경복궁, 창덕궁, 창경궁, 덕수궁, 경희궁에 속한다. 태종 때 경복궁의 이궁으로 만들어졌다.

비원(후원)은 현재 단체관람으로만 입장이 가능하다. 문화관광해설사의 설명을 듣고 안내를 받을 수 있어서 유익하다. 북악산 자락에 160종의 수종이 있고 70종은 300년이 넘는 수령이다. 세계적인 명원으로 평가된다. 활짝 핀 연꽃을 의미하는 부용지와 부용정이 있다. 정조 때 지어진 주합루가 있다. 주장각은 정조의 개혁정치와 문예부흥 산실의 역할을 한 곳이다. 영화당은 과거 시험장으로 유명하다. 꽃과 어우러진다는 의미인 영화당의 편액은 정조대왕의 글씨이다.

연꽃을 좋아해 숙종 때 만들어진 애련지와 애련정은 진흙 속에서 잘 자라는 연꽃을 군자에 비유하였다. 연경당은 왕실의 정원 안 별당이다. 선향제는 방향이 서향으로 기와지붕과 차양이 달려 있다. 비원 안에는 정자가 곳곳에 있다. 정자는 휴식처, 독서처이다. 또한 연못이 많다.

관람정은 배를 띄우고 구경한다는 의미이다. 존덕정은 덕을 존승한다는 의미로 인조 때 지어졌다. 겹지붕과 겹기둥 그리고 겹난간이 특징이다. 육각정으로 임금의 연단이다. 후원 끝에는 소달정, 태극정이 있다. 소유암 돌에 쓴 옥류천의 글씨는 인조의 글씨이다. 정조는 화성 행차를 위한 준비로 가마꾼들을 연습시키고 농산정에서 음식을 베풀었다고 한다. 온돌방으로 사계절 이용이 가능하였다고 한다. 아궁이, 굴뚝이 있다. 참숯이나 숯을 사용하여 화력이 좋았고 연기도 적게 배출되었다고 한다(문화관광해설사 김혜란님 설명 참고).

창덕궁 전경 많은 내외국인들이 방문한다.

(14) 종묘

1963년 1월 18일 사적 제125호로 지정되었다. 총면적 5만 6,503평이다. 세계문화유산으로도 등재된 곳이다. 종묘는 1394년에 만들어졌다. 조선시대 역대 왕과 왕비 및 추존[10]된 왕과 왕비의 신주를 모신 조선 왕실, 대한제국 황실의 유교 사당이다(나무위키; http://jm.cha.go.kr).

10 왕위에 오르지 못하고 죽은 이에게 왕의 칭호를 올리는 것을 말한다(문화원형 용어사전).

(15) 이태원

이태원은 가장 미국적인 분위기의 한국의 도심이다. 이곳은 간판도 미국적이다. 분위기도 그렇고 다니는 사람들도 외국인이 더 많아 보인다. 얼마 전 핼러윈 데이 때 엄청난 인파로 압사사고가 발생하였다. 그로 인해 많은 젊은 사람들이 희생되어 이태원의 활기가 많이 떨어졌다. 희생된 분들과 유족에게 심심한 위로를 전하고자 한다. 누구나 예기치 않은 희생의 대상이 될 수 있다는 점에서 안타깝게 생각하며 무엇보다 중요한 도시의 안전한 관광을 기원하게 된다.

쇼핑과 전문식당에서의 식사 그리고 이국적인 카페 등에서 커피 시음이 가능한 곳이다. 주위에 해밀톤 호텔, 하얏트 호텔 등이 있다.

(16) 광화문광장

도심에 광장이 생긴 것이 인상적이다. 반면 운전하는 사람들에게는 교통 소통의 문제가 제기되는 측면도 있었다. 이곳에서는 전시와 집회 등이 주로 열린다. 세종대왕상과 이순신 장군상을 중심으로 광장이 형성되어 있다. 시내의 중심광장으로서 좀 더 의미있는 장소가 되었으면 하는 바람이다. 2023년 봄에는 지구의 날 기념행사, 부처님오신날 행사 등이 열렸다. 한류 콘텐츠 체험공간으로 조성되어 서울페스타 2023, 서울 컬처 스퀘어 행사 등으로 내외국인이 방문하는 장소로 K-컬처, 서울의 라이프스타일 등 서울의 매력을 느낄 수 있는 장소로 추천된다.

광화문 정부종합청사 전경 그 옆으로 인왕산이 보인다.

(17) 삼청동길

미술관이 많다. 그리고 북촌의 한옥마을이 가깝다. 카페도 많이 있다. 골목골목에 음식점도 많다. 미술관으로는 학고재, 아라리오갤러리, 갤러리 MHK, 갤러리 도스, PKM 갤러리, 바라캇컨템포러리 등이 있다.

삼청동 현대미술관 뒷골목 찻집, 음식점 등이 있는 오래된 골목이다.

(18) 서울시청

서울시청 앞 잔디밭은 많은 용도로 활용된다. 걷기 좋은 잔디공원으로 사용되기도 하고 겨울에는 스케이트장으로 시민들이 야간에도 스케이트를 탈 수 있어서 매우 새롭고 낭만적으로 느껴지기도 한다. 그동안 신청사가 들어서며 논란이 많았다. 독특한 디자인이기는 하나 주변경과가 어울리지 않는다는 시민들의 평가가 이어졌다. 그리고 신청사 건물의 외벽이 유리로 되어서 에너지 효율이 떨어진다는 비난 의견도 있었다.

그러나 서울 신청사를 설계한 건축가 유걸은 한옥의 처마모양을 현대적으로 재해석한 것이며 고층 만능주의에 빠진 한국에서 시청을 옆으로 눕혔다는 것에 큰 자부심을 가지고 있다고 하였다. 논란 이후 서울 신청사는 서울을 대표하는 건축물로 자리하고 있다는 평가와 청사 공간의 9%를 할애하여 만든 시민청에는 3년간 500만 명이 넘는 시민들이 다녀갔다(조선일보, 2020.7.23)는 내용은 논란 후에 다시금 긍정적인 결과와 새로운 평가가 이어지는 것으로 보여진다.

서울시청 전경 구청사와 신청사의 조화가 미묘하다.

(19) 삼청각

지금은 복합문화공간으로서의 역할을 한다. 서울 성북구 대사관로 3에 위치한다. 1972년에 건립되어 1970~1980년 요정정치의 산실로 대표되었다. 1972년 7.4 남북적십자회담, 한일회담의 막후 협상장소로 이용하였던 곳이다. 현재 운영은 세종문화회관이 맡고 있다. 2005년 8월부터 2009년 7월까지는 운영관할이 파라다이스 그룹에 넘어갔었다(위키백과).

(20) 동대문(흥인지문)

동아시아 유교식 도성제에 따라 지은 나성의 동쪽 대문을 말한다(나무위키). 최근 동대문은 관광특구지역으로 많은 관광객들이 방문하는 장소이다.

(21) 숭례문

남대문으로 불리는 서울의 상징적인 성곽문이다. 숭례문은 대한민국 국보로 1962년 12월 20일에 지정되었다. 600년 동안 한양을 둘러싸고 있었던 조선의 수도 한양도성의 남쪽에 위치한 문이다(나무위키).

서울에 남아 있는 목조건물 중 가장 오래된 것으로 태조 5년(1396)에 짓기 시작하여 태조 7년(1398)에 완성하였다. 2008년 2월 숭례문 방화사건으로 누각 2층 지붕이 붕괴되고 1층 지붕도 일부 소실되는 등 큰 피해를 입었으며, 5년 2개월에 걸친 복원공사 끝에 2013년 5월 4일 준공되었다(www.heritage.go.kr).

숭례문 남대문으로 불린다. 서울의 중심 남쪽에 위치한다.

(22) 익선동 한옥거리

익선동은 최근 관심을 많이 받는 지역으로 부상하였다. 골목에 한옥의 거리가 조성되어 있다. 그리고 한옥거리 주위에 카페들이 알려져 외국인 등 많은 사람들이 방문한다. 창덕궁과 가깝고 낙원상가, 지하철 3호선, 5호선, 1호선과도 연결되어 교통도 좋다. 주위에는 이비스 앰배서더 인사동 호텔 등 호텔이 많아 관광객이 많이 오는 지역이다. 인기 있는 카페는 주중 오후시간에도 대기할 정도이다.

주변에는 세계문화유산 창덕궁과 후원(비원) 그리고 우리소리박물관이 있어서 좋은 경험을 할 수 있다. 특히 우리소리박물관은 무료로 입장이 가능하며 우리나라 지역 특유의 소리와 노래 등을 배우고 알 수 있는 기회가 제공되는 가치 있는 공간이다. 이곳은 골목 지역으로 주차공간이 부족한 것으로 인식되고 있다.

(23) 북악산 서울성곽

서울의 중심지역이다. 경복궁을 배경으로 청와대를 품고 있는 산이 바로 북악산이다. 창덕궁, 후원(비원)까지 산자락이 연결되어 있다.

북악산 한양도성은 1963년 1월 21일 사적 제10호로 지정되었다. 둘레는 약 17km, 면적은 약 59만 평방미터이다. 1396년(태조 5)에 축성되었다. 인왕산이 338m, 북악산은 342m로 북악산 성곽길은 일반시민들에게 2007년 공개되었다(www.homynews.com, 2010.3.23; www.chf.ok.kr).

북악산 전경 북악산 자락이 서울 한가운데를 중심으로 펼쳐진다.

(24) 운현궁

궁궐이다. 서울 종로구 삼일대로 464에 위치한다. 안국역에서 약 100미터 거리이다. 서울시 사적 제257호이다. 운현궁은 조선조 제26대 임금인 고종의 잠저[11]이며 흥선대원군의 사저이다. 한국 근대사의 유적 중에서 대원군의 정치활동의 근거지로서 유서 깊은 곳이다(www.unhyeongung.or.kr).

11 국왕이 즉위하기 전에 거주하던 사저를 말한다(한국민족문화대백과).

(25) 세빛섬

2011년 세빛둥둥섬으로 개장하였다. 플로팅 아일랜드로도 불렸다. 세빛둥둥섬은 2014년 세빛섬으로 명칭이 바뀌었고 개장 후 1년여간 230만 명의 시민들이 다녀갔다. 특히 영화 어벤저스 2의 촬영지로 사용된 후에는 관광객이 급증하였다. 현재 세빛섬은 건축물이 아닌 부선(정박 중인 선박)으로 등록되어 있어 광고물을 설치할 수 없는 등 규제가 있다(조선일보, 2020.7.23).

(26) 서촌

서촌은 매우 흥미로운 지역이다. 최근 청와대 개방으로 인해 더 많은 인파가 주말을 중심으로 몰리고 있다. 먼저 수성동계곡에서 겸재 정선(1676~1759)이 그린 '장동팔경첩' 중 수송동 부분을 전시하는 그림과 현재 조망되는 경치를 비교하여 볼 수 있다. 그림 속의 다리가 복원되어 감상할 수 있다. 그는 조선 후기 진경산수화의 대가로 평가된다.

서촌의 박노수 미술관 입구 전경 박노수 화백이 40년간 거주하던 가옥에 만들어졌다. 종로구 구립 미술관이다.

이곳에는 많은 미술관들이 있는데 그중 박노수 미술관이 대표적이다. 한국화가인 청진 이상범 가옥, 시인 노천명이 살던 곳, 이상의 집, 대오서점, 친일반민족행위자 윤덕영의 벽수산장터 등을 볼 수 있다. 서촌에는 골목길을 들어서면 한옥, 맛집 등 골목길의 매력과 오래된 지역의 흔적을 느낄 수 있어서 좋다. 그리고 효자베이커리도 1985년 이후 영업 중이며 많은 사람들이 찾아오는 명소이기도 하다. 화가 이중섭이 마지막으로 머문 집도 서촌에 위치한다.

2) 해외

(1) 파리 에펠탑(Eiffel Tower)

프랑스 파리의 랜드마크로 세계인이 가장 먼저 파리를 생각하면 연상케 하는 건축물이다. 세계만국박람회를 기념하여 세워진 송신탑이었다. 모파상 같은 사람은 흉물스러운 건축물이라고 하면서 이 건축물을 보지 않기 위해 에펠탑에 올랐다고 한다. 그러나 현재는 파리의 가장 인상적인 대표적 건축물로 자리 잡고 있다.

에펠탑 프랑스 파리의 상징이다.

(2) 런던 빅벤(Big Ben)

런던의 랜드마크이다. 영국 런던을 상징하는 빅벤 시계탑을 말한다. 빅벤은 영국 런던 웨스트민스터 궁전 엘리자베스 타워 내부에 설치되어 있는 대종(大鐘)의 이름이다. 지름은 약 274cm, 무게는 13.5톤이다(나무위키).

1859년에 세워졌고 영국 정치의 중심지인 국회의사당 하원 시계탑의 대형시계를 말한다(시사상식사전).

(3) 뉴욕 자유의 여신상(Statue of Liberty)

뉴욕의 허드슨 강에 위치한 미국의 랜드마크 같은 건축물이다. 미국의 자유주의에 대한 표상 같은 건축물이다.

(4) 일본 도쿄타워

일본 도쿄의 랜드마크이다. 도쿄도(都) 미나토구에 있는 탑이다. 프랑스의 에펠탑을 모방하여 만들었으며 정식 명칭은 일본 전파탑(Japan Radio Tower)이다. 높이 333m로 1957년 6월에 착공하고 1958년 12월에 완공하였다(나무위키).

(5) 싱가포르 마리나베이 샌즈

싱가포르의 가장 대표적인 랜드마크이다. 세 개의 건물에 세워진 배모양의 건축양식이 매우 신비롭다. 이곳은 수영장으로서 싱가포르 시내를 잘 조망할 수 있다. 세계적인 호텔이며 테마파크, 카지노, 명품관 등 복합리조트로서의 위상과 규모를 자랑하는 건물이다.

(6) 두바이 부르즈 칼리파

현재 세계에서 가장 높은 빌딩이다. 사막의 한가운데 세워진 두바이의 랜드마크이다. 전망대에 올라서 내려다보는 주위의 경관이 인상적이다. 사막 가운데 세워진 빌딩으로 주위의 건축물들이 세워져 가는 모습이 매우 인상적이다. 두바이의 관광마인드와 기적 같은 건축물들이 경이롭게 보인다.

두바이 마천루 중동의 파리를 지향하는 두바이는 사막 위에 높은 건축물들을 계속해서 건설하고 있다.

(7) 스페인 빌바오시 구겐하임 미술관

구겐하임 미술관은 스페인 북부도시 빌바오시에 소재한다. 1970년대 중반까지는 제철소, 조선업 등이 발전한 산업중심지였지만 1980년대 들어와 철강산업이 쇠퇴하고 바스크 분리주의자들의 테러로 도시도 쇠퇴하게 되었다. 빌바오시는 도시재생사업의 일환으로 7년의 공사 끝에 1997년 구겐하임 미술관을 개관하였다. 독특한 외관의 미술관은 빌바오시의 랜드마크가 되고 매년 100만 명 이상의 관광객을 유치하며 유명한 세계적 관광도시가 되었다(두산백과).

이 사례는 하나의 독특한 건물과 외관의 형식이 주목을 받게 하고 쇠퇴한 도시를 일으켜 세우는 역할을 한다는 점에서 매우 고무적이라 생각한다.

(8) 이집트 피라미드, 스핑크스(Pyramid, Great Sphinx)

수도 카이로에서 가까운 기자 지역에 위치한 세계에서 가장 오래된 불가사의한 건축물[12]이다. 문명국이었던 이집트의 거대한 유산을 볼 수 있다. 스핑크스는 원래 그리스의 미술 및 설화 속에 나오는 상상의 동물이다. 사람의 머리와 사자의 동체를 가지고 있다. 카프레왕의 피라미드를 지키는 역할을 한다(나무위키).

12 4500년의 역사를 가진 피라미드로 평가된다(여플 프렌즈, 2023.5.7).

(9) 캐나다 나이아가라 폭포(Niagara Falls)

미국과 접경에 있는 나이아가라 폭포는 세계 3대 폭포[13]이다. 유람선을 타고 폭포 가까이 가면 비가 오는 것과 같은 물이 떨어지는 경험을 하게 된다.

(10) 영국 타워브리지(Tower Bridge)

영국 런던의 템스(Thames)강의 하류에 위치한 교량으로 현수교, 도개교, 거더교 등 세 가지 현식이 혼합되어 있는 매우 톡특한 형태를 지닌 런던 최고의 랜드마크이다. 1886~1894년에 건립되었다. 총길이는 286.5m, 보행교 높이는 43m이다(세계 다리명 백과).

개폐가 가능한 도개교로 양쪽에 고딕 양식의 거대한 탑이 자리한다(트립어드바이저)는 특징이 있다. 도보로 걸어갈 수도 있고 유람선을 타고 지나갈 수도 있다.

(11) 그리스 파르테논 신전(Parthenon)

세계문화유산 1호로 의미가 있는 자원이다. 아테네의 아크로폴리스 광장에 있는 유네스코가 지정한 세계문화유산으로 2500년 전에 만들어졌다. 아름답고 웅장한 건축물이다. 현재 30년 넘게 공사 중이다.

(12) 이탈리아 피사의 사탑/ 콜로세움(Leaning Tower of Pisa/ Colosseum)

매년 기울어지고 있다는 피사의 사탑은 갈리레이가 이곳에서 무게가 다른 두 개의 공을 떨어뜨리는 낙하실험을 통해 지표면 위의 높이에서 자유낙하하는 모든 물체가 질량과 무관하게 동시에 떨어진다는 낙체법칙을 실험적으로 증면하였다는 일화를 지닌 장소이다.

이탈리아 토스카나주 피사시의 시사 대성당에 있는 종탑이다. 기울어진 탑으로 유명하다. 피사대성당 동쪽에 있다. 흰 대리석으로 둥근 원통형 8층탑으로 최대 높이는 58.36미터이다.

콜로세움은 로마의 대표적인 관광지이다. 고대 로마의 상징인 거대한 건축물을 볼 수 있다. 전쟁포로인 검투사와 맹수의 경기가 벌어진 원형경기장으로 로마의 대표적인 고

13 아르헨티나의 이구아수 폭포, 아프리카 잠비아, 짐바브웨의 빅토리아 폭포와 함께 나이아가라 폭포는 세계 3대 폭포이다.

대 유적이다(트립어드바이저). 방문하면 아직도 많은 건물의 기본적인 형태가 잘 남아 있는 것을 볼 수 있고 고대시대에 만들어진 대형경기장으로서의 위용과 가치를 발견하게 된다.

(13) 인도의 타지마할(Taj Mahal)

세계에서 가장 아름다운 대리석 건물이다. 무굴 제국의 5대 황제인 샤자한이 자신의 아이를 낳다가 죽은 아내 뭄타즈 마할에 대한 변치 않는 마음을 간직하고자 만든 역사상 유례없는 화려한 무덤이다. 아내의 넋을 달래기 위해 22년간의 시간을 들여 타지마할을 건설하였다. 현재 가치로 720억 원의 비용과 20만 명의 공사 연인원 그리고 1,000여 마리의 코끼리를 동원하여 1653년에 완성한 이 기념비적 예술품은 1983년 유네스코 세계문화유산에 등재되었다(m.verygoodtour.com).

(14) 호주 시드니 오페라하우스(Opera House)

시드니를 대표하는 건축물이다. 세계 3대 미항인 시드니 최고의 명소이며 대표하는 랜드마크로 자리 잡고 있다. 고급레스토랑과 오페라 등의 공연을 볼 수 있다. 시드니 항에 정박된 세계적인 크루즈선사들과 시드니 하버브릿지[14]와 함께 아름다운 전경을 감상할 수 있다.

(15) 중국 만리장성(The great Wall)

중국의 만리장성은 통일 왕국 진나라 시황제에 의해 북방의 유목민족인 흉노족과 몽골족 등의 침입을 막기 위해 만들어진 세계적인 기념물적 건축물이다. 달나라에서도 보일 만큼 길이가 대단하다는 평가이다. 세계 불가사의에 빠지지 않는 자원이다. 1987년 세계문화유산으로 지정되었다. 총연장 약 6,300km에 이르는 장대한 성벽이다. 장성으로도 불린다. 현재 남아 있는 성벽은 대부분 15세기 명나라 때 쌓은 것이다(두산백과 두피디아; 저스트고 관광지; 나무위키).

14 하버브릿지에서는 모험관광이 가능하다. 다리 난간을 걷는 코스는 오래전부터 인기를 끈다. 안전장치를 하고 가이드의 안내에 따라 모험관광이 진행된다.

(16) 러시아 바실리 성당(St. Basil's Cathedral)

붉은 광장의 남쪽에 위치한 성당이다. 러시아 수도인 모스크바의 상징적 건물이자 러시아의 대표적 건축물이다(트립어드바이저). 1990년에 유네스코 문화유산으로 등재되었다. 러시아 정교회 성당으로 성 바실리 대성당으로 불린다. 밤에 보면 더 화려하게 보인다.

잔혹한 황제 이반의 군사적 정복을 기념하는 보석과 같은 기념물이다. 갖가지 색깔로 소용돌이치는 양파 모양의 돔으로 유명하다(죽기 전에 꼭 봐야 할 세계 역사 유적 1001).

(17) 덴마크 인어공주상(The Little sea maid)

코펜하겐에 있는 인어공주상은 1913년 칼스버그 재단의 카를 야콥슨과 조각가 에드바그 에릭슨에 의해 세워졌다. 인어공주상은 코펜하겐의 이미지를 떠오르게 하는 장소이며 가장 유명한 포토 포인트로 평가된다(덴마크 코펜하겐 여행). 많은 관광객들이 찾아오는 곳이다. 동상의 규모는 의외로 작다.

(18) 노르웨이 피오르(Fjord)

피오르는 빙하의 침식에 의해 형성된 U자곡에 바닷물이 들어와 형성된 좁고 긴 만(灣)이다.

노르웨이에서 가장 긴 송네 피오르는 길이가 204킬로미터에 이른다. 가장 깊은 곳은 높이가 1,309미터이다(m.post.naver.com).

노르웨이를 찾는 이유가 지구상에 가장 거대한 협만이자, 빙하가 남긴 걸작인 피오르를 보기 위한 것(ios.co.kr)이라는 평가이다. 방문해서 보면 자연의 웅장함과 피오르의 거대한 자연미를 느낄 수 있다.

(19) 페루 마추픽추

페루의 옛 잉카 제국 도시의 유적이다. 험준한 고지대에 위치한 신비한 도시였으나 지금은 폐허가 되었다. 늙은 봉우리라는 의미이다. 세계복합유산으로 1983년에 유네스코에 등재되었다. 해발 2,437m에 위치한 도시로 산 아래에서는 어디에 있는지 볼 수도 없다고 해서 잃어버린 도시라는 이름으로도 불린다(나무위키, 2023.5.12).

(20) 캄보디아 앙코르와트

12세기 초 미슈누 신에게 봉헌된 앙코르유적으로 대표적인 힌두교 사원이다(트립어드바이저). 세계의 불가사의 건축물로도 평가되며, 세계문화유산이기도 하다.

(21) 이탈리아 성베드로성당

로마의 가장 중심적이고 상징적인 성당이다. 예수의 제자인 베드로가 십자가에 거꾸로 매달려 순교한 곳에 세워진 성당이다. 세계 가톨릭의 중심지도 여겨진다. 미켈란젤로의 걸작인 피에타 등 많은 성상이 설치되어 있고 벽화가 그려져 있는 곳이다.

(22) 스페인 알함브라 궁전

스페인의 동남부 지역인 그라나다에 있는 성이다. 붉은 철이 함유된 흙으로 지어 붉은 성을 뜻하는 이름이 붙었다고 한다. 해발 740m 구릉에 위치한다. 1238년 나스르 왕조를 세운 무함마드 1세가 건설하였다. 본래 군사요새로 건설되었다가 이슬람 왕실의 거처로 바뀌었다.

1492년 사라질 위기에 이사벨 1세와 페르난도 2세 국왕 부부가 이곳을 궁전으로 사용하면서 기적적으로 보존되었다. 1984년 유네스코 세계문화유산으로 등재되었다.

알함브라 궁전은 왕족이 거주하던 나스르 궁전, 군사요새 역할을 했던 알카사바와 정원이 아름다운 여름 별궁 헤네랄리페, 스페인 사람들이 만든 르네상스 양식의 카를로스 5세 궁전 등으로 이루어져 있다. 복합된 공간으로 이슬람 무어인들의 예술과 르네상스 양식 등 다양한 건축기술이 혼재된 곳으로 평가된다(강혜원, 2020.6.5).

스페인 그라나다 알함브라 궁전 전경 이슬람문화를 볼 수 있는 스페인의 문화유산이다.

(23) 미국 링컨기념관

미국의 워싱턴D.C.에 소재한 미국의 16대 대통령 에이브러햄 링컨을 기리는 파르테논 신전 모양의 기념관이다(트립어드바이저).

링컨은 미국 5달러 지폐의 뒷면에도 그려져 있다. 링컨은 향년 56세에 사망하였다. 분열된 국가를 통합하고 영웅이 된 인물이다. 그의 게티즈버그 연설이 유명하다. '국민에 의한, 국민을 위한, 국민의 정부는 이 세상에서 사라지지 않을 것'이라는 연설이다. 그는 전 세계와 미국에서 가장 존경받는 대통령 중 한 명으로 평가된다. 그는 일리노이주 변호사, 하원의원을 역임하고 1861년에 대통령이 되었다(나무위키). 미국의 링컨기념관에는 미국 국민과 많은 관광객들이 찾아오고 있다.

(24) 이탈리아 밀라노 두오모 대성당

화려함과 아름다움을 느낄 수 있는 거대한 외관을 자랑하는 고딕양식의 대성당이다(트립어드바이저). 1386년에 설립되었으며 세계에서 가장 큰 고딕양식으로 지어졌고 세계에서 세 번째로 큰 성당(www.tourlive.co.kr)으로 평가된다. 2021년 코로나 시대에 사람들에게 힐링을 주기 위해 안드레아 보첼리의 부활절 공연이 열린 장소이기도 하다.

(25) 영국 런던 시청사

2002년 완공되었다. 과거 공장지대로 낙후되었던 서더크 지역은 새롭게 들어선 시청 덕분에 다른 지역과의 균형발전을 이뤄냈다. 건물 자체가 관광명소로 떠올라 런던의 새로운 랜드마크로 자리 잡았다. 시청건물은 프리츠커상 수상자인 영국의 세계적인 건축가 노먼 포스터가 설계하였다. 타워 브리지에서 도보로 3분 정도 걸린다(저스트 고 관광지). [15]

Tip 우리나라 건설회사들이 시공[15]한 세계의 랜드마크

아랍에미리트 부르즈 칼리파

공사비용 총 15억 달러, 공사인원 총 850만 명이 투입된 초고층 빌딩이다. 시공사로 삼성물산이 참여했다. 3일에 1층씩 올리는 초고속 기술로 화제가 되었다(리엔 건축전문블로그: 2018.6.29).

세계에서 가장 높은 이 건물의 전망대에 올라가면 두바이 주위의 경관 그리고 건물들과 사막의 광대함을 직접 눈으로 볼 수 있고 많은 건설과 도시를 정비하는 상황을 알 수 있다.

두바이의 버즈 알 아랍호텔 7성급 호텔로 잘 알려진 호텔로 모든 객실이 비즈니스 클래스급 객실로 운영된다. 두바이의 아이콘이 된 호텔로 돛단배 모양의 리조트가 인상적이다. 1999년에 오픈하였다.

싱가포르 마리나 베이 샌즈 호텔

싱가포르의 대표적인 랜드마크이다. 세계적인 건축가 모셰 샤프디가 설계한 건축물이다. 건물 자체가 최대 50도 이상의 기울기로 기울어져 난이도가 높은 공사였다. 이탈리아 피사의 사탑과 맞먹는 기울기라고 한다. 쌍용건설이 신공법으로 공사기간을 27개월로 단축해서 완공하였다.

이 건물은 특히 옥상에 있는 물과 하늘이 이어지는 것처럼 설계된 인피니티 풀(Infinity pool) 수영장이 특색이다. 이국적인 분위기가 도시 속 자연의 느낌을 갖게 한다. 밤에는 야경으로 뷰가 좋고 낮에도 도시 전

15 공사를 시행하고 착수함을 말한다.

망이 시야에 잘 들어오는 명소로 위치한다. 호텔의 객실 그리고 식음매장의 규모도 크다. 특히 이곳은 호텔, 면세점, 카지노 등 종합적으로 관광시설이 연결된 복합리조트로서의 가치와 규모를 갖고 있다.

싱가포르 선택시티

싱가포르 내에서도 도시 안의 도시로 불린다. 엄청나게 큰 규모를 자랑하는 건축물이다. 세계에서 가장 큰 분수가 위치한다. 쌍용건설과 현대건설이 시공사로 참여했다.

말레이시아 페트로난스 트윈 타워

말레이시아의 수도 쿠알라룸푸르에 이 빌딩이 있다. 우리나라의 삼성물산과 극동건설이 함께 시공하였다. 빌딩 하나는 일본의 건설업체가 시공했다. 우리나라 건설회사가 35일 늦게 착공했지만, 일본의 건설업체보다 6일 빨리 완공했다는 이야기가 전해진다. 밤을 새고 건설에 박차를 가한 우리나라 건설업체 근로자들의 놀라운 의지와 노력을 알 수 있다.

현지에서는 쌍둥이 빌딩으로 불린다. 더운 이곳에서는 저녁에 사람들이 많이 몰리며 건물 안에는 각종 식당과 쇼핑센터 그리고 사무실 등으로 구성된 중심지역이다. 이 빌딩은 국력이 신장하는 말레이시아의 힘을 보여주기 위해 건설했다는 이야기도 전해진다.

대만 타이페이 101

대만의 수도 타이페이의 랜드마크 건축물이다. 현지의 마천루로 통한다. 세계에서 7번째로 높은 건물이다. 삼성물산이 시공하였다. 공사비용은 총 2조 500억이 사용되었다. 현지 관광 시 이 건물은 높이가 있어서 잘 보이는 랜드마크이다.

타이페이의 랜드마크로 101 빌딩의 전망대 입장료는 약 US$35 상당이다.

베트남 하노이 랜드마크 72

북부도시 하노이에서 가장 높은 72층의 건축물이다. 호텔, 백화점, 영화관, 각종 편의시설 등이 입점해 있다. 주상복합빌딩으로 경남기업이 완공하였다. 원래 이름은 경남 하노이 랜드마크 72였으나 경남기업의 자금난으로 다른 기업에 합병되면서 현재는 하노이 랜드마크 72가 되었다.

홍콩 마카오 타워

마카오 반환 2주년을 기념하여 2001년에 세워진 타워이다. 세계에서 10번째로 높은 타워이다. 전망대의 역할을 하나 스카이워크, 스카이 점프 등 모험을 즐기는 사람들에게 다양한 액티비티를 제공한다. 현대건설이 시공사로 참여하였다(리엔 건축전문블로그: 2018.6.29).

마카오의 랜드마크로 인식되고 있다. 현지에서 이동 시에 잘 보인다.

3 테마파크

1) 국내

(1) 에버랜드

삼성 에버랜드는 한국에 있는 우리나라의 독자적인 테마파크 브랜드로 가치가 있다. 연간 최대 1천5백만 명의 인원을 수용한 실적이 있는 테마파크로서 의미가 크다. 우리나라의 대표적인 테마파크로 인기가 많은 곳이다. 사파리 투어도 가능하다. 캐리비안베이는 여름철 물놀이 테마파크로 인기가 많다.

(2) 롯데월드

세계에서 가장 큰 실내 최대규모의 테마파크로서 가치가 있다. 지하철 등으로 접근성도 좋다. 잠실에 위치한다. 실내 공간에서 이용할 수 있는 어트랙션이 많다. 젊은이들의 인기가 높고 특히 중국관광객들의 선호도가 높은 곳이다.

2) 해외

(1) 디즈니랜드

세계 최고의 테마파크로 인식되는 곳이다. 미국, 프랑스, 일본에 테마파크가 운영되고 있다. 어린아이들에게 꿈을 심어주는 테마파크로 세계에서 가장 인지도가 높은 테마파크이다.

(2) 유니버셜 스튜디오

미국의 로스앤젤레스에 소재한다. 일본의 오사카와 싱가포르 센토사 섬에도 있다. 세계 2대 테마파크로 불린다. 유니버셜 스튜디오는 미국 유명 영화를 주제로 구성된 테마파크이다. 스튜디오 투어, 스튜디오 센터, 엔터테인먼트 센터 등 세 가지 코스로 구성되어 있다. 이곳에서는 유명영화의 세트 및 특수 촬영장면, 스턴트쇼를 관람할 수 있다.

(3) 가든스 바이더베이/ 슈퍼트리

싱가포르의 공원 속 도시라는 테마의 도심공원이다. 식물원도 같이 갖추고 있다. 가든스 바이더베이와 슈퍼트리는 싱가포르의 랜드마크로 인식되는 관광자원이다.

4 크루즈

1) DFDS SEAWAYS 크루즈여행

덴마크 코펜하겐에서 노르웨이 오슬로까지 이동하는 코스이다. 크루즈 DFDS SEAWAYS를 이용하게 된다. 스칸디나비아 코펜하겐–오슬로를 왕복하는 DFDS SEAWAYS는 오랜 전통을 가진 덴마크 국적의 크루즈회사이다. 140년 넘게 북해를 항해해 오고 있다. 배의 길이만 해도 170미터나 되고 내부에는 레스토랑, 카페, 면세점, 사우나, 수영장, 카지노 등 다양한 부대시설이 있어서 낭만을 즐길 수 있는 크루즈이다(참좋은여행 4국 8일 라르고 상품; 에스토니아 및 북유럽 5국 9일 상품). 4개국은 덴마크, 노르웨이, 스웨덴, 핀란드이다. 항공기는 핀란드항공(AY), 폴란드항공(LO)으로 탑승하는 상품이다.

2) 실자라인(SILJA LINE) / 바이킹 라인(VIKING LINE)

스웨덴 스톡홀름에서 핀란드 투르크까지 이동하는 구간이다. 스웨덴과 핀란드 사이의 발틱해를 잇는 호화롭고 의미있는 교통수단이 바로 실자라인과 바이킹라인이다. 6만 톤 이상의 배 안에 약 2,500개의 다양한 캐빈(선실) 외에도 고급레스토랑, 클럽, 카지노, 사우나, 오락실, 면세점, 카페, 펍 등의 부대시설을 갖춘 초호화 크루즈선이다(에스토니아 및 북유럽 5국 9일 상품; m.verygoodtour.com). 투르크에서 헬싱키까지는 약 2시간이 소요된다.

3) 알래스카 키나이 피오르 유람선

굽이굽이 아름다운 알래스카 피오르를 감상할 수 있는 유람선 코스이다. 알래스카의 다양한 해상동물과 비경을 볼 수 있다. 빙하투어의 하이라이트인 홀게이트 빙하를 볼 수 있다(m.verygoodtour.com).

4) 코스타 세레나호

부산을 출발하여 일본 규슈의 사세보, 가고시마를 다녀오는 크루즈 선빅이다. 선체길이는 290미터, 11만 톤, 승객 정원 3천700명의 호화유람선이다. 수영장, 극장, 게임룸, 뷰티살롱, 스파, 조깅트랙, 워터슬라이드 등을 갖추고 있다.

참좋은여행에서는 4박 5일 일정으로 100만 원대[16]의 코스타 세레나호를 이용한 크루즈 상품을 판매한다. 꿈의 크루즈로 소개한다. 객실 수는 1,500개, 층수 14층, 승무원이 1,100명으로 대고객 서비스가 강화되는 크루즈 특성을 갖추고 있다. 레스토랑은 5개로 세계 유수의 요리를 경험할 수 있다. 라운지와 바는 11개로 유흥의 공간을 잘 갖추고 있다.

정통 이탈리아 푸드 등 세계 각국의 요리, 엄선된 기항지 관광, 다양한 선상 프로그램, 면세쇼핑, 거동이 불편한 분도 걱정 없는 안락한 서비스의 혜택을 강조한다. 객실은 인사이드 캐빈, 오션뷰 캐빈, 창문과 발코니가 있는 발코니 캐빈으로 구성되어 있다.

기항지 관광은 선택관광이다. 사세보에서는 도자기와 다도해 코스 및 점심 현지식이 포함되어 있다. 하우스텐보스 테마파크 코스도 있다. 그리고 일본 근대 역사코스도 점심 현지식 포함이다. 가고시마 기항지 관광도 선택관광이다. 사쿠라니마 코스는 점심 현지식 포함이다. 치란과 이케다호 코스도 점심 현지식 포함이다. 시로야마 코스는 점심 불포함 선내식이다. 사세보와 가고시마가 연계되어 기항지 관광이 진행된다. 출발은 부산에서 시작되며 사세보–가고시마–전일 항해–부산 일정이다(참좋은여행; m.verygoodtour.com).

---

16 2023년 6월 24일 서울/인천을 출발하는 4박 5일 일정이다. 세레나 크루즈 규슈 남부(사세보/가고시마)코스의 참좋은여행상품은 139만 원부터로 공지하고 있다.

5 기차

1) 국내

(1) KTX

대한민국의 고속철도이다. Korea Train eXpress로 한국철도공사가 운영하는 고속철도 및 준고속철도 브랜드이자 최고 등급의 열차이다. 2004년 4월 1일에 개통되었다. 서울-부산을 2시간 반에 주파한다. 대한민국에서 빠른 교통수단의 대명사로 자리매김하고 있다. 국내선 항공편을 상대로 경쟁우위를 점하고 있다(나무위키, 2023.5.15)는 평가이다.

실제로 탑승을 해보면 매우 빠르다. 외국의 고속열차와 비교해 손색이 없다. 단 소음이 다소 많다는 느낌을 갖게 된다.

(2) SRT

Super Rapid Train이다. 시속 300km/h로 목적지까지 빠르게 운행한다. 주식회사 SR이 운영하는 민간투자사업 고속열차이다. 2016년 2월 1일 수서평택고속선의 운영회사인 SR은 SRT라는 독자 브랜드만을 사용하기로 하였다. SRT시대가 열리며 수서역이 생기면서 강남, 서초, 송파권 거주인들의 철도교통 갈증을 해결해 준 일등공신으로 평가된다. 동탄역도 생겨나면서 동탄 신도시 생활권이 뜨는 데도 일조했다(나무위키, 2023.5.14)는 평가이다.

(3) 새마을호

한국철도공사가 1969년부터 2018년 4월까지 49년 동안 운행한 중장거리 열차이다. 관광호라는 명칭으로 새마을운동의 영향을 받아 1974년 2월부터 명칭을 새마을호로 바꿨다. 서울~부산구간의 주행시간을 6시간에서 4시간으로 단축시켰다. KTX가 도입되면서 운행을 종료했다. 운행이 종료된 새마을호 객차는 리모델링해 활용한다. 최고시속은 150km로 KTX 개통 전 한국에서 가장 빠르고 편안한 열차로 인식되었던 특급열차였다(해시넷; wiki.hash.kr). 당시에는 상대적으로 요금도 비쌌다.

(4) 무궁화호

한국철도공사에 의해 운영되었고 이전의 운영자는 철도청이다. 1980년에 도입된 우등형 전기 동차 운행 개시에 맞추어 새마을호와 특급의 중간 등급으로 우등을 신설한 것을 시작으로 하며, 1984년 1월1일 무궁화호로 개칭하였다(ko.wikipedia.org; 위키백과). 많은 사람들이 새마을호는 가격이 높다고 생각하여 대안으로 많이 이용하였던 열차이다. 부산, 순천, 목포, 광주, 포항, 경주 등까지 운행한 장거리 열차이기도 했다.

(5) 고속전철(급행)

수도권 전철은 일반전철과 급행전철로 운행된다. 출퇴근을 하는 직장인들과 통학하는 학생들에게는 단 5분의 시간도 중요한바, 급행열차의 도입은 매우 고무적이었다. 급행열차는 주요 역사에만 하차하고 출발한다. 수도권에 거주하는 승객들에게 서울 중심까지 시간을 매우 단축시키는 전철의 수단으로 각광받고 있다.

Tip 국내 이색열차

CNN은 이색 테마열차를 소개한다. 국악와인열차는 국악과 와인을 접목한 국악와인열차이다. 서울역에서 김천역까지 운행한다. 와인강좌, 국악공연, 레크리에이션, 7080라이브, 와인족욕 체험이 이 열차의 주요 프로그램이다. 이벤트석 12만 9천 원으로 영동와이너리 와인 1병이 제공된다.
백두대간협곡열차는 분천역에서 철암역까지 백두대간 협곡 사이를 오가며 천혜의 비경을 제공한다. 당일 여행상품은 6만 4천 원부터, 정동진[17] 해돋이 상품은 8만 4천 원, 1박 2일 여행 또는 정선레일 바이크 상품은 19만 9천 원부터 이용할 수 있다.
서해금빛열차는 용산에서 익산까지 운행하는 열차로 세계 최초로 한옥식 온돌마루 좌석을 갖춘 열차이다. 일반석 2만 1,600원, 온돌방 이용 시 3만 원이 추가된다.
바다열차는 강릉에서 삼척까지 53km의 해안선을 달리는 바다열차로 풍광을 감상하기에 좋다는 평가이다. 일반실 1만 4천 원, 특실 1만 6천 원, 가족실은 5만 2천 원, 프로포즈실 5만 원이다(www.tourtoctoc.com; 여행톡톡, 2023.5.18).

17 정동진역은 1962년 11월 6일 간이역으로 개통되었다. 세계에서 바닷가와 가장 가까운 역으로 기네스북에 등재되었다. 만조시간에 따라 거리가 달라지지만 평균적으로 바다와의 거리가 3~4m 정도이다. 정동진에서는 레일바이크도 여행의 백미이고 관광객이 많이 찾는 레저스포츠이다. 전동 운행이 가능하여 노약자도 부담없이 즐길 수 있다. 주위의 썬크루즈 호텔&리조트는 정동진의 랜드마크이다. 2016년 전 세계에서 가장 특이한 호텔 12곳 중 한 곳으로 CNN에서 소개되었다. 일출명소로 선호된다(여행톡톡, 2023.5.18.; www.tourtoctoc.com).

2) 해외

(1) 쿠로베 도롯코 열차

여행사의 일본 도야마 알펜루트[18] 상품을 이용하면 최대의 협곡을 지나는 이 열차에 탑승하게 된다. 소요시간은 편도 약 50분 정도이다. 우나즈키~가네쓰리 왕복으로 운항된다. 쿠로베 협곡은 일본에서 제일 깊은 협곡이다. 단애절벽의 미를 느낄 수 있다. 협곡을 토롯코 열차로 순회하며 절경을 감상하게 된다.

총길이 20.1km의 협곡을 따라 크고 작은 46개의 터널과 27개의 다리를 천혜의 자연과 계곡을 지나며 경관을 감상하는 환상의 코스이다. 토롯코 열차는 댐 건설을 위해 만든 철도를 관광용으로 개조하여 험준한 지형을 누비며 여행객들에게 인기가 많다(참좋은여행 상품상세정보)는 설명이다. 참고로 참좋은여행의 재팬 알프스와 순백의 설벽 도야마 알펜루트 4일은 2023년 5월 기준으로 149만 9천 원(5회 한정)에 판매되고 있다.

도야마 알펜루트 코스의 경우 선호도와 수요가 많다는 것은 하나투어에서 전세기 상품을 봄철에 출시하여 모집하고 진행하는 것을 통해서도 알 수 있다.

(2) 플롬 산악열차

장엄한 폭포와 산봉우리로 좁은 계곡을 통과하는 세계 최고의 열차로 소개한다. 1시간 30분 소요된다. 플롬열차는 여행사 옵션투어 시 100유로이다. 플롬-뮈르달[19] 왕복구간의 예약 상황에 따라 플롬-뮈르달-보스 구간으로 변경될 수 있음을 공지한다. 플롬열차(Flam Railway)는 플롬과 뮈르달을 잇는 길이 20km의 산악열차이다. 까마득한 협곡과 6km에 이르는 20개의 터널[20]을 통과하는데 운행 노선 주변의 경관이 뛰어나며, 세계적인 규모의 송네피오르의 진수를 감상할 수 있다. 창문으로 계곡과 협곡, 절벽이 연이어 나타나는 장관을 보며 100만 년 지구의 역사를 눈으로 느낄 수 있다(참좋은여행 상품상세정보)는 설명이다.

---

18 일본의 알프스라 불린다. 설벽의 웅장함을 경험할 수 있다.

19 해발 2m인 플롬에서 해발 866m인 뮈르달을 기차로 오르는 여정이다(gabo.tistory.com).

20 가장 긴 터널은 1,352m로 무려 11년이 걸려 완공되었다(gabo.tistory.com).

노르웨이의 아름다운 자연을 감상할 수 있는 시간이 된다. Kjosfossen 폭포 중간에서 5분 정도 정차한다. 효스포센 폭포(Kjosfossen)는 플롬역에서 15.6km 떨어진 곳으로 해발 699m이다. 경치가 뛰어난 곳이다. 폭포의 총 낙하는 93m이다(라임 LIFE story블로그). 그리고 훌드라 요정의 전설[21]을 재현하는 퍼포먼스를 정차하는 시간에 보여준다. 빨간 옷을 입고 춤추는 모습이다. 이것은 매우 색다르고 특별한 퍼포먼스를 보는 기회가 된다. 관광객들은 모두 관심을 갖고 이 장면을 카메라에 담는다. 노르웨이의 전설을 보여주는 공연을 통해 관광객들에게 환상적인 콘텐츠를 제공한다는 점에서 특별한 경험을 준다.

(3) 미국 암트랙(Amtrak)

참좋은여행사 미동부 캐나다 10일 상품에는 미국 대륙 기차인 Amtrak탑승이 포함된다. 이용구간은 알바니~뉴욕 구간이다.

암트랙은 미국 최대의 여객철도로 소유노선 총연장 35,000km로 세계 최대의 여객철도이며 철도패스를 발매하여 운영되고 있는 미국의 Class 1 철도회사이다. 암트랙의 국제열차는 모두 캐나다행으로 일부 노선에서는 캐나다의 VIA RAIL과 공동운행되며 251km라는 긴 거리를 연결해 주는 이동수단이다(m.verygoodtour.com).

Tip 샌디에이고[22] 기차

해안의 경치를 감상할 수 있는 코스이다. 태평양 연안의 경치를 즐길 수 있다. 암트랙은 다운타운에서 다운타운까지 미국에서 원하는 곳을 가장 빠르고 편리하게 이동할 수 있는 기차이다. 미국 전역에 걸쳐서 500개 이상의 도시를 연결하는 광역 운송망을 갖추고 있다. 미서부의 경우, 그랜드 캐년, 요세미티 국립공원, 나이아가라 폭포, 글렌우드스프링스, 엘파소, 데이토나 비치 등의 관광지로 이동할 수 있다. 미국 내 지역별 총 6종류의 패스, 미국과 캐나다를 여행할 수 있는 2종류의 패스를 이용하여 자유롭게 여행할 수 있다(참좋은여행 상품상세정보).

21 옛날 목동들이 신비한 음악과 함께 노래하며 춤추는 훌드라 요정의 아름다움에 홀려서 따라갔다가 모두 양으로 변해 폭포 속으로 사라졌다는 전설이다. 공연은 5분 정차 중 2~3분 동안 진행된다.

22 낭만의 해안도시로 불린다. 반짝이는 모래와 해변, 푸른 바다 등 여유와 낭만이 있는 태평양 연안의 도시이다.

(4) 계림/ 이강 유람 일정 시

광저우를 출발하여 계림으로 이동 시 중국의 고속열차를 이용한다. 시간은 약 3시간 정도 소요된다. 계림은 한 폭의 수채화 같은 곳으로 홍보한다. 이 상품의 경우, 은자암 동굴과 이강 유람이 포함된다. 은자암 동굴은 다양한 종유석으로 특별한 아름다움을 지니고 있으며, 이강은 중국의 20위안 지폐에 들어가 있는 카르스트 지형의 진수를 보여주는 곳이다(m.verygoodtour.com).

Tip 유럽 기차여행 선호도

레일유럽이 전 세계 유럽여행자 약 5,000명을 대상으로 기차여행에 대한 설문조사 결과를 발표했다. 주요 내용을 보면 다음과 같다. 유럽여행 시 선호하는 교통수단은 기차(73%), 비행기(61%), 버스(30%), 자동차(25%)로 나타났다. 기차여행의 장점은 멋진 차창 밖 풍경(56%), 편의성(18%), 가격(16%), 시간 절약(4%), 친환경(4%), 현지인과의 교류(2%) 순이다.
유럽을 방문하는 목적은 휴가(84%), 친지방문(13%), 학업(7%), 신혼여행(5%), 출장(5%)으로 나타났다. 유럽여행의 동반자는 연인(34%), 나홀로(26%), 친구(23%), 가족(17%) 순이다.
파리에서 런던 이동 시 기차는 체크인 30분과 탑승시간 2시간 15분을 합쳐 총 2시간 45분 소요되었고 비행기는 공항이동 시간 35분, 체크인 1시간 30분, 비행 1시간, 수화물 찾기 30분, 도시로 이동 35분의 총 4시간 10분으로 나타나 시간적인 면에서도 기차가 합리적인 것으로 조사되었다(트래블데일리; 2014.11.3).

(5) 캐나다 기차

가. 로키기차

눈 덮인 산봉우리와 코랄 빛 호수를 볼 수 있는 코스이다. 벨마운트-재스퍼 구간 로키 비아레일 탑승 시 편도로 약 3시간이 소요된다.

나. 동부 아가와 캐년 단풍기차

천연색 단풍을 볼 수 있는 코스이다. 환상적인 경치를 볼 수 있다는 평가이다. 알고마 센트럴 아가와 캐년 기차 탑승에는 왕복 8시간 정도가 소요된다(참좋은여행 상품상세정보).

(6) 스위스 파노라마 열차

매년 40만 명 이상이 스위스 파노라마 두 개의 열차를 이용한다(www.traveldaily.co.kr).

가. 글레시어 익스프레스

빙하특급으로 불린다. 세계에서 가장 느린 고속열차이다. 스위스 체르마트와 생모리츠를 연결하며 스위스 동서를 가로지르는 루트이다. 대형 파노라마 유리창 너머로 깊은 계곡을 지나 깎아지른 암벽, 목가적인 산악마을들, 스위스의 그랜드 캐년이라 불리는 라인 협곡, 유네스코 세계자연유산인 융프라우-알레치 빙하를 지난다. 구불구불 이어지는 기차는 해발 2,033m에 위치한 오버알프 고원(Oberalp Pass)에서 여행의 최고점에 도달한다(트래블데일리, 2023.4.12)는 설명이다.

나. 베르니나 익스프레스

베르니나 특급으로 불린다. 눈부시게 반짝이는 흰 빙하의 광채부터 이탈리아의 야자수 천국을 달리는 이 기차는 알프스를 가로지르는 가장 높은 철도로 스위스 쿠어에서 이탈리아 티라노까지 연결하는 노선이다. 오스피치오 베르니나 역은 해발 2,253m에 위치해 일반열차로 갈 수 있는 유럽에서 가장 높은 기차역이다.

산악지형과 완벽하게 조화를 이루는 고도의 기술력이 집약된 철로이다. 투시스와 티라노 사이의 알불라 베르니나 구간은 2008년 유네스코 세계문화유산으로 지정되었다. 이 기차는 196개의 다리 및 최대 65m 높이의 고가교를 통해 122km를 운행한다(트래블데일리, 2023.4.12)는 설명이다.

(7) 멜버른 퍼핑빌리 레일웨이(Puffing Billy Railway)

100년 이상의 역사가 살아 있는 멜버른의 명물이다. 호주에서 가장 오래된 증기기관열차이다. 현재는 자원봉사자들에 의해 운행된다(호주 멜버른 여행).

이 기차의 특별한 점은 창문 밖으로 걸터앉아 갈 수 있다는 점이다. 시원한 바람을 맞으며 지나가는 차나 사람들과 손을 흔들며 인사할 수 있다. 이 기차는 지역의 오지를 개척하기 위해 만들어졌다고 한다.

벨그레이브 역에서 출발하여 레이크사이드 역까지 이동한다. 한화로 약 5만 3천 원 정도(호주달러 61AUD)이다. 출발 전 증기기관차 맨 앞에서 인증샷이 추천된다. 좌석은 자유좌석제로 나무다리를 지나간다. 석탄으로 기관차가 운행되는 만큼 석탄가루가 날리기도 한다. 드넓은 초원을 지난다. 오래된 증기기관차의 매력을 느낄 수 있는 명물기차이다(다시갈지도, Channel S).

세계의 이색열차

CNN은 전 세계에서 운행 중인 이색열차를 소개한다.
독일의 모노레일 슈베베반(Schwebebahn)은 독일의 서부 도시 부퍼탈을 상징하는 열차이다. 1901년부터 운행을 시작하였다. 철로에 매달려 운행하는 특이한 열차이다. 매일 8만 명이 넘는 승객을 수송한다.
스위스의 소도시 슈비츠에서는 세상에서 가장 가파른 경사를 오르는 슈토스반(Stoosbahn)을 만날 수 있다. 원통형 외관의 이 산악열차는 5분 만에 744m를 올라간다. 47도의 경사를 오름에도 경사도에 맞게 캐빈이 회전해 승객들이 똑바로 설 수 있다.
영국에는 세계에서 가장 오래된 부두열차 하이드 피어 레일웨이(Hythe Pier Railway)가 있다. 부두 다리 위 길이 640m의 철로만 오가며 1909년에 설치되었다.
호주 시드니를 대표하는 자연경관 중 하나인 블루마운틴에는 스릴 만점의 카툼바 시닉 레일웨이가 있다. Katoomba Scenic Railway는 가파른 내리막길을 매우 빠른 속도로 달려 손잡이를 꽉 쥐게 된다. 1945년 이래로 현재까지 2,500만 명이 넘게 이용했다(여행톡톡, 2023.5.18; www.tourtocotc.com).

참고문헌

강혜원, 이지 스페인 포르투갈, 이지 유럽, 2020.6.5

고종원, 주제여행상품에 관한 연구 - 대한민국 구석구석 및 국내외 여행상품 사례를 중심으로-, 연성대학교 논문집, 제58집, 2022

나무위키

뉴스핌, 2021.10.1

대한민국 구석구석

덴마크 코펜하겐 여행

두산백과 두피디아

라임 LIFE story 블로그

리엔 건축 전문블로그, 우리나라 건설회사들이 시공한 세계의 랜드마크, 2018.6.29

문화원형 용어사전

세계 다리명 백과

시사상식사전

여플 프렌즈 포스트, 2023.5.7

여행톡톡, 2023.5.18

연합뉴스, 2023.2.27

영남알프스 봉우리, 고지 블로그

위키백과

일본정부관광국 공식사이트

저스트 고(Just go)관광지

조선일보, 랜드마크가 된 흉물, 흉물리 된 랜드마크, 2020.7.23

죽기 전에 꼭 봐야 할 세계 역사 유적 1001

참좋은여행 상품상세정보

참좋은여행 에스토니아 및 북유럽 5국 9일 상품

참좋은여행, 4국 8일 라르고 상품

트래블데일리, 레일유럽, 스위스 파노라마 열차 예약 런칭, 2023.4.12

트래블데일리; 2014.11.3

트립어드바이저

특파원 25시, JTBC

한국문화재단

한국민족문화대백과

해시넷

adventure.lotteworld.com

gabo.tistory.com

http://jm.cha.go.kr

ios.co.kr

ko.wikipedia.org

korean.visitkorea.or.kr

m.post.naver.com

m.verygoodtour.com

seoulsky.lotteworld.com

tour.ulsan.go.kr

wiki.hash.kr

www.cheongpungcablecar.com

www.chf.ok.kr

www.dmzgondola.com

www.dorakcablecar.co.kr

www.heritage.go.kr

www.japan.travel

www.kwangjangmarket.co.kr

www.nseoultower.com

www.ohmynews.com

www.templestay.com

www.tourlive.co.kr

www.tourtocotc.com

www.traveldaily.co.kr

www.unhyeongung.or.kr

www.yongpyong.co.kr

Theme Trip Product

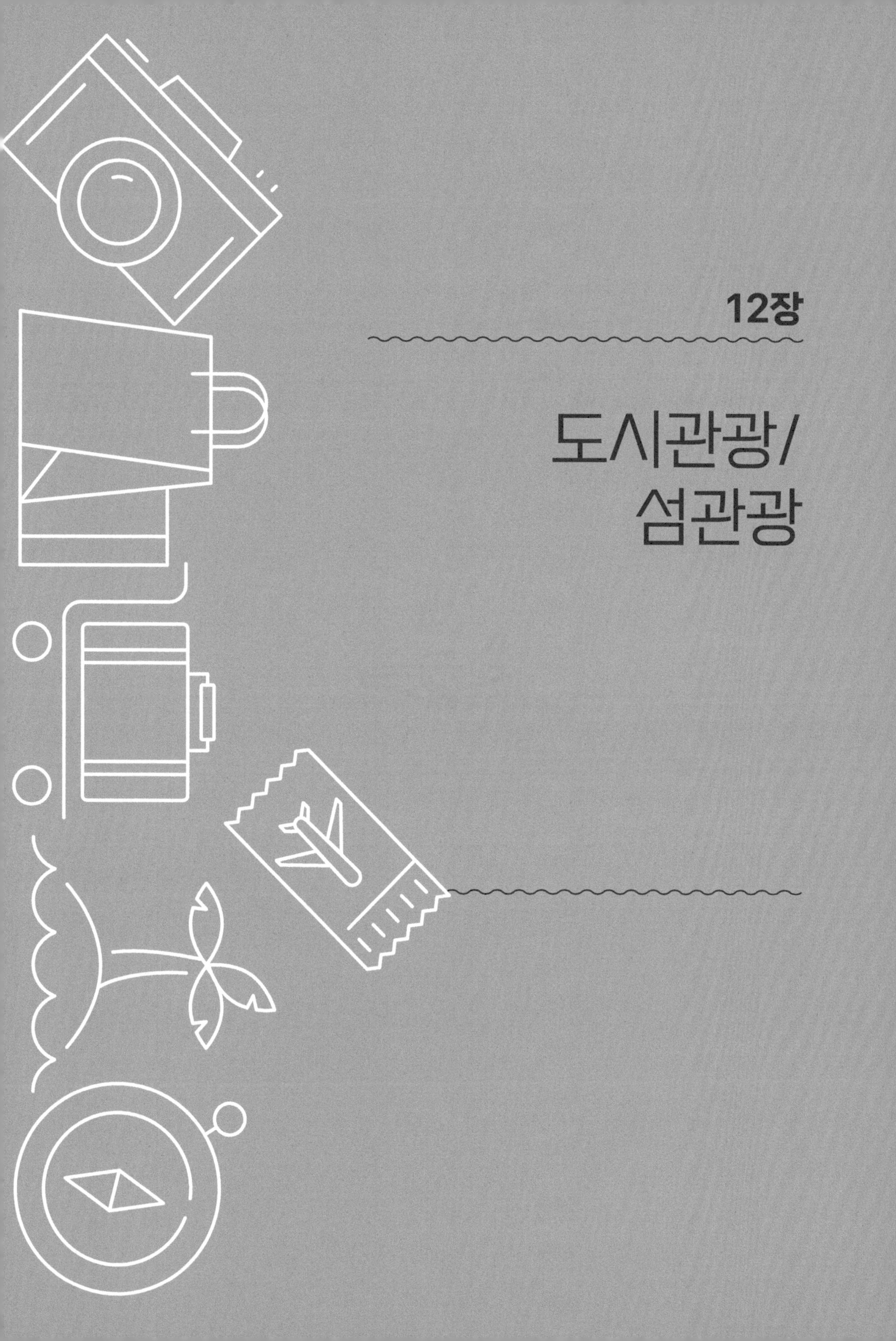

12장

도시관광/섬관광

주제
여행
상품

12장

도시관광/섬관광

1 도시관광

1) 도시관광 정의

도시관광은 현대시대에 가장 중심이 되는 관광형태이다. 도시관광(Urban tourism)은 주로 큰 도시가 관광장소가 되는 관광유형이다.

두산백과 두피디아에서는 관광도시에 대해서 특별히 관광기능이 발달한 도시를 가리킨다. 일반적으로 도시의 여러 다른 기능들에 비해 관광산업이 발달하였거나 관광을 목적으로 외부인이 많이 방문하는 도시들을 관광도시라 부른다(terms.naver.com). 관광기능이란 관광활동을 하는 데 필요한 조건과 여건을 말한다. 예를 들면 교통, 숙박, 쇼핑, 관광활동이 가능한 많은 장소, 관광객에게 호의적인 분위기 등을 말한다. 외래관광객이 해당 도시에 와서 음식, 숙박, 관광활동이 보다 원활하게 될 수 있는 환경을 구축한 체계를 의미한다. 관광목적으로 관광객이 많이 방문하는 프랑스 파리, 태국의 방콕, 이탈리아 로마와 베니스, 미국의 뉴욕과 로스앤젤레스, 영국 런던, 호주 시드니 등이 대표적인 관광도시이다.

관광산업(Tourism industry)은 관광객에게 교통, 숙박, 오락 따위를 제공하는 산업으로(표준국어대사전), 관광자원을 바탕으로 사람들의 관광욕구를 충족시키기 위해 각종 서비스를 제공하는 것을 관광산업이라고 한다(terms.naver.com).

관광은 굴뚝 없는 공장이라고 한다. 관광은 제품을 생산하는 공장이 없어도 고용창출의 효과를 낼 수 있는 고부가 가치 산업이다. 관광은 보이지 않는 무역이라고 하여 외화 획득의 효율적인 방안이며 국제친선, 문화교류, 국위 선양 등의 역할을 한다(통합논술 개념어 사전).

이러한 측면에서 관광산업이 발전한 관광국가, 즉 관광선진국에 방문하여 여행, 호텔, 음식, 오락, 관광 등을 체험하는 활동을 하기 위해 입국하는 것이다.

이러한 관광조건을 갖춘 도시에서 관광하는 것이 도시관광이다. 역사적인 장소, 경치가 좋은 자연환경, 현대의 관광에서 중요시되는 시설물을 갖춘 위락시설, 축제 등 도시의 특성에 따라 관광이 진행된다.

서울 시내 전경 인왕산 둘레길에서 바라본 서울시 전경으로 멀리 남산서울타워(N서울타워)가 보인다.

워커힐 비스타 호텔 한강이 조망되는 우리나라 최고의 호텔 가운데 한 곳이다.

2) 도시관광의 예

(1) 국내

가. 외국인 서울/수도권 시티투어

외국인이 우리나라에 와서 이용할 수 있는 여행사의 서울시티투어 내용을 살펴보면 다음과 같다(www.seoulcitytour.net/ www.koreatourinformation.com의 브로슈어 참고).

개인투어(Private tour)는 가이드의 서비스차지가 4시간 기준 24만 원, 8시간 기준은 30만 원, 20명 이상 시에는 40만 원선이다. 차량이동비용은 고급세단이 4시간 40만 원, 8시간 50만 원, 공항 센딩서비스는 28만 원이다. 10명일 경우 스타렉스 차량급으로 4시간 25만 원, 8시간 30만 원, 공항 센딩서비스는 18만 원이다. 40명일 경우 대형버스로 4시간 50만 원, 8시간 60만 원, 공항 센딩서비스는 40만 원이다.

서울시청 앞 겨울철 시청 공원에 크리스마스 트리를 장식해 놓고 있다. 높은 건물은 프라자호텔이다.

고궁 오전투어는 09:00-12:30에 실시되며 1인당 4만 5천 원이다. 코스는 호텔을 출발하여 청와대를 지나서 수문장 교대식, 경복궁(화요일은 덕수궁), 국립민속박물관, 조계사, 인삼전시장, 시청 코스이다.

오전 국립중앙박물관, 청계천, 시청 투어는 3명 이상이 되어야 투어가 가능하다. 가격은 6만 원이다. 호텔을 출발 국립중앙박물관, 청계천, 인삼전시장, 시청 코스로 진행된다.

오후 창덕궁, 남대문시장 투어는 1인 이상 참여 가능하며 호텔을 출발하여 창덕궁(월요일에는 북촌한옥마을), 인사동, 남대문시장, 호텔로 진행된다. 비용은 1인당 5만 5천 원이다.

오후 N서울타워, 남산한옥마을, 인사동 코스는 2명 이상이 되어야 출발 가능하다. 일인당 비용은 7만 원이다. 호텔에서 출발하여 인사동, N서울타워, 남산 한옥마을(월요일은 북촌한옥마을), 호텔 코스이다.

일일코스는 청와대, 경복궁, 창덕궁, 인사동, 남대문시장 코스로 2명 이상이어야 출발 가능하다. 점심이 포함되며 가격은 11만 원이다.

일일코스로 경복궁, 조계사, 인사동, N서울타워, 남산한옥마을 코스는 2명 이상 시 출발하며 비용은 점심 포함하여 12만 5천 원이다.

일일 쇼핑투어는 3명 이상이어야 하며 점심식사가 포함된다. 11만 원으로 남대문시장, 동대문시장, 인사동, 용산전자상가 코스이다.

일일 강화섬 투어는 4명 이상이어야 출발한다. 점심이 포함되어 14만 원이다. 강화역사박물관, 광성보, 전등사, 고인돌, 고려궁터 코스이다.

일일 세계문화유산 투어는 4명 이상 조건으로 점심이 포함되어 14만 원이다. 창덕궁, 종묘, 인사동, 수원화성 코스이다.

일일 테마파크 투어는 4명 이상 조건으로 1일권 티켓이 포함되어 11만 5천 원이다. 에버랜드, 롯데월드, 서울랜드 가운데 선택 가능하다.

일일 이천도자기마을 투어는 4명 이상 참여해야 출발하며 점심이 포함되어 14만 원이다. 이천도예촌, 근대 도자기박물관, 도자기체험 코스이다.

일일 오전 고궁 및 자유투어는 4명 이상 출발조건이며 점심이 포함되어 13만 원이다. 경복궁, 국립민속박물관, 조계사, 오후 개인 자유일정이다.

일일 전통다도 및 김치 체험 투어는 4명 이상 출발조건이며 점심이 포함되어 12만 원이다. 전통다도, 한복체험, 김치체험, 한국 전통예절 배우기, 면세점 코스이다.

일일 북촌한옥마을 투어는 4명 출발조건으로 점심이 포함되어 13만 원이다. 북촌한옥마을, N서울타워, 남산한옥마을 코스이다(www.seoulcitytour.net; www.koreatourinformation.com).

광화문 시티투어버스가 지나고 있다. 시내관광의 주요한 역할을 한다.

삼청동 국립현대미술관 서울 도심에 자리 잡고 있는 문화 중심지로서의 역할을 하고 있다.

인사동 많은 사람들이 미술관, 찻집, 골동품 등에서 서울의 풍취를 느끼고자 찾고 있다.

나. 외국인 지방투어

외국인 지방투어는 설악산 투어가 일일투어로 최소 4명 이상 조건으로 24만 원이다. 설안산국립공원, 권금성 케이블카 탑승, 신흥사, 대포항, 호텔 도착 코스이다.

경주 1박 2일 코스는 4명 이상 출발조건이며 42만 원이다. 1일차 호텔 출발 석굴암, 불국사, 호텔에서 투숙한다. 2일차는 호텔 출발 경주국립박물관, 안압지, 대릉원, 첨성대, 경주역사박물관, 서울로 이동하는 코스이다.

일일 공주 부여 투어는 4명 이상 조건이며 24만 원이다. 공주국립박물관, 부여 부소산성, 무령왕궁, 낙화암 코스이다.

일일 안동 하회마을투어는 4명 이상 조건으로 24만 원이다. 안동 부용대, 안동 하회마을, 병산서원, 봉정사 코스이다.

안동 시내에 위치한 맘모스 베이커리 대전의 성심당, 군산의 이성당과 함께 전국 3대 빵집의 하나이다. 1974년 11월에 개업하였다. 크림치즈빵이 대표상품이다.

드라마 세트장 투어는 겨울연가 촬영장 투어(Winter Sonata Tour)로 2인 이상 가능하며 13만 5천 원이다. 남이섬, 점심 제공, 고요아침수목원, 면세점, 호텔 이동 일정이다(www.seoulcitytour.net; www.koreatourinformation.com을 참고).

그 외에도 스키투어, 성지순례 일정 등이 있다. 스키는 지산리조트, 강촌엘리시안리조트 등에서 진행된다. 그리고 성지순례는 이태원 이슬람사원, 약천성당, 서소문성지, 명동성당, 절두산 순교성지, 조계사, 봉은사, 묘각사 템플스테이가 포함된다(Seoul city tour).

경주 교동의 음식점 주변의 황남길은 많은 사람들이 찾는 경주의 중심지가 되었다.

포항 호미곶 해파랑길 바다를 조망하면서 걸을 수 있는 길이다. 호미곶의 상징인 상생의 손이 보인다. 해파랑길은 동해의 떠오르는 해와 푸른 바다를 길동무 삼아 함께 걷는다는 의미이다.

군산의 초원사진관 영화 8월의 크리스마스의 촬영장소이다. 군산을 방문하는 관광객들이 많이 방문하는 장소이다.

Tip DMZ Half Day Tour

VIP TRAVEL에서 운영하고 있는 여행상품을 소개하고자 한다. 외국인을 위한 인바운드 국내여행상품이다. 특별히 쇼핑 강요가 없음을 브로슈어에서 강조한다. 오전 07:00-13:30, 오전 10:30-17:00 일정이 있다. 선택 가능하며 1인도 참여 가능하다. 월요일과 국경일은 제외된다고 한다. 시내 호텔에서 출발, 임진각공원, 자유의 다리, 제3땅굴, DMZ 극장 및 전시관, 도라 전망대, 통일정보화마을, 시청 도착 코스이다.
포함사항은 시내 호텔 픽업서비스, 전문가이드 안내, 차량제공, 입장료 포함이다. 불포함사항은 서울로 귀환 시 호텔로 데려다주지 못하고 시청 해산, 점심 불포함, 여행보험 불포함 조건을 명시하고 있다.
최대 45명 투어버스 탑승을 공지한다. DMZ은 매주 월요일과 국경일에는 운영되지 않음을 알린다. 쇼핑 강요가 없으며 투어 시 여권이 필요하다. 주한미군인 경우 신분증도 가능함을 공지한다. DMZ 투어 시 특별한 복장규정(Dress code)은 없다. 투어전 2일 전까지 취소 시 취소료가 없다.

다. 특화도시 야간관광

문화체육관광부에서는 야간관광의 중요성을 인식하고 있다. 야간관광은 연간 약 1조 3,592억 원의 생산유발효과와 15,835명의 취업유발효과가 있는 것으로 2022년 한국관광공사 야간관광 실태조사에서 나타났다. 문화체육관광부가 2023년 3월 정책브리핑을 통해 계획하는 주요 내용은 다음과 같다.

강릉시는 성장지원형의 누구에게나 깨어 있는 도시로 솔향수목원, 오죽헌, 경포호수 등 기존 관광지에 야간조명과 콘텐츠를 더하고 무장애 관광도시의 강점을 살려 보행약자를 위한 솔향 별빛투어 등의 콘텐츠로 약자 친화적 관광지의 모습으로 만들고 있다(문화체육관광부, 2023.3.06).

경포대 강릉시 저동의 경포호 북안에 있는 누각으로 2019년 12월30일 보물로 지정되었다.

전주시는 역동적인 밤의 도시로 성장지원형이다. 전주의 문화와 예술을 재해석해 밤의 전주의 매력을 선보인다. 복합문화공간에서 공연과 파티를 즐기는 팔복 프리덤 나잇, 독특한 음주문화를 활용한 가맥거리 페스타, 전주국제영화제의 영화를 상영하는 전야 시네마 극장 등 전주의 밤을 풍성하게 만든다.

진주시는 성장지원형으로 유등문화의 아름다움을 추구한다. 유등축제로 대표되는 등 경관을 남강, 진주성 등의 지역자원과 결합한다. 진주대첩 이야기를 남강 유등문화와 엮은 진주 남강 워터파이어 콘텐츠를 개발하고 야간유람선 투어, 남가람 별빛길 투어 등의 콘텐츠를 선보인다.

부산광역시는 국제명소형으로 야간 레저 스포츠의 즐거움을 추구한다. 야간관광의 영역을 해운대, 광안리를 넘어 수영강과 용두산 일대까지 확장하고 용두산을 중심으로 구도심을 MZ세대 취향에 맞게 재탄생시킨다. 7개 부산대교를 활용한 프로그램과 야간 서핑, LED카약, 달빛 트레킹 등의 콘텐츠를 제공한다.

대전광역시는 국제명소형으로 과학과 관광의 만남을 추구한다. 과학대전을 콘셉트로 대전 엑스포자원과 대덕 연구단지를 야간관광자원으로 활용한다. 엑스포다리, 신세계 아트앤사이언스, 원도심이 어우러진 도심형 야간경관을 조성하고 대덕연구단지와 협업하여 낮에는 볼 수 없는 연구단지 내부의 모습을 공개한다(문화체육관광부, 2023.3.6).

서울역 청사 야간에 바라본 서울역 청사의 모습이 색다르게 다가온다.

(2) 해외

가. 호주 퍼스(Perth)

서호주의 주도이자 호주에서 네 번째로 큰 도시이다. 자연적인 풍광의 도시관광이 가능한 곳이다. 커피가 맛있다는 평가도 있다. 트립어드바이저에서는 킹스파크&식물원, 퍼스 조폐국, 벨 타워, 서호주 미술관, 세인트 조지 대성당을 추천한다. 인구는 2020년 기준 212만 명(나무위키)이다.

호주는 원래 한반도 약 35배 크기의 큰 나라이다. 지중해성 기후이며 천혜의 자연을 갖추고 있다. 코알라가 대표적인 동물이며 호주는 최고의 힐링여행지이기도 하다.

퍼스역에서 기차를 타고 30분 정도면 도착하는 프리맨틀은 거리악사들의 노랫소리로 활기가 넘치는 항구도시로 서호주 초기 정착민들이 거주하던 곳(terms.naver.com)으로 알려져 있다. 19세기 초 영국인 이주로 형성된 항구도시로 호주의 유럽으로 불린다. 건물의 약 70%가 문화재로 지정되어 있다.

카푸치노거리에서는 호주인들이 커피를 선호하는 것을 볼 수 있다. 호주의 시드니 등 다른 도시를 방문해도 호주 사람들이 커피 즐기는 모습을 흔히 볼 수 있다. 호주에는 대형 프랜차이즈가 없으며, 호주의 자체 브랜드 등이 활성화되어 있다. 카푸치노거리에서는 우유거품과 카카오 파우더를 많이 즐긴다. 이곳에서는 호주의 여유로운 분위기를 느낄 수 있다.

프리맨틀 마켓은 1897년부터 시작된 전통마켓이다. 기념품, 공예품을 판매하는데 그릇이 많고 디자인이 좋고 유니크한 아이템이 많다. 호주의 다민족 유입의 이민정책에 따라 베네수엘라, 티베트, 베트남 등의 외국식당도 많이 자리하고 있다.

호주는 일조량이 좋다. 그래서 과일의 당도도 좋다. 이러한 차원에서 포도재배[1]도 잘 된다. 달콤하고 상큼하며 천연과당이 풍부한 오렌지주스, 타코야키, 네덜란드 팬케이크 등이 유명하다. 리틀크리처스 양조장에서는 호주의 맥주와 화덕피자를 맛볼 것을 추천받는다. 맛집으로 유명하다. 피자는 토핑이 푸짐하고 담백하다는 평가이다.

퍼스에는 요트가 많다. 페리 선착장에서 버킷리스트 섬인 로트네스트 아일랜드로 가는 것을 추천한다. 에머랄드빛 해변과 느긋한 분위기가 인상적인 곳으로 스노클링, 낚시, 수영 등을 할 수 있다. 힐링되는 청정한 바다로 인기가 있다. 자전거를 대여할 수 있다. 시간대별로 요금 차이가 있다. 전기 자전거도 이용 가능하다.

쿼카[2]가 많은 곳에서 발견된다. 항상 웃고 있는 입으로 인해 세상에서 가장 행복한 야생동물로 인식된다. 만지면 150 호주달러의 벌금이 부과된다.

로트네스트 섬에서는 고래관광도 인기있다. 그리고 경비행기 타는 것도 추천된다. 약 8만 원 정도이다. 600미터의 높이에서 나는 프로펠러 경비행기이다. 울창한 초목과 에메랄드빛 푸른 바다의 조화가 멋지다.

Tip 호주 멜버른

유럽 이주민이 정착하여 유럽문화가 잘 남겨졌으며 유럽과 현대식 건물이 잘 조화된 도시이다. 또한 자연적인 곳이기도 하다. 플린더스 스트리트역은 사진 촬영하기에 좋다. 빅토리아 주립도서관은 인생샷 명소로도 유명하다. 도서관이 마치 박물관 같다. 그리스의 신전처럼 거대한 돔의 규모가 대단하다. 위층에서 보면 더 멋진 열람실 광경을 보게 된다.
멜버른에서는 유래카 스카이덱 88(층)이 추천된다. 전망대까지 30초 정도 만에 올라가니 빠른 속도이다. 전망대 입장료는 43호주달러의 비용이 든다. 엣지(Edge: 모서리)에서 촬영하는 것이 인기이다. 아래는 유리로 되어 있어서 아찔한 느낌이 든다고 한다.

블록아케이드는 호주의 실내 아케이드로 점포가 많다. 130년이 넘는 쇼핑아케이드로

1 서호주 마가렛리버의 카베르네 소비뇽, 샤르도네 등이 유명하다. 서늘한 기후대로 프랑스의 보르도 지역 환경과 비슷하다는 평가이다.

2 캥거루과에 속하는 소형 포유류동물이다. 호주의 서남부 로트네스트섬과 그 주변 도서에 서식하며, 무게는 2.5~5.0kg이다(나무위키). 쿼카 인형이 만들어질 정도로 인기 있다.

이곳에 인기 있는 티룸이 있다. 인증샷을 찍는 데 좋으며 고풍스러운 분위기를 갖췄다. 얼그레이 차와 달달한 초코빵과 생크림 그리고 초콜릿딸기 타르트가 인기이다. 이곳은 100년 넘은 역사의 장소이기도 하다.

그레이트 오션로드(Great Ocean Road)는 방문할 곳으로 추천된다. 200km의 해안도로이다. 진정한 힐링스폿이다. 포트캠벨국립공원은 석회암 절벽과 바위로 경치가 매우 아름답다. 협곡인 로크 아드 고지의 십이사도상과 전망대는 육지에서 떨어져 나간 바다기둥으로 열두 제자처럼 보여 이런 이름이 붙여졌다고 한다(다시갈지도, Channel S).

나. 캐나다 퀘벡

캐나다의 프랑스로 불리는 퀘벡은 세계 3대 겨울축제로도 유명한 곳이다. 도시 전체에서 프랑스어가 공용어로 쓰일 만큼 프랑스문화가 자리 잡고 있다.

가을의 단풍을 감상하는 것, 산악과 평원에서 자전거 타는 것, 쇼핑하는 것도 권장된다.

우리나라 사람에게는 드라마 도깨비 촬영지로 알려져 있다. 쁘띠 샹플렌(Petit Champlain)거리가 오래된 번화가로 쇼핑, 맛집 등으로 유명하다. 도깨비 촬영지로 지은탁이 김신에게 사랑을 고백한 계단은 가파른 경사로 인해 목이 부러지는 계단의 별칭을 지닌다. 퀘벡의 프레스코화는 캐나다의 유명인 15명을 아티스트 12명이 2,500시간 이상을 들여 작업한 것으로 알려진다.

극 중에서 김신(공유 분)이 소유했던 호텔이 유명한 샤토 프롱트낙 호텔(Chateau Frontenac hotel)[3]이다. 1893년에 지어진 성 같은 호텔로 이곳에는 처칠, 루스벨트 등이 노르망디 상륙작전 연합군 회담으로 방문했고 샤를 드골, 히치콕, 셀린 디옹 등 유명인이 방문했었던 호텔로 알려진다.

샤토 프롱트낙 호텔은 130년의 역사를 간직하고 있으며 1981년 캐나다 국립사적지로 지정되었다. 이 호텔에는 독특한 환경 살리기 프로그램이 있다. 2박 이상 투숙 시 객실 청소를 거절하면 1박당 1그루의 나무를 인근 숲에 심어준다. 이 프로그램으로 2016년부터 7,500그루 이상의 나무를 심을 수 있었다고 한다. 호텔 옥상에서는 양봉을 한다. 옥

3 캐나다 퀘벡의 세인트로렌스강이 내려다보이는 성곽에 위치한 고전양식의 호텔이다. 건물은 1898년부터 1983년까지 1세기가 소요되었다. 600여 개의 호화로운 객실을 갖추고 있다. 호텔의 이름은 프랑스 식민시대의 총독이었던 프롱트낙 백작의 이름에서 따온 것이다(저스트고 관광지; 시공사). 이 호텔은 퀘벡시티의 아이콘으로 평가된다.

상에서 채밀되는 꿀은 호텔의 각종 요리와 칵테일 등에 사용한다. 도시 양봉은 개체 수가 줄고 있는 꿀벌의 번식을 돕고 식물의 종 다양성, 더 나아가 인간의 식생활에도 중요한 생태적 솔루션이라는 설명이다(조선일보, 2023.2.24).

이곳은 친환경 운동으로 눈에 띈다. 최근에 우리나라에서도 벌꿀 채취가 어려울 만큼 양봉이 어려운 상황으로 생태계 환경이 걱정스럽다. 호텔이 이러한 자발적인 친환경 운동을 펼치는 것에 대해 매우 긍정적이라 생각한다.

JTBC 특파원 25시에 의하면 겨울왕국의 호텔 드 글라스(Hotel de glace)는 2001년 개장하였고 200만 명의 방문객 그리고 7만 명이 숙박한 것으로 소개된다. 총 44개의 객실은 곤충테마방, 뮤직테마방, 벽난로테마방 등 각각 다른 테마로 객실방을 운영하고 있는 아이스 호텔이다. 로비에는 눈벽에 조각 작품들이 있다. 객실에는 푹신한 매트리스, 영하 30도까지도 버틸 수 있는 침상이 준비되어 있다. 호텔에서는 얼음컵에 칵테일(진베이스와 멜론)도 제공하고 있다. 노천탕 시설에서는 추운 몸을 녹일 수 있다.

퀘벡은 눈이 많은 지역인 만큼 겨울에는 튜브 눈썰매가 인기가 있다. 여러 가지 코스 중 히말라야 코스의 경우 시속 80킬로의 속도로 눈썰매를 즐길 수 있다. 개썰매 이용도 가능한 곳이다.

퀘벡은 캐나다 내에서 치안수준도 안전한 편으로 평가된다. 몽모랑시 폭포공원, 세인트로렌스강을 따라 놓인 400m 길이의 나무 데크 산책로인 뒤프랭테라스, 영국군 요새였던 퀘벡 시타델, 퀘벡 노트르담 대성당도 가볼 만한 곳(Tripadvisor)으로 추천된다.

다. 프랑스 남부 랑그독 루시옹 지방

가) 몽펠리에

프랑스의 8번째 큰 도시로 마르세유와 니스에 이은 남부 제3의 도시이다(나무위키). 지중해에서 12km 떨어진 곳에 위치하고 연간 300일 이상 햇빛이 비치는 맑은 날이어서 프랑스에서도 가장 햇빛이 잘 드는 도시로 꼽힌다(hotel.com).

몽펠리에(Montpellier)는 스페인 국경에 가까운 프랑스 남부 도시이다. 몽펠리에는 의학과 법학이 유명한 오래된 대학도시로 알려져 있다. 수도원건물을 현재의 의과대학으로 사용하고 있다. 빌라노바는 알코올을 사용하여 소독한 의학자로 알려져 있다. 해부학 박물관은 해부학 해설사인 가이드를 통해 안내받을 수 있다.

유럽의 광장문화를 이곳에서도 발견할 수 있다. 코미디광장에서 공연이 상시 진행된다. 몽펠리에에는 중세건물과 상점이 많다. 초콜릿가게가 인기가 많다. 2000년 이후에는 전차가 개통되어 운행된다. 시가지 끝에는 개선문이 세워져 있는데 파리의 개선문보다 10년이 앞선다고 한다.

몽펠리에 코미디광장 사람들이 많이 모이는 곳으로도 알려져 있다.

몽펠리에는 스페인에 가까운 도시이다 보니 스페인 문화가 많이 느껴진다. 앙씨에로(Enciero)는 투우용 소를 풀어놓고 소를 피해 다니는 놀이로 즐기기도 한다. 그리고 단품요리로 빠에야 식사가 인기가 있다. 스페인 노래가 거리에서 많이 들리는 만큼 스페인 문화가 잘 융합된 지역이다.

몽펠리에 개선문 파리의 개선문보다도 10년 전에 세워진 건축물이다. 루이 14세를 기리기 위해 세워졌다. 몽펠리에는 교육의 도시이다. 프랑스에서 7번째 큰 도시로 평가된다.

나) 남부 서민의 휴양지 세트

몽펠리에에서 25km 떨어진 세트는 프랑스의 베네치아로 불린다. 아름다운 도시로 알려져 있다. 시장에는 토마토 종류가 많다. 해산물코너에는 지중해의 신선한 생선이 많다. 티엘은 세트의 특산품으로 문어, 오징어 등이 포함된 간식으로 인기가 있다. 생클리어산에서는 세트 시내가 잘 조망된다. 아름다운 항구, 붉은 지붕, 요트가 잘 보인다. 이곳에서는 재래시장에서 빵, 치즈를 구입하여 아름다운 경치를 보면서 즐기는 사람들도 있다. 니스와 칸에 비해 서민의 휴양지로 선호된다. 신선한 음식이 좋다는 평가이다.

다) 님므

님므(Nime)는 로마의 유적이 많은 도시이다. 카레신전은 기원전 16년에 세워졌다. 원형경기장은 옛 모습을 잘 간직하고 있다. 여름철에는 투우경기가 열린다. 거대한 타원형의 경기장이다. 관광객들은 전화로 오디오 가이드가 가능하다. 수용인원이 2만 명이라고 하니 당시의 규모로는 대단한 공사로 여겨진다. 로마인의 건축술을 가늠하게 되는 유적지이다.

로마수로교인 가르교(Pond du Gard)[4]는 물이 부족하여 수원지로부터 50km의 거리에서 물을 끌어왔다. 18세기 스위스 출신 프랑스의 사상가이자 소설가인 장자크 루소는 가르교를 보고 로마인으로 태어나지 않은 것을 후회했다는 이야기가 전해진다. 가르교는 유네스코 세계유산으로 지정되어 있을 만큼 대단한 건설물이다.

나바셀협곡(원곡)은 강물이 흘러서 침식이 생기면서 중간에 섬이 생긴 지역이다. 새로운 땅이라는 의미를 지닌다. 트레킹하기 좋아 많은 사람들이 방문한다.

라) 카르카손

카르카손은 프랑스 남부 요새도시이며 오드(Aude)주의 주도이다(나무위키). 익스피디아에서 이곳은 느긋함이 느껴지는 여행지인 만큼 최고급 레스토랑에 들러 현지의 맛을 느껴볼 것을 추천한다.

한 해 약 300만 명의 방문객이 있는 관광도시이다. 중세풍의 도시로 야경의 분위기도

4 1세기 전반에 석회암으로 건조되었다. 계속 이어진 아치가 3단으로 겹쳐져 있다. 수면으로부터 높이 49m, 길이 275m의 수로구가 통해 있다(두산백과).

좋다. 프랑스의 성이 된 스페인의 접경지역으로 3세기부터 터전이 마련되었다.

미디운하는 인공운하로 갑문이 약 60개이다. 미디운하는 총길이 240km로 1996년에 세계문화유산으로 지정되었다. 가론강 중류의 툴루즈와 지중해 연안의 세트를 연결하는 운하이다(나무위키). 17세기 말에 만들어졌는데 30여 년이 소요되었고 1만 5천 명의 인원이 동원되었다고 한다.

카르카손 성은 원추형 지붕의 탑을 갖췄다. 기념품 가게에서는 중세 기사들의 검과 십자군 인형 등을 구입할 수 있다. 바실리카 성당은 로마네스크와 고딕 양식의 스테인드글라스가 유명하다. 카르카손 성 내부의 콩탈 성에는 돌로 만든 욕조와 맷돌이 있다. 콩탈 성 망루에서 보는 카르카손의 시내 전망이 좋다. 카르카손을 보지 않으면 죽지 말라는 말이 있을 정도로 방문을 추천하는 곳이다.

카르카손 성 중세의 아름다운 전경이 펼쳐진다. 요새의 느낌을 준다.

마) 페르피냥

원래는 스페인의 땅이었다. 카스티에탑은 페르피냥의 명소이다. 현재는 카탈루냐 역사박물관으로 사용되고 있다. 마조르크 왕궁은 페르피냥이 한 나라의 수도였음을 보여준다. 페르피냥은 스페인 아라곤의 수도이기도 하였다. 국경지방으로 동유럽 등 해외의 이민자들이 많이 거주한다(KBS 걸어서 세계 속으로, 2015; 유튜브 참고).

Tip 피레네산맥 떼뜨계곡

프랑스 끝자락의 아름다운 자연을 보여주는 지역이다. 독립과 자유의 의미인 빌프랑쉬 마을은 요새처럼 보인다. 루이 14세가 스페인의 공주와 결혼함으로써 프랑스의 땅으로 귀속되었다고 한다.

Tip 모나코/니스/아를

모나코(monaco)는 프랑스와 이탈리아 사이에 있다. 유럽 남부 지중해 연안에 있는 모나코는 바티칸 시국에 이어 세계에서 두 번째로 작은 도시국가이다. 항구 주변에는 호화로운 요트가 즐비해 장관을 이룬다. 매년 5월에는 세계 최고의 자동차 경주 F-1경기가 열린다. 모나코를 산책하다 보면 아름다운 해변과 풍광이 인상적인 도시이다.
니스(Nice)는 프랑스 프로방스의 세계적인 휴양지이다. 지중해와 맞닿은 항만도시이기도 하다. 연평균기온이 15도로 항상 온난하며 사계절 구분 없이 즐겨 찾는 프랑스의 대표 관광지이다. 니스는 지중해성 기후의 세계적인 휴양도시이며 해변으로 유명하다. 특히 3.5km에 이르는 해안도로 프롬나드 데 장글레(Promnade des Anglais: 영국인의 산책로)는 니스의 자랑으로 평가된다(m.verygoodtour.com). 영국인들은 지중해의 따사로운 이곳 니스를 선호하였고 야자수가 많이 펼쳐진 니스의 랜드마크가 된 프롬나드 데 장글레를 조성하고 정비하는 데 기부를 많이 하여 거리 이름이 영국인의 산책로가 되었다고 한다. 니스의 해변은 동굴동굴한 자갈이 특징이다. 길이는 약 4~5km 정도이다(travel.plusblog.co.kr: 2020.1.6).
아를(Arles)은 유네스코 문화유산으로 지정되었다. 원형경기장은 로마 황제 아우구스투스 시절에 지어졌다. 유럽에서 가장 아름다운 도시로 평가된다. 고흐의 흔적을 찾을 수 있다. 고흐의 대표작품인 '아를의 밤의 카페', '아를의 별이 빛나는 밤'을 그려낸 낭만적인 공간으로 평가된다(m.verygoodtour.com). 아를은 고대 로마시대의 고풍스러운 흔적을 간직한 론강이 흐르는 전원적 도시이다.

모나코 전경 아름다운 풍광이 늘 보이는 곳이다.

니스의 해변 프랑스의 가장 인기 있는 휴양지

아를의 원형경기장 전경 로마의 황제 아우구스투스 때 지어진 원형극장이다.

라. 에든버러

프린지 페스티벌[5]로 유명하다. 영국에서 런던 다음으로 관광객이 많은 도시이다. 스코틀랜드의 상징인 에든버러 성은 유럽에서 가장 오래된 요새이며 왕실의 거주지였다. 현재 에든버러 성 입장료는 한화로 약 3만 원 정도이다. 에든버러 성에서는 북해까지 조

5 1947년 8명의 배우들이 공터에서 무허가로 공연한 것으로부터 출발하였다. 1947년 스코틀랜드의 에든버러국제페스티벌(Edinburgh International Festival)이 처음 열렸을 때 초청받지 못한 작은 단체들이 축제의 주변부(fringe)에서 자생적으로 공연하였다(시사상식사전; terms.naver.com). 현재도 에든버러축제는 거리공연이 일반화되어 있다. 우리나라의 난타공연도 이곳에서 프린지 페스티벌로 시작된 것으로 전해진다.

망되며 시내의 뷰가 좋다. 대포가 있고 포탄과 같은 크기의 돌도 놓여 있다. 관심을 많이 받는 장소이다. 오후 1시에는 대포가 발사되는데 이 이벤트는 시간을 알리기 위함이며 155년의 전통을 지닌다.

에든버러 성은 깎아지는 듯한 절벽을 이루는 산 위에 우뚝 솟아 도시를 한눈에 내려다 보고 있다(트립어드바이저). 에든버러 성 내에는 전쟁박물관이 있어 군인들의 장신구, 군복 등을 관람할 수 있다. 스코틀랜드의 체크무늬 치마는 '킬트(Kilt)'로 불리며 18세기부터 스코틀랜드의 정체성을 보여주는 복장으로 여겨진다. 백파이프는 지역의 전통악기이다. 치열한 전투에서 군인들의 사기를 높이는 역할을 했다고 한다. 들고 다니는 오르간으로도 불린다.

로열마일은 올드 타운의 중심에 자리하고 있고 과거 왕과 귀족이 지났던 길이다. 에든버러성에서 시작되어 홀리루드 궁전까지 이어지는 감성이 있는 거리이다. 에든버러의 랜드마크로 평가된다. 영감의 거리로 알려져 있다. 해리포터의 성지인 엘리펀트하우스는 카페로 작가 조앤 K. 롤링이 글을 쓴 곳이다(특파원 25시, JTBC).

에든버러는 경제학의 아버지로 불리며 계몽주의를 이끈 애덤 스미스가 생활하였고 사망한 곳이기도 하다. 종교개혁의 도시로 대학교육을 강화한 곳이다. 데이비드 흄 등 지식인을 많이 배출한 곳이다.

에든버러는 스코틀랜드[6] 왕국의 수도이자 행정과 문화의 중심지이다. 북쪽의 아테네로 불리며 2004년 유네스코가 선정한 문학의 도시로 선정되었다.

마. 더블린

아일랜드의 수도이다. 800년간 영국의 지배를 받고 독립한 후 내전으로 북아일랜드, 아일랜드로 나눠진 국가이다. 아일랜드의 더블린은 세계적인 문학 거장들의 고향으로 불린다.

오코넬거리는 대표적인 번화한 거리이다. 다니엘 오코넬은 독립운동의 아버지로 불리

6 브리태니커백과사전은 영국의 백과사전으로 1768년에 처음 발간되었다. 영국 스코틀랜드 콜린 맥파커가 집필하고 앤드루 벨이 발간하였다(나무위키).
스코틀랜드에서는 증기기관도 만들었고 이완 맥그리거, 숀 코넬리 등의 배우와 축구감독 퍼거슨도 스코틀랜드 출신(특파원 25시, JTBC)이라고 한다.

며 가톨릭 해방을 주장하였다. 아일랜드에는 그의 이름을 딴 오코넬 상점, 식당 등이 많다.

트리니티칼리지는 1592년 엘리자베스 1세에 의해 설립된 아일랜드 최초의 대학(트립어드바이저; 상상출판)으로 아일랜드의 명문대학이다. 『걸리버여행기』의 작가 조너선 스위프트, 『고도를 기다리며』의 작가 사뮈엘 베케트 등의 노벨수상자를 배출하였다. 대학 내 롱룸도서관은 300년 역사를 자랑한다. 세계에서 가장 긴 도서관으로 고풍스럽다. 이곳에는 아일랜드 역사가 담긴 복음서의 원본인 『켈스의 서(The Book of Kells)[7]』가 소장되어 있다. 1200년이 넘는 고서인데 화려한 장식으로 예술성을 높인 작품으로 평가된다.

바. 헝가리 부다페스트

부다페스트는 동유럽의 파리라는 별칭처럼 아름다운 도시이다. 야경이 매우 아름답다. 다뉴브강은 도나우강으로도 불린다. 10개의 나라를 연결하는 2,850km의 길이[8]이다. 독일로부터 남동부 유럽까지 유럽에서 2번째로 긴 강이다.

부다페스트는 부다(언덕의 의미)와 페스트(광활한 평야 의미)인 두 개의 다른 도시가 합쳐진 도시이다. 부다페스트는 로맨틱하다. 연인들의 모습이 자주 발견된다. 특히 야경이 아름다워 관광객들의 인기를 끈다.

성이슈트반 대성당은 초대왕인 이슈트반을 기리며 만든 성당이다. 신의 영광을 기리는 층고가 높은 성당이다. 96m의 높이[9]로 부다페스트 전경을 잘 볼 수 있다. 에게르 첨탑은 오스만제국이 세운 것으로 17개 중 유일하게 하나가 남아 있다.

헝가리는 출산율이 매우 높은 나라로 주목된다. 이는 정부의 지원정책 덕분이라 하겠다. 대출은 출산 전에도 가능하며 출산 후에는 약 4천만 원의 무이자 혜택이 주어진다. 세 명의 아이를 낳으면 대출액이 탕감된다. 네 명을 출산하면 평생 소득세가 면제된다. 그 밖에도 여러 혜택이 주어진다(지금 우리나라는 현지인 브리핑, tvN).

그리고 헝가리는 가족 중심, 혈통중심의 문화가 강해서 출산율에도 영향을 미치는 것

---

7 전 세계적으로 중세 기독교 예술의 가장 주목할 만한 작품의 하나이다. 아일랜드의 역사가 남긴 가장 귀중한 보배로 간주된다. 서기 800년경 아일랜드 또는 브리튼 제도의 다른 부분에 위치한 수도원에서 제작된 것으로 믿어진다. 유네스코 세계기록유산이다(위키백과).

8 유럽에서 가장 긴 강은 볼가강이다. 유럽 러시아 중부를 흐른다(나무위키).

9 아파트 35층의 높이이다. 부다페스트에서 가장 최고층이다. 권위를 존중하는 차원에서 더 높은 건물을 세울 수 없다고 한다.

으로 보인다. 이민자에 대해서는 배타적이다.

헝가리에서 결혼식은 매우 특이한 곳에서 열린다. 우리나라처럼 예식장의 경우 시간 대별로 결혼식이 열리지 않고 한 장소에서 하루에 한 쌍을 위한 결혼식만 진행된다. 오랜 역사를 지닌 호텔이나 카페에서 결혼식이 열린다. 중세건축물, 부다페스트의 명소 어부의 요새에서도 결혼식이 치러진다. 헝가리 궁전인 부다성에서도 가능하다. 결혼식을 역사적인 장소에서 역사를 시작한다는 마인드로 하고 있다는 것이 새롭게 다가온다(지금 우리나라는 현지인 브리핑, tvN).

헝가리는 온천이 유명한 나라이다. 전국에 1,300여 개의 온천이 있다. 미슈콜츠는 북부의 가장 큰 도시로 온천이 유명하다. 헝가리에는 100년 이상 된 온천도 많다고 한다. 아우렐리우스도 이곳에 방문해 온천을 즐겼다고 한다. 미슈콜츠 온천은 천연암석과 천연동굴온천으로 잘 알려져 있다. 유럽 유일무이의 천연동굴 온천이다(지금 우리나라는 현지인 브리핑, tvN).

Tip 잊지 말고 기억해야 할 부다페스트 헝가리 유람선 한국인 침몰사고

헝가리 유람선 침몰사고는 다음과 같다. 헝가리 부다페스트에서 2019년 5월 29일 오후 9시(현지시간)에 다뉴브강 머르기트 다리 인근에서 발생한 한국인 탑승 다뉴브강 유람선 침몰사건은 한국인 25명 사망, 헝가리인 2명이 사망하였고 한국인 1명은 실종, 한국인 7명이 구조된 사건이다. 패키지여행에 참여한 여행객 30명, 국외여행인솔자 1명, 현지가이드 1명, 헝가리인 선장과 기관장 각 1명 등 총 35명이 탄 유람선 허블레아니호가 크루즈 선박과 충돌 후 전복되어 침몰한 사건이다(나무위키, 2022.11.28).
안타까움과 사고 피해자분들에 대한 깊은 애도를 표한다. 있어서는 안 되는 사고로 인해 희생자가 생겼고 가해 선박인 '바이킹 시긴호' 선장[10]의 부실하고 안전하지 않은 운행으로 발생한 사고에 대해 깊은 유감을 표한다. 선장은 징역 5년 6개월의 선고를 받았다. 구명조끼가 제대로 구비되지 않고 착용하지 않는 유람선 관광에 대한 여행업계와 선박회사의 안전불감증에 대해서도 깊은 성찰이 있어야 할 것이라 생각한다. 다시 한번 여행은 안전이 가장 중요하다는 교훈과 진리를 상기하게 하는 내용으로 우리에게 숙고되어야 할 것이다.
당시 시간을 비켜 다른 유람선을 탔던 분을 만난 적이 있다. 손녀와 함께 여행을 했고 시간이 변경되었으면 사고의 당사자가 되었을 것이라는 생각에 매우 놀랍고 가슴을 쓸어내리는 일이었다는 고백이다. 참으로 안타깝다. 이러한 일이 다시는 되풀이되지 않기를 간절히 바란다.

10 카플린스키 선장은 우크라이나 출신으로 추돌 후 조치도 취하지 않은 채 그냥 가버린 무책임하고 파렴치한 사람으로 응분의 대가를 받아야 할 것이다.

프랑스 유람선 지역의 경치를 감상하기에는 유람선이 가장 좋은 교통수단이다.

사. 마드리드

세계관광기구(UNWTO)가 위치한 스페인의 수도이다. 스페인의 정치, 문화, 예술을 주도하는 도시이다. 1619년 세워진 유럽에서 가장 큰 광장 중 하나인 마요르 광장(Plaza Mayor)은 둘레가 129m, 94m이며 17세기에 만들어졌다(Tripadvisor). 중앙에 부흥기를 이끈 펠리페 3세 동상이 있다. 광장의 가로등에는 역사적 사건을 그림과 글로 기록해 놓았다. 광장 내에서는 우표벼룩시장이 열리며 한화로 4~5천원 정도면 구입할 수 있다. 가치가 있는 것은 200만원대의 화폐도 판매 된다.

마드리드 시내 돈키호테상 스페인 사람들에게 인기 있는 돈키호테상

마드리드에서 명소는 프라도 미술관[11]이다. 1819년에 개관하였다. 이 미술관에서는 단연 고야의 작품이 알려져 있다. 〈옷을 입은 마야〉, 〈옷을 벗은 마야〉, 〈제 아이를 잡아먹는 사투르누스[12]〉, 〈1808년 5월 3일[13]〉 작품이 유명하다. 그리고 화가들의 화가로 불린 벨라스케스

11 15세기 이후 스페인 왕실에서 수집한 작품을 전시하고 있는 스페인의 대표 미술관이다(트립어드바이저). 입장료는 한화로 2만 5천 원 정도이다.

12 사투르누스(Saturn)는 로마신화에 나오는 농경신이다. 씨를 뿌리는 자라는 뜻이다(두산백과 두피디아).

13 프란시스코 고야의 작품으로 1814년에 제작되었다. 캔버스에 유채기법으로 그린 유화이다. 당시 스페인에서 일어났

의 작품 〈시녀들〉 등을 볼 수 있다. 회화 3,000여 점, 조각상 700여 점이 소장되어 있다.

마드리드의 뷰맛집 27층도 유명하다. 석양을 잘 볼 수 있는 멋진 장소로 소개된다(특파원 25시, JTBC).

마드리드 시내도 잘 조망되는 것은 고도제한이 있어서 도시 끝까지 지평선이 펼쳐지고 석양이 아름답게 조망되기 때문이다.[14]

Tip 그라나다 알함브라(Alhambra) 궁전

세계문화유산으로 1984년 등재된 알함브라 궁전은 붉은 철이 함유된 흙으로 지어 붉은 성을 뜻하는 이름이다(Tripadvisor). 축구장 약 19배의 크기로 연간 약 300만 명의 관광객이 찾아오는 장소이다. 나스르 궁전에 많은 사람들이 대기하여 입장한다. 아라베스크(Arabesque) 양식[14]으로 천장 등이 구성되어 있다. 코란에서 따온 문구들이 벽에 조각으로 구성되어 있다. 형형색색의 타일들이 벽을 장식한다. 아라야네스 중정에서는 연못 반사 인증사진이 인기이다. 중정에 많은 꽃들이 심어져 있다. 왕들의 방에 천장의 그림이 인상적이다. 레오네스 궁에 있는 사자의 중정도 의미가 있다. 동물을 궁전의 중전에 조각상으로 설치한 것도 종교적으로 문제가 될 수 있었다고 한다.

알함브라 궁전은 이슬람 궁전과 카를 5세 궁전이 혼합된 건축물로 종교적인 대비를 이룬다. 알카사바(Alcazaba) 요새는 1000년이 넘는 역사를 간직한 곳으로 요새 벨라의 탑 전망대에서는 그라나다 시내의 조망이 잘 보인다. 계단을 통해 올라갈 수 있다. 이곳에서는 알함브라 궁전도 잘 보인다. 시에라네바다산맥이 펼쳐진다. 궁전을 내려오는 길에는 화려한 아랍문양의 수공예품들이 있다. 아라베스크 문양이 들어가 있다. 그리고 플라멩코 의상들이 판매된다.

스페인의 각 도시에는 대형마트가 많다. 이곳에는 식품 등 먹거리가 풍부하다(텐트 밖은 유럽, tvN).

프란시스코 타레가가 알함브라 궁전과 요새에서 영감을 받아 작곡한 기타 연주곡인 '알함브라 궁전의 추억'은 클래식 기타의 기술인 트레몰로의 사용을 기반으로 작곡되었다. 어려운 연주기법이라고 한다. 사랑하는 여인에게 사랑을 고백했지만 거절당하고 실의와 슬픔 속에서 작곡한 로맨스가 기반이 된 연주곡이다. 이곳에 방문해서 들으며 조망했던 알함브라 궁전의 추억이 스페인 여행 가운데 가장 인상적이었던 기억이 생생하다.

그라나다(Granada)는 현재와 중세, 아랍이 공존하는 도시로 평가된다.

던 역사적인 사건을 기록하고 있다. 분노하여 폭동에 가담한 마드리드 시민들이 프랑스 군대에 의해 총살당하는 희생자와 총을 겨누는 가해자가 대치하고 있는 상황을 잘 묘사하고 있다. 자유에 대한 열망과 이를 저지하는 비정한 힘을 대비시켰다는 평가이다(The Bridgeman Art Library).

14 중동의 이슬람 문화권에서 발달한 장식 무늬 양식으로 아라비아에서 시작되었다(나무위키).

알함브라 궁전의 야경 조명을 받아 아름답게 보이는 알함브라 궁전의 야경

알함브라 궁전 내부 헤넬랄리페 정원 분수가 매력적인 공간이다. 아름다운 풍광이 펼쳐진다.

아. 로스앤젤레스

미국의 로스앤젤레스는 천사의 도시로 불린다. 베벌리힐스는 부촌으로 투어가 가능하다. 할리우드에서 가까운 거리이다. 베벌리힐스는 백인을 위한 계획도시로 영화배우, 사업가가 주로 거주한다. 셀러브리티 홈스투어를 7만 원 정도 주면 이용 가능하다. 가이드가 동승하여 버스투어를 할 수 있다. 영국의 유명한 4인조 록밴드인 비틀즈가 지낸 집, 팝가수 마이클 잭슨이 마지막 생애를 보낸 집, 가수 비욘세의 집[15] 등을 볼 수 있다.

LA에서는 더브로드 미술관이 유명하다. 사전 예약을 하면 입장료가 무료이다. 현대미술품이 많다. BTS의 RM이 처음 방문했다고 한다. 현대미술의 제왕으로 불리는 제프 쿤스의 작품, 로이 리히텐슈타인의 만화로 주제를 그린 그림인 팝아트, 대중예술을 중시한 앤디 워홀[16]의 그림들을 볼 수 있다. 낙서를 연상시키는 장 미쉘 바스키아[17]의 왕관이 자주 나오는 그림들을 볼 수 있다.

로스앤젤레스에서는 이색식당인 바튼이 유명하다. 거대한 포크 등 특이한 장식 등이 식탁에 나온다. 디저트로 마리 앙투아네트 솜사탕은 길이가 1m 20cm로 5만 원대의 가격이다(특파원 25시, JTBC). 특이한 경험을 하고자 하는 사람들에게는 재미있는 시간이

15 수영장만 3개로 면적이 넓어 동서의 뷰(view)가 다르다고 한다.

16 미국 팝아트의 선구자로 불린다. 원본성을 파괴하고 대중성과 가치를 추구한다. 영화 프로듀서로 팝아트의 거장이다. 현대미술에서는 예술적으로, 대중적으로, 상업적으로 성공한 예술가(나무위키)로 평가된다.

17 미국의 낙서화가로 불린다. 지하철에서 그래피티를 그렸던 10대의 젊은이로 미술을 시작하였다(미술대서전 인명편). 그래피티는 락카, 스프레이, 페인트 등을 이용해 공공장소 또는 벽에 그리거나 글자 및 기타 흔적을 남기는 행위이다. 대부분의 국가 및 지역에서 범죄행위로 취급된다(나무위키).

될 것이다.

자. 다낭/ 호이안

참좋은여행의 이 상품은 가성비 좋은 상품으로 소개한다. 코로나 팬데믹이 종식되어 가는 상황에서 해외여행상품의 가격이 인상되고 있지만 39만 9천 원의 가격으로 공지되고 있다. 다낭의 바나산 국립공원, 스톤마사지 90분 체험, 다낭의 핫 플레이스인 누이 탄 타이 스프링파크 머드온천이 포함된다. 이 온천은 울창한 숲과 시원한 시냇물이 흐르는 장소에서 미네랄이 풍부한 다양한 온천 체험으로 인기가 많다. 호이안 투본강 투어 시 도자기마을이 포함된다. 티웨이항공을 탑승한다.

호이안 옛 시가지에는 투본강이 흐른다. 강변을 따라 가게와 노점을 열고 산책하며 여유를 즐기는 사람들을 볼 수 있다. 투본강의 야경은 화려하고 아름답고 축제를 여는 것처럼 여행자들에게 어필한다.

다낭의 바나산 국립공원과 골든브릿지 관광 시에는 관광케이블카를 탑승한다. 테마파크에서는 자유시간을 갖는다. 바나산 국립공원은 1919년 베트남에 주둔한 프랑스군이 더위를 피해 휴양지로 개발한 곳이다. 해마다 270만 명이 넘는 관광객이 찾는 곳이다. 세계에서 가장 오랜 시간(약 20분 동안) 탑승하는 약 5.4km의 케이블카를 타는 곳으로도 유명하다. 2018년 세워진 골든브릿지는 아주 커다란 손이 150미터 길이의 황금색 다리를 떠받들고 있는 다리로 2018년 CNN이 아시아에서 가장 경관이 뛰어난 다리로 선정하였다. 해발 1천400미터 정상에 놓은 건축물이다. 폭 12.8미터이다. 다낭의 명소이다(m.verygoodtour.com).

Tip 세이브케이션(Save+Vacation)

최근 여행의 추세는 가격이 인상되는 상황에서 고객들은 가성비가 좋은 여행상품을 선호한다. 저렴하게 즐기는 해외여행을 선호한다. 이를 세이브케이션(Save+Vacation)이라고 한다. 예를 들면 해외여행사 호텔의 경우 기존에 4~5성급의 호텔을 주로 이용하였다면 현재는 3성급이 증가되고 있다고 한다. 즉 비용을 절약하며 휴가와 휴식을 즐기는 여행이 추세라고 할 수 있다. 해외여행이 증가하고 여행경험이 많아지면서 효율적인 지출을 하며 가성비를 추구하는 여행이 많아지고 있다.

차. 나트랑/ 달랏

베트남의 대표 휴양지 나트랑과 영원한 봄의 도시 달랏 코스의 베트남 상품이다. 가성비가 좋고 타 상품과 비교해서 코로나 팬데믹이 종식되는 상황에서 인상되지 않은 가격을 홍보한다. 참좋은여행 상품가는 49만 9천 원이다. 비엣젯항공을 탑승한다.

달랏은 사계절 꽃이 핀다. 달랏(Dalat)은 라틴어로 '어떤 이에게는 즐거움을, 어떤 이에게는 신선함을'이라는 의미이다. 아름다운 숲과 정원이 있는 도시이다. 고원지대로 해발 1,500미터에 위치한다. 연평균 기온이 12~20도로 소나무 숲이 우거지고 아름답다. 그래서 베트남 사람들의 신혼여행지로 인기이다. 프랑스 식민지배 시절에 건축된 기차역은 고풍스러운 분위기이다(참좋은여행 상품상세정보).

나트랑에서는 고대 크메르 왕궁 포나가르 사원, 나트랑 시내를 조망할 수 있는 롱선사를 방문한다. 그리고 달랏에서는 마지막 황제의 여름휴양지인 바오다이 별장, 달랏의 지붕 해발 1,900미터의 랑비엥 전망대, 달랏 기차역, 유네스코 세계 생물권 보전 지역으로 지정된 랑비앙산 관광이 중요 코스로 홍보한다. 랑비엥 전망대는 해발 2,167m의 높은 산인 랑비앙산에 위치한다(m.verygoodtour.com).

카. 미국 샌프란시스코

샌프란시스코(San Francisco)[18]는 미국에서 가장 아름다운 항구도시이다. 해양성 기후로 연중 온화한 날씨가 지속되는 곳이다. 햇빛은 강하지만 습하지 않고 건조한 편이다. 겨울은 한국에 비해서 따뜻하다(저스트고 도시별 여행정보). 집값은 매우 비싼 곳이다. 원룸 월세가 약 300만 원을 할 정도로 높다. 원래 이 도시는 골드러시로 19세기 중반 발전하게 되었다. 60~70년대에는 히피문화[19]가 유행하였다.

유니언스퀘어는 호텔, 바(bar) 등이 밀집되어 있는 곳이다. 아메리칸 튤립 페스티벌은 봄을 알리는 축제로 시민들이 15송이를 무료로 가져갈 수 있다.

샌프란시스코의 명물은 케이블카이다. 언덕이 많은 이 도시에서 현지 이동을 위해 1873년에 만들어졌다(www.doopedia.co.kr). 이곳의 케이블카는 노면전차를 의미한다. 케이블이 땅 밑에 설치되어 있다. 관광객들이 주로 이용하며 1일권은 약 1만 7천 원이다.

18 미서부의 금융과 상업 그리고 실리콘 밸리가 자리 잡고 있는 IT, 첨단산업의 중심도시.

19 히피(Hippie)는 탈사회적 행동을 하는 사람들을 일컫는 말이다(위키백과).

방향 전환은 수동으로 돌려서 조치한다. 케이블카의 묘미는 난간에 매달려 가는 것이다. 시속 15km로 안전하다. 종소리로 도착을 알린다.

샌프란시스코는 이동인구가 많다. 도로가 복잡한 편이며 운전하기도 쉽지 않다는 평가이다. 그래서 자율차 시험운전을 이 도시에서 많이 하고 있다. 샌프란시스코에서는 주차 위반 시 벌금이 미화 63$이다. 주차 방법이란 도로 오른쪽으로 접해 자동차 바퀴를 돌려서 주차해야 한다는 점이다. 도로에 내리막이 많아 위험을 차단하려는 의도로 보면 된다.

그리고 어부들의 선착장이란 의미의 피셔맨스 워프(Fisherman's Wharf)는 해안가의 관광명소이다. 특히 피어39(Pier 39)는 쇼핑센터가 발전한 곳으로 유명하다. 관광 복합시설을 갖추고 있다. 쇼핑과 휴식을 위해 연간 약 1,500만 명이 방문하는 곳이다. 이곳은 특히 지진 강타로 인해 1990년 300마리의 바다사자가 몰려왔고 2009년에는 1,700여 마리의 바다사자가 정착하는 모습을 볼 수 있다. 천적인 백상어가 없고 해양포유류 보호법이 적용되고 있는 지역으로 많은 바다사자가 살고 있다.

추천음식으로는 1899년에 오픈하여 174년의 전통을 자랑하는 빵집인 보딘(Boudin)베이커리가 유명하다. 1층에는 빵집, 2층에는 레스토랑과 빵 박물관이 소재한다. 이곳은 레일로 2층에서 빵을 1층으로 배달한다. 엄청난 규모의 자동화 시스템이 특징인 곳이다.

알카트라즈섬은 연방교도소로 30년간 사용된 곳이다. 주로 중범죄자들이 수감되었다. 악마의 섬으로 불린 악명 높은 섬이다. 피어 33에서 출발하면 10~15분 정도면 이 섬에 도착한다. 빠른 물살과 저온의 바다로 탈옥할 수 없는 섬으로 평가된다. 알 카포네는 시카고 마피아의 전설로 불리는 인물로 여기에 수감되었다고 한다. 감옥은 A~D동까지 4개동이다. 알카트라즈감옥[20]에서 앵글린 형제가 탈옥한 것으로 알려진다. 숟가락으로 땅굴을 파고 도망했다고 전해진다. 그러나 차가운 바닷물로 익사했을 것으로도 추정한다.

샌프란시스코는 부자들도 많이 거주하는 도시이지만 홈리스 인구가 최근 10년간 약 40% 증가되었다고 한다. 길에 노숙자가 16만 명 정도이다. 이는 심각한 사회문제로 대두되고 있다. 홈리스, 약물중독자가 증가되는 상황이다. 노숙자의 약 25%가 조현병으로 추정된다. 그래서 관광객들은 주의해야 한다.

20 실제 이야기를 영화화한 영화 알카트라즈 탈출(Escape from Alcatraz)은 1979년 만들어졌다.

샌프란시스코에서 액티비티로 이색적인 투어가 가능하다. Go Car이다. 렌트를 해야 한다. 코스에 대한 설명과 안전교육 후 이용이 가능하다. 오토바이 핸들로 시속 최대 120km이다. 모터소리가 크고 스포츠카 같다. 오픈카 스타일로 헬멧(Helmet)을 착용하고 운전해야 한다. GPS 내비게이션이 가능하다.

샌프란시스코의 랜드마크인 금문교(Golden gate bridge)는 세계 최초의 현수교로 1937년에 완공되었고 2,736m이다. 건축 당시에는 세계에서 가장 긴 다리였다. 붉은색의 심플한 색의 특징을 지닌다. 이 다리는 골드러시 시대에 이름이 붙여졌다. 안개가 많은 지역에서 운치가 있다. 해수면에서 다리까지는 67m이다. 총길이 2.8km이다. 현재 자살 명소로 유명하다. 그래서 이를 방지하기 위해 그물을 설치해 두고 있다(특파원 25시, JTBC).

그리고 캘리포니아 와인투어를 위해서는 샌프란시스코 근교여행으로 나파밸리 와이너리 투어가 추천된다.

Tip 작고 아름다운 나라 리히텐슈타인/산마리노공화국/안도라

리히텐슈타인(Liechtenstein)[86]은 세계에서 6번째로 작은 나라이다. 인구는 4만 명 정도로 국경선 길이가 76킬로미터에 불과해 오스트리아와 스위스 사이에 샌드위치처럼 끼어 있는 지형적 위치이다. 1719년에 건국하였다. 300년의 역사를 갖고 있다. 영세중립국이라 납세와 병역의 의무가 없다. 빈부의 차도 없고 실업과 범죄가 없는 평화로운 나라이기도 하다. 독일계 민족이 인구의 90% 정도를 차지한다. 1인당 국내총생산은 12만 달러의 부국이다(m.verygoodtour.com).
산마리노(San Marino)공화국은 세계에서 세 번째로 면적이 좁은 나라[87]이며 가장 오래된 공화국이다. 국토 총면적이 61평방킬로미터로 72평방킬로미터인 울릉도 보다 작다. 나라가 생긴 것은 4세기경이지만, 1263년 세계 최초의 공화정을 도입했다. 아드리아해에 가까운 티타노산 정상에 있는 이 나라의 사방은 이탈리아에 둘러싸여 있어서 나라 속의 나라로 불린다. 산 정상 요새 아래 자리 잡고 있으며 3중 성벽으로 둘러싸여 중세의 요새도시와 같은 모습이다. 산마리노에서는 오래된 유적을 보호하기 위해 마을 내에서는 자동차 이용이 금지된다(참좋은여행 상품상세정보).
안도라(Andorra)[88]는 피레네 산맥 남쪽에 위치한 스페인과 프랑스 사이에 위치한 자치국이다. 공식명칭은 안도라공국이다. 프랑스의 대통령과 스페인의 주교가 국가원수의 역할을 한다. 국가 전체가 면세지역으로 유럽의 슈퍼마켓으로 불린다. 뛰어난 경관과 스키장을 중심으로 관광업이 발달하였다. 세계최고의 장수국가 중 하나로 손꼽히고 있다(참좋은여행 미소국 12일 상품).

21 오스트리아와 스위스 사이에 있는 나라이다. 면적은 160.4km^{2}로 성남시 면적과 비슷하다. 화폐는 스위스 프랑을 사용한다. 수도는 파두츠이다(나무위키).

22 바티칸시국, 모나코 다음으로 산마리노 공화국 면적(61.2km^2)이 좁다. 이탈리아반도 중부의 산악지대에 위치한다. 인구는 33,931명(2020), 수도는 산마리노이다(나무위키).

23 면적 468km^2, 인구 85,645(2021년), 수도는 안도라라베야(Andorra la Vella)이다(나무위키).

타. 에콰도르 키토

키토는 에콰도르의 수도로 평균해발 2,800m 정도이며 한반도 1.3배 크기의 나라이다. 1800년 초 400년간의 스페인의 통치로부터 독립하였다. 구슬픈 음악인 파시오를 기타의 아름다운 선율로 도시의 공원에서 악사에 의해 들을 수 있다. 키토의 날씨는 변화가 크다. 햇빛이 좋다가도 비가 오는 등 변덕스럽다. 키토의 야시장은 인기가 있는 곳이다. 소곱창구이에 감자, 옥수수, 야채를 같이 넣어 먹는 것 등은 키토인이 좋아하는 길거리음식이다(세계테마여행, OBS).

Tip 신성한 아버지의 산 침보라스산

침보라스산은 휴화산으로 해발 6,300m이다. 아버지처럼 웅장하다. 고산기후로 안데스의 여왕으로 불리는 비큐냐 동물은 고급직물에 사용된다. 고산병은 2,500미터 이상에서 느끼는 증상이다. 해발 5천 미터에는 만년설이 있다. 더 높이 오르려면 특수장비를 장착하고 올라야 한다. 아름다운 산을 덮은 눈의 전경 그리고 석양 등의 광경을 볼 수 있다(세계테마여행, OBS).

파. 멕시코 과나후아토

키스골목이 유명하다. 사랑하는 연인이 베란다를 사이에 두고 이층에서 서로 사랑을 확인하는 것을 볼 수 있다. 우니온 정원에서는 끊이지 않는 음악이 흐른다. 방문자들에게는 낭만의 도시로 느껴질 만큼 음악소리가 계속해서 들린다. 전통음식인 몰카헤테가 유명하다. 레스토랑을 방문해서 먹는 것이 추천된다. 몰카헤테와는 보헤미안 맥주 등 현지맥주가 추천된다. 몰카헤테는 고기, 치즈, 신선한 채소 및 소시지 등이 포함된 음식이다. 토르티야와 함께 먹는다.

과나후아토의 광부이자 독립운동가였던 삐뻴라를 기념하여 이름이 지어진 삐뻴라전망대에서 보는 시내 전경은 예쁘고 좋다. 전망대까지는 계단길을 한참 올라야 도달할 수 있다(다시갈지도, Channel S).

Tip 미래의 도시 사우디아라비아 네옴시티

홍해 인근 사막 2만 6,500km²에 지어지는 도시이다. 서울의 44배 규모로 쿠웨이트나 이스라엘보다도 넓다(www.hani.co.kr, 2022.8.30.).
사우디아라비아 정부가 비전 2030 정책의 일환으로 발표한 신도시 계획이다. 석유에 지나치게 의존하는 경제구조에서 탈피하기 위해 약 1조 달러를 들여 친환경도시를 계획한다. 자연환경을 유지하며 도시로 개발되는 지역은 극히 일부분으로 한정된다. 네옴(NEOM)은 '새로운'을 의미하는 고대 그리스어 접두사에서, 마지막 글자는 미래를 의미하는 아랍어 단어에서 첫글자를 가져와 조합한 합성어이다(나무위키, 2023.4.11).
네옴시티는 170km의 꿈의 도시이며 유리벽도시이다. 친환경 자급자족하는 미래의 도시이다. 사우디 북서부의 홍해 인근 황야에서 진행되며 2025년 1차 완공이며 인구 100만 명이 목표이다. 1,355조 원이 투입되는 초대형 프로젝트이다. 핵심 주거단지인 더 라인에는 170km 길이로 뻗어나가는 초고층 빌딩 2개가 벽처럼 세워지며 그 안에서 5분 생활권이 형성되도록 설계되는 것으로 알려진다. 빌딩의 높이는 500m의 두 채가 벽처럼 200m 거리를 두고 세워진다. 지하고속철로 20분 만에 도시 끝에서 끝으로 이동한다. 산악관광단지 트로제나[24]는 2026년 완공하고 2029년 동계올림픽 개최장소가 된다. 산업단지 옥사곤[25]은 9만 명이 거주하며 7만 명의 일자리 창출(2030년)이 전망된다. 우리나라 삼성물산, 현대건설 컨소시엄이 수주해서 공사에 참여하는 것으로 알려진다. 고속철은 사우디 투자부와 양해각서(MOU)를 맺은 현대로템이 수주할 가능성이 높다(조선일보, 2022.11.22; 2022.6.29).
초대형 미래도시 건설에 우리나라 기업들이 참여하여 최근의 수출부진에 대한 경제에 활력을 불어넣기를 기원한다. 현재 총 사업비가 5,000억 달러(약 640조 원)로 세계 최대 규모의 인프라 수주 대전이 시작되었다는 보도이다. 우리나라 예산이 607조 원임을 고려하면 상당한 규모로 보아야 할 것이다(조선일보, 2022.6.29).
현재 사우디아라비아의 왕세자인 무함마드 빈살만 왕세자의 적극적인 의지와 계획에 의해 주도되는 미래의 도시에 대한 거대 프로젝트로 주목된다. 국민들의 지지를 받고 있는 지도자로 미래의 새로운 사업에 대한 추진이 미래지향적이다. 참고로 세계에서 가장 높은 빌딩인 아랍에미이트의 부르즈 칼리파 건설에 참여해 기술력이 검증된 삼성물산이 네옴시티에서 초고층 빌딩 등을 수주하게 되었다는 것을 알 수 있다. 최첨단 스마트시티 기술이 집대성되는 것으로 알려지고 있다. 사우디의 석유산업에서 미래산업으로 미래도시 건설의 변신이 놀랍게 느껴진다.
장기적으로 인구 1,000만 명의 수용도시를 목표로 하고 있다. 세계 첫 인지도시(Cognitive City)로서 모든 인프라가 AI로 운영되며 디지털 인프라 구축, 전문인력 양성, 기술개발 솔루션 기업이 지원이 될 것(매일경제)으로 보도된다.

24 Trojena는 웅장한 산맥과 호수가 어우러진 초대형 산악관광단지이다(조선일보, 2022.6.29).

25 OXagon은 바다 위에 떠 있는 산업단지로 지름 7km의 팔각형이다(조선일보, 2022.6.29).

Tip 환승도시 카타르 도하

도하[26]는 이슬람 문화와 예술, 현대 건축물과 경이로운 사막을 모두 경험할 수 있는 도시이다. 도하의 가볼 만한 곳으로는 대표 전통시장인 수크 와키프, 2008년에 개관한 이슬람 예술 1400년사를 전시하고 있는 이슬람 예술박물관, 도하만을 둘러싸고 야자수가 늘어선 7km 길이의 산책로인 도하 코르니쉬 등이다(트립어드바이저).
도하는 환승투어 여행지로도 인기이다. 도시면적이 서울의 5분의 1로 짧은 시간에 효율적인 여행이 가능하다는 평가이다. 환승시간이 4시간이면 충분하다는 평가이다. 항구도시로 도시에 반은 바다 그리고 반은 사막이다. 시티투어, 사막사파리, 고래 · 상어 관찰투어, 크루즈유람, 카약, 서핑 등이 가능하다. 카타르항공[27]에서는 20개 이상의 스톱오버 프로그램을 운영한다(www.joongang.co.kr).
사막 사파리투어는 가장 인기 있으며 사륜구동 지프를 타고 이용한다. 카타르는 세계에서 가장 빠르게 변화하는 도시로 평가된다. 오일머니를 바탕으로 한 부유국으로 많은 변화가 목격된다. 2019년 준공한 카타르 국립박물관은 사막 장미 모양의 외관[28]으로 주목을 끈다. 시티투어를 통해 도시의 화려한 면모를 경험할 수 있다.
환승투어 비용도 상대적으로 저렴하다는 평가이다. 카타르에는 5성급 호텔과 명품 쇼핑몰이 많다. 막대한 자본의 힘을 보여준다는 평가이다. 환승투어 시에는 도하월드컵 때 아르헨티나와 프랑스의 결승전이 열렸던 루사일 경기장 등 5개의 경기장을 볼 수 있다. 호텔은 5성급에 10만 원대로 예약 가능하며 가성비가 좋다는 평가이다(The JoongAng 여행레저, 2023.4.19).
막대한 오일머니로 자본력을 갖고 있는 중동국가와 도시들이 관광의 활성화를 위해 변신하고 있다. 미래의 관광은 많은 변화가 예견된다. 투자가 더 많이 이뤄지고 관광콘텐츠가 다양해지며 세계 관광 국가 간의 치열한 경쟁이 더욱 강화될 것으로 전망된다.

Tip 세계에서 가장 저렴한 10대 여행지

영국 여행 블로그 트래블러스엘릭시르(Traveller's Elixir)가 발표한 세계에서 가장 저렴한 여행지(Most Affordable Travel Destinations)를 발표하였다. 세계에서 가장 인기 있는 여행지 60곳 중 3성급 호텔의 숙박료, 식비, 교통비, 관광명소 입장권 가격 등 5일간 여행경비 기준으로 순위를 매겼다. 지중해 도시국가 모나코는 2,258달러로 세계에서 가장 비싼 여행지로 나타났다.
1위 델리, 인도 181달러, 2위 프롬펜, 캄보디아 224달러, 3위 카트만두, 네팔 229달러, 4위 트빌리시, 조지아 249달러, 5위 메델린, 콜롬비아 255달러, 6위 호찌민, 베트남 259달러, 7위 치앙마이, 태국 286달러, 8위 카이로, 이집트 289달러, 9위 루앙프라방, 라오스 291달러, 10위 방콕, 태국 292달러(이상 10개국 도시)

출처: www.insidevina.com; 베트남 전문뉴스 INSIDE VINA, 2023.4.25.

---

26 카타르의 수도이다. 인구는 271만 명이다. 국토 전체가 건조사막기후에 속한다(외교부; KOTRA).

27 1993년 카타르 왕실의 소유로 설립되었다. 보유항공기수는 185대이다. 원월드 항공동맹에 속해 있다(나무위키). 2022년 올해의 항공사로 선정되었다. 전 세계 160개 도시로 취항한다(카타르항공 홈페이지). 따라서 카타르에서 환승하는 고객을 대상으로 환승투어가 활성화될 수 있는 상황이다.

28 7만 개 이상의 콘크리트 패널을 활용해 사막 장미 모양의 건축을 완성하였다(중앙일보, 2023.4.19).

2 섬관광

1) 해외

(1) 몽셀미셀

프랑스 노르망디의 몽셀미셀은 8세기 초 사제였던 성 오베르가 꿈속에서 수도원을 세우라는 계시를 받고 장기적인 공사를 통해 완공했다고 한다. 요새처럼 보인다. 백년전쟁 중에는 영불해협에 떠 있는 요새의 역할을 했다고 한다. 나폴레옹 1세 때는 감옥으로도 사용되어 음산한 분위기를 연출하기도 한다(스포츠월드, 2014.3.12)는 평가이다.

몽셀미셀은 하나의 섬이다.

프랑스 북서부에 위치한 몽셀미셀은 프랑스에서 가장 알려진 관광자원이다. 섬 주변의 바다는 조수간만의 차가 높아 이동이 불편하다. 그래서 군사요새나 감옥으로 사용되기도 한 것이다. 밀물과 썰물로 인해 몽셀미셀에 시간을 맞추지 않으면 이곳에서 나올 수 없는 만큼 시간조정을 잘해서 방문해야 한다.

몽셀미셀 수도원은 대천사 미카엘에게 봉헌된 고딕양식의 베네딕토회 수도원으로 서구의 경이(Wonder of the West)로 꼽힌다. 수도원의 거대한 벽 아래에는 마을이 형성되어 있다. 2015년 기준 50명 정도 살고 있다(나무위키)고 한다.

수도원 라메르베이유는 고딕양식의 걸작으로 평가받는다. 몽셀미셀의 성과 만은 세계유산으로 지정되어 있다. 몽셀미셀의 회랑(Cloister)은 산책하며 사색할 수 있는 좋은 곳으로 평가받는다. 그래서 예전에 수도사들이 이곳에서 많은 사색을 하며 걸었던 장소로 평가된다. 갯벌은 체험할 수 있는 장소로 추천된다. 반바지가 필수이다. 몽셀미셀 안에 레스토랑 라 레르 풀라드(La Mer Poulard)가 있다. 1883년 이래 오픈한 식당은 유명 인사들이 많이 찾아왔다. 그중 클로드 모네가 한 사람이다. 명물로 전통 오믈렛이 유명하다. 새끼 양고기도 추천된다. 제대로 된 맛의 향연을 느낄 수 있다고 한다.

이곳은 석양이 질 때 참으로 아름답다. 그리고 건물에서 비치는 조명이 어두운 밤에 은은하게 빛나서 멀리서 조망할 때 아름답게 다가온다. 계단이 많고 요새의 느낌이 드는 장소로 평가된다. 중세시대의 분위기가 잘 느껴지는 장소로 전 세계의 많은 방문객이 방문하는 곳이다.

(2) 몰타

도시 전체가 세계문화유산으로 지정되었다. 수도는 발레타[29]이다. 버스를 일주일간 이용할 수 있는 탑승카드(탈린자: tallinja)는 약 3만 원 내외로 무제한 사용 가능하다. 도시 전체가 노란빛이 감돈다. 이곳은 지중해의 영국으로 불리는 유럽의 대표 휴양지이기도 하다. 지중해의 작은 섬나라로 일몰이 유명하다. 다국적 식문화가 섞인 지중해 음식이 잘 알려져 있다. 이탈리아 시칠리아섬 아래 위치한다.

언어는 영어, 몰타어를 구사한다. 인구는 53만 명이며 국민의 98%가 가톨릭을 믿는다. 쾌적한 지중해성 기후를 형성한다(외교부, KOTRA).

지중해의 보석으로 불린다. 중세의 모습을 지니고 있어서 시간이 멈춘 섬의 도시로도 불린다. 대형크루즈가 입선할 때나 외국사절이 오면 대포 발포식이 진행된다. 세인트 안젤로 요새[30]는 칸누르에 위치하며 구경해 볼 것을 권고하는 곳이다. 천사의 성이라는 뜻으로 몰타 기사단이 이곳에 정착한 후 본부로 사용했던 장소이다.

몰타섬은 몰타기사단이 정착한 섬으로 방어위주의 섬이다. 많은 노천카페가 위치하며 이국적인 분위기이다. 맥주 3유로의 가격으로 노천카페에서 힐링할 수 있다. 소고기, 토끼요리가 유명하다. 토끼 파스타와 토끼 스튜는 고기의 부드러움이 특징이다. 디저트로는 스위트한 초콜릿이 추천된다.

뽀빠이 마을 세트장에서는 그림과 같은 노을을 감상할 수 있다. 몰타의 노을은 최고의 선물로 평가된다. 팝콘도 제공된다. 블루토, 뽀빠이 대역도 만날 수 있다. 세트장 방문 시 남은 시간에 따라 할인도 제공된다.

29 몰타섬(Maltese Island)은 몰타공화국을 구성하는 6개 섬 중 가장 큰 섬이다. 몰타섬은 몰타공화국과 구별하기 위해 발레타라고 부른다. 이탈리아 시칠리아 남쪽으로 93km 떨어진 이 섬은 길이 27km, 너비 14.5km로 총면적 $246km^2$이다(유럽지명사전).

30 Fort St. Angelo는 1565년 대공성전에서 그랜드 하버를 방어하는 데 결정적인 역할을 하였다(브레이크뉴스, 2022.11.19). 그랜드 하버의 중심에 위치한 몰타 비르 구에 있는 요새이다. 중세시대에 Castrum Maris라는 이름의 성으로 지어졌고, 후에 요새화된 구조로 재건되었다(위키백과).

(3) 카나리아 제도(Canary Islands)

아프리카 북서부 대서양에 있는 스페인령의 화산제도이다. 인구 215만 명, 넓이 7,493 km^2이다(두산백과 두피디아; 나무위키).

미지의 낙원으로 불린다. 수도 라스팔마스에서는 산타아나대성당이 추천된다. 이곳 최초의 대성당으로 르네상스 양식으로 지어졌다. 중세의 고풍스러운 모습으로 공사에 300년이 소요되었다. 주황빛, 황톳빛 색채가 아름답다.

크리스마스 시즌에는 동방박사가 온 날을 기념하는 기념축제가 열린다. 일명 동방박사의 날 축제이다. 참여하는 관중들에게 사탕을 나눠주는 행사도 포함해 퍼레이드가 펼쳐진다. 마차에 탄 동방박사에게 아이들은 소원을 편지에 적어서 주기도 한다. 아이들은 산타할아버지처럼 동방박사가 선물을 갖다준다고 믿고 있다.

아쿠사(Acusa)는 웅장한 산악자원이 있는 미지의 땅이다. 원래의 원주민인 관체족이 스페인의 정복을 피해 이곳으로 살게 되었다고 한다. 란사는 일종의 이동수단인 긴 막대 형태의 지지대로 산악에서 빠르게 이동한다. 동굴집은 굴을 파서 생활한 흔적이 있다. 아쿠사는 협준한 협곡이고 동굴집도 이곳에 만들어졌다. 염소젖으로 보통 이 지역의 집에서 치즈를 만든다. 염소젖은 응고되어서 치즈로 만들어진다. 틀에 넣어서 모양을 잡아준다. 소금을 뿌려 숙성고에 넣으면 맛있는 수제치즈가 생산된다.

테헤다(Tejeda)는 가장 높은 마을이다. 봄에는 아몬드꽃이 핀다. 아몬드[31] 재배지로 이곳은 유명하다. 갓 수확한 아몬드는 고소하고 신선하다. 이 지역에서는 아몬드로 제과를 만든다. 장작으로 아몬드과자를 구워 생산한다.

마스팔로마스해변에는 거대한 사구가 형성되어 있다. 세계 최대의 사막 사하라에서 모래가 날아와서 형성되었다고 하니 참으로 대단하다는 생각이 드는 곳이다.

이 모래언덕은 1994년 국립공원으로 지정되었고 1년에 2~5cm씩 동에서 서로 움직여 살아 있는 사막으로 불린다. 11~4월 성수기로 가장 낮은 기온이 18~22도 정도로 북유럽 사람들이 추운 날씨를 피해 가장 많이 찾는 휴양지 중 하나(tour.interpark.com)라고 한다.

31 아몬드나무는 해발 1,200~1,500m의 고지대의 농장에서 재배된다(세계테마기행, OBS). 커피나무가 재배되는 높이 정도로 보인다.

(4) 랑카위

맛친창산은 850m로 케이블카로 오른다. 랑카위섬은 99개의 군도이며 물이 빠지면 104개의 군도를 이룬다. 해발 600m 높이의 두 개의 산을 연결하는 스카이브릿지(Sky bridge)를 걸으며 아래를 내려다보면 아찔하게 느껴진다. 맛친창산은 빽빽한 열대림으로 구성되어 있다. 5억 년 전에 조성된 곳이라고 한다. 폭포가 있고 숲속의 오아시스인 계곡에서는 미끄럼 물놀이를 할 수 있다.

킬림 생태공원은 원시 대자연의 생태계 지역이다. 이곳은 섬 전체가 유네스코 생태공원으로 지정되어 있다. 맹그로브 숲이 바닷가에 이어져 맹그로브 나무가 빽빽이 차 있다. 물왕 도마뱀, 랑카위의 상징 독수리, 흰머리 솔개 등 야생이 가득하다. 신발처럼 생긴 신발섬(Shoes island), 다양분팀섬은 임신한 여성과 닮아서 붙은 이름이라고 한다. 그래서 아기를 임신할 수 있다는 믿음으로 찾아오는 사람도 많다고 한다. 이 섬에는 야생원숭이도 있다. 다양분팀 호수는 5억 년 전에 생긴 오랜 지역으로 민물메기가 발을 담그고 있으면 맛사지를 한다(세계테마여행, OBS).

(5) 페낭

말레이시아 페낭은 말레이시아 실리콘밸리로 불린다. 회교신자가 70%, 중국인이 70% 거주한다. 페낭은 이민자의 도시로 불린다. 페낭섬의 주도는 조지타운이다. 전망대까지 트램을 타고 이동하면 15분 만에 페낭힐에 도착한다. 스카이워크를 만들어 놓아 하늘을 걷는 느낌을 준다. 페낭힐에서는 페낭시가 한눈에 들어온다. 페낭은 아시아의 진주로 불린다. 페낭은 영국 지배의 흔적이 남아 있다. 페낭시청과 콘월리스 요새[32]이다. 영국은 페낭을 자유항으로 삼아 무역을 권장하였다. 수상가옥촌이 성씨별로 형성되어 있으며 중국인 이주의 역사가 있는 수상마을이다(세계테마여행, OBS).

(6) 싱가포르 센토사섬

센토사섬(Sentosa I.)은 본섬에서 약 800m 떨어진 섬으로 동서길이 4km, 남북길이 1.6km이다(두산백과 두피디아). 원래 해적의 본거지였으나 1972년 싱가포르 정부의 관광

32 Fort Cornwallis는 페낭에서 가장 유명한 유적지이자 랜드마크인 별모양의 요새이다.

지 개발로 평화와 고요의 섬이라는 의미의 센토사섬이 되었다. 관광객들에게 인기가 많은 섬이다.

본섬에서 케이블카로는 13분, 모노레일은 8분, 도보는 약 20분 소요된다. 케이블카는 한화로 3만 4천 원(왕복) 정도이다. 예전에는 배를 타고 섬에 들어가기도 했다. 센토사섬에서의 액티비티 가운데 스카이 헬릭스(Sky Helix)는 싱가포르의 시그니처가 되었다고 한다. 79m의 높이에서 바람을 맞으며 주위의 뷰를 감상할 수 있다. 360도 회전하는 어트랙션이다. 비용은 약 17,000원 정도이며 사진 촬영을 해준다.

포토 스폿은 해변과 작은 섬을 연결하는 흔들다리로 걸을 때 많이 흔들린다. 3가지 비치 중 실로소 해변은 관광객들이 방문하여 힐링하는 장소이기도 하다.

센토사섬에는 번지점프인 자이언트 스윙을 할 수 있다. 매우 아찔해 보인다. 약 50m 높이에서 떨어진다. 최고시속은 약 120km라고 하니 스릴이 넘쳐 보인다. 키와 몸무게를 기록하여 이용할 수 있고 60kg이 넘어야 혼자 탈 수 있다. 60kg 미만이면 두 명이 이용할 수 있다.

싱가포르의 야경은 매우 아름답다. 실로소 해변을 배경으로 펼쳐지는 야외공연인 윙스 오브타임 쇼[33]는 세계 최초의 나이트 쇼로 강력한 음악과 함께 바닷속을 연상시키는 쇼이다. 3D효과까지 등장한다. 그리고 화려한 불꽃 쇼까지 펼쳐지는 공연이다(특파원 25시, JTBC). 오래전 센토사섬에서는 야간에 분수쇼로 시작되었고 이것이 발전한 형태로 보인다.

이 섬에는 세계적인 테마파크 유니버설 스튜디오가 있다. 그리고 리조트 월드 센토사 카지노가 있다. 이 카지노는 싱가포르 최초의 카지노[34]이다. 테마파크와 카지노 등 관광의 중요한 콘텐츠를 확보하고 있는 세계적인 관광지로 볼 수 있다.

33 센토사섬의 쇼외에 싱가포르 랜드마크인 마리나베이 샌즈에서는 레이저 분수 워터쇼(Spectra 레이저쇼)가 야외에서 열린다. 그리고 가든스바이더베이 슈퍼트리쇼도 유명하다. 이상의 3개의 쇼가 싱가포르의 야경을 경쟁력 있게 하는 콘텐츠로 매우 인상적이다.

34 싱가포르에는 마리나베이 샌즈몰에도 카지노가 있다. 싱가포르 국민은 카지노 입장료(Entry fee 싱가포르달러 150$)를 내야 한다.

(7) 시칠리아

가족 중심의 대가족이 모여 사는 문화가 자리 잡고 있는 지역이다. 해산물, 레몬, 와인이 유명하다. 영화 '대부'를 통해서도 마피아와 가족에 대한 유대감이 깊은 지역으로 알려지고 있다.

지중해 최대의 섬으로 평가된다. 삼부카 지역은 1유로 집으로 유명하다. 거리에는 오렌지나무가 보인다. 이 프로젝트는 지역에서 빠져나간 인구에 의해 비워진 집을 외지인으로 채우고 도시를 활성화시키고자 하는 것으로 시장이 직접 주도하며 직접안내를 하기도 한다. 비워진 집을 구경하면 방이 몇 개 있고 호수와 바다도 보인다. 집은 전면 수리가 요구된다. 사람들은 집을 구입하여 고치고 되팔기도 한다.

한 집을 구경해 보면 따뜻하고 세련된 주방과 편안하고 아담한 거실을 갖추고 있다. 옛날의 천장과 벽을 살려 수리하였다. 층고가 높아 인상적이다. 시칠리아 전통 문양으로 된 바닥도 인상적이다. 테라스는 원래 지붕이었으나 변경하여 주위 조망을 좋게 할 수 있다. 20년간 방치된 집으로 모두 수리하는 데 드는 비용이 1억 원 정도이다. 병원은 20분 거리이고 거동이 불편하거나 위급 시 의사가 왕진하는 시스템이다.

최근에는 1유로 집에 대한 소문이 나서 많은 사람들이 신청을 한다. 그래서 경매로 낙찰을 한다고 한다. 약 1천만 원의 경매비용이 들고 1~5천 유로(약 140~710만 원)의 보증금이 필요하다.

두오모 성당이 시내에 위치한다. 대성당으로 이탈리아에는 도시마다 두오모 성당이 있다. 카타니아 대성당이 시칠리아에 있다. 에트나화산이 폭발하고 지진으로 인해 재건하였다. 18세기 바로크 스타일로 만들어졌다. 광장에는 코끼리 동상이 있는데 화산폭발을 지키자는 의미에서 세워졌다고 한다. 실제로 2020년 에트나화산이 폭발하였다. 유럽에서 가장 높은 활화산이다. 활화산 트레킹 코스도 있다.

독일의 대문호 괴테는 시칠리아의 타오르미나[35]를 천국으로 표현하였다. 이곳은 '그랑블루'[36] 등 영화가 40편 정도 촬영된 곳으로 예술가들이 사랑하는 마을로 알려져 있다.

---

35 Taormina는 이탈리아 시칠리아주에 있는 도시이다. 해발고도 200m의 구릉 위에 있다. 남서쪽에는 해발 고도 3,323m의 에트나산이 있다. 시칠리아 동쪽의 도시이다. 그리스의 식민시에서 기원한 도시로 BC 4세기 중경에 건설되어 초대황제 아우구스투스에 의해 로마의 식민지가 되었다(두산백과 두피디아; 미술대사전 용어편).

36 프랑스 영화로 1,500만 명의 관객을 기록하였다. 두 남자의 우정과 바다가 주요 내용이다. 영화 '레옹'을 만든 뤽 베송

유럽의 부호들이 휴양지로 선호하는 곳이다. 시칠리아에는 총보다 여자가 위험하다는 속담이 있다. 이는 오스만시대 터키의 장군이 이곳에서 결혼을 했는데 본국에 처자식이 있었다는 것이다. 그래서 화가 난 시칠리아의 여인이 남편을 죽여서 남편인 무어인의 얼굴을 화분으로 사용하였다는 무서운 내용이다. 그래서 이곳 무어인의 얼굴 화분이 전통적으로 이어졌다는 설이다.

타오르미나에는 거의 원형이 유지된 3세기에 만들어진 그리스극장이 있다. 짓는 데 수십 년이 소요되었다고 한다. 뒤로는 지중해가 보인다. 그리고 고지대 마을의 전경이 펼쳐진다. 아울러 에트나화산이 보인다. 실로 절경과 최고의 아름다운 경치가 펼쳐진다. 보는 사람마다 인생에서 가장 아름다운 광경을 보았다는 평가이다.

타오르미나 영화제도 유명하다. 프랑스의 기드 모파상은 사람들에게 단 하루가 주어진다면 타오르미나를 봐야 한다고 했다. 그만큼 최고의 아름다운 곳이라는 의미이고 평가인 것이다.

바다는 코발트빛의 이오니아해이다. 시칠리아가 추천되는 이유가 바로 이곳 때문이기도 하다(현지인 브리핑 지금우리나라는, tvN).

(8) 그리스 산토리니(Santorini)섬

화산작용으로 형성된 아름다운 풍경과 화려한 밤 문화로 유럽 최고의 관광지로 손꼽힌다는 평가이다. 청동기 시대 미노아 문명의 유적인 아크로티리 고고학 유적지, 검은 모래의 해변인 카마리 해변, 화산재로 만들어진 자갈로 이뤄진 한적한 페리사 해변이 가볼 만한 곳으로 추천된다. 그리고 산토리니에서 가장 북쪽에 위치한 마을로 150m 절벽에 위치해 인생컷 찍기 좋은 곳으로 이아마을이 추천된다(트립어드바이저). 이아마을에서 보는 석양은 매우 아름답고 멋지다.

화산지역인 산토리니섬은 나무가 자라기 어렵다고 한다. 그래서 거주지들은 거의 동굴집으로 되어 있다. 에게해를 뷰로 하는 호텔은 약 100유로 정도면 좋은 숙소를 이용할 수 있다. 산토리니에서는 크루즈를 타고 즐길 수 있다. 밝고 투명한 바닷가가 인상적이다. 크루즈 탑승 시에는 신발을 벗고 탑승하는 것이 규칙이다. 크루즈를 타고 중간에 수

감독의 작품이다. 주연은 장 르노이다. 우리나라에서는 총관객 수 11만 5천 명이 보았다(나무위키, 2023.3.9).

영도 가능하다. 선상 위에서는 음식이 제공된다. 파스타, 새우, 연어 등의 해산물, 그리스의 경쟁력 있는 화인트 와인 등을 즐길 수 있다(다시갈지도, Channel S).

(9) 태국 팡아

팡아는 아름다운 해변과 더불어 수많은 국립공원을 지닌 지역이다. 바다 위로 기암괴석이 우뚝 솟아 있는 아오 팡아 국립공원 등 여기저기 흩어진 섬에는 씨 카누를 비롯한 해양스포츠를 즐길 수 있다(태국관광청: www.visitthailand.or.kr).

사멧 낭시 전망대는 차로 이동하는 것이 좋고 인생샷이 가능한 좋은 전망이다. 팡아만 해양 국립공원에 있다. 팡아는 태국에서도 푸껫, 크라비 외에도 경쟁력 있는 곳으로 평가된다.

팡아에서는 루프탑 숙소를 약 20만 원대로 이용 가능하다. 인피니티풀 스타일의 수영장도 있다. 눈앞에 펼쳐지는 바다의 선물을 즐길 수 있다. 팡아의 숙소는 호텔 수준이다. 수영장에서도 음료 주문이 가능하다. 수박소다는 매우 맛있고 더위를 해소하는 가장 인기 있는 태국의 음료이기도 하다. 숙소에는 레스토랑, 카페가 같이 운영된다. 약 4만 원대에 생망고 스무디, 새우 및 오징오 리조토, 스테이크 요리를 즐길 수 있다.

석회암, 카르스트지형으로 태국에서 가장 아름다운 팡아만 해양국립공원에서는 보트투어가 권장된다. 팡아수상마을에서는 카약체험이 가능하다. 노를 젓는 뱃사공들이 같이 승선해 도움을 준다. 아름답게 조각된 것 같은 종유석과 바다를 즐길 수 있다. 제임스본드섬은 20미터의 높이로 007제임스본드 영화를 촬영해서 유명해졌다(다시갈지도, Channel S).

2) 국내

(1) 제주도/ 우도/ 가파도

가파도는 섬 속의 섬으로 불린다. 부속섬 중 4번째로 크다. 바다를 헤엄쳐 오는 가오리 모양을 하고 있다고 한다. 돌담과 바다가 어우러지며 아름다운 풍경을 자아내는 섬이다. 가파도에서는 제주아트서커스를 볼 수 있다. 국내 최고의 공연으로 감동과 추억을 느낄 수 있다고 한다(참좋은여행 상품상세정보).

우도는 부서진 산호로 이루어진 백사장 등 경관이 매우 아름답다고 평가되며 우도8경이 있다.

(2) 울릉도/ 독도

울릉도에서 육로관광은 여행사를 이용할 경우 약 4시간이 소요된다. 도동항-사동-통구미(구암)-남양-태하-현포-천부-나리분지-삼선암-관음도 일정이다. 그리고 저동항-봉래폭포-내수전 전망대 일정의 경우, 약 2시간 30분이 소요된다.

나리분지는 동서로 1.5km 남북으로 2km 크기의 울릉도에서 유일한 평야지대이다. 나리분지 주변에는 해발고도 500m 전후의 외륜산이 둘러싸고 있다. 삼선암은 암석해안에서 파도에 의해 침식으로 분리되어 해상에서 하늘을 향해 우뚝 솟은 기둥의 형태를 이룬다.

촛대바위는 저동항 방파제의 일부로 조업을 나간 아버지를 기다리던 딸이 바다로 들어가 바위가 되었다는 전설이 있어 효녀바위로도 불린다. 봉래폭포는 암석의 차별침식에 의해 3단폭포를 이루며 총 낙차는 약 30m가 된다. 내수전 전망대에서는 죽도, 관음도 일대를 한눈에 조망할 수 있다. 일출도 좋고 밤에 저동항의 야경과 오징어잡이 배들의 불빛이 아름답다(참좋은여행 상품상세정보).

(3) 강화도

강화도는 김포에서 가까운 거리에 위치한다. 기존에 강화대교를 통해 들어갈 수 있고 초지대표를 통해서도 강화도로 접근할 수 있다. 고려궁지, 마이산, 전등사, 동막해변 등 잘 알려진 곳들이 있고 최근에는 해안가를 중심으로 카페 등 전경이 좋은 곳들에 사람들이 많이 방문하고 있다. 예전에 외포항에서 배를 타고 입도했던 석모도는 석모대교가 건설된 이후 자동차로 쉽게 이동할 수 있는 곳이 되어 많은 사람들이 방문하고 있다. 석모도에는 보문사, 미네랄온천, 식물원 등의 방문이 추천된다.

강화도 소재 스페인마을 강화군 화도면 소재이다. 바로 앞에 서해안의 바다가 펼쳐진다.

스페인마을 카페 바다를 볼 수 있는 카페건물의 모습이다. 스페인의 풍차 스타일로 건물을 지었다.

(4) 외도

한국의 나폴리 또는 카프리섬으로 불리는 이국적인 섬이다. 거제도에서 배를 타고 들어갈 수 있다. 이곳은 관광객의 쾌적한 이용 및 편의 제공과 섬의 보호 및 보존을 위해서 술과 담배 등이 금지되는 곳이다. 외국에서 기이하고 특별한 식물 등을 들여와 무인도였던 외도를 아름답고 이국적인 섬으로 가꾸어서 관광객들에게 인기를 얻고 있다.

(5) 백령도

참좋은여행사 상품의 경우, 인천 연안부두 여객선터미널에서 출발하여 약 3시간 50분 소요되어 백령도 용기포항에 도착한다.

백령도 유람선 관광과 육로관광이 가능하다. 육로관광은 100년 전통의 중화동교회, 천안함 46용사 위령탑, 천연기념물 제391호로 지정된 전 세계에서 2곳밖에 없는 천연비행장인 사곶천연비행장, 심청각을 볼 수 있다. 심청각은 고전소설 『심청전』의 배경무대인 백령도에 심청각을 건립, 효사상을 함양하고 인당수를 바라보며 망향의 아픔을 달래는 곳이라고 한다. 유람선관광을 통해 제2의 해금강이라고 할 만큼 기암괴석들이 많은 코끼리바위, 장군바위, 촛대바위, 병풍바위 등과 선대암 형제바위를 감상할 수 있다(m.verygoodtour.com).

참고문헌

나무위키

다시갈지도, Channel S

두산백과 두피디아

매일경제

문화체육관광부, 대한민국 정책브리핑, 2023.3.06

미술대사전 용어편

미술대서전 인명편

베트남 전문뉴스 INSIDE VINA, 2023.4.25

브레이크뉴스, 2022.11.19

상상출판

세계음식명백과

세계테마기행, EBS

세계테마기행, OBS

스포츠월드, 2014.3.12

시사상식사전

외교부

위키백과

유럽지명사전 : 프랑스

저스트고 도시별 여행정보

조선일보, 2022.6.29

조선일보, 2022.11.22

조선일보, 2023.2.24

지금 우리나라는 현지인 브리핑, tvN

참좋은여행 미소국 12일 상품

참좋은여행 상품상세정보

태국관광청

텐트 밖은 유럽, tvN

통합논술 개념어 사전

트립어드바이저

현지인 브리핑 지금우리나라는, tvN

호텔스닷컴

JTBC, 특파원 25시

KOTRA

Kotra 해외시장뉴스, 2022.5.25

m.verygoodtour.com

terms.naver.com

The JoongAng 여행레저, 2023.4.19

tour.interpark.com

travel.plusblog.co.kr

www.doopedia.co.kr

www.expedia.co.kr

www.insidevina.com

www.joongang.co.kr

www.koreatourinformation.com

www.qatarairways.com

www.seoulcitytour.net

www.sigongsa.com

www.visitthailand.or.kr

www.wtable.net

Theme Trip Product

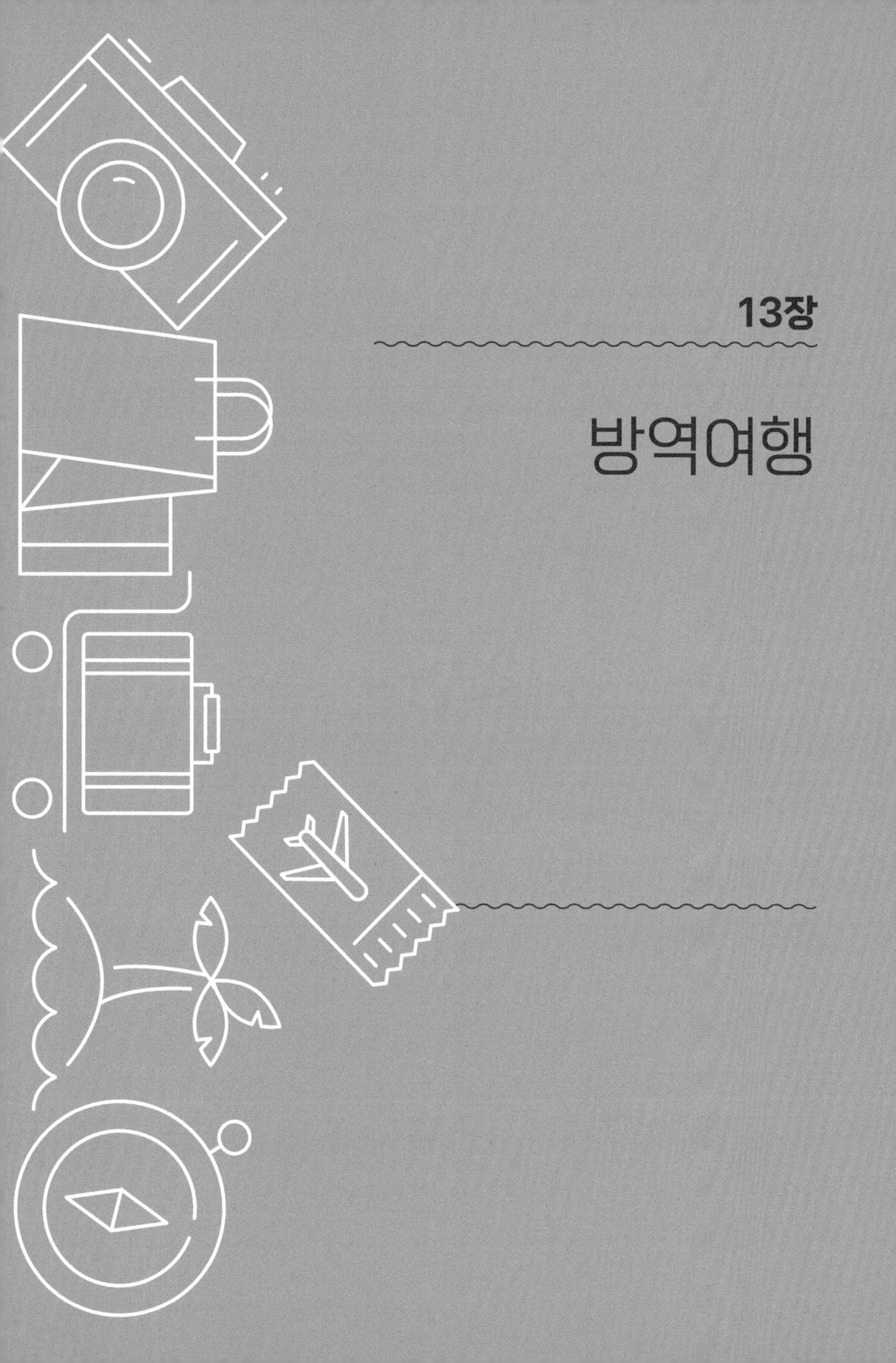

13장

방역여행

주제
여행
상품

13장

방역여행

코로나19의 전 세계적인 확산으로 국가 간 이동과 여행이 제한되며 국제관광의 수요가 급격히 감소하게 되었다. 2020년도 1분기 기준으로 국제 관광객의 수는 전년 대비 22%, 약 6,700만 명 감소하게 되었다. 이에 국제항공운송협회(IATA)는 20년도 항공 여객수송량이 전년 대비 48% 이상 감소할 것으로 전망하였다.

코로나19 사태는 사스나 메르스보다 파급력이 컸기 때문에 방한 관광수요에 막대한 부정적 영향을 끼칠 것으로 예상됐기에 실제로 국민 해외여행 수요 측면에서 단기적으로 회복이 어려워 장기적인 계획을 세워 대비해야 할 것으로 전망하였다.

그림 1 | '20년 1/4분기 국제관광객 수

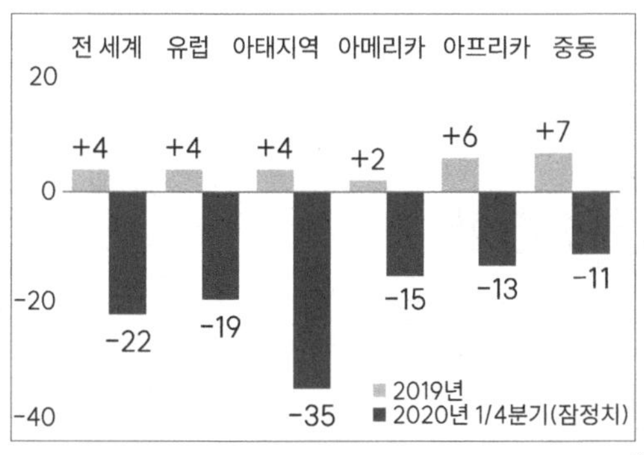

그림 2 | '20년 국제관광 수요 시나리오

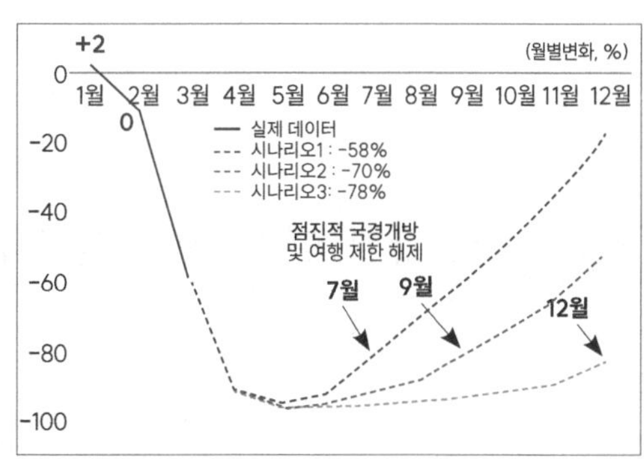

출처 : 코로나19 이후 국민여행 실태 및 인식조사, 경기연구원(2020)

〈그림 1, 2〉에서 볼 수 있듯이, 사상 최대 위기를 맞은 관광산업은 업계별로 직접적인 타격을 입는 것을 피할 수 없게 되었다.

표 1 | 관광산업 세부 업종별 BSI 증감 현황

업종별	2019년 4분기	2020년 1분기	증감현황 (전분기 대비)
관광숙박업	75.8	27.1	-48.7p
관광식당업	68.0	28.9	-39.1p
여행사 및 관광운수업	79.8	17.7	-62.1p
문화오락 및 레저산업	100.7	64.3	-36.4p
관광쇼핑업	93.5	29.9	-63.6p
국제회의 및 전시업	99.2	39.8	-59.4p

출처 : 문화체육관광 동향조사 결과 발표, 한국문화관광연구원 보도자료(2020)

2020년도 기준으로 관광산업 '기업경기실사지수(BSI)를 살펴본 결과, '여행사 및 관광 운수업'이 전 분기 대비 62.1p 하락한 17.7p로 나타나 가장 낮았으며, '관광쇼핑업'은 63.6p 하락하여 가장 낙폭이 큰 것으로 나타났다. 이에 정부는 코로나19 대응을 위한 금융, 고용, 세정, 보증, 경영 등 분야별 관광기업에 대한 지원대책을 추진하였으며, 관광업체에 대한 지원뿐만 아니라, 관광객들의 여행 심리를 회복하기 위한 여러 가지 캠페인 및 관광활동을 추진하였다.

1 코로나19로 인한 관광패턴의 변화

코로나19는 국경을 넘어 전 세계적으로 유행하는 감염병으로 자리매김하면서, 해외여행에 제한을 가져옴과 동시에 국내 여행이 부상하기 시작하였다. 다수의 국가들은 코로나19의 확산을 방지하고자 해외여행을 자제하도록 정책을 펼치면서 내수 관광을 활성화하기 위해 다양한 관광상품을 제시하였다.

1) 해외여행을 대체하는 국내 여행상품의 등장

코로나19의 소강시점이 불분명한 가운데 유럽 다수의 국가들이 다가오는 여름을 국내에서 보내도록 독려하고 있다. 프랑스의 2대 언론 중 하나인 『피가로(Le Figaro)』지는 "해외여행을 떠나는 것처럼 프랑스 여행하기"라는 기사를 통해 프랑스 현지 여행사의 국내여행상품을 소개하고 있으며, 이는 침체된 프랑스 경제와 관광산업 활성화를 위한 방안으로 판단된다.

출처 : 코로나19, 여행의 미래를 바꾸다, 경기연구원(2020)

그림 3 | 해외여행을 떠나는 것처럼 프랑스 여행하기-국내 여행 독려 사례

해외여행이 어려운 시점에 국내여행을 독려하는 등 맞춤형 국내 여행상품을 제공하고 있다. 또한, 코로나19에 대한 우려로 도시 내에서 대중교통을 이용하는 것에 불안함을 느끼는 국민들을 위해 네덜란드의 자전거 브랜드 '반무프(VanMoof)'라는 전동 자전거를 출시하였고 2020년도 기준 2월 말부터 3월 중순 사이에 전 세계적으로 48%나 증가하였다.

2) 일상에서 벗어난 여가활동의 증가

여가활동의 특징은 여행에 비해 시간과 비용이 절약되고, 주거지에서 먼 곳으로 떠나 활동하는 것이 아니라 공원, 수변공간 등 가까운 곳에서 자주 시간을 보내는 문화로 코로나19 시국에 확산된 관광활동이다.

다중이용시설 폐쇄와 지역 축제 취소 등으로 인해 시민들이 여가 욕구를 해소할 수 있는 기회가 상당히 제한적인데다가 재택근무로의 전환, 온라인 학습 시행에 따른 이동 시간의 감소는 여유시간에 거주지 주변에서 가볍게 여가활동을 할 수 있는 여건을 마련하는 계기가 되었다. 2020년도 4월 머니투데이의 기사에 따르면, 구글이 131개국을 대상으로 "공동체 이동 보고서"를 작성하였는데, 스마트폰을 쓰는 한국 이용자들의 공원 방문은 코로나19가 본격적으로 전파되기 전 시기와 대비하였을 때 51% 증가한 것으로 나타났다고 밝혔다.

3) 코로나19의 키워드는 위생과 청결

코로나19 이후 여행을 나설 때, 관광객이 가장 중요하게 생각하는 것은 '청결'로 나타났다. 이는 여행지 또는 숙박시설을 선택할 때, 위생관리에 대한 부분을 소비자가 깊게 고려한다고 볼 수 있다. 그러므로 글로벌 관광업계는 시설의 위생과 안전성을 증명하는 인증제도를 도입하며 이러한 정보를 공개하는 것으로 고객을 유치하고 있다.

대표적인 사례로는 힐튼 호텔의 방역 정책인데, 힐튼호텔은 코로나19 펜데믹 기간 동안 '힐튼 클린 스테이 프로그램'을 도입하여 투숙객의 위생 관념에 부응하기 위해 노력하였고, 체계적인 방역기술을 도입하여 안심하고 머물 수 있도록 방안을 마련하였다.

4) 자연 및 풍경 감상 활동의 증가

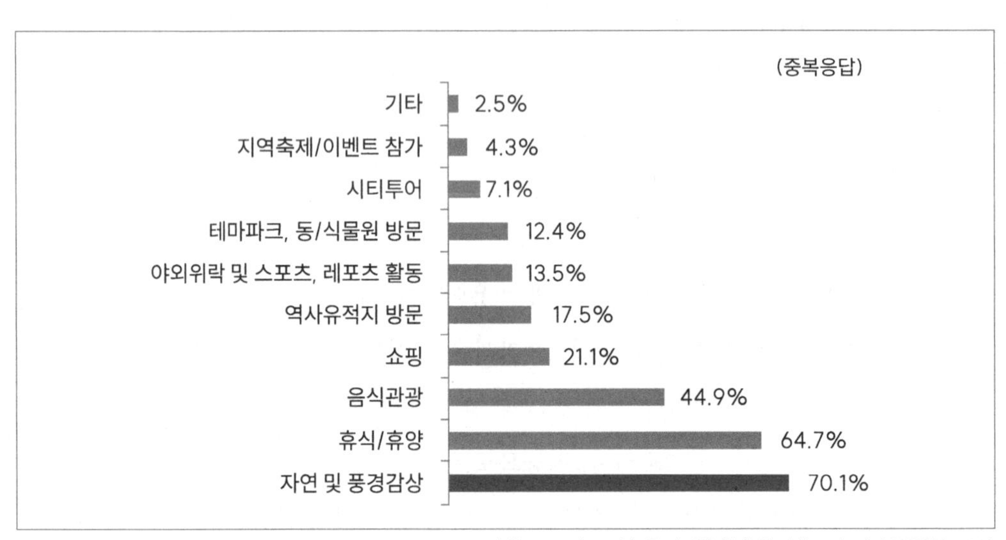

출처 : 코로나19 이후 국민여행 실태 및 인식조사, 경기연구원(2020)

그림 4 | 코로나19 발생 이후 참여한 관광활동

〈그림 4〉에서 볼 수 있듯이, 코로나19 이후 관광객들이 국내여행 시 가장 많은 비율

로 참여한 관광활동은 '자연 및 풍경감상' 활동으로 볼 수 있다. 실내에서 즐기는 활동보다는 야외공간에서의 활동을 더욱 선호하고 있음을 볼 수 있다.

표 2 | 포스트 코로나 시대의 관광패턴 변화 인식

구분(N=1,000명)	평균(점)	순위
실내다중이용시설보다 야외공간을 선호할 것이다.	4.08	1
단체여행보다 개별여행을 선호할 것이다.	4.05	2
비대면 관광서비스가 선호될 것이다.	3.90	3
웰니스 관광을 선호할 것이다.	3.69	4
가까운 장소에서 자주 즐기는 여행을 선호할 것이다.	3.59	5

주 : 5점척도, 평균

출처 : 코로나19 이후 국민여행 실태 및 인식조사, 경기연구원(2020)

2022년 상반기를 거치면서, 코로나19와 오미크론 확진자 수가 폭발적으로 증가하였다가 서서히 감소하는 추세를 보이면서 전 세계에서는 코로나19로 인한 사회, 경제 등에 미친 부정적 영향을 회복할 수 있을 것이라 기대하게 되었다. 최근, 국민인식 등의 통계자료를 통해 여가활동에 대한 적극적인 태도가 감소한 반면 건강에 대한 관심도는 상승한 것으로 나타났다. 즉, 여가활동을 즐기더라도 편안한 휴식과 힐링의 장소를 선호한다는 것을 알 수 있다. 이에 많은 사람들의 관심은 캠핑이라는 활동에 초점이 맞춰지고 있다.

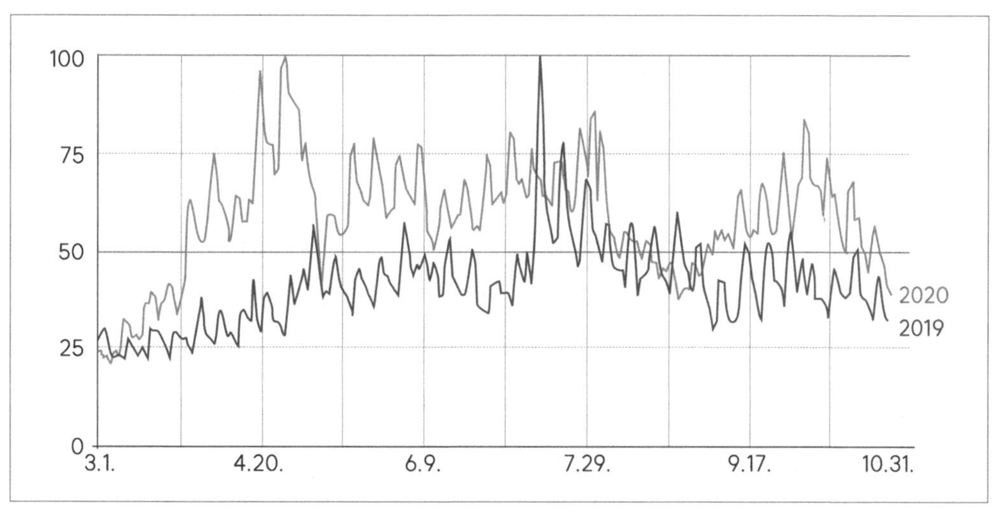

출처 : COVID-19시대, 캠핑 체험의 의미 변화 탐색, 김미향·박영주·이주현(2021)

그림 5 | 인터넷 검색 사이트 '캠핑'키워드 검색 빈도 비교

〈그림 5〉에 나타난 바와 같이 코로나19 시대에 캠핑에 대한 인식과 관심도는 증가하였다고 볼 수 있다. 또한, 뉴스 카테고리 중 '캠핑'과 관련된 기사의 수는 2019년보다 큰 폭으로 증가하였음을 볼 수 있다.

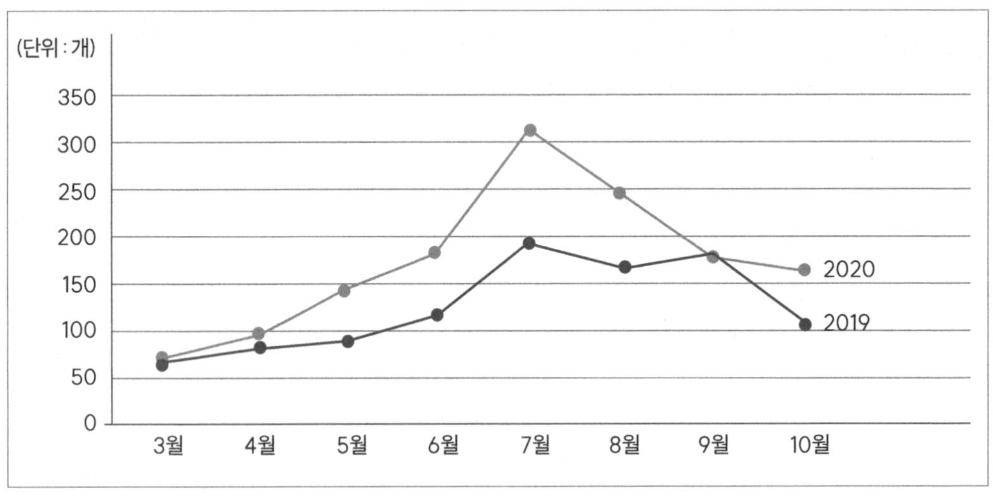

출처 : COVID-19시대, 캠핑 체험의 의미 변화 탐색, 김미향, 박영주, 이주현(2021)

그림 6 | '캠핑'관련 뉴스양 비교

〈그림 6〉의 데이터는 사회적 거리두기가 장기화됨에 따라 일상의 답답함에서 벗어나 감염병으로부터 보다 안전한 지역이나 공간에서 휴식을 취하고 싶은 욕구를 해소할 수 있는 여가콘텐츠가 캠핑이라는 것을 설명하고 있다.

한국관광공사가 발표한 "2021 캠핑이용자 실태조사"의 결과에 따르면, 2021년까지도 캠핑에 대한 인기가 꾸준히 이어지고 있고 캠핑산업 규모가 전년 대비 8.2% 상승한 것으로 나타났다. 이 조사에서 응답자 89.3%가 코로나 종식 후에도 캠핑을 계속 지속할 의향이 있는 것으로 답했다.

따라서 방역여행의 한 형태로 캠핑산업은 꾸준히 지속될 전망이며, 캠핑의 전문화나 고급화로 캠핑 문화가 발전될 것으로 전망하고 있다. 응답자 중 캠핑장 선택 시 가장 중요하게 고려하는 요인으로는 '편의시설 청결관리(화장실, 샤워시설 등)로 가장 높았고, '캠핑장 안전관리'가 그 뒤를 이어 중요성을 나타내었다. 즉, 코로나19 시대에 걸맞은 방역여행으로 더욱 발전되기 위해서는 캠핑장 시설, 운영 관리를 체계적으로 할 수 있도록 대비해야 하며 이와 더불어 방문객이 해당 캠핑장에 대한 정보 습득이 용이하도록 플랫폼을 갖추는 것 또한 경쟁력을 가질 수 있는 방안으로 제시되었다.

5) 이색 여행상품

코로나19를 겪으며 다양한 관광활동의 패턴이 변화하게 되었는데, 운송 수단을 이용하여 일상에서 벗어나는 관광상품이 출시되었다. 대표적인 예로 항공사의 비행기 여행상품을 들 수 있다. 대한항공은 대한항공 카드를 소지한 고객을 대상으로 비행기를 타고 2시간 30분 동안 국내 상공에 머무는 여행상품을 출시하였고, 아시아나항공은 김포공항에서 출발하여 부산과 일본을 거쳐 제주 공항에 도착하는 관광상품을 선보였다. 또한, 에어 서울도 아시아나와 비슷한 노선으로 운항하며, 고객들에게 면세 서비스를 제공하는 등 단순히 목적지로 가기 위해 이용하는 운송 수단에서 벗어나 방역 여행으로 인기를 끌고 있다.

2 코로나19 극복을 위한 정부의 정책

문화체육관광부는 2020년, 코로나19 바이러스 관련 분야별 관광기업 지원대책을 내놓고 관광기업에 대한 지원대책을 마련하여 발표하였다. 문화체육관광부 코로나19 대응을 위한 금융, 고용, 세정, 보증, 경영분야별 관광기업 지원대책이 포함된 내용으로 구체적인 내용은 다음과 같다.

표 3 | 코로나19 관련 분야별 관광기업 지원대책

구분	지원대책	지원내용
금융지원	- 관광기금신용보증부특별융자	- 사업체운영비(인건비, 임차료 등) 특별융자(총 1,000억 원 규모)
	- 관광기금일반융자운영자금확대 및 조기지원	- 기시행 중인 관광기금일반융자 운영자금 확대(4,450억 원 → 5,250억 원)
	- 관광기금융자원금 상환의무 유예	- 1년간 원금상환 의무 유예 및 만기연장(약 2천억 원 규모)
	- 제주관광진흥기금특별융자 및 융자상환 유예	- 금리(0.75%), 경영안정자금 및 건설·개보수자금 융자
	- 소상공인 12조 원 초저금리(1.5%)금융지원 패키지	- 시중은행, 기업은행, 소상공인시장진흥공단 등 세 기관이 분담해 총 12조 원 대출
	- 미소금융창업·운영자금 지원	- 금리 4.5% 이내, 최장 5년, 2천만 원 한도(총 4,400억 원 규모)
	- 긴급 경영안정자금 신규융자, 만기연장, 상환유예	- 긴급경영안정자금 신규융자, 기존 융자 만기연장·상환유예
	- 힘내라대한민국 특별운영자금	- 최대 0.6%p 금리우대, 중소 50억 원, 중견 100억 원, 1년 지원
고용지원	- 고용유지 지원금 지원 확대(약 5,004억 원)	- 휴업·휴직수당지원비율 한시적 상향('20.2.1~7.31), 특별고용업종 지정
	- 4대 사회보험 납부유예 및 감면지원	- 코로나19로 보험료 납부에 어려움을 겪고 있는 개인·기업 대상 감면

세정지원	- 내국세신고·납부기한연장 및 징수·체납처분 유예	- 신고·납부기한연장 및 징수·체납처분 유예 등
	- 지방세신고·납부기한연장 및 징수·체납처분 유예	- 신고·납부기한연장 및 징수·체납처분 유예 등
	- 관세납기연장, 당일환급, 관세조사 유예 등	- 납기연장, 당일관세환급, 관세조사 유예, 애로해소센터 운영 등
경영지원	- 코로나19 피해기업 특례 및 우대보증	- 대출 이불 가능한 소상공인·기업을 대상으로 신용보증재단이 보증을 서 대출받을 수 있게 함
	- 코로나19 피해기업 대출보증기한 연장	- 피해기업들의 대출보증기한 연장
기타	- 관광기업지원센터 내 코로나19 상담창구 운영	- 지원가능한 사업안내
	- 호텔등급평가심사 유예	- 감염병경보 해제 시까지 호텔등급평가 유예
	- 유원시설 안전점검 수수료 감면추진	- 안전점검수수료 50% 감면
	- 공항상업시설임대료감면추가지원	- 임대료 감면율을 50%로 상향
	- 카드사혜택 확대	- 무이자할부 등 마케팅지원 및 사업자금 대출 금리 인하

출처 : 코로나19 바이러스 관련 분야별 관광기업 지원대책, 문화체육관광부, 2020

표 4 | 안심나들이 관광지 10선

구분	지자체 (관광지)	관광지 개요 및 심사평
1	진주 (진주성)	• 관광지 설명 - 진주를 대표하는 관광지로 남강의 뛰어난 경관과 촉석루, 국립진주박물관 등 역사·문화적 가치 있는 관광지 - 한국관광 100선에 8년 연속 선정, 19년 경상남도 관광지 방문객 1위 • 심사평 - 방역분야 ① 공북문 등 진주성 출입구에서 방역 관리가 활동 잘 이루어짐 ② 실내방역 및 박물관 입장 시 열체크와 명부 작성 - 관광분야 ① 접근성이 뛰어나며 야간관광에 우수한 관광자원 ② 오픈 공간이라 이동동선에 불편함이 없음

2	남해 (독일마을)	• 관광지 설명 - 남해 독일마을은 파독 광부·간호사들의 정착촌이라는 스토리와 이색적인 풍광 및 독일맥주축제로 전국적인 관광명소임 - 파독전시관은 파독광부·간호사의 애환의 영상물 등을 관람가능 • 심사평 - 방역분야 ① 주차장 방역 현수막은 시안성이 좋음 ② 관광객 주차장마다 안심도우미가 상주하여 관광객 대상 방역안내 - 관광분야 ① 남해 다른 관광지와의 연계성도 우수 ②남해 독일마을 숙박, 독일 맥주 및 소시지 등의 콘텐츠 우수
3	통영 (디피랑)	• 관광지 설명 - 1.5km의 산책길을 따라 펼쳐지는 환상적인 미디어 파사드와 조명시설로 조성된 야간 테마파크 • 심사평 - 방역분야 ① 관광객 관람방향이 일정(One-way)하며, 시간대별로 관광객 입장하게 하여 방역관리가 우수함 - 관광분야 ① 빛을 이용한 다양한 야간테마 콘텐츠 뛰어나며, 인근 관광지와의 연계 및 발전 가능성 큼(서피랑, 동피랑, 강구안 등)
4	합천 (영상테마파크)	• 관광지 설명 - 1920~80년대를 배경으로 하는 국내 최대 시대물 오픈 세트장 - 수려한 영화제(독립영화제), 고스트파크, 동감축제 등 사계절축제 • 심사평 - 방역분야 ① 관광지 입구가 일원화되어 있어, 발열체크 및 방역관리 우수 ② 청와대 세트장의 경우, 안심도우미가 상주하고 있음 - 관광분야 ① 지자체의 지속적인 콘텐츠 확장의지 및 우수한 콘텐츠로 성장 가능성이 높음 ② 테마파크 내 호텔시설 구축예정으로, 이색적인 숙박장소가 될 것으로 기대
5	김해 (가야문화테마파크)	• 관광지 설명 - 가야의 역사를 보고, 듣고, 만지며 배울 수 있는 오감만족형 테마파크로 공연 및 전시·체험·놀이·캠핑장 등으로 구성 - 2019년 공사 열린 관광지로 선정, 관광약자를 위한 무장애동선·관광콘텐츠 등으로 구성, 남녀노소 함께 즐길 수 있는 시설 • 심사평 - 방역분야 ① 철광산 공연장, 전시관 등 실내 시설 입구에 방역수칙 안내 ② 테마파크 입구에서 관광객 대상 방역관리 체계 운영 - 관광분야 ① 가야문화라는 역사적 콘텐츠 활용 및 접근성 우수 ② 장애인을 위한 관광객 편의시설 우수

6	창원 (진해해 양공원)	• 관광지 설명 - 거가대교까지 조망할 수 있는 해양솔라파크(타워), 해양생물테마파크, 해전사체험관, 짚트랙 등의 레저시설까지 갖춤 - 공원 내 우도는 행안부 '2020년 휴가철 찾아가고 싶은 33섬'에 선정 • 심사평 - 방역분야 ① 방역 관련 스티커·배너 등이 잘 디자인되어 게시 ② 방송안내를 통한 관광객들에게 방역수칙을 수시 상기 - 관광분야 ① 액티비티 시설과 섬이 조화된 관광지로서 언택트 관광지 ② 바다 위를 지나는 짚라인은 매력적인 콘텐츠
7	하동 (삼성궁)	• 관광지 설명 - 지리산 청학동에 펼쳐진 1,500여 개의 돌탑과 돌 조각, 구조물로 독특한 석조 건축문화를 시현한 곳 - 디지털 컨택트 서비스 시스템 구축(AI해설 서비스, 키오스크 입장권 구매 등을 통한 비대면 서비스 강화) • 심사평 - 방역분야 ① 출입구에서 소독제 분무 등으로 방역관리체계 운영 중 - 관광분야 ① 전국 어디에서도 보기 힘든 자연·건축경관을 갖추고 있음
8	거제 (내도)	• 관광지 설명 - 거제의 내도는 거제 9경 중 8경에 속함 - 국립공원 명품마을 선정(2019) / 행안부 전국 10대 명품섬 지정(2010) • 심사평 - 방역분야 ① 도선 객실 안 방역수칙 게시 및 승무원의 방역수칙 안내 우수 ② 입도 시 신분증 확인 등으로 출입자 파악 용이 - 관광분야 ① 구조라항에서 선박으로 10분 만에 접근할 수 있어 접근성이 뛰어남 ② 어촌뉴딜사업에 선정됨에 따라 국가예산의 투입을 통한 관광지 기반조성사업이 예상되는 등 향후 발전가능성이 큼
9	고성 (당항포 관광지)	• 관광지 설명 - 충무공 이순신 장군의 당항포대첩 승전지로서 당항포해전관을 비롯한 자연사박물관 등을 갖춘 다목적 관광지임 - 최초 자연사 엑스포인 경남 고성공룡세계엑스포의 주행사장 • 심사평 - 방역분야 ① 관광지 출입구에서 관광객 방역 관리체계 운영 ② 벤치나 어린이 놀이시설 등 손이 닿는 부위 중심으로 분무 소독이나 소독제 걸레 청소하여 방역관리 진행 - 관광분야 ① 넓은 부지에 킬러콘텐츠(공룡)를 활용한 관광지 운영이 매력적임

10	사천 (바다 케이블카)	• 관광지 설명 - 푸른 바다(한려해상국립공원)와 주변 산 등 자연을 활용한 관광자원 - 케이블카를 이용 바다를 횡단, 바다 위의 섬 등 자연풍광 관람 가능 • 심사평 - 방역분야 ① 일행 관광객들에게 독립된 케이블카를 제공함으로써, 타인과 내부공간(케이블카)을 함께 이용하지 않게 운영 중임 - 관광분야 ① 케이블카를 타며 산과 바다를 모두 관광할 수 있음 ② 주변 관광지와의 연계성 우수(삼천포, 남해 등)

출처 : 철저한 방역으로 여행을 안전하게, 한국관광공사 보도자료(2021)

3 코로나19 이후의 관광트렌드

2023년에 들어서며 코로나의 확산세가 현저히 감소하고 일상의 회복을 기대하는 가운데, 국내 여행 패턴에도 새로운 움직임이 포착되고 있다. 한국관광공사(2023)는 일상 속 개인의 관심사나 취향과 관련된 경험을 추구하며, 다양한 테마의 여행을 통해 현재의 행복을 만끽한다는 의미에서 모멘트(M.O.M.E.N.T.)라는 핵심 키워드로 관광트렌드를 설명하고 있다.

코로나19가 장기화되면서, 고령화 및 1인 가구의 증가, 환경과 안전, 위생에 대한 관심도가 높아졌으며 안전한 곳에서의 휴식을 중요시하고 개인 경험의 가치를 중요시하는 등의 사회적 변화가 여행의 다양한 형태로 영향을 미치는 것으로 나타났다. 한국관광공사가 발표한 '2023 국내관광 트렌드'에 대한 구체적인 내용은 다음과 같다.

표 5 | 2023 관광트렌드 6개 테마 주요 내용

구분	관광형태	내용
M	로컬관광(Meet the Local)	- 여행지에서의 새로운 일상 경험 추구 지역 맛집이나 특산품, 그리고 현지에서만 경험할 수 있는 문화, 역사 체험 프로그램 등 지역 고유의 여행 콘텐츠 및 경험에 관한 관심이 높아지고 있음
O	아웃도어/레저여행 (Outdoor/Leisure Travel)	- 레저스포츠 참여 목적의 여행 선호 레저스포츠 참여 목적의 여행 선호도가 높아지면서 걷기, 등산 등 야외활동 및 서핑, 골프, 테니스 등 레저스포츠에 대한 관심 및 참여 증가
M	농촌여행 (Memorable time in rural area)	- 휴식 + 새로운 경험 '촌캉스' 유행 코로나19 이후 번잡하고 답답한 도시를 벗어나 진정한 휴식과 함께 새로운 경험 및 추억을 동시에 추구하는 농촌 여행이 재조명되고 있음
E	친환경 여행 (Eco-friendly travel)	- 환경보호 실천 여행에 대한 관심 증가 기후 위기에 대한 우려로 관광 분야에서도 환경 이슈에 대한 관심이 증가하고, 쓰담 달리기(플로깅), 해변 정화(비치코밍) 등 여행 과정에서의 탄소 줄이기 실천 노력 확산
N	체류형 여행 (Need for longer stay)	- 한 지역에서 오래 살아보는 여행 재택 및 원격근무 증가로 일과 생활의 경계가 무너지면서 한달살기, 워케이션 등 거주지가 아닌 다른 지역에서 오래 살아보는 여행이 계속 관심을 받고 있음
T	취미 여행 (Trip to enjoy hobbies)	- 나만의 취미를 즐기는 '취미 여행' 관심 증가 여행 주요 동기 중 나만의 취미 여가 활동이 증가하고 있으며, 또한 나만의 취미를 여행과 함께 적극적으로 즐기는 문화가 확산하고 있음

출처 : 올해 국내 관광트렌드는 일상의 모든 순간이 여행, 한국관광공사 보도자료(2023)를 바탕으로 필자가 재구성함

위의 정리된 내용과 같이, 국내 관광 트렌드로 제시된 여행의 행태를 통하여 여행의 수요가 정상화됨과 동시에 각자의 즐거운 여행을 추구하고 소비자 니즈를 충족할 수 있는 테마를 고를 수 있는 관광트렌드가 형성되기를 기대하고 있다.

또한, 6개의 여행 행태 테마와 더불어 실제 관광객들의 세대별 행동양식을 분석한 결과, 다음과 같은 결과 분석이 도출되었다.

표 6 | 세대별/연령별 국내 여행 특성

유형	내용
산업화 세대 (67~78세)	환경과 사회에 대한 기여를 중시하고, 소박한 여행 추구
베이비부머 세대 (57~66세)	타 세대에 비해 취미 여행에 적극적이며, 단기간 여행 선호
X세대 (42~56세)	여유롭게 현지 일상을 구석구석 체험하는 로컬여행에 대한 관심 높음
올드 밀레니얼 세대 (33~41세)	여행에서도 취향 및 교양 함양과 자기 계발 추구
영 밀레니얼 세대 (27~32세)	여행지를 더욱 깊게 경험할 수 있는 장기 여행 선호
Z세대 (15~26세)	타인에게 보여주고 싶을 정도의 색다른 여행 추구

출처 : 올해 국내 관광트렌드는 일상의 모든 순간이 여행, 한국관광공사 보도자료(2023)를 바탕으로 필자가 재구성함

위의 조사들을 토대로 주제별, 세대별로 세분화된 여행 행태와 특성을 참고하여 코로나19가 서서히 감소하는 시점에서 여행의 본질을 흐리지 않는 선에서 새롭게 관관 환경을 변화시킨다면 무너졌던 관광생태계를 회복하는 데 도움이 될 것으로 보인다.

참고문헌

경기연구원(2020), 코로나19, 여행의 미래를 바꾸다.

구선영(2018), 모험관광객의 체험이 플로우, 만족, 심리적 행복감 및 삶의 질에 미치는 영향연구, 경희대학교 대학원 박사학위논문

기획재정부(2019), 면세점 제도 및 여행자 휴대품 면세한도 현황 설명, 기획재정부 보도자료

김미향·박영주·이주현(2021), COVID-19시대, 캠핑 체험의 의미 변화 탐색, 한국여가레크리에이션학회지, 45.3: 245-257.

김승기(2022), 패러글라이딩 체험동기가 스포츠 몰입 및 심리적 웰빙에 미치는 영향, 한양대학교 융합산업대학원 석사학위논문

뉴질랜드관광청, https://www.newzealand.com/kr/

단양군 홈페이지(https://www.danyang.go.kr/tour/527),

문화체육관광부(2020), 코로나19 바이러스 관련 분야별 관광기업 지원대책

문화체육관광부(2021), 국민여행조사보고서

서울연구원(2016), 서울시 쇼핑관광의 실태와 정책시사점

인제군 홈페이지(http://tour.inje.go.kr/tour)

한국관광공사(2017), 외래관광객조사 보고서

한국관광공사(2019), 외래관광객조사 보고서

한국관광공사(2020), 방한외래객쇼핑관광실태조사 보고서

한국관광공사(2020), 세계관광시장정보

한국관광공사(2021), "철저한 방역으로 여행을 안전하게" 보도자료

한국관광공사(2021), "코로나 이후에도 캠핑 인기 꾸준" 보도자료

한국관광공사(2022), 외래관광객조사 보고서

한국관광공사(2023), "올해 국내 관광트렌드는 '일상의 모든 순간이 여행'<M.O.M.E.N.T.>" 보도자료

한국등산·트레킹지원센터(2021), 2021년 등산·트레킹 국민의식 실태조사 보고서

한국문화관광연구원(2017), 쇼핑관광 환경분석을 통한 경쟁력 강화방안

한국문화관광연구원(2020), "문화체육관광 동향조사 결과 발표" 보도자료, 한국스포츠정책과학원(2022), 레저스포츠산업 실태조사 보고서

https://www.designdb.com/?menuno=1432&bbsno=1374&siteno=15&act=view&ztag=rO0ABXQAOTxjYWxsIHR5cGU9ImJvYXJkIiBubz0iOTkwIiBza2luPSJwaG90b19iYnNfMjAxOSI%2BPC9jYWxsPg%3D%3D#gsc.tab=0

https://www.korea.kr/news/contributePolicyView.do?newsId=148900644

Theme Trip Product

14장

열린 여행 : 일반인과 장애인 공존투어

주제
여행
상품

14장

열린 여행 : 일반인과 장애인 공존투어

1 공감과 치유 여행

1) 무장애 관광제도

장애가 있는 여행객은 사전에 치밀하고도 적절한 준비과정을 거쳐 해외여행을 가야 한다. 이동의 제약, 시력이나 청력 손상, 인지장애가 있는 여행객들은 특별한 주의와 이동서비스의 조정이 요구된다. 특수여행사 또는 관광운영자와 사전에 컨설팅을 통해 개별적이고 특수한 여행 일정을 구성해야 하며 여행기간 동안 필요한 이동수단과 숙박시설에 대해서 접근성과 안전성을 기준으로 사전에 계획할 필요가 있다.

일반적으로 세계 여러 나라에서는 장애인을 위한 접근성에 대한 표준절차와 매뉴얼이 마련되어 있다. 미국에서는 국제이동재단(Mobility International USA ; www.miusa.org)과 같은 웹사이트에서 해외장애인 기관의 링크를 연결해서 이동계획을 상담할 수 있도록 정보를 제공하고 있다. 또한 농아인협회, 맹인협회 등 각 장애별 협회나 단체에서 유사한 여행정보를 제공받을 수 있다. 아울러 미국교통안전국에서는 장애나 질병이 있는 여행객을 대상으로 정보를 제공하는 전화상담서비스와 웹사이트 기반의 컨설팅을 제공하고 있으며 비상상황에서 쉽게 서비스를 지원할 수 있도록 스마트 여행자 등록 프로그램에서 비상메시지 수신기능도 등록을 할 수 있다.

항공기 탑승에 관련되어서 장애가 있는 여행객이 지원을 요청하면 항공사에서는 특정 접근성 요구조건을 충족해야 할 의무가 있는데 예를 들면 항공사는 항공기 문을 되도록 평평한 탑승다리로 제공하고 통로좌석, 팔걸이 탈착가능 좌석을 제공해야 한다. 미국에서는 좌석 수가 60개 이상인 항공기에 대해서는 탑승휠체어를 구비해야 하고 직원은 좌석에서 화장실 구역으로 휠체어를 옮길 수 있도록 도와야 한다. 도움을 필요로 하는 장애인 여행객은 동행자 또는 간병인과 함께 여행해야 한다. 하지만 항공사는 특별한 사유 없이 장애인에게 간병인과 여행하도록 요구할 수는 없다. 많은 나라에서 국제민간항공기구(ICAO) 지침을 기반으로 미국의 법률과 유사한 직업규약을 자발적으로 수행하고 있는데 이행수준은 각 나라와 항공사마다 상이할 수밖에 없어서 여행객은 사전에 항공사에 확인해서 접근성을 확보해야 한다.

출처 : UNWTO(ACCESSIBILITY AND INCLUSIVE TOURISM DEVELOPMENT IN NATURE AREA)

항공기를 통한 장애인의 이동

2022년 기준 대한민국의 등록장애인은 265만 명으로 전체 인구의 5.2%를 차지하고 있다. 장애인의 여가 선호도 1위가 여행이라는 조사결과도 있지만 실제 2021년 장애인의 삶 패널조사에 따르면 장애인의 여행경험은 "여행 다녀온 적이 없음"이 86.2%로 나타나 장애인 10명 중 8~9명은 여행경험이 전혀 없는 것으로 나타나고 있다. 관광을 누릴 수 있는 문화관광 향유권이 있지만 실제 대부분의 장애인은 집에서 TV를 시청하거나 집에서 가까운 곳에서 친구를 만나거나 장을 보는 정도에서 만족하고 있는 게 현실이기도 하다.

장애인도 비장애인과 마찬가지로 여행과 관광 활동에 참여하고자 하는 욕구를 반영하기 위해 우리나라도 2017년 9월에 「장애인차별금지 및 권리구제 등에 관한 법률」에 장애인 관광 차별 금지에 관한 조항이 신설되었고 장애인의 관광권에 대한 논의가 진행되고 있다. 하지만 안타깝게도 현실적으로는 아직도 대다수 장애인들이 자유롭게 여행을 다닐 수 있을 만큼의 환경 조성에는 많은 걸림돌이 상존한다. 이동에 제약이 있거나 시력이나 청력 손상, 인지 장애가 있는 여행자들은 뭔가 특별한 주의와 서비스의 조정을 통해 섬세한 여행을 설계해서 갈 수밖에 없는 게 현실이다. 그래서 무장애 관광과 장애인과 비장애인이 함께할 수 있는 열린 여행의 국내외 사례를 파악해 보고 앞으로 나아가야 할 방향과 개선되어야 할 점을 함께 짚어보고 고민해 볼 필요가 있는 것이다.

2) 한국의 무장애 관광 사례

한국에서는 2017년 9월에 「장애인차별금지 및 권리구제 등에 관한 법률」에 장애인 관광 차별 금지에 관한 조항이 신설되어 국가와 지방자치단체 그리고 관광사업자에게 장애인이 관광활동에 참여할 수 있고 정당한 편의를 제공할 수 있도록 의무를 부여하였고 국가와 지방자치단체는 장애인의 여행기회를 확대하고 장애인의 관광활동을 장려하기 위해 필요한 시책을 강구하도록 규정된 바 있다. 특히 이동에 제약이 있는 장애인에 대해서 모든 교통수단, 여객시설 및 도로를 차별 없이 이동할 수 있는 권리에 대해 장애인 · 노인 · 임산부 등의 내용을 편의증진보장에 관한 법률에 규정하고 있다.

한편 한국관광공사에서는 노인이나 장애인 등 관광 취약계층의 관광여건을 개선하여 취약계층의 관광욕구 충족과 관광기회 제고를 추진하기 위해 "열린 관광 모두의 여행 사이트(access.visitkorea.or.kr)를 운영하고 있으며 경제적 여건 등을 이유로 문화활동에 제약을 받고 있는 저소득층의 문화향수 기회 확대를 위해 통합문화이용권 사업을 통해 연간 1인당 10만 원 범위 내 지원을 하고 있다.

"열린 관광 모두의 여행 사이트"에서는 전국 7,700개의 무장애 여행지와 함께 추천코스, 명소, 음식점, 숙박시설 등을 소개하고 있으며 지체장애, 시각장애, 청각장애 등 장애유형별로 원하는 편의 정보를 선택하여 여행지를 검색할 수 있는 '무장애 검색'기능을 지원하고 있는데 이는 미국 웹사이트 기반의 장애인 여행컨설팅제도와 유사하다고 할 수 있다.

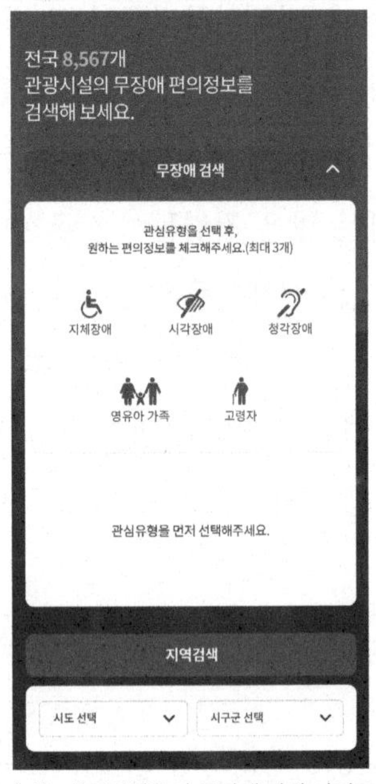

출처 : 한국관광공사 무장애 관광 사이트

한국관광공사의 무장애 관광 안내사이트

문화체육관광부 주관으로 실시하는 또 다른 사업은 전 국민의 균등한 관광활동여건을 조성하여 관광향유권을 보장하고 고령사회에 대비하여 관광환경을 개선함으로써 미래관광산업 수요에 능동적으로 대응하는 것을 목적으로 하는 "열린 관광지" 사업이다. '열린 관광지'는 장애인, 고령자, 영 · 유아 동반가족, 임산부 등을 포함한 모든 관광객이 이동의 불편 및 관광활동의 제약 없이 이용할 수 있는 장애물 없는 관광지를 의미한다.

'열린 관광지' 조성사업의 2022년 기준 지원대상은 8개 관광권역에 관광지 20개소이며 현재 전국적으로 112곳이 선정되어 운영되고 있다. 앞으로도 110개 이상 추가로 지정하여 운영하는 것을 계획하고 있다.

교통약자와 함께하는 걷기 여행

표 1 | 전국 열린 관광지 112곳

연도	광역	기초	관광지
2015	대구	중구	근대역사골목
	경기	용인	한국민속촌
	전남	곡성	섬진강 기차마을
	전남	순천	순천만 자연생태공원
	경북	경주	보문관광단지
	경남	통영	한려수도조망케이블카
2017	울산	중구	십리대숲
	경기	양평	세미원
	강원	정선	삼탄아트마인
	전북	완주	삼례문화예술촌
	경북	고령	대가야 역사테마파크
	제주	서귀포	천지연 폭포
2016	강원	강릉	모래시계공원
	충남	보령	대천해수욕장
	전북	고창	선운산도립공원
	전남	여수	오동도
	경남	고성	당항포관광지
2018	부산	해운대구	해운대해수욕장
	경기	시흥	갯골생태공원
	강원	동해	망상해수욕장
	충남	부여	궁남지
	충남	아산	외암마을
	전북	무주	반디랜드
	전남	여수	해양공원
	전남	영광	백수해안도로
	전남	장흥	편백우드랜드
	경남	산청	전통한방테마파크
	경남	함양	상림공원
	경남	합천	대장경기록테마파크

2019	강원	춘천	남이섬, 물레길 킹카누, 소양강 스카이워크, 박사마을 어린이 글램핑장
	전북	전주	전주 한옥마을, 오목대, 전주향교, 경기천
	전북	남원	남원 관광지, 국악의 성지, 지리산 허브밸리, 백두대간 생태교육장 전시관
	전북	장수	방화동 자연휴양림, 장수 누리파크, 와룡 자연휴양림, 뜬봉샘 생태관광지
	경남	김해	가야테마파크, 낙동강 레일파크. 봉하마을, 김해한옥체험관
2020	경기	수원	수원화성연무대, 수원화성 장안문, 화성행궁
	강원	강릉	강릉커피거리, 경포해변, 연곡솔향기캠핑장
	강원	속초	속초해수욕장관광지, 아바이마을
	강원	횡성	횡성호수길5구간, 유현문화관광지
	충북	단양	다리안관광지, 온달관광지
	전북	임실	임실치즈테마파크, 옥정호 외앗날
	전남	완도	신지명사십리해수욕장, 완도타워, 정도리구계동
	경남	거제	수협효시공원, 포로수용소유적공원평화파크, 칠천량해전공원
	제주	서귀포	서귀포치유의숲, 사려니숲길삼나무숲, 붉은오름자연휴양림
2021	경기	고양	행주산성, 행주송학커뮤니티센터, 행주산성역사공원
	강원	강릉	허균·허난설현 기념공원, 통일공원, 솔향수목원
	충북	충주	충주세계무술원, 충주호체험관광지, 중앙탑사적공원
	전북	군산	시간여행마을, 경암동철길마을
	전북	익산	교도소세트장, 고스락
	전북	순창	강천산군립공원, 향가오토캠핑장
	전남	순천	순천만국가공원, 드라마촬영장, 낙안읍성
	대구	달성	비슬산군립공원, 사문진주막촌
2022	인천	중구	개항장역사문화공간, 월미문화의 거리, 연안부두해양광장, 하나개해수욕장
	전북	진안	마이산도립공원남부, 마이산도립공원북부
	전북	전주	전주동물원, 전주남부시장, 덕진공원
	전북	남원	광한루원, 남원항공우주천문대
	전북	부안	변산해수욕장, 모항해수욕장
	충남	예산	예당관광지, 대흥슬로시티, 봉수산자연휴양림&수목원
	충북	청주	청주동물원, 명암유적지
	충북	제천	청포호반케이블카, 청풍호유람선

출처 : 문화체육관광부 홈페이지

(1) 무장애 관광 사례(전북 익산 아가페 정원)

익산시에서는 2023년을 익산 방문의 해로 지정하고 지역의 관광산업을 활성화시키기 위해 노력하고 있다. 관광객 유치를 위해 역사와 종교, 농촌 체험 등 다양한 테마를 접목한 상품으로 지역에서 특별한 경험을 할 수 있도록 시 차원에서 적극적으로 지원하고 있다. 익산의 왕궁리 유적과 미륵사지가 포함된 익산 · 공주 · 부여의 백제문화유산 8건이 백제의 왕도와 밀접하게 관련된 고고학적 유적으로 백제후기 문명을 대표하고 있다는 가치를 인정받아 2015년 7월 "백제역사유적지구"라는 명칭으로 세계문화유산으로 등재된 바 있다.

익산 아가페 정원은 전북지역의 대표적인 민간정원으로 메타세쿼이아, 공작나무, 섬잣나무 등 많은 수목들이 심어진 수목정원으로 1970년 고 서정수 신부가 노인복지시설인 아가페 정양원을 설립하였다. 시설 내 어르신들의 건강하고 행복한 노후를 위해 자연친화적으로 가꿔 장애가 있는 분들도 맘껏 즐길 수 있게 설계 · 조성하였다.

아가페 정원 사회복지법인 정양원

유명명소 나들이, 박물관 투어 등 시중에는 장애인을 대상으로 한 관람형 여행상품이 많은데 자연친화적이고 장애인과 비장애인과 함께할 수 있는 참여형 여행상품은 드문 것으로 보인다. 그런 점에서 익산 정양원(아가페 정원)은 끝이 보이지 않는 울창한 숲길을 장애인과 비장애인이 함께 걸으면서 "공존과 치유"의 정신을 가지고 참여할 수 있는 적합한 장소이다. 장애인의 가족 외에도 봉사자나 서포터즈와 함께 맘껏 걸을 수 있는 공간이 전국 곳곳에 설치되어 있다면 장애인의 관광향유권을 충족시키고 무장애 관광을 활성화시킬 수 있는 디딤돌이 될 것으로 예상한다. 물론 무장애 관광의 활성화를 위해서는 편안한 숲길 등 이동권 보장을 위한 인프라도 중요하지만 근본적으로는 장애인과 비장애인 간에 서로 간의 공감을 토대로 서로를 치유해 줄 수 있는 사회적 인식이 더 중요할 것이다.

(2) 무장애 관광사례(기아자동차 초록여행)

기아자동차 초록여행은 기아자동차가 그린라이트라는 민간재단과 협력해서 장애인들에게 여행을 지원하는 기아자동차의 사회공헌 프로그램이다. 이 프로그램의 특징은 기존에 장애인 여행이 장애인들만을 대상으로 여행객을 모집해서 처음 보는 자원봉사자들과 함께하는 여행이었다면 장애인과 그 가족들이 함께 원하는 곳을 여행하도록 설계해서 제공한다는 점이다. 자유여행을 원하는 경우에는 차량과 유류 만충 제공과 함께 운전기사도 동반할 수 있으며 패키지 여행의 경우에는 철도나 항공+숙박+차량 패키지를 함께 구성해서 제공한다. 이외에도 산림치유 여행 등 테마별로 맞춤형 패키지를 제공하기도 한다.

초록여행 프로그램은 10년 동안 총 7만 4천여 명의 장애인에게 여행을 통한 행복의 가치를 전달해 왔으며 미흡한 장애인 여행인프라를 개선하고 발전시키는 데 선도적인 역할을 해온 것으로 평가되고 있다. 한편 민간기업과 민간재단이 협업을 통해 프로그램을 설계하고 자금과 물품 등을 지원해 왔다는 점에서 사회공헌분야에서의 모범적 성공사례로 정착하고 있는 것으로 보인다.

전체 국가예산에서 장애인을 지원하는 예산 비중이 아직도 많이 부족한 한국의 상황에서 초록여행 브랜드는 민간과 공공 그리고 기업이 함께 협력하고 조율해서 무장애 관광사례를 확산시켜 나갈 수 있다는 모범적인 모형을 제시한 것으로 보여진다. 사단법인 그린 라이트, 기아자동차, 제주항공, 코레일, 한화호텔&리조트가 한곳에 모여 장애인 여행 활성화 MOU를 체결하고 장애인 가정을 대상으로 강릉과 부산 그리고 제주를 무상으로 여행할 수 있는 기회를 제공한 사례는 앞으로 우리 여행 관광업계가 가야 할 커다란 방향을 제시하고 있다고 생각한다. 기업의 사회공헌 확대 차원에서 또한 이익의 공유를 통한 사업브랜드의 확장 측면에서 소외되고 불편한 장애인 가족들을 포용하는 여행 프로그램은 한 기업의 가치를 조금 더 성숙하고 감성수준이 높은 단계로 업그레드할 것이 분명해 보인다.

출처 : 기아자동차 초록여행 홈페이지

기아자동차 초록여행 차량 패키지 제공차량

2 동반자 여행

1) 유니버설 투어리즘

UNWTO(World Tourisme Organization)에서는 2007년 국제장애인권리협약 발효 이후 "Tourisme is a fundamental social right for all(관광은 모든 이들에 대한 기본적인 사회권)"이라는 모토 아래 관광분야에서 포괄적 접근성을 향상시키기 위해 다양한 정책과 사업을 추진하고 있다. 장애인들은 여행에 있어 갖은 난관과 장애를 접하게 되는데 예를 들어 이동수단, 숙박, 의사소통, 정보 부재 등으로 인해 관광욕구를 제대로 충족시키지 못하는 현실을 고려하여 세계 여러 나라들이 지속적이고 항구적인 연대를 통해 이러한 장애물들을 제거하고 개선시켜 나가는 노력을 담당하는 것이 UNWTO의 역할이다. 세계 각국의 무장애 여행을 살펴봄으로써 향후 국내 무장애 여행의 발전방향을 도모해 볼 필요가 있다.

(1) 스페인 : 바르셀로나 지역의 자연공원 네트워크

2000년 이후 자연공원 네트워크의 다양한 시설과 서비스를 향상시키기 위한 조치들이 이루어져 왔다. 장애인에 특화된 일정 설계, 이용기구나 시설의 접근성 향상, 이동수단과 편의장치의 설치, 기존 시설이나 장비의 개선, 자연공원 내 자유로운 동선 확보 등이 그것이다. 2007년과 2015년 사이에는 장애인의 욕구에 맞춤형으로 서비스가 제공될 수 있는 환경을 조성하기 위해서 자연안내 가이드, 시설관리자 등을 대상으로 한 110개 교육프로그램이 새롭게 개설되어 운영 중에 있다.

스페인 바르셀로나 지역의 자연공원 네트워크는 기본적으로 기존 경관이나 시설을 장애인 친화형으로 개선해 나가는 것과 자연환경 가이드 교육과정 개설에 주안점을 두고 추진하고 있다. 장애인친화형 환경개선사업은 실제 시행과정에서 자연보호와 환경보호론자들의 주장과 제도적으로 자주 충돌이 일어나곤 한다. 스페인의 많은 지역에서 자연에 인공적 장치를 설치하는 것에 대한 금지규정이 법적으로 유지되고 있기 때문이다. 하지만 바르셀로나 자연공원 네트워크는 이러한 난관들을 점진적으로 협의해서 극복해나가는 장점을 보여주고 있다.

출처 : UNWTO(ACCESSIBILITY AND INCLUSIVE TOURISM DEVELOPMENT IN NATURE AREA)

스페인 바르셀로나 지역의 무장애 여행

(2) 크로아티아 : 숲길 트레일 BLIZNEC

숲길 트레일 BLIZNEC은 크로아티아에서 처음으로 특수한 이동권을 보장하기 위해 설치된 트레킹 코스라고 할 수 있다. 자그레브 시와 크로아티안 포레스트 재단, VIP 통신회사, 장애인협회 등이 협업을 통해 추진하는 사업으로 협회를 제외하고 자금을 분담하여 공동운영하는 사업구조를 지닌 게 특징이라 할 수 있다.

트레일 코스를 선정하고 설계할 때 고려한 원칙은 다음과 같다.

- 트레일 코스의 길이는 1km 미만
- 모든 곳에서 경사면은 6% 미만
- 시작지점과 종료지점은 자동차에 의한 연계가 가능할 것
- 트레일 코스의 종점지점에는 반드시 휴식과 재충전 공간을 둘 것
- 보도는 콘크리트 패널을 사용하되 휠체어 사용자와 시각장애인 안전을 위해 커브지점은 올려주고 대비색으로 도장할 것
- 모든 트레일의 펜스는 목재를 사용할 것

크로아티아 숲길 트레일은 여러 기관의 협업으로 설치됨에 따라 법적 소유자와 운영자에 혼란이 생기고 이후 보수작업에 있어 자금조달에 어려움이 발생하는 등 운영상의 문제점을 수반하고는 있으나 향후 크로아티아 내 다른 자연공간 안에서 무장애 여행을 확장, 재생될 수 있다는 점에서 의미를 둘 수 있을 것이다.

출처 : UNWTO(ACCESSIBILITY AND INCLUSIVE TOURISM DEVELOPMENT IN NATURE AREA)

스페인 카탈로니아 지역의 무장애 여행

(3) 일본 무장애 관광 인프라 : BARRIER FREE 관광 추진기구

일본 배리어프리관광 추진기구는 관광지의 배리어프리화를 통해 관광객의 증가와 지역 살리기를 실현하는 조직이다. 일본 최대 배리어프리 정보 사이트인 '전국 배리어프리

여행 정보'를 2010년에 개설하였고 2015년부터 배리어프리 인바운드의 정보공개 및 상담창구로 '엑세서블트래블 JAPAN'을 운영하고 있다.

배리어프리 민간기구의 주요 사업은 크게 5가지로 나눌 수 있다.

첫째 '전국 배리어프리 여행 정보' 포털사이트, '여행의 카르테' 및 SNS의 관리

둘째, '엑세서블트래블 JAPAN' 웹사이트 운영 및 해외로부터 일본을 여행하는 여행자에 대한 전국 배리어프리 관광지상담센터 운영

셋째, 각 지역의 배리어프리 여행 상담센터에 대한 네트워크 유지 및 확대

넷째, 새로운 배리어프리 관광지 개발 지원과 퍼스널 배리어프리 기준의 보급

다섯째, 관광의 노멀라이제이션, 배리어프리 관광시장의 확대에 관한 사업

한편 '퍼스널 배리어프리 기준'은 장애인이나 고령자가 여행을 즐길 수 있도록 개발된 기준으로 장애인 당사자의 시점에서 조사를 실시해서 각 관광시설의 배리어(장벽)를 명확하게 제시하고, 상설 상담센터 설치에 따른 이용자 상담 실시, '여행 카르테' 시스템에 따라 이용자가 만족할 수 있는 여행을 제안하는 것을 기본방향으로 한다.

'여행 카르테' 시스템은 장애인 고객의 장애유형과 정도, 희망사항 등을 입력하고 등록하면 이를 관리하여 다른 관광지를 여행할 때도 해당하는 정보를 제공하는 시스템이다. 진료기록과 마찬가지로 처음 상담을 한 센터에서만 본 자료를 관리하게 되며, 고객이 원할 경우 다른 센터로 보내 활용할 수 있다.

'엑세서블트래블 JAPAN(Accessible Travel JAPAN)'은 2020년 도쿄 올림픽 · 패럴림픽을 통해 해외에서 많은 장애인 여행자가 방문할 것을 예상하여 일본 국내 배리어프리 관광지에 대한 정보를 다양한 언어로 제공하고, 여행 관련 조언 및 수배를 동시에 진행하는 일원적 상담센터이다.

출처 : 일본무장애관광 홈페이지

일본 무장애 관광 인프라, Accessible Travel JAPAN

2) 향후 발전방향

일반적으로 관광은 특정 대상에 따라 구분되어 발전하기보다는 보편적인 형태로 제공되어야 하고, 서비스 대상인 소비자의 유입이 차단되지 않도록 고객지향적인 관점에서 탄력적으로 반응해야 한다. 그래서 관광산업과 시장이 선순환구조로 함께 성장할 수 있도록 다양한 시스템이 수반되어야 한다. 관광은 모든 인간에게서 공통적으로 나타나는 보편적 욕구의 결과물이며 일상에서의 일탈과 정형화된 삶과 다른 심리상태 및 욕구를 지닌 행위라고 할 수 있다.

이러한 관광의 특성을 고려하여 유럽이나 미국 등 서구사회에서는 일찍부터 보편적 관광(Universal Tourism)이라는 개념이 도입되기 시작했다고 할 수 있다. 최근 한국에서도 장애에 대한 인식의 변화로 접근 가능한 관광(accessible tourism)이 대두되기 시작하였으며, 이는 관광활동에 장애가 있는 사람들에게 접근이 가능한 환경을 조성하고 서비스를 제공하는 일련의 행위와 과정을 의미한다. 즉, 유니버설 디자인 관광상품, 서비스, 환경의 제공을 통해 접근 능력이 낮은 사람들(이동성, 시각, 청각, 인지적 측면)에게 독립적이고 공평한 관광을 즐길 수 있도록 제반 조치가 수반되는 관광이라고 할 수 있다.

장애인 등 사회적 약자의 관광을 보장하는 열린 관광이 활성화되기 위해서는 관광지 및 시설의 접근이 강화되는 배리어프리 환경이 조성되어야 하며 관광 자원 및 시설 등에 대한 정확한 정보제공이 선행되어야 다양한 고객층을 흡수할 수 있다. 이러한 기반이 마련된 이후에는 장애 여부와 상관없이 누구든지 소비주체로서 접근할 수 있으며, 그에 맞는 서비스를 누릴 수 있는 기회가 제공될 수 있을 것이다.

우리 사회에서 열린 관광이 자리 잡기 위해서는 배리어프리가 보장된 여행 장소, 개별화되고 포용성을 갖춘 이동 수단과 장비, 시설도 중요하지만 제일 중요한 것은 여행관광업계의 포용적이고 보편적인 인식과 태도라고 생각한다. 2022년 기준 국내 장애인 수는 265만 명이며 세계적으로 인구의 10~15% 정도가 장애를 지니고 살고 있다. 이들과 더불어 함께하는 사회를 만들어 나가는 것에 사회적 공감대를 형성하지 못한다면 우리에게 더이상 밝은 미래는 없을 것이다.

참고문헌

국민여행심층조사, 한국문화관광연구원, 2022

장애인 여가활동증진을 위한 국내외여행실태 연구, 한국장애인개발원, 2022

한국관광공사 열린관광 홈페이지

한국장애인 리포트, 한국장애인 총연합회, 2022

ACCESSIBILITY AND INCLUSIVE TOURISM DEVELOPMENT IN NATURE AREA, UNWTO, 2022

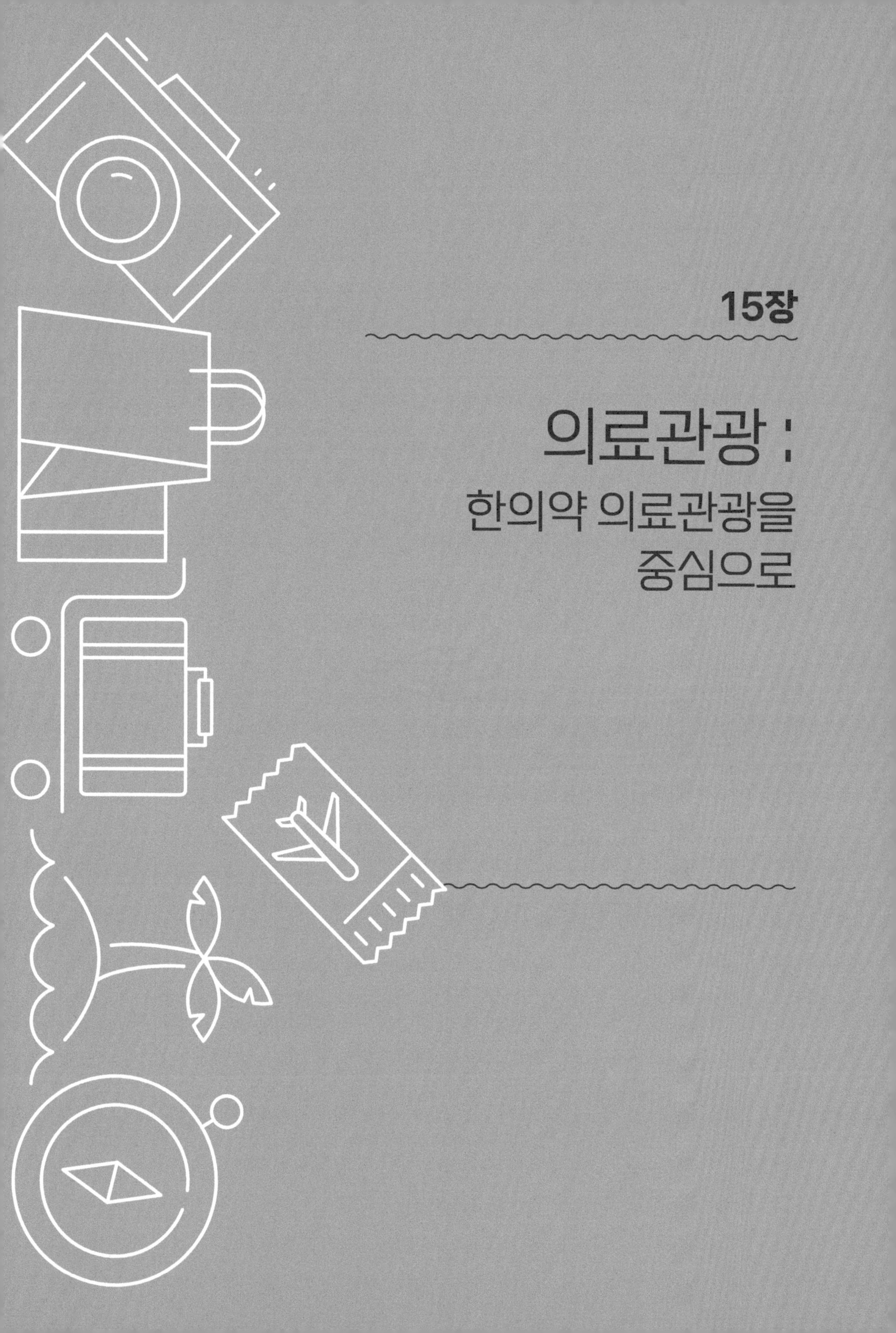

15장

의료관광 : 한의약 의료관광을 중심으로

주제
여행
상품

15장

의료관광 : 한의약 의료관광을 중심으로

전 세계 의료관광은 코로나19를 겪으면서 일단 멈춘 상태라고 볼 수 있다. 의료관광은 국가 간 의료수준과 역량 차이로 인해 발생하는 분야로서 최적의 의료서비스를 상대적으로 적은 비용으로 제공함으로써 국가 간 의료이동이 촉진되는 동력으로 작용하고 있다. 보건산업진흥원에서 최근 2022년 보건의료, 산업기술수준을 평가한 결과, 한국의 수준은 세계 최고기술을 보유한 미국에 대비하여 79.4%에 이르고 기술 격차는 2.5년으로 확인되었다.

의료관광은 의료서비스를 받기 위한 목적으로 가는 해외여행을 뜻한다. 비용절감, 친구나 가족의 추천, 의료서비스를 휴가와 접목한 치유와 힐링, 여행자의 문화를 공유하는 제공자의 의료서비스에 대한 선호, 거주하는 국가에서 가능하지 않은 시술이나 치료를 받기 위한 목적 등 다양한 이유로 발생한다. 이때 여행자들은 해당 시술과 목적지를 동시에 고려해야 한다. 해당 국가의 의료서비스 수준 및 안전수준 그리고 문화적 행태 등을 고려하여 결정하는데 그런 점에서 의료관광분야는 단순히 해외환자 유치 활성화를 통해 가능한 것이 아니라 의료기관의 해외진출을 통한 선제적 접근, 시술에 대한 위험도 완화, 보험적용 등 한 국가의 의료서비스 수준과 문화가 총체적으로 작용되는 분야라고 할 수 있다.

이번 장에서는 그동안 일반 의과분야의 다양하고 방대한 의료관광사례가 충분히 고찰되어 온 점을 고려하여 국내 의료관광 전체보다는 한의약 분야에 한정해서 그 필요성,

현황과 문제점, 향후 발전전략을 살펴보기로 하겠다.

1 한의약 의료관광 추진 필요성

1) '치료'에서 '예방'으로 세계의료 패러다임의 변화

세계적으로 고령화 등 인구구조 변화에 따른 보건의료수요와 의료비 부담이 급증하는 추세에 있다. 이에 날로 늘어나는 의료비용에 대한 대안 마련 그리고 건강한 삶에 대한 관심 증대로 전통의약 및 보완대체의학에 대한 관심이 지속적으로 확대되고 있다. 전 세계 보완대체의학 시장은 2015년 403억 달러에서 2025년에는 1,968억 달러로 성장이 예상되는바(Grand View Research 2017), 이러한 세계 보완대체의학 시장을 선점하기 위한 각국 간의 경쟁이 갈수록 치열해지고 있다.

현재 세계적 의료 패러다임은 과거 '질환 치료'에서 '예방중심의 맞춤형 정밀의료'로 빠르게 변화하고 있으며 세계 각국에서는 급증하는 국민의료비 절감을 위한 대안으로 예방 중심의 보완대체의학의 발전을 위해 집중적으로 투자하고 있는 상황이다.

이러한 추세를 반영하여 주류의학인 서양의학 이외에도 재활, 예방, 맞춤형 진료 등에 강점을 지닌 우리 민족의 전통의학인 한의약에 대한 본격적인 연구와 의료관광 상품 개발을 통한 한의약의 세계화를 체계적으로 추진할 필요가 있다.

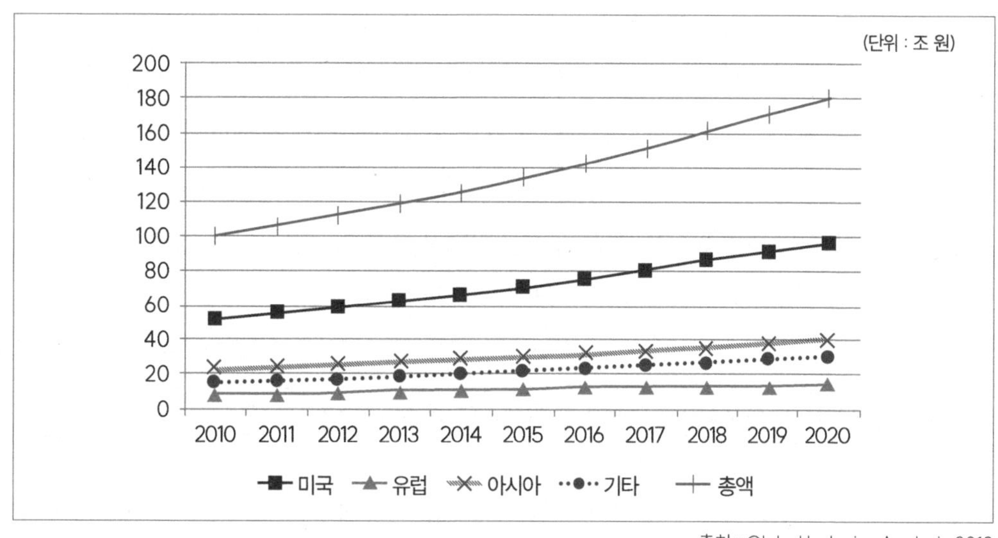

출처 : Global Indusiry Analysis 2012

보완 및 대체의약 시장의 지역별 전망(2013-2020)

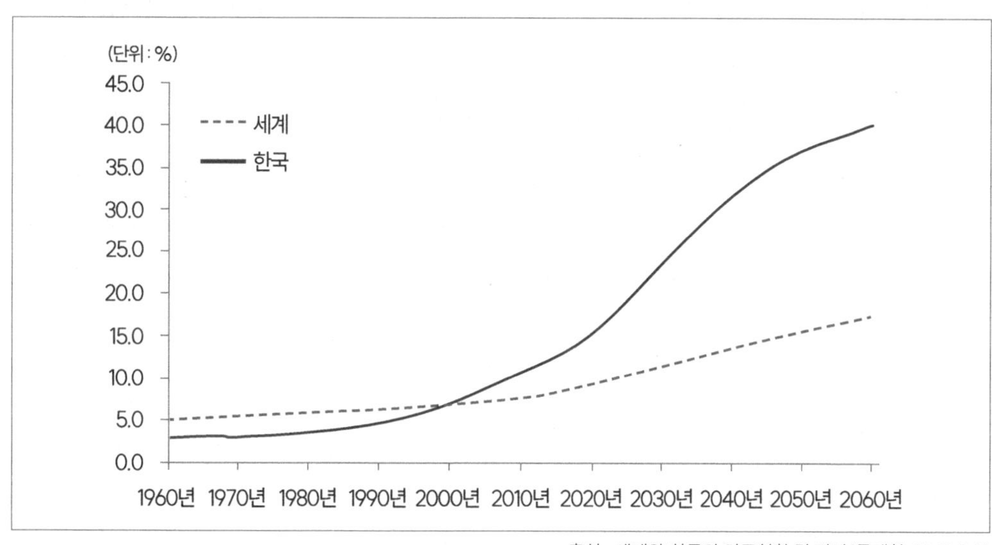

출처 : 세계와 한국의 인구현황 및 전망(통계청, 2015.7.8)

인구고령화 추이(1960~2060)

2) 급성장하고 있는 글로벌 헬스케어시장 선점 필요

현재 세계의료관광 시장규모 역시 급성장세를 지속적으로 유지할 것으로 예상되고 있다. 특히 가격경쟁력, 관광 친화적 환경 등이 아시아 · 태평양 지역은 2025년까지 연평균

14.4% 이상 성장할 것으로 예측되는 상황이다(Allied Market Research, 2019).

이러한 글로벌 헬스케어 시장을 선점하기 위해서는 세계 시장 속에서 한국의료의 신뢰도와 위상을 제고할 수 있는 국가 차원의 다양한 정책의 시행이 필요한 시점으로 보여진다. 우수한 의료인력, IT 기반의 효율적 의료시스템 등 우리나라 고유의 강점을 기반으로 한의약의 해외진출을 확대하고 외국인 환자유치를 활성화시키는 정책수단의 발굴과 함께 집중적이고 지속적인 투자가 긴요할 것으로 판단된다.

3) 한의약산업의 육성과 다양한 관광상품 연계 필요

한국은 규모와 성장속도에 있어서 중국, 일본 등 전통의학 선호 주요 국가에 비해 영세한 수준에 있다. 한편 '한의약효능 및 기전 규명기술'분야에 대한 우리나라 기초 및 응용 연구 기술수준은 최고 기술국(중국) 대비 86% 수준으로 향후 잠재적 발전가능성은 충분한 것으로 보인다(한국과학기술평가원, 2016년 기술수준평가 보고서).

한국은 2013년 이래로 한의약 해외환자 유치 및 해외진출 지원사업을 통해 한의약 의료서비스를 해외에 확산하는 중으로 한의약 분야 외국인 환자 수가 2013년에 9,554명에서 2017년 20,343명으로 꾸준히 증가하는 추세에 있으며 국내의료기관의 해외진출 현황에 있어서도 진료과목 중 한의약이 피부 · 성형, 치과에 이어 3위를 차지하고 있는 점은 주목할 만한 사실이다. 이는 한의약 의료서비스 분야에서 글로벌 헬스케어 시장 진출을 확대할 수 있는 역량을 증명하는 근거일 것이다. 이는 한의약의 글로벌 헬스케어 시장 진입 확대를 위해 한의약의 인지도 확보 및 시장 다변화를 위한 전략적 대응을 고려할 시점임을 시사하는 것으로 보인다.

미국과 유럽 등에서는 현대의학과 전통의학의 상호협력을 통해 통합적이고 전인적인(Holistic) 대응이 '통합의학'이라는 새로운 패러다임으로 등장하고 있는 상황에서 국내에서의 의 · 한 간 경쟁과 갈등, 직역별 배타성에 의한 한의약 의료서비스의 침체가 오히려 한의약이 해외로 진출해야 하는 동기를 부여하는 측면도 있을 것이다. 한편 해외의료 진출과 국내 의료관광 활성화는 수레의 두 바퀴처럼 함께 공동으로 추진해야 시너지가 난다는 점에서 관광상품과 연계하여 새로운 도약점을 찾아나갈 시점이 도래한 것으로 보인다.

2 한의약 의료관광 현황 및 문제점

한국의료는 ICT 기술을 이용한 건강보험 시스템, 전자의무기록(EMR 보급률 92%, 세계 1위, 2016년 기준) 등 우수한 의료정보기술과 시스템에 대해서 세계가 주목하고 있다(효율적인 의료시스템 운영국가 한국 5위/56개국, 블룸버그).

한편 한의약분야에서는 2013년 이래 한의약 해외환자 유치 및 해외진출 지원을 통해 한의약 의료서비스를 해외에 확산시키고 있다. 일반 의과에 비해 출발은 늦었지만 한의약분야에서의 외국인 환자 유치는 2013년 9,554명에서 2017년 20,342명으로 2배 이상 성장하였으며 아래 그림에서 볼 수 있듯이 진료과목 중 한방이 피부·성형외과, 치과에 이어 3위를 차지하고 있을 정도로 해외진출이 활성화되고 있다.

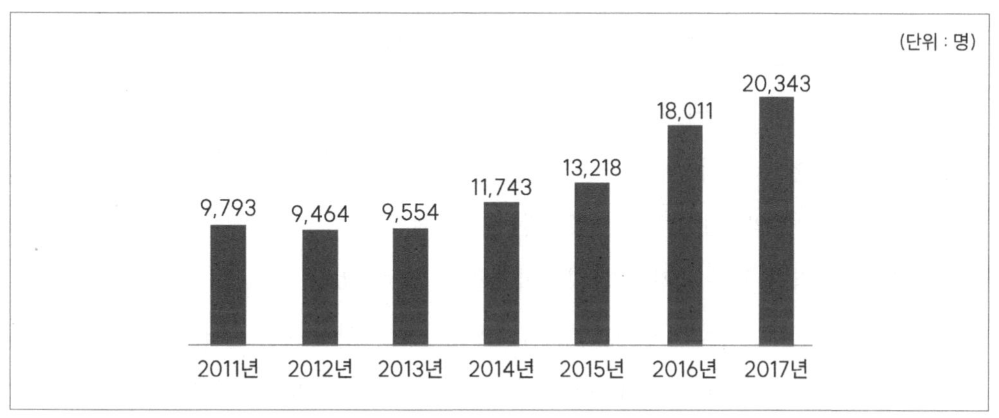

출처 : 외국인 환자유치 및 해외진출현황(보건산업진흥원, 2018.7)

한의약 분야 외국인환자 유치현황(2013~2017)

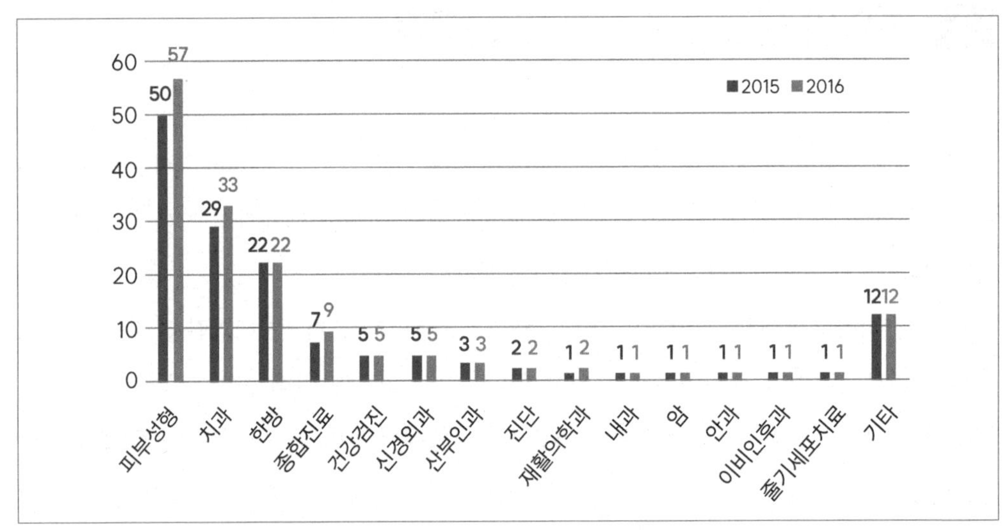

출처 : 외국인 환자유치 및 해외진출현황(보건산업진흥원, 2018.7)

진료과목별 해외진출 현황(2015~2016)

한의약분야에서의 해외환자 수는 2009년 이후 지속적으로 증가하고는 있으나, 보건의료 전체 해외환자 규모에 비해 한의약 해외환자 비중은 5% 내외를 차지하고 있어 낮은 편이다. 해외환자 유치현황을 보면 1,000명 이상의 환자가 방한한 나라는 일본, 중국, 미국, 러시아 등의 4개 국가로 이들 국가가 전체 환자 수의 64%를 차지하고 있어 한의약 환자 유치 역시 일부 국가에 한정되어 있음을 알 수 있다.

한의약 분야에서의 외국인 환자의 주요 질환은 근골격계 / 비만 / 내과적 질환/피부질환(탈모 포함) 순으로 나타나며 한방과가 있는 병원급은 근골격계 / 내과질환 / 건강상담 순으로 나타나고 있다.

앞의 현황에서 살핀 바와 같이 한의약 분야는 전반적으로 해외환자 유치 및 해외진출에 대한 글로벌 역량이 부족하고, 환자유치 시장은 일본, 중국, 미국 등 주요 3개국에 주로 편중되어 있으며 이를 극복해 나가려는 시장 내부의 움직임도 소극적인 것으로 파악되고 있다. 최근 인도, 싱가포르 등과 함께 세계 10대 의료관광지로 선정되는 등 한국 의료관광에 대한 글로벌 관심이 증가되고 있는 추세를 감안한다면 중국, 미국 등 기존 해외환자 유치국가 위주의 정책에서 시장의 다변화를 도모할 필요가 있을 것이다. 베트남, 태국, 필리핀 이외에도 우즈베키스탄, 카자흐스탄 등 중앙아시아까지 잠재력이 있는 새로운 시장으로의 진출이 필요해 보인다.

세계시장에서 중의약에 비해 상대적으로 낮은 인지도는 한의약 글로벌 헬스케어 활성화에 걸림돌로 작용하고 있는 상황으로 인지도 개선을 위한 한의약 브랜드 정립을 포함하여 전략적 홍보 및 마케팅 활성화 방안을 마련할 필요가 있다.

세계 의료관광시장은 특성상 외부 변수인 환율, 국제관계의 변화, 양국 간의 외교관계 등으로 환자유치 및 진출실적 등이 영향을 많이 받는 분야이다. 2017년에 중국과의 사드 사태로 중국환자가 감소한 것이나 2015년에 루블화 하락 이후에 러시아 환자가 급감하는 사례처럼 대외변수에 직접적으로 환자 유치 및 진출실적이 영향을 받는 사례가 빈번하게 발생하게 된다. 한편 코로나19의 영향으로 의료관광시장은 현재 거의 멈춰 있는 상황이다.

세계 보완 · 대체의학(CAM: Complementary and Alternative Medicine) 시장은 2015년 403억 달러에서 2025년에는 1,968억 달러까지 성장할 것으로 예상되고 있으며 2015년 기준으로 전 세계 인구의 60% 이상이 전통의학 또는 다른 형태의 전통의학을 이용하는 것으로 추산되고 있다(Grand View Research, 2017).

아울러 전통의약(Herbal Supplements and Remedies) 시장 역시 2024년까지 1,400억 달러 규모로 성장할 것으로 추정되고 있다(Global Industry Analysis, 2017). 보완대체의학과 전통의약에 대한 수요가 증가하고 있는 것은 높은 의료비용에 대한 대안과 건강한 삶에 대한 관심 증대 등을 그 이유로 들 수 있다.

해외 주요국 전통의학·보완대체의학 정책지원 현황

지역	주요 내용
미국	• 국립보완통합의학연구소(National Center for Complementary and Integrative Health, NCCIH)에서 5년마다 보완대체의학 발전전략 수립 • 과학화된 보완대체의학(CAM) 중 의사의 수용도가 높은 시술은 정통 서양의학에 통합함(통합의학; Integrative Medicine, IM) • 보완대체의학(CAM)과 통합의학(IM) 서비스도 국가건강보험제도 적용 대상으로 포함 - 2010년, 전 국민대상 건강보험제도(Patient Protection and Affordable Care Act, 오바마케어)를 제정하며 보완대체의학 서비스 비용도 건강보험 적용 대상에 포함
중국	• 중의약의 지위와 발전 방침을 규정한 '중의약법(中醫藥法)' 공포('17.7) • 세계시장의 58%를 차지하는 Herbal medicine의 중국 내수와 수출 증가 * 2014년 중의약 생산액은 6,141억 위안(약 100조 원), 수출입액은 46억 3,000만 달러(약 5조 5,000억 원) • 2016년 중국의 중의약 예산지원 규모는 1조 4,520억 원 - 표준화, 중의약의 기초연구부터 신약개발까지 종합적인 중의약 연구 지원

유럽	• 유럽은 기존 의료체계 내에서 보완대체의학 활용 빈도가 높으며 유럽전통약초 의약품법령(European Directive on Traditional Herbal Medicinal Products, THMPD)에 따라 전통약초의 안전성 및 유효성 검증 강화 추세(EUROCAM, 2014) • EU는 연구 프로그램인 Horizon 2020*을 통해 보완대체의학 R&D 지속 지원 - CAMBRELLA* 기존 연구를 바탕으로 안전성 및 임상근거 확보, 통합모델 개발 등 중점연구 영역을 선정하여 '20년까지 추진 * EU 제7차 프레임워크: '10년~'12년까지 1,667,439유로(한화로 24억 원)를 투자한 12개국 공동 프로젝트로 용어, 제품, 관련 법제도 등 유럽 보완대체의학 전체 분야를 망라한 연구
일본	• 일본은 의료일원화 시스템으로 전통의학 통합 관리 - 일본의 전통의학인 캄포(Kampo)가 기존 의료체계에 통합되면서 의사가 한약과 양약을 함께 처방 - 2004년부터 모든 의과대학이 한의학 교육을 필수로 하고 있으며, 일본동양의학회를 중심으로 인정의(認定医)와 한방전문의(漢方專門医) 제도 시행 * 2017년 기준 일본동양의학회 회원은 약 9,000명, 그중 의사 약 7,000명, 한방전문의 약 1,000명 ** 의사전문의 취득 후 한방 임상연수 과정(3년 내외) 통과 시 한방전문의 자격 부여, 5년 단위 갱신

3 국내 한의약의 해외진출 사례

한의약의 해외진출전략 수립방향을 제시하기 위해서는 우선 한방 의료기관 해외진출 및 해외환자 유치 사례를 분석하고 개선방향을 추론해 나가는 과정이 필요하므로 국내 한방 의료기관의 환자유치 및 해외진출 사례 몇 가지를 구체적으로 살펴보고자 한다.

1) 청연한방병원(해외진출)

청연한방병원은 2018년도에 카자흐스탄 알마티에 진출하고 2019년도에는 우즈베키스탄 타슈켄트 국립의대에 진료협력센터를 개설한 바가 있다.

청연한방병원은 '동서의학 융합을 통한 세계 최고의 메디컬그룹'이라는 비전을 가지고, 2012년부터 우즈베키스탄 이래로 캄보디아, 베트남, 스리랑카, 필리핀, 네팔 등지에서 의료봉사를 시행하고 있으며, 외국인환자 팸투어도 지속적으로 진행해 왔다. 해외진출의 결정적인 계기는 2015년 카자흐스탄 아스타나에서 ‘한의약 체험존 운영 시범사업’과 알마티에서 ‘한의약 홍보센터 위탁운영’으로 정부위탁사업을 수행함과 동시에 현지에서 별도로 비수술 척추 특수치료, 피부비만 등의 강좌를 비롯하여 치료 시연, 현지 의료인들을 대상으로 한 세미나를 개최하는 등 선행적 노력의 결과물들이 진출 동기로 연결된 사례로 파악되고 있다.

청연한방병원의 진출동력은 재활치료, 비수술 요법을 통한 척추, 피부, 비만질환 등의 치료술의 강점과 카자흐스탄 보건부가 계획하고 있었던 재활센터 건립 5개년 계획 및 현지에서의 피부비만 등의 시장수요와 잘 부합한 것으로 분석될 수 있다. 2016년 중반에 보건산업진흥원 주관의 ‘한의약해외진료센터’ 사업을 수행하면서 노바메디컬과 드스트라메디라는 병원에서 각각 10일간 무료시범진료를 하면서 최종적으로 노바메디컬과의 파트너십으로 MOU를 체결하고, 2017년 4회에 걸쳐 각 3주간 출장 시범진료를 시행하면서 현지 환자들에게 치료기술을 인정받은 것이 그 중요한 계기가 된 것으로 알려지고 있다.

해외진출 결정 이전에 우선 현지 시장조사를 실시하였는데 시장조사 경로는 파트너십 병원과의 미팅을 통한 정보습득, 시범진료를 하면서 직접 체감한 현장의 확신을 들고 있다. 한편 현지 의학대학원 의료인(마스터클래스)들을 대상으로 하는 학술대회를 개최하는 과정에서 만난 고위급과의 대화를 통해 현지의 의료정책과 의료시장 동향에 관한 정보를 수집하여 최종적으로 의료기관 진출을 결정하는 데 결정적 이유를 제공하였다고 파악되고 있다.

현지 정부가 알마티 청연을 개원하는 데 우호적인 이유는 청연한방병원의 치료에서의 장점들이 현지 의료수준을 높임과 동시에 해외로 빠져나가는 치료비를 카자흐스탄 내에서 해결할 수 있는 기회라고 판단했기 때문인 것으로 사료된다. 청연한방병원이 현지에 진출하여 얻은 수익은 모두 현지에 재투자하는 것을 계획한 점도 현지에서의 진출과정을 용이하게 하는 데 도움이 된 것으로 보여진다.

해외진출의 성공요인으로는 해외전담부서 설치 및 현지 의료기관 파트너십 형성을 들 수 있다. 현지 병원 마케팅 경로나 환자유치 홍보방법 등은 파트너십을 맺은 현지 의료기관의 협조와 조언을 많이 참고한 것이 성공요인으로 작용했다. 현지 병원은 MRI를 위주로 하는 진단전문병원이었고 청연한방병원은 그 진단을 바탕으로 한 치료전문병원으로서의 시너지를 극대화한 것이 주효한 것으로 보인다.

현지 파트너십 병원은 청연을 통해 경영수익, 이미지, 카자흐스탄 내 1등 병원을 향한 이상실현에 도움을 받기 원했고 청연은 파트너십 병원을 통해 현지의 의료관련 법, 제도, 행정절차, 문화, 정서 등의 위험요소를 배제하는 도움을 받은 것으로 보인다. 청연한방병원은 현지 의료기관 내에 의료기관의 형태로 허가를 받는 '院內院' 진출모형을 취하였는데 이는 법과 제도가 정형화되지 않고 의료수준이 낮은 국가에서 높은 효과를 기대할 수 있는 모형으로 주로 초기 정착단계에 긴요하게 작용하는 것으로 파악된다. 이외에도 '청연 해외사업팀'이라는 전담부서를 설치했으며 카자흐스탄에 현지 법인회사를 설립해 현지 의료기관 개설 라이선스를 취득한 것도 주요 강점으로 파악될 수 있다.

해외진출과정에서의 애로사항은 먼저 현지 파트너와의 신뢰관계 구축문제이다. 문화 즉 사고방식의 차이는 업무 속도와 효율성에 영향을 많이 미치므로 진출 초기부터 진정성과 파트너로서의 이익 등에 많은 양보와 믿음을 보여주는 노력이 필수적이다. 한편 패널티 또는 책임조항을 통한 계약 이행력 확보도 필수적이다. 한편 가장 힘들었던 부분은 역시 현지의 법과 제도로 파악된다. 의료면허인정, 의료기기 및 상품 등의 허가승인 절차가 시간상 오래 걸리고, 프로세스도 완비되어 있지 않은 부분이 많다.

'청연한방병원'의 사례를 통해 한국에서는 의료이원화에 의해 진단 의료기기를 통해 한의치료서비스를 제공할 수 없는 한계를 카자흐스탄과 우즈베키스탄 현지에서 '동양의학'이라는 명칭으로 치료가 가능하여 높은 치료효과와 환자와의 신뢰성 구축이 가능하다는 것을 알 수 있으며 의료인 면허 상호인정 등 까다로운 현지 인정절차에 있어서도 국가 대 국가 협력을 기반으로 교육과 연구에 관한 공동협력 기반을 구축하여 진출에 성공한 점을 확인할 수 있다.

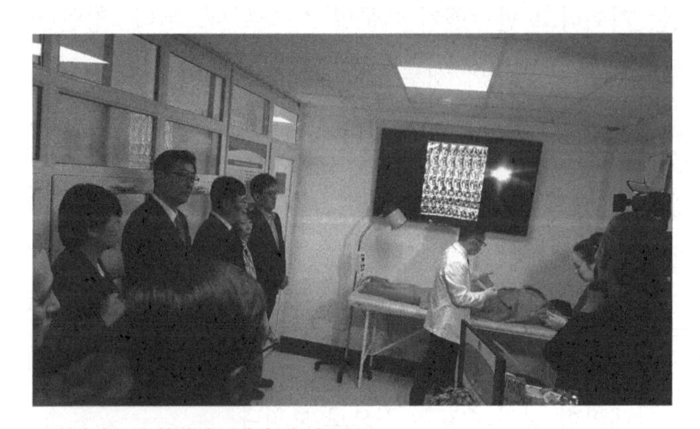

우즈베키스탄 한의진료센터 내 진료모습

2) 실로암한의원(국내 유치)

실로암한의원은 2012년도에 외국인환자 유치등록기관으로 등록을 하였으며 이후 현재까지 활발한 외국인환자 유치사업을 진행 중인 의료기관인데 해당 기관은 2017년 기준 '100명 이상~500명 미만'의 외국인환자를 유치하였고 이는 연간 100명 이상을 유치한 한의원급 의료기관 3개소 중 하나에 해당될 정도로 한의약 분야에서는 상당히 많은 외국인 환자를 유치한 것이므로 분석 대상으로 하였다.

실로암의 2017년 1년간 총진료수입은 '1억 원 이상'으로, 1억 원 이상의 진료수입을 거둔 기관은 한의 의료기관 중에서 상위 10%에 해당한다고 할 것이다. 구체적으로 살펴보면 전체 환자(내외국인환자 총괄) 대비 외국인환자 비율이 50% 이상을 차지하고 있으며 월평균 30명 이상의 외국인환자를 유치하고 있는 것으로 나타나고 있다. 전체 진료수익 역시 외국인환자 진료수익이 50% 이상으로 파악될 정도로 차별화된 외국인환자 유치 구조를 갖추고 운영하고 있음을 파악할 수 있다.

실로암한의원은 양한방 협진으로 매선시술을 위주로 하고 있으며 이와 동시에 미앤아이의원에서는 피부과 장비로 피부케어를 진행하는 양한방 협진구조를 취하는 것이 진료서비스상의 주요 특징이라 할 수 있다. 탕약은 거의 하지 않으나 필요할 경우는 외주를 통해 공급하고 있는데 에이전시와의 협력관계 없이 입소문 마케팅을 중점으로 하여 환자를 모객하는 것도 예외적인 특징이라 할 수 있다.

외국인환자 1인당 평균진료비는 40만 원 수준으로 2017년도 한 해 20억의 매출을 기록하였고 실로암한의원의 홍보 마케팅 채널이라고 한다면 일본 환자를 주요 타깃으로 하며, 협진기관인 미앤아이의원과 함께 한국 관련 콘텐츠를 제공하는 전문적인 한국여행정보사이트인 코네스트(konest)(https://www.konest.com/)에 병원관련 정보를 게시하고 있는 것이 유일한 홍보채널로 파악된다.

실로암한의원은 한방 미용시술의 일종인 '매선시술'에 특화된 진료 프로그램 운영을 통해서 외국인환자를 유치시키는 사례로서 시사점이 있다. 외국인 환자유치 전담인력 운영과 양한방 협진을 통한 진료서비스의 질을 부각시켜 외국인 환자유치 역량을 강화해 나가고 있다.

한편 의료관광의 발전요소로는 외국인을 대상으로 하는 융복합 의료상품의 개발과 홍보, 해외기업 · 국내외 보험사 연계를 통한 유치 프로모션 가동, 관광 박람회 연계 등 다양한 수단을 기반으로 환자유치의 진행을 권고하고 있다.

4 한의약 세계시장 진출 전략지역

위에서 전술한 바와 같이 글로벌 헬스케어 시장의 동향과 한국 보건의료의 세계진출 전략 그리고 한의약의 추진여건 등을 고려할 때 아래와 같이 한의약 의료서비스 해외환자 유치 및 해외진출의 9대 전략지역을 선정할 수 있다. 이는 한의약 분야 외국인환자 유치 및 진출 주요 지역, 정부 간(G2G) 보건의료 협력 현황, 해외시장 진출, 정부 주요 정책 등을 고려하여 선정하였다.

환자유치	G2G
• 외국인환자 유치 상위 국가 ▶ 중국, 미국, 일본, 러시아, 몽골, 카자흐스탄, 캐나다, 독일, UAE	• 정부 간 보건의료 협력 국가 ▶ 중국, 몽골, 러시아, 카자흐스탄, 우즈베키스탄, 키르기스스탄, UAE, 베트남
진출지역	**정부정책**
• 한방 의료기관 진출지역 ▶ 미국, 일본, 중국, 캐나다, 카자흐스탄	• '신남방 정책' 핵심국가 ▶ 베트남, 말레이시아 등 아세안국가 • '신북방 정책' 핵심국가 ▶ 러시아, 몽골, 우즈베키스탄 등 CIS국가

위에 기술한 일본, 중국, 미국, 러시아, CIS, 몽골, 유럽, 중동, 동남아시아 9대 전략 지역은 지역별 우선순위 고려보다는 그동안의 성과와 한계 그리고 정부정책을 고려한 것으로 이에 대한 강점 및 기회요인 분석을 통한 지역별 특화전략은 다음과 같다.

① (일본) 한의약 분야 외국인환자 유치 1위 국가

☞ '09년부터 한의약 분야 외국인환자 유치 1위 국가로 지속 유지되고 있으며, '17년도는 6,653명 유치로 전년대비 52.9% 증가. 특히, 여성의 비중이 절대적으로 높고 20~40대 환자가 78.8% 차지

- (연령대별 홍보채널 차별화) 연령대별 5 선호 SNS 채널 활용 및 다양한 연령대가 참가하는 K-CON 등 한류행사 연계 참여 등

② (중국) 잠재적 수요 및 지리적 근접성으로 인한 환자 유치

☞ 외국의사 의료 행위에 대한 제약이 높고, 한약제제 수출 등에도 한계가 있으므로 기존 환자유치에 전념하여 홍보전략 추진

- (한류를 활용한 마케팅) 한류와 가장 밀접한 국가 중 하나로 드라마, 영화 등의 미디어 노출을 통한 한의약 이미지 제고

③ (미국) 국내 한방 의료기관 해외진출 및 진출 수요가 가장 높은 지역

☞ 한의약 분야 의료기관 해외진출 국가 중 가장 높은 비중(해외진출 한방 의료기관 22개 기관 중 18개 기관)을 차지. 기 진출 의료기관 및 한인 네트워크 등을 활용하여 교류 활성화 가능

- (의료연수, 교육, 학술교류 등) 통합의학 수요가 있는 의료기관, 의료인 간 교류 협력을 통해 한의약 우수성 홍보 필요

④ (러시아) 한국의료 선호도가 높으며 의과대학 내 침술교육 공식 도입

☞ 러시아 의과대학 내 한의약 교육 및 양·한방 협진 프로그램 협력을 통한 의료서비스 진출 발판 마련 가능

- (의료진 연수 확대, 제품 진출) 침술분야에 대한 교육 수요가 높음에 따라 이를 활용한 현지 의료진 연수 확대 추진 필요

⑤ (CIS) 보건의료 분야에 대한 정부 간 협력 기반 진출

☞ 정부 간 협력을 근간으로 현지 의료시장 선점 기회 확보
- (원내원 진출, 의료연수, 교육 등) 원내원 한의진료센터 등을 통해 한의약 우수성 홍보, 맞춤형 연수 프로그램 지원 등으로 진출기반 마련

⑥ (몽골) 親한국적 분위기로 한국 의료에 대한 신뢰도가 높은 지역

☞ 한국 의료에 대한 신뢰 및 한의약 친화적 환경을 바탕으로 환자 유치 및 진출 기반 확보 유리
- (의료연수, 학술교류, 나눔의료 등) 현지 공공의료 시설(공공병원 등)과의 협력을 통해 양·한방 협진 및 의료진 연수, 환자 사전사후 관리 등 한의약 진출 및 유치의 선순환 구조 마련

⑦ (유럽 : 독일) 한의약 분야 신규 수요 발굴로 유럽 진출 추진

☞ 독일의 경우, 유럽지역 중 한의약 치료를 위해 한국을 방문한 환자가 가장 많은 지역으로 한의약에 대한 친화적 환경으로 유럽 진출 교두보 역할 가능
- (의료연수, 학술교류 등) 한의약에 대한 기초적인 인지 및 현지 의료 수요가 있는 침 치료 등에 한의약 기술을 적극 홍보할 수 있는 의료연수, 학술교류 등 필요

⑧ (UAE) 정부 간 협력을 통한 공공병원 진출 및 국비환자 지속 확대

☞ 한국과의 보건의료협력에 적극적으로 환자송출, 공공병원 위탁운영, 의약품 수출, 의료인력 양성 및 교류 지속 추진
- (한의약 홍보) 해외의료소비자, 정부송출환자 동반가족 등 대상 한의진료 체험회를 통해 한의약 우수성 홍보프로그램 지원 등으로 진출기반 마련

⑨ (동남아시아) 신남방 정책의 일환으로 한의약 분야 협력방안 모색

☞ 한국의료에 대한 수요는 높으나, 현지 전통의학 및 중의학에 대한 신뢰도가 높으므로 한의약은 양·한방 협진 및 동반 홍보회 참석 등을 통해 한의약 인지도 확대 필요
- (의료연수, 학술교류, 의료봉사 등) 동남아 의료진을 대상으로 국내 의료연수 사업 확대와 학술교류회, 의료봉사, 한국병원체험행사 등을 통해 의료인력 네트워크 구축 및 환자송출 연계 필요

5 한의약 해외진출전략 수립방향

세계 글로벌 의료 트렌드 및 주요 국가의 전통의학 · 보완대체의학 추진현황 및 국내 한의약 글로벌 헬스케어 사업 등에 대한 자료를 근거로 SWOT 분석을 실시하였다.

한의약 글로벌 헬스케어 시장 SWOT 분석

강점(Strength)	약점(Weakness)
• 체계화된 의료체계 및 우수 한의약 인력 보유 • 한류 열풍으로 한국의 문화에 대한 긍정적 국제 이미지 • 한국의료에 대한 높은 신뢰도 • 한의약 기반에 의한 협진 및 융합 상품 잠재력 보유 • 각 부처, 지자체의 한의약 관련 세계화 추진 의지	• 글로벌 역량·마인드를 겸비한 전문 인력자원 취약 • 의한 협진, 융복합 상품 등 한의약 해외의료의 소재 및 기반 취약 • 한의약 세계화를 위한 종합적인 전략추진 주체 부재 • 중의약에 비해 낮은 인지도 • 지역 한의약 자원의 영세성 및 쇠퇴

기회(Opportunity)	위협(Threat)
• 의료관광에 대한 관심 고조로 한의약에 대한 관심 증대 • 세계적으로 전통의학 및 보완대체 의학에 대한 인식 및 호감도 증가 • 의료관광객 증가로 관련 산업 동반성장 및 시너지 효과 기대 • 국내 한방 의료기관을 이용하는 외국인환자 수 지속 증가	• 세계 각국의 자국 보완대체의학 장려를 위한 규제와 정책 수립 • 미국의 보완대체의학 협진 및 제품 개발 능력 증대 • 중국의 중의약 국제화를 위한 국가적인 투자 및 노력 확대 • 일본의 의료일원화 시스템으로 전통의학 통합적 관리

위 분석을 토대로 한의약의 강점은 살리고 약점은 보완하는 방향에서 한의약 해외시장 확대 및 국제경쟁력 강화를 위한 해외진출전략 수립방향을 ① 한의약 환자유치 경쟁력 강화 ② 한의약 글로벌 인력 전문성 강화 ③ 한의약 해외네트워크 확대 ④ 한의약 해외진출기반 강화 ⑤ 한의약 해외인지도 제고 모두 5개의 전략과제를 선정하였다. 해외환자 유치 부문에서는 글로벌 역량 부족을 보완할 수 있도록 맞춤형상품 개발, 환자유치기관 역량 강화 등의 과제를 포함하였으며 해외진출 부문에서는 앞장에서 분석한 세계시장 동향 등을 토대로 지역별로 특화된 전략을 인용하였으며 외국의료인 국내연수와 교육, 민간컨설팅 기능 및 제약 R&D를 포괄하는 패키지 진출개념을 도입하였다.

1) 한의약 환자 유치경쟁력 강화

우선 한의약의 강점을 최대한 활용할 수 있는 차별적이고 특화된 진료서비스 상품을 기획하고 진료서비스에 대해 마케팅을 집중하는 방법을 통해 외국인환자 유치기관을 선도하는 동력을 확보할 필요가 있다. 비수술적 치료, 자연치료, 암환자의 면역 강화 등 한의약의 강점이 있는 분야에 특화된 프로그램의 개발과 지원에 주력할 필요가 있다. 동시에 근골격계, 미용·비만, 내과질환, 만성 통증 등 한의약의 수요가 증가할 것으로 예상되는 고부가가치 질환에 대해 웰니스(Wellness) 관광과 연계하여 한의약 글로벌 헬스케어의 정체성을 정립하는 효과를 기대할 수 있을 것이다.

Tip 양한방 통합치료의 성공사례

① 암 치료를 위하여 수술, 방사선 등의 서양 의학적 치료와 더불어 면역요법 및 한의약을 결합한 통합면역요법이 치료성과를 높일 수 있음
② 침술은 항암화학요법에 의한 메스꺼움, 구토, 구강건조, 안면홍조 등의 부작용을 완화하는 데 효과가 있음(MD앤더슨 암센터)
③ 갑상선 수술을 받은 후 구토 증세를 보이는 환자에게 고추 성분 파스가 항구토에 효과가 있었음(김진원, 국립의료원)
④ 안면마비 환자 중 협진을 하지 않은 환자군은 102일의 치료기간이 걸린 반면, 협진 환자군은 45일 치료를 하여 치료기간의 단축 효과가 있었음(2017년 보건복지부 의한 간 협진서비스 1차 시범사업 결과)
⑤ 성인 암성 피로 환자에게 한약치료가 일상 관리에 비해 피로 척도의 점수 개선

현실적으로 한의진료만으로는 수익성이 떨어지므로 수술, 암치료, 만성질환 등 양한방의 협진을 통해 수익창출이 가능한 모델을 개발하는 것이 중요하다. 아울러 통합의학 및 보완대체의학의 치료결과에 대해 근거기반적 정보를 제공하고 맞춤형 통합의료를 구현할 수 있는 모델을 정립하는 것이 필요하다.

보험회사, 관광산업, 문화프로그램, MICE(Meeting, Incentive trip, Convention, Exhibition) 등 다른 연관 산업과 연계된 융합형 한의약 유치 프로그램을 발굴할 필요가 있다. 예를 들어 국내 개최 국제행사, 지자체 관광 인프라, 한의약체험관, 한약 상품 등과 연계한 패키지 상품 개발 등이다.

환자 중심의 맞춤형 서비스로 개선해 나가기 위해서는 한방 의료기관의 외국인환자

진료에 필요한 주요 서식을 외국어로 개발하여 한방 의료기관에서 활용할 수 있도록 지원해야 한다. 의료기관에 건강상담지, 침 등의 시술 동의서, 한약 처방 안내서, 한의진료 주요 용어 안내서 등 기본 서식을 구비하고 유치실적 상위 5개 언어인 영어, 일어, 중국어, 러시아어, 몽골어 등은 표준서식을 개발하고 홈페이지 게시 등을 통해 활용을 홍보하는 것이 필요하다.

2) 한의약 글로벌 전문인력 양성

앞서 서술한 9대 전략지역을 중심으로 국가별 통합의학 · 보완대체의학 등의 유관기관 방문을 지원하고, 해외우수사례 등의 현지 조사를 지원하는 등 해외사례 벤치마킹을 통해 해당 지역의 전문가를 양성하는 시스템이 필요하다. 함소아한의원, 자생한방병원(미국), 청연한방병원(카자흐스탄) 등 이미 현지에 진출해 있는 의료기관을 활용하여 정보를 수집하고 인력 양성에 활용하는 것도 방법이 될 수 있다.

한의약 분야 마케팅 및 진료코디네이터, 통역인력 등의 양성을 위한 교육프로그램 개발 및 활성화계획이 필요하다. 일반 의과에 비해 부족한 한의약의 글로벌 역량 강화를 위해서는 한의약의 특수성을 반영한 해외의료 표준 교육과정을 개발하고 외국인 환자 예약 및 상담, 진료설계, 사후관리 등의 역할을 위한 전문 인력을 정기적으로 양성하는 프로그램 도입이 시급하다.

3) 한의약 네트워크 확대

외국인 의사, 외국의 보완대체의학 전문가를 대상으로 한의약 임상 연수 프로그램을 지원하여 환자유치 및 해외진출 협력관계를 형성하는 것이 좋을 것이다. 유 · 무상 연수 프로그램 개발 및 한방 의료기관의 임상연수 지원 등을 정부 간 협력사업에 포함시켜 진행하는 것이 효과적으로 보인다. 외국인 의사의 국내 연수 이외에도 외국의 전통의학 전문가 및 의료인의 보수교육과정에 한의약 교육프로그램을 포함시키는 노력도 수반될 필요가 있다.

정부 간 협력의 강화도 중요한 수단 중의 하나가 될 것이다. 전통의학이 있는 국가 간에 상호 전통의학 교류 · 발전을 위한 네트워크를 구축하고 협력 사업을 진행하여 전통의학이 해당 국가의 보건의료 분야 발전에 기여할 수 있는 방안을 모색하는 것이 중요한 시작이 될 것이다.

4) 한의약 해외진출기반 강화

해외진출 활성화를 위해서는 의료 이외에도 연관 산업 동반패키지 수출, 진출 단계별 지원을 통한 민간역량 강화, 해당 국가의 금융 · 세제 · 정보 지원 등 '한국의료 패키지 진출'방식을 취하는 것이 최근의 경향으로 파악되고 있다.

국가별 보건의료현황 및 한의약 진출 제도 등의 시장 정보를 수집하고, 뉴스레터 등을 통해 주기적 최신 정보를 제공하는 것도 필요하다. 국가별, 진출 형태별 체계화된 정보 구축 및 정보제공 프로세스를 마련하고 한의약 해외진출 우수 사례를 발굴하여 이를 공유하고 그 확산을 지원해야 한다.

의료서비스 이외에도 제약, 의료기기 등의 동반진출을 지원해야 한다. 한방 의료기관 해외 진출 시 서비스, 인력, 한방제품 및 한약제제, 한방진료기기 등의 동반진출을 추진하되 초기에는 동반진출을 위한 적정 모델 개발과 시범사업을 통해 지원체계를 마련하고 동반진출을 활성화시킬 수 있는 수단과 지원책 강구를 위해 노력할 필요가 있다.

한편 한의약 R&D를 통한 해외진출 활성화는 국제공동연구의 진행이다. 결국 해당 진출국가에서 의료서비스를 시행하기 위한 목적이므로 해당국가 내의 진료연구기관과 공동으로 진행하는 연구는 상당한 의미와 파급효과를 지니고 있다. 이전에 진행된 사례를 보면 중증 척추전방전위증에 대하여는 미국 Mayo Clinic과 모커리 한방병원의 협력 임상연구, 한의치료기술(침)에 대한 안전성 · 유효성 분석을 위해서 미국앤더슨암센터와의 국제공동연구 등이다. 이러한 선행사례를 토대로 하여 한약 제제의 해외진출을 위한 국제 임상연구 및 국제협력 R&D 기획을 추진할 필요가 있으며 국내 한의약 클러스터의 연구결과를 중개하여 외국의 의료기관과 공동 임상연구 및 국제 의료시장에서 신제품 특허 및 개발에 나설 필요가 있는 것이다.

5) 한의약 해외인지도 제고

우선 해외에서의 '한의약' 이미지를 '보완대체의학', '통합의약' 및 '웰니스 관광'으로 포지셔닝하는 노력이 필요하다. 한국의료브랜드인 'Medical Korea'와 조화되면서 우리 한의약의 특성을 살릴 수 있는 슬로건 등을 구축해야 한다. 경쟁대상인 타 국가의 홍보 현황을 파악하여 그것과 차별성을 확보하는 한편 한의약 브랜드 홍보 콘텐츠에 대해 언어별 개발 및 활용을 지원해야 한다.

국내 의료관광 상품이나 연관 산업 패키지형의 외국인 환자 유치를 타깃으로 국내 홍보센터를 고려해 볼 수 있다. 외국인 밀집지역 및 국제스포츠행사장 등에 한의약 홍보센터(Korean Medicine Center)를 구축하여 한방진료상담 및 체험, 한의약 정보제공 및 홍보 등을 통해 한의약의 우수성을 전달하는 방법도 효과적일 것이다. 마찬가지로 해외진출의 교두보 확보를 위해서는 9대 전략지역별로 순차적 방식을 통해 국외홍보센터를 구축하는 것도 필요하다. 해외 주요 타깃 지역에 한의약 홍보센터(Korean Medicine Center)를 구축하여 한류에 관심 있는 외국인을 대상으로 한의약 홍보와 함께 해외센터에 진료기능을 추가하여 시너지 효과를 기대할 수 있다.

6 결론

'치료'에서 '예방'으로 세계 의료패러다임이 전환되고 있는 점, 급성장하고 있는 글로벌 헬스케어 시장을 선점할 필요성 그리고 침체된 한의약산업의 육성 필요성과 갈수록 경쟁이 가속화되고 있는 국내 의료환경을 고려할 때 한의약 해외진출전략 수립방향을 마련해야 필요가 있음을 앞에서 제시한 바 있다.

한편 한의약 R&D를 강화해 나갈 필요성을 언급한 것은 화학적 화합물(Chemical)을 기반으로 한 신약 개발에 한계가 오고 있음을 인식하고 세계보완대체의학시장을 선점하기 위해 다각적인 노력을 기울이고 있는 세계 각국의 트렌드와 연구추세를 고려한 것이다.

또 한 가지 고려할 사항으로는 '패키지형 해외진출 고유 모델'의 설정이라고 할 수 있다. 일반적으로 의료관광의 활성화를 위해서는 치료기술의 질, 적정한 치료비용 그리고 회복을 위한 편의성 등을 핵심요소로 열거할 수 있는바 이러한 개별요소 이외에도 의료기기, 화장품 등 보건의료 분야 연관 산업과의 동반진출 문제, 관광과 IT 등 타 분야 산업과의 연계성 문제가 중요한 고려요소로 등장하는 추세를 고려할 필요가 있다. 의료관광에 있어서도 외교적인 여건이나 국제적 변수가 시장의 부침을 결정하는 주요 요인으로 작용하는 것을 고려할 때 앞에서 전술한 9대 전략지역을 중심으로 장기적이고 통합적인 접근을 통해 '한국형 패키지형 해외진출 모델'을 설정해서 이를 실행하고 확대해 나갈 정책적 수단을 확보하는 것이 시급한 것으로 보여진다.

결론적으로 위에서 제시한 5가지 한의약 해외진출 전략 수립방향의 실행가능성 담보를 위해서는 국가와 지자체 등의 정책적 지원이 필요한바 장기적인 방향성을 가지고 '선택과 집중'의 원칙하에 지역별로 차별화된 예산을 지원할 수 있는 수단이 마련될 필요성이 있다. 정부 예산 이외에도 민관 협력을 통해 '한의약 해외진출 펀드(가칭)'의 조성 등도 고려해야 할 만한 수단으로 보여진다.

주지해야 할 것은 의료관광에 있어서는 해외환자 유치와 더불어 해외진출 전략이 수레의 두 바퀴처럼 함께 가야 한다는 점이며 짧은 시간에 소기의 성과를 거두기 어려운 분야라는 점이다. 갈수록 확대되어 가는 세계 의료관광시장에서 한의약이라는 한국 고유의 강점을 잘 활용해서 관광산업과 연계될 수 있는 모형을 차근차근 만들어 나가는 업계의 노력이 중요할 것이다.

참고문헌

외국인환자 유치 활성화 전략, 보건복지부, 2023.5
의료해외진출 프로젝트 지원사업 최종보고서, 한국보건산업진흥원, 2022.11
제2차 의료해외진출 및 외국인환자 유치지원 종합계획, 보건복지부, 2022.3
제4차 한의약 육성발전 종합계획안, 보건복지부, 2021.3
한의약 세계화 추진단 회의자료, 보건복지부, 2022.12

고종원

경희대학교 일반대학원 국제경영전공(경영학박사)
서울대학교 보건대학원 식품외식최고경영자과정 이수
계명여행사, 천지항공여행사 부서장
오네트투어 대표, 유로코투어 소장
국제지역학회 사무국장, 상임이사
한국여행발전연구회 회장
서울시 인바운드 활성화, 수용태세 시정 분야 자문
현) 주제여행포럼 회장/ 공동위원장
한국능률협회 등록전문위원
한국서비스학회, 한국관광정보학회 부회장
국제관광무역학회 수석부회장
경기도 문화관광해설사 신규양성 및 보수교육강사
트래블데일리 칼럼니스트
연성대학교 호텔관광과 교수

조문식

경기대학교 대학원 관광경영학(경영학박사)
대한관광경영학회 부회장
한국관광산업학회 부회장
한국관광경영학회 회장
세명대학교 호텔관광학부장
호텔지배인자격증시험 출제위원
현) 한국관광서비스학회 회장
세명대학교 항공서비스학과 교수

김경한

경희대학교 대학원 호텔경영학전공(관광학박사)
더 프라자호텔 연회팀장
㈜투어리즘코리아 대표이사
한국와인소믈리에학회 회장
호텔지배인자격증시험 출제위원
건양대학교 글로벌경영대학 학장
현) 한국호텔리조트학회 부회장
건양대학교 호텔관광학과 교수

주성열

파리 1 대학 예술철학 기초박사
성균관대학교 공연예술학 박사 수료
모던 라이프 아트디렉터
단국대학교 서양화과 겸임교수 & 산학연구원
극동대학교 호텔관광 외래교수
연성대학교 호텔관광 외래교수
세종대학교 예체능대학 겸임교수 역임

서현웅

경희대학교 대학원 호텔경영학과 박사과정 수료
한국관광공사 우수호텔아카데미 자문위원
킨텍스 외부 용역 식음료업체 평가위원
광명와인동굴 광명와인축제 평가위원
전북 태권도공원 민자유치위원회 위원
일학습병행 현장훈련 및 내부평가 문제 신규개발
NCS 기업활용 컨설팅 일반컨설턴트
현) <호텔앤레스토랑 매거진> 대표이사/발행인
(주)에이치아카데미 대표이사
호텔인네트워크 공동대표
한국호텔전문경영인협회 부회장
아리랑 TV 미디어협력센터 / 글로벌 미디어 컨설턴트 고문

박종하

프랑스 그르노블2대학 석사(DESS, 보건경제학)
보건복지부 한의약산업과장
보건복지부 사회보장조정과장
질병관리청 운영지원과장
질병관리청 호남권질병대응센터장
현) 질병관리청 검역정책과장

주제여행상품

2023년 11월 15일 초판 1쇄 인쇄
2023년 11월 20일 초판 1쇄 발행

지은이 고종원·조문식·김경한
주성열·서현웅·박종하
펴낸이 진욱상
펴낸곳 (주)백산출판사
교 정 성인숙
본문디자인 신화정
표지디자인 오정은

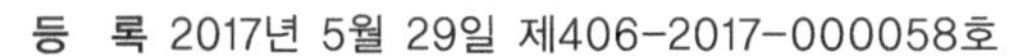

등 록 2017년 5월 29일 제406-2017-000058호
주 소 경기도 파주시 회동길 370(백산빌딩 3층)
전 화 02-914-1621(代)
팩 스 031-955-9911
이메일 edit@ibaeksan.kr
홈페이지 www.ibaeksan.kr

ISBN 979-11-6567-728-2 93980
값 25,000원

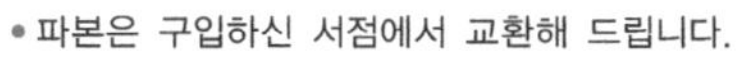